台灣電力(股)公司新進僱用人員甄試

壹、報名資訊

一、報名日期：以正式公告為準。

二、報名學歷資格：公立或立案之私立高中（職）畢業。

完整考試資訊

http://goo.gl/GFbwSu

貳、考試資訊

一、筆試日期：以正式公告為準。

二、考試科目：

(一) 共同科目：國文為測驗式試題及寫作一篇，英文採測驗式試題。

(二) 專業科目：專業科目A採測驗式試題；專業科目B採非測驗式試題。

類別		專業科目
1.配電線路維護	國文(10%) 英文(10%)	A：物理(30%)、B：基本電學(50%)
2.輸電線路維護		A：輸配電學(30%) B：基本電學(50%)
3.輸電線路工程		
4.變電設備維護		
5.變電工程		
6.電機運轉維護		A：電工機械(40%) B：基本電學(40%)
7.電機修護		
8.儀電運轉維護		A：電子學(40%)、B：基本電學(40%)
9.機械運轉維護		A：物理(30%)、 B：機械原理(50%)
10.機械修護		
11.土木工程		A：工程力學概要(30%) B：測量、土木、建築工程概要(50%)
12.輸電土建工程		
13.輸電土建勘測		
14.起重技術		A：物理(30%)、B：機械及起重常識(50%)
15.電銲技術		A：物理(30%)、B：機械及電銲常識(50%)
16.化學		A：環境科學概論(30%) B：化學(50%)
17.保健物理		A：物理(30%)、B：化學(50%)
18.綜合行政類	國文(20%) 英文(20%)	A：行政學概要、法律常識(30%)、 B：企業管理概論(30%)
19.會計類	國文(10%) 英文(10%)	A：會計審計法規(含預算法、會計法、決算法與審計法)、採購法概要(30%)、 B：會計學概要(50%)

詳細資訊以正式簡章為準

歡迎至千華官網(http://www.chienhua.com.tw/)查詢最新考情資訊

臺中捷運公司新進人員招考

壹 應考資格

中捷考情資訊

https://goo.gl/5WxaHu

(一) 國籍

1. 具有中華民國國籍者。若兼具外國國籍者,應於錄取後報到前,辦理放棄外國國籍並簽立「國籍具結書」,否則將不予進用。

2. 大陸地區人民經許可進入臺灣地區,應依「臺灣地區與大陸地區人民關係條例」第21條第1項規定:「……除法律另有規定外,非在臺灣地區設有戶籍滿十年,不得擔任公營事業機關(構)人員……」辦理。

3. 上述情形如有隱匿者,一經發現除立即拒絕應試,撤銷錄取及受僱資格,或終止勞動契約外,並需負一切法律責任。

(二) 學歷:一律採認「畢業證書或學位證書」,且需符合甄試類科要求之學歷條件,並為教育部認可之國內外學校畢業,國內學校須檢附中文版畢業證書或學位證書,如為國外學歷須依教育部所發布之「高級中等學校辦理學生國外學歷採認辦法」及「大學辦理國外學歷採認辦法」辦理,並檢附經我國駐外館處驗證或國內公證人認證之畢業證書或學位證書中文譯本(影本)。如遺失或破損者,應檢附向原校所申請之補發證明書。

(三) 性別:不拘。

(四) 年齡:不限,惟依勞動基準法及本公司規定,強制退休年齡條件為65歲。

(五) 兵役:不限。

(六) 報考體格規定:接獲錄取通知後,應於指定報到日前持本公司體格檢查表至區域型以上醫院或屬勞動部職業安全衛生署認可之醫療機構(查詢網址:http://hrpts.osha.gov.tw/asshp/hrpm1055.aspx)進行體格檢查,且於指定報到日繳交最近3個月內體格檢查表,體格檢查表應加蓋醫院印信。逾期未繳交體格檢查表者,本公司得取消錄取資格,不予進用,亦不保留通過甄試資格。

貳 應試資訊

(一) 第一試(筆試50%)：共同科目占第一試(筆試)成績30%。

　　　　　　　　　　專業科目占第一試(筆試)成績70%。

(二) 第二試(面試及職涯發展測驗50%)

(三) 共同科目：國文、英文

(四) 專業科目：

類組		專業科目
工程員		1. 綜合科目(數理邏輯、捷運法規及常識)
副站長		2. 管理學
站務員		綜合科目(數理邏輯、捷運法規及常識)
工程員(資訊類)		1. 網路程式設計(C#、JAVA) 2. 資料庫管理
助理工程員	機械類	機械原理(機械工程概論、工程材料)
	電機電子類	電路學
	土木類	工程力學(靜力學、動力學)
技術員	機械類	機件原理
	電子電機類	基本電學
	土木類	土木工程學概要(基礎工程力學、構造與施工法)
	資訊類	計算機概論
	常年大夜班類	綜合科目(數理邏輯、捷運法規及常識)
專員	企劃行銷類	1. 企業管理(企業概論、管理學) 2. 行銷學理論與實務
	法務類	1. 行政法概論(行政程序法) 2. 民法概論(民法(不含親屬、繼承篇)) 3. 勞動基準法 4. 國家賠償法
	財會類	1. 會計學理論與實務 2. 財務管理理論與實務

詳細資訊以正式簡章為準

歡迎至千華官網(http://www.chienhua.com.tw/)查詢最新考情資訊

目 次

第三部分　最新試題彙編

(4) 目次

準備方向

準備國民營機械類科相關考試的考生，多感於本科是考試科目中最難得分的一科，原因無非是機械原理觀念繁多，不易短期內迅速複習，以致念了又忘，考場上無法發揮實力，有感於此，作者特將台電、中油、鐵路特考佐級最近幾年常出的考題，整理成二十五個章節，並佐以歷屆試題的練習，幫助考生考前迅速複習，加強考生臨場不亂，快速解題的功力，以下乃本科考前快速準備的方向，供各位考生參考：

一、準備任何科目皆然，考前應就各個章節的重點再加以複習一遍，才能讓記憶維持在最清晰的狀態，這一點也是考生能掌握分數的關鍵，只要考生考前60 天逐一複習並熟讀此十六個章節，即已掌握到考試出題百分之九十以上的重點，研讀完內容後要針對其中所收錄的試題加以練習，以確認自己對該章節的了解程度。接下來就要計劃對各考試單位的歷屆考題作演練，才能熟能生巧，快速解題，培養解題的速度，相信要在本科拿到90分應不是太難。

二、關於齒輪及帶鏈繩之計算較多，考生尤其應加以特別注意有關的焦點部分，掌握到該部分命題老師特別喜愛出題的方向。

三、綜觀110及111年度考題，有加入機械力學的考題，其中中油更占50%，以螺紋、齒輪及滑車章節出題率較高，其中輪系計算正負號及輪系結合機械利益計算較易出錯，需詳加注意！

四、提醒各位考生，機械的元件與日常生活息息相關，本書內容生動活潑，可幫助考生加強記憶。拿到試題應先瀏覽一遍題目，針對有把握的先答題，掌握該得的分數，不會的題目等全部題目均做完後最後再來回答，把握時間、仔細作答。訂下適切的讀書計畫，並持之以恆的堅持到底，勝利必定手到擒來，最後，祝各位考生金榜題名！

第一部分　機件原理

第一章　概　論

依據出題頻率區分，屬：**A** 頻率高

課前叮嚀

本章介紹機件原理的基礎，重點在於機件之種類、低對與高對、自由度與運動鏈的判別，為各種考試必考的焦點之一，需多加注意。

1-1　五項基本機構

無論多新之器械，仍脫離不了古希臘發明家亞歷山大赫羅（Alexandra Hero）所舉之五項基本機構：槓桿、輪軸、滑輪、楔形錐與螺旋。利用這些機構，可以產生機械利益之放大作用。

一、槓桿

阿基米德說：「給我一個可依靠的支點，我可以移動地球」。每一槓桿有一固定點，稱為支點，然後可以有兩力——「作用力」與「重量」作用其上。而作用力乘以其至支點間之距離（力臂）應等於重量乘以至支點間之距離。因此要較小力克服大的重量，可以延長力臂的方式來達成。事實上，其應用可以有多種變化。

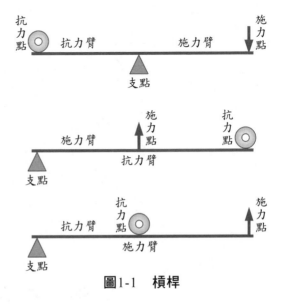

圖1-1　槓桿

二、輪軸

將槓桿的觀念，轉化為圓周迴轉運動，即
為輪軸的應用。輪的直徑比軸的直徑為
大，因而可以獲得甚大的機械利益。人類
首次利用此機構於絞錨機上，將繩一端繫
於重物上，另一端繫於軸上，而只要轉動
輪上之手把，即可提升重物。正如利用槓
桿一樣，施力之大小乘以輪之半徑應等於
重物乘以軸之半徑。輪軸除可獲本身之機
械利益外，在作用方向上，亦可作適當的
調節。此項機構常見應用者如：螺絲起
子、水龍頭、鑰匙結構等。

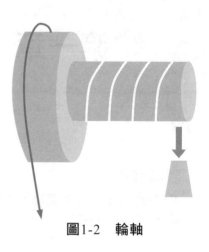

圖1-2　輪軸

三、滑輪

輪軸與滑輪的觀念非常類似，只是前者軸固定，後者則可固定，亦可不固
定。若為一系列滑輪，由一繩繫繞，則其機械利益可由繫繞之段數決定。
圖中所示為三種不同的安排，其機械利益由左至右分別為1、2、3。第一種
僅是改變方向，第二種兩段同時支撐重量，故作用力為其一半，第三種有
三段支撐重量，故作用力為其三分之一。

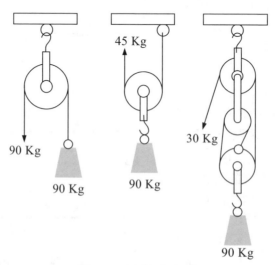

圖1-3　滑輪之應用

四、斜面【106中油】

傾斜面或楔形面均是很早人類所知曉之省力應用。斜坡、鑿子、斧、鉋刀等都是這種機構之應用。楔形面是兩個斜面構成的V型面,可以在直線前進的力量轉換為甚大的側面力。斜面推物之原理是將其重量作適當之分力,作用力僅需克服平行於斜面之力即可,在摩擦力不大之場合,因而可獲得適當之機械利益。樓梯、梯級等也是斜面的應用。

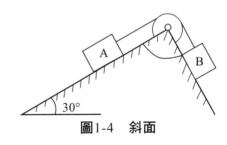

圖1-4　斜面

五、螺旋【107中油】

螺旋為斜面之扭轉體。它可視為一個圓筒繞以斜面,古時最著名的螺旋為阿基米得所發明,是一種提升水位的螺旋。螺旋作用主要用途在起重及壓縮。兩者均是藉旋轉運動改變為直線運動,其機械利益取決於兩項參數,即旋轉桿之長度與螺紋之節距(螺距)。

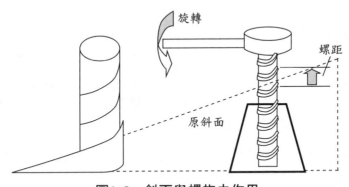

圖1-5　斜面與螺旋之作用

今日之器械,基本原理仍由此單元機械所衍生或組合而成。因為有了這些簡單機器,人類也開始意識到其所具有的力量,發覺槓桿可提供機械利益,彎弓成為他們第一件儲存能量的機件,葉片能產生旋轉運動。

觀念速記

比較施力臂、抗力臂的長度，可以將槓桿分為三類

1. 施力臂和抗力臂長度相等的槓桿是「等臂槓桿」，蹺蹺板、天平等均為等臂槓桿。又稱為第一類槓桿。
2. 施力臂長於抗力臂的槓桿是「省力槓桿」，開瓶器、裁紙刀等均為省力槓桿。
3. 抗力臂長於施力臂的是「費力槓桿」，大部分剪刀、鑷子、筷子、釣魚竿、掃帚、筆等均為費力槓桿。

但上述之分野極為含糊，因為有時討論時是互為因果的。故在實際設計時，不容易分開，有時仍然必須同時加以討論。依牛頓力學可知，質量與加速度之積為力。故運動學之中加速度實際上與作用力是成正比的。當然在物體中由於有質量的關係，將來之運動也受到質量及其質心位置之影響。

在本課程中，運動學將針對機械之物件運動中之位置、速度及加速度作分析。由於許多物體受到地心引力之影響，主要受限於地球表面上運動，故其質量對時間常維持不變，因此根據牛頓定律，其所受之加速度與力之關係也與時間維持不變。

應力，相反地，將與所受之力及慣性力有關。由於工程設計之主要任務在於保證物件在一定使用期間內，能維持其所有之運動方式，故其應力需考慮在一定的範圍，使用者方能接受其實用性。故在設計當中，必須先瞭解物件所受之力及相對之應力，要維持於運轉之不同環境上，均能維持在安全的範圍。這是工程師的工作。

物件在運動中會產生不同的力量，這些力係與加速度有密切的關係，故最終需回到運動學的問題上，瞭解其運動上之需要及其運動的路徑，以達到所需的工作目的。最後回歸到機械設計的問題。故機構學是設計上很重要的一環。

1-2 機件原理相關術語

一、運動學（Kinematics）

運動學（Kinematics）一字源於希臘文Kienma，或Motion，是為運動科學之意義。機構為一些機件的組合，並以鏈與銷結合構成運動，可以在一或多個動件間傳遞運動或機械能。為利於分析，機構之組件可以採用連桿之運動來考慮，連桿本身則需具有強度，並以結構結相連，以限制其相關之運動。

運動學主要在探討物件之位置及其對時間之變化。這些包括物件之速度、加速度及角速度與角加速度等性質。利用這些參數就應可以描述物件之位置、速度及加速度之變化。物件之位置則需以其上之某一點位置之參考點配合該物件之角度位置決定之。有些情況，則需瞭解位置與角度之時間變化值決定。

運動學之目的旨在研究運動中之幾何關係。運動學除針對物件之幾何形狀影響外，尚需加上時間之因素。本書之目的在於設計相關物件以符合特定之運動條件。這也為什麼在討論這個題目時，需由工程設計者之觀點來切入。

二、運動鏈（Kinematic chain）

運動鏈是一組連桿系統，其連桿之兩端以結相連接，或相互接觸並有相對運動。若此運動鏈中有一連桿固定，則其他桿件之間會產生預定之相對運動，則此種運動鏈稱為約束型運動鏈，但若其中一桿固定，而其他連桿間無法產生預定之相對運動時，此稱為非約束型運動鏈。我們所謂之機構（mechanism）或連桿系（Linkage）即屬約束型運動鏈。若其中一桿固定，而其他連桿間並無相對運動，等於一種固定結構，則這種組合不能稱為機構或連桿系，應稱為結構或桁架。

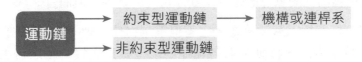

三、連桿之種類

種類	型式	代表法
雙聯連桿 （Binary Link）		
三聯連桿 （Ternary Link）		
四聯連桿 （Quaternary Link）		

四、固定桿（frame）

固架為固定於絕對座標的連桿，或稱為固定桿，因此其對絕對座標之自由度為零。固定桿是為機構之參考連桿，某一桿固定，對於該桿之相對運動即可獲得。

五、配對（Pairing）

兩物體相接觸或相結合會產生一個配對，結構上或稱為對偶，其形成是兩物件相接接觸的位置，或稱為「配對點（pair）」。羅勒斯（Reuleaux）在他的機械機構學一書中，將對點分為兩種，即「高配對（higher pair）」與「低配對（lower pair）」。低配對係指物體間之接觸狀況為形成單一面或更多面者而言。高配對則是兩物件僅接觸於某一點或一線，作用力會集中。故前所指高低的意思應是其接觸部份之相對應力值而言。

接合結在結構分析上甚為重要，它不但限制物件移動的路徑，亦可導引其他物件在特定方向上移動。而各種運動之型式則與接合結之自由度（Degree of freedom）有關。一個連桿件之自由度即為表示該連桿對應接合點之獨立座標變數數目。由於低配對之接觸維持一個面，故其所屬之幾何形狀

會較少，但亦最為常用。若依其可能之相當運動加以分類，可歸納出六種基本型式。而高配對則可能構成無數的型式。

1. **平面機構之低配對**：前面有討論連桿接合時所用之相互配對之情形。在平面機構中有兩種低配對方式：即旋轉配對與稜柱配對。一個二度空間之剛體僅有三個獨立運動方向：兩個移動，一個轉動。所以若加入迴轉配對或稜柱配對時，會使此兩剛體間之自由度減去二個。

   (1)平面之迴轉配對（R-型對）：在平面機構中有兩種低配對方式：即旋轉配對與稜柱配對。一個二度空間之剛體僅有三個獨立運動方向－兩個移動，一個轉動。所以若加入迴轉配對或稜柱配對時，會使此兩剛體間之自由度減去二個，其DOF＝1。

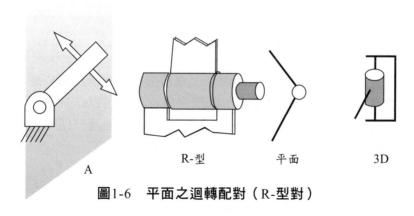

R-型　　　　　平面　　　　　3D

A

圖1-6　平面之迴轉配對（R-型對）

   (2)平面之稜柱配對（P-型對）：DOF＝1。

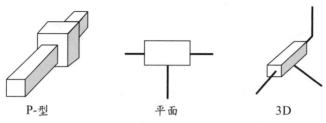

P-型　　　　　平面　　　　　3D

圖1-7　平面之稜柱配對（P-型對）

2. **三度空間之低配對**：三度空間機構具有六種低配對。其型式分別為：球配對（spherical pair）、面配對（plane pair）、圓柱配對（cylindrical

pair）、迴轉配對（revolute pair）、稜柱配對（prismatic pair）及螺旋
配對（screw pair）。

球配對（spherical pair）須維持兩個球心在一起。故兩剛體以此配對連接
時，將僅能約束在x、y、z軸方向上作旋轉，但在這些軸上均無法作相對
移動。因此球配對將減少三個自由度，故DOF＝3。

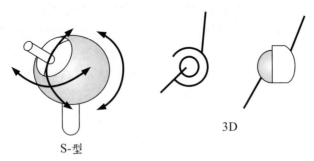

圖1-8　球配對（S-型結）

面配對（plane pair）會將兩剛體以面維持接觸。為瞭解其特性可以想像
一本書置放在桌上，它除了不可離開桌面以外，可以作其他自由運動。
兩剛體這種配對下連接將有平面上兩個移動的方向及一個垂直於平面之
轉動。因此面配對會減去三個自由度，故DOF＝3。

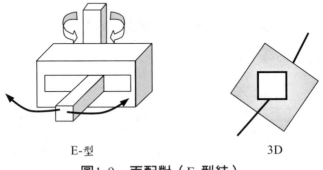

圖1-9　面配對（E-型結）

圓柱配對（cylindrical pair）將維持兩剛體之二軸成線。在這種系統下之
兩剛體將僅有一個沿軸之移動方向及一個垂直於軸之迴轉運動。因此將
減去四個自由度，其DOF＝2。

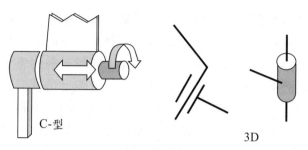

圖1-10　圓柱配對（C-型結）

迴轉配對（revolute pair）維持兩剛體之軸同線，不能作相對運動。故兩剛體以迴轉配對約束時，將僅有一個共同軸可供迴轉，故須減去五個自由度，具有此種配對之自由度為DOF＝1。

稜柱配對（prismatic pair）除維持兩剛體軸於一線外，並不允許對軸產生迴轉。故這種配對僅能在軸向作移動，因而減少5個自由度，整個系統因而僅剩一個自由度，或DOF＝1。

螺旋配對（screw pair）維持兩剛體同軸，但容許其有相對之螺旋運動。在這種情況下，它僅允許剛體沿軸作移動且一個相對應的對軸作轉動，不能分別自由運動，故螺旋配對實際上亦減去4個自由度。

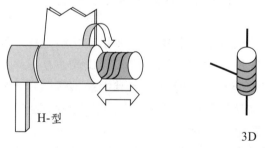

圖1-11　螺旋配對（H-型對）

對偶常應用在一般機構設計中，主要是其接觸為面，可以提供較佳的服務。因為在面的間隙中，可以獲得較佳的潤滑功能，並使運動過程更為緊密。因此在低配對件之運動中，其因磨損導致接合點之特性變化會較為緩慢。至少在接合點容許之狀況下，其相對運動更為簡單，故許多軸承之設計均以低配對為主。

3. **三度空間之高配對**：高配對之接合常是或類似純滾動接觸，而且常被應用。純滾動接觸的情況，其接觸的點常是另一表面上的某一點上或相對於該面上之停止點。因此在這一接觸面上並無滑動的現象，當然其接合點的摩擦及磨損的問題亦可大幅減少。但實際上這種情況的限制仍在於集中應力的問題，必須顧及材料能否負荷其對應之負載。由於接觸的面積很小，故材料承受之應力甚大。若物件俱完全剛性，則接觸點將僅限制某些點或某一線，換言之其接觸面積近於零，而應力將為無窮大值。

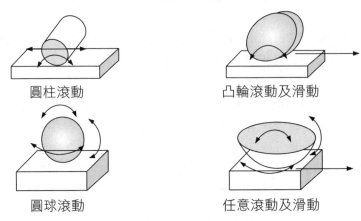

圓柱滾動　　　　　　　　　凸輪滾動及滑動

圓球滾動　　　　　　　　　任意滾動及滑動

圖1-12　高配對接合之各種型式

配對常應用在一般機構設計中，主要是其接觸為面，可以提供較佳的服務。因為在面的間隙中，可以獲得較佳的潤滑功能，並使運動過程更為緊密。因此在低配對件之運動中，其因磨損導致接合點之特性變化會較為緩慢。至少在接合點容許之狀況下，其相對運動更為簡單，故許多軸承之設計均以低配對為主。

由於高配對屬於點或線的接觸，雖然其接觸點承受之壓力甚大，其摩擦力小，阻力小；低配對件則因接合點均為面，接觸壓力小，但摩擦力大。為綜合兩方面之長，亦有採用複合式。將高配對之結構以多點配合的方式構成低配對之型式，諸如滾珠軸承、滾柱軸承等外形雖為迴轉配對（R型結），但內部則是由許多球配對（S型結）組合而成，此又稱為複式配對。

機構之自由度

$F = 3(N-1) - 2f_L - f_H$，N為連桿數，f_L為低對數，f_H為高對數。

當然，亦有將高配對組件以等效之低配對取代者。例如：銷與槽之結構，可以改為以迴轉配與稜柱配整合一起（圖1-13）。這種情況稱為運動學上之等效機構（Kinematically equivalent）。雖然結構上不太相同，其功能則完全一樣。

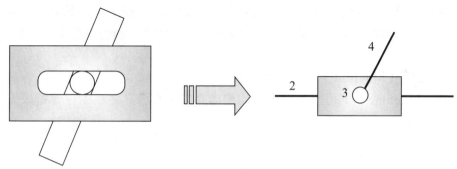

圖1-13　高配對可以利用等效低配對取代

設N為機件數，P為對偶數，則連桿可分為固定鏈、拘束鏈及無拘束鏈。

1. 固定鏈（呆鏈）：$P > \dfrac{3}{2}N - 2$，自由度＝0。

2. 拘束鏈：$P = \dfrac{3}{2}N - 2$，自由度＝1。

3. 無拘束鏈：$P < \dfrac{3}{2}N - 2$，自由度＞1。

六、連桿組（linkage）

為閉合的運動鏈，其中之一連桿須為固架。通常它是屬於一種運動的系統，以低配對組合為多。

七、機構（mechanism）【106中油】

機構一詞在機動學中可以與連桿組（linkage）共用，是一種連桿、各種高、低配對等組合而成之結構或裝置，可以將運動作不同的轉換，使其適

合於不同的需要。其間可能會產生少許的力量，並能傳遞少許的動力。在機構中，其中一連桿為固定桿，並設其為第一連桿。

> 【例】
> ・削鉛筆器　　・照相機快門　　・鐘錶　　・折疊椅
> ・滑板車　　　・調節式桌燈　　・雨傘

機構若在很輕的負荷下，可以緩慢運動時，就可認為是一種運動的裝置件，此時可以純就其運動情形加以分析，不必考慮到受力的問題。機械則屬機件在高速運轉下，除必須考慮到其運動學下之規則外，尚要考慮其間之速度、加速度及受力等，而且必須考慮靜力與動力所造成之各種應力與應變問題。

八、機械（Machine）【106中油】

機械（Machine）則可能由許多不同機構組成，其設計之目的在傳遞較大的力量及動力，以作某些特定的功。

> 【例】
> ・果菜切削機　　・銀行旋轉門　　・自動變速箱
> ・推土機　　　　・機器人　　　　・曳引機
> ・插秧機　　　　・水稻聯合收穫機　・割草機

上述之舉例中，有些分野仍然相當模糊的，其相異常在某種程度之差，而非種類之別。但一般言之，若力量或能量之水準在此裝置中涉及愈大時，愈屬機械之範疇；否則應屬於機構而已。故機構的真實定義應為一些元件之組合，可以形成預先期望之運動者。而在機械則必須加入傳遞力量及能量之能力。

由定義知，機器是可以傳遞動力之機構。故引擎是機器，因為動力可由活塞傳至曲軸，然後對外做功。馬達亦是機器，當然有人會懷疑它是否屬於機構，因為一個連桿也沒有。實際上由四連桿的觀念分析則如圖1-14。圓盤2與4為共軸，並有一連結桿3相互連結。在馬達中磁極為圓盤2上，被動圓盤4為曲臂。

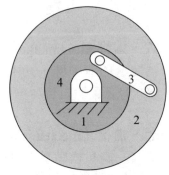

圖1-14　馬達之機構

雖然所有機器均屬機構，但並非所有機構均為機器。許多裝置雖有許多機構，但並不傳遞動力，亦不做功。例如：鐘錶並不作功，最多僅是克服本身之摩擦力而已。

九、機構圖（Kinematic Diagram）

研究機械零件的運動，通常將其零件就其影響運動之外殼輪廓概念表示，此為所謂之機構圖。圖1-15所示為一內燃機主件結構圖。靜置部份包括曲軸軸承、汽缸壁。

圖1-15　引擎之剖面圖

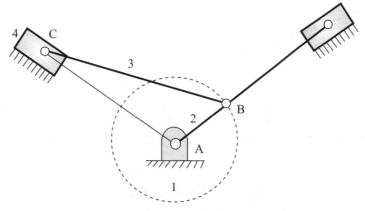

圖1-16　引擎活塞及連桿之連動觀念圖

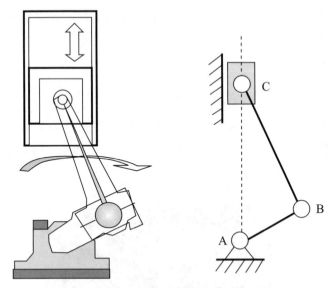

圖1-17　各種相對引擎之表示法

一個簡單的閉合連桿組除用圖示外尚可用文字來標示。圖1-18左邊為四連桿，通常各連桿間均使用迴轉配連接，故在標示上可用RRRR連桿組，或4R連桿組標示。右邊為一曲柄滑動件之結構。除前面具有迴轉配外，常有滑塊作稜型配，故其標示為RRRP連桿組，或3R-P連桿組。因此由標示名稱可以瞭解連桿組之各結組成。

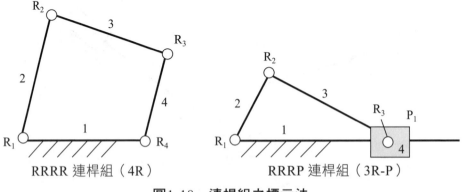

RRRR 連桿組（4R）　　　RRRP 連桿組（3R-P）

圖1-18　連桿組之標示法

十、反轉（Inversion）

在運動鏈的結構中，選定固定件是相當重要的。因為將不同連桿固定時，
其運動之結果可能完全不一樣，雖然對連桿系統本身，其間之相對運動仍
應維持相同。這種將固定件選定在不同的位置，稱為系統之反轉或反置。
在分析作業上，有時候利用反置法可以獲得較為方便之詮釋。

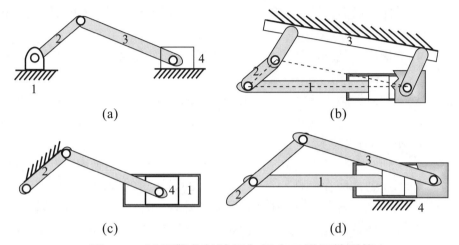

(a)　　　　　　　　　　　　　　(b)

(c)　　　　　　　　　　　　　　(d)

圖1-19　以引擎曲軸連桿為例之四種反轉型態

圖1-19所示為分別在不同連桿設為固定桿之情形；右上圖(b)為常見之曲軸
滑動件，用於內燃機引擎。右下圖(d)為曲軸固定時之運轉情形，這種機構
應用在早期之飛機引擎，此時曲軸固定在機架上，而曲軸箱與氣缸同時運
轉，螺旋槳則固定在曲軸箱上。第三桿固定之情況則如左上圖(a)，是為惠
氏急回機構（Whitworth quick-return），常用於擺動式蒸汽引擎。左下圖
(c)則將第四桿設為固定桿，常用於抽水泵機構。

精選試題

(　　)　1. 下列何者不可以算為一機械　(A)馬達　(B)電扇　(C)鉋床　(D)鍋爐。

(　　)　2. 一機構中，假設機件數目為6個，對偶數為6個，則此機構為 (A)固定鏈　(B)呆鏈　(C)無拘束運動鏈　(D)拘束運動鏈。

(　　)　3. 僅能傳送推力而不能傳送拉力者為　(A)撓性連件　(B)流體　(C)粉粒體　(D)剛體連件。

(　　)　4. 欲構成一個拘束運動鏈至少需用幾個機件所構成之連桿組　(A)八個　(B)三個　(C)四個　(D)五個。

(　　)　5. 下列何者為一機械？　(A)汽車　(B)榔頭　(C)鐵鎚　(D)照相機。

(　　)　6. 下列機件之對偶何者可稱為高對　(A)鍵、銷　(B)摩擦輪　(C)皮帶輪　(D)汽缸。

(　　)　7. 下列敘述何者為正確？　(A)一個機構，由四個活動機件互成對偶，則原動件與從動件必各為二個　(B)最簡單的機構，包括四個活動機件及一固定機件　(C)彈簧為一機構　(D)機構不一定為機械。

(　　)　8. 凡兩機件係面接觸，而僅作直線運動者為　(A)螺旋對　(B)高對　(C)滑動對　(D)迴轉對。

(　　)　9. 兩機件其接觸情形係以點或線接觸且自由度常多於1者，如齒輪，滾珠，凸輪等是屬於　(A)對稱體　(B)高對帶低對　(C)力偶　(D)低對。

(　　)　10. 機械無論是如何複雜，均可將其主要機構予以分解而分析其各部份之相對運動情形，其中若兩個機件經組合而相互接觸並產生運動方式之組合稱為　(A)對偶　(B)轉矩　(C)力偶　(D)力矩。

(　　)　11. 三連桿所組成之連桿組不能稱為機構的原因是　(A)各桿之間不能作相對運動　(B)缺少一固定的連桿　(C)幾乎沒有機械利益　(D)三桿不能承受大的負載。

(　　)　12. 將多個可以抵抗外力的剛體，配置成為一種組合，動其一部即可迫使另一部產生確切之運動時，就是一種：　(A)工具　(B)機構　(C)機架　(D)機器。

(　　)　13. 齒輪或滾珠軸承等元件，其機件間之接觸為：　(A)高對　(B)螺旋對　(C)滑動對　(D)迴轉對。

( ) 14. 滑行對除作相對滑行運動外，若滑件又可在滑槽內旋轉時，則其自由度為： (A)5 (B)4 (C)1 (D)2。

( ) 15. 螺旋對可同時具有旋轉及直線之相對運動，故其自由度為： (A)1 (B)2 (C)3 (D)4。

( ) 16. 機構學研究的範圍，就對整個機械而言，包括運動件及固定件間之關係 (A)如何配合以達到預期之運動 (B)組合之方式 (C)接觸面之輪廓 (D)材料以及受力之情況。

( ) 17. 下列何種形式的接觸面為高對？

( ) 18. 如右圖所示之對偶為
(A)合對 (B)高對 (C)迴轉對 (D)滑動對。

( ) 19. 運動鏈之各機件，當其中一件運動時，其他各件有一定之相對運動關係者為 (A)呆鏈 (B)拘束鏈 (C)無拘束鏈 (D)互不相干之機件。

( ) 20. 機構學為研究各機件間之 (A)位移 (B)速度 (C)支配運動法則 (D)以上皆是。

( ) 21. 僅可承受拉力而無法承受壓力的機件為 (A)剛體機件 (B)撓性體機件 (C)流體機件 (D)電磁機件。

( ) 22. 可承受拉力及壓（推）力的機件為 (A)剛體機件 (B)撓性體機件 (C)流體機件 (D)電磁機件。

( ) 23. 僅可承受壓力而無法承受拉力的機件為 (A)剛體機件 (B)撓性體機件 (C)流體機件 (D)電磁機件。

( ) 24. 家庭用品中哪一種不能稱機械？ (A)腳踏車 (B)機車 (C)鐘錶 (D)洗衣機。

( ) 25. 一平面與一平面接觸運動，其自由度為 (A)5 (B)4 (C)3 (D)2。

( ) 26. 一圓柱與一平面接觸運動，其自由度為 (A)5 (B)4 (C)3 (D)2。

( ) 27. 螺旋對的自由度為 (A)4 (B)3 (C)2 (D)1。

( ) 28. 在判斷運動鏈時，N為機件數，P為對偶數，當 $P = \dfrac{3N}{2} - 2$ 時，則該鏈為 (A)呆鏈 (B)拘束鏈 (C)無拘束鏈 (D)混合鏈。

( )　29. 在判斷運動鏈時，N為機件數，P為對偶數，當$P > \dfrac{3N}{2} - 2$時，則該鏈為　(A)呆鏈　(B)拘束鏈　(C)無拘束鏈　(D)混合鏈。

( )　30. 下列運動鏈中，何者為呆鏈？

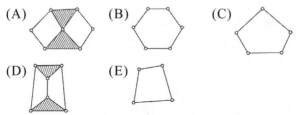

(A)　(B)　(C)

(D)　(E)

( )　31. 兩斜面A、B各對應於甲、乙兩螺絲釘，若要將螺絲釘旋入相同材質的木板內何者較省力？　(A)甲較省力　(B)乙較省力　(C)二者同樣省力　(D)無法比較。

( )　32. 圖為體重60公斤的小明乘坐在滑輪下方的吊椅上，假設繩子所能承受的最大張力為40公斤重。吊椅重量不計。則(甲)、(乙)二圖中，小明是否會因繩子斷裂而摔下來？
(A)甲、乙均會斷裂
(B)甲、乙均不會斷裂
(C)甲會斷裂、乙則不會
(D)乙會斷裂、甲則不會。

( )　33. 在我國古代，簡單機械就有了許多巧妙的應用，護城河上安裝的吊橋裝置就是一個例子，如圖所示。在拉起吊橋過程中？　(A)吊橋是省力槓桿　(B)A點是吊橋的支點　(C)AB是吊橋的抗力臂　(D)C滑輪有省力的作用。

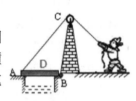

( )　34. 下列關於差動螺旋（Differential Screw）之敘述，何者正確？　(A)兩段螺紋旋向相同但導程不同　(B)兩段螺紋旋向相反且導程不同　(C)兩段螺紋旋向相反但導程相同　(D)兩段螺紋旋向相同且導程相同。

解答與解析

1. **D**

2. **C** 機件數N＝6，對偶數P＝6，符合$P < \frac{3}{2}N - 2$為無拘束鏈

3. **B**　　4. **C**　　5. **A**　　6. **B**

7. **D** (B)最簡單的機構包含三個活動機件及一個固定機件。
(C)彈簧為一機件。

8. **C**　　9. **B**　　10. **A**　　11. **A**　　12. **B**　　13. **A**　　14. **D**　　15. **A**

16. **D**

17. **D** 圓柱或圓球在平面上滾動，其接觸分別為線或點，故為高對。

18. **B** 其接觸分別為線或點，故為高對。

19. **B** 當其中一件運動時，其他各件有一定之相對運動關係者為拘束鏈。

20. **D**

21. **B** 僅可承受拉力而無法承受壓力的機件為撓性體機件。

22. **A** 剛體機件能承受拉力及壓力。

23. **C** 僅可承受壓力而無法承受拉力的機件為流體機件。

24. **C** 鐘錶不能稱機械。

25. **C** 平面與平面接觸，除了無法上、下之外，且轉動亦僅能繞垂直軸轉動，故自由度少了3個，亦即自由度為3。

26. **B**

27. **D** 螺旋對（Helical pair, screw pair）所屬兩個對偶元素間的相對運動，是對於旋轉軸的螺旋（轉動）運動，它具有一個自由度，是曲線運動與面接觸。

28. **B** $P = \frac{3N}{2} - 2$時，則該鏈為拘束鏈。

29. **A** 當$P > \frac{3N}{2} - 2$時，則該鏈為呆鏈。

30.**D**　A圖：機件數N＝6，對偶數P＝7，符合P＝$\frac{3}{2}$N－2為拘束鏈。

　　　　B圖：機件數N＝6，對偶數P＝6，符合P＜$\frac{3}{2}$N－2為無拘束鏈。

　　　　C圖：機件數N＝5，對偶數P＝5，符合P＜$\frac{3}{2}$N－2為無拘束鏈。

　　　　D圖：機件數N＝5，對偶數P＝6，符合P＞$\frac{3}{2}$N－2為呆鏈（固定鏈）。

　　　　E圖：機件數N＝4，對偶數P＝4，符合P＝$\frac{3}{2}$N－2為拘束鏈。

31.**A**　螺釘旋入相當於上推物體，故知斜面A較省力。

32.**D**　甲繩所承受之張力為30kg；乙繩所承受之張力為60kg，故乙會斷裂、甲則不會。

33.**A**　(B)B點是吊橋的支點。
　　　　(C)D為AB中點，則BD是吊橋的抗力臂。
　　　　(D)C滑輪沒有省力的作用。

34.**A**　差動螺旋為兩段螺紋旋向相同但導程不同。

第二章　螺旋

依據出題頻率區分，屬：**A** 頻率高

課前叮嚀

本章重點為螺紋的種類與螺紋表示法，螺栓、螺帽、墊圈、螺釘種類及功用，國民營考試本章佔有極重的比率。

螺紋主要用在連結件上，例如螺栓和螺釘。這種性質的螺紋，設計簡單，容易產生。常用的形狀是V形，雖然有幾種微小的變化。螺紋的另一用途，是傳達動力，比如在千斤頂中，試看藉著一根普通螺絲所得到的機械利益有多大！由此也說明了螺紋的妙用無窮。

螺紋也傳達運動或是用來定位，比如車床上的導螺桿。最後，螺紋也有用作量測器具的，比如用在分釐卡裡。當所製作的螺紋形狀不同，自然受它的影響所達成的功用也不同。

2-1 螺紋的分類與規範

一、螺紋的分類

螺紋有以下多種分類：

1. **依螺牙形狀來分：**

    (1)國際公制標準螺紋：螺紋角60°，表示法：M8×1.25（M：公稱直徑，1.25：螺距）。

    (2)方形螺紋：螺牙為方形（圖2-1），除滾珠螺紋外，傳動效率最大，磨損後無法用螺帽調整。

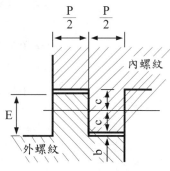

圖2-1　方形螺紋

(3)愛克姆（Acme）螺紋：螺牙為梯形，與梯形螺紋之差異為螺紋角29度。

(4)鋸齒形（Buttress）螺紋：螺牙呈鋸齒形（圖2-2）。

(5)惠氏螺紋：英國國家標準採用之螺紋，螺紋角55度（圖2-5）。

(6)V形（三角形）螺紋：螺紋角60度。

(7)美國標準螺紋：螺牙似V形，螺紋角60度，分NC：粗牙；NF：細牙；NEF：特細牙。表示法：$\frac{1}{2}-10NC$（$\frac{1}{2}$：外徑，10：每吋牙數）。

(8)統一標準螺紋：螺牙似V形，螺紋角60度，分UNC：粗牙；UNF：細牙；UNEF：特細牙（圖2-3）。表示法：$\frac{1}{2}-10UNC$（$\frac{1}{2}$：外徑，10：每吋牙數）。【107中油】

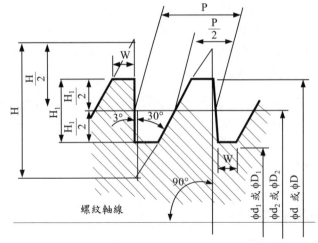

D ＝內螺紋大徑
D_1 ＝內螺紋小徑
$D_2＝d_2$＝節徑
d ＝外螺紋大徑
d_1＝外螺紋小徑
P ＝螺距
H ＝基本三角形高度
H_1＝基本螺紋高度
W ＝螺峰寬度

公式：基本輪廓尺寸用下列公式算出

H ＝ 1.5878P　　　W ＝ 0.26384P
H_1 ＝ 0.75P　　　D ＝ d
　　　　　　　　　$D_1＝d_1$

圖2-2　鋸齒形（Buttress）螺紋

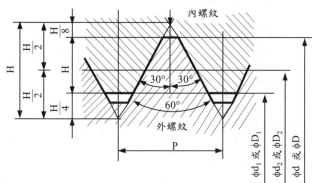

計算公式：

$$P = \frac{25.4}{n}$$

$$H = \frac{0.866025}{n} \times 25.4$$

$$H_1 = \frac{0.541266}{n} \times 25.4$$

$$d_2 = (d - \frac{0.649519}{n}) \times 25.4$$

$$D = d \qquad D_2 = d_2 \qquad D_1 = d_1$$

$$d_1 = (d - \frac{1.082532}{n}) \times 25.4$$

圖2-3　統一標準螺紋

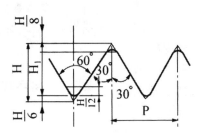

圖2-4　統一標準螺紋

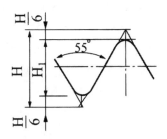

圖2-5　惠氏螺紋

(9)梯形螺紋：螺牙角30度（圖2-6）。

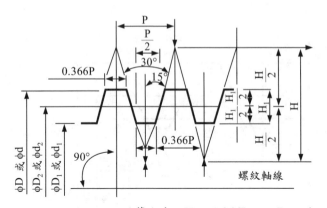

H ＝基本三角形高度
H₁＝基本螺紋高度
D ＝內螺紋大徑
D₁＝內螺紋小徑
D₂＝內螺紋節徑
d ＝外螺紋大徑
d₁＝外螺紋小徑
d₂＝外螺紋節距
P ＝單螺紋之螺距

計算公式：$H = 1.866P$　　　$D = d$
$H_1 = 0.5P$　　　$D_1 = d_1$
$D_2 = d_2$

圖2-6　梯形螺紋

(10)圓形螺紋：螺牙角呈半圓形，適用於燈泡、橡皮管之連接。

(11)管螺紋：分錐形管和平形管。

(12)滾珠螺紋：為精密機械用之螺紋，傳動效率最大（圖2-7）。

方形、愛克姆（Acme）及鋸齒形（Buttress）等形狀之螺紋，係傳遞動力之用的所謂動力螺桿（power screw）。理論上，除滾珠螺紋外，方形螺紋之傳力效率最高，但製造上較為困難，製造費用亦高。愛克姆齒紋每邊有14：1之斜度角，其傳遞動力之效率，較之方齒者相差亦不太大，但製造費用較低。若力之傳遞，僅係向一個方向者，以使用鋸齒形螺紋為宜。

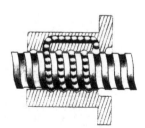

圖2-7　滾珠螺紋

2. 依螺旋方向來分：

(1)左旋螺紋（Left-hand thread）：從軸向看，如以反時針方向旋轉時，其前進方向遠離於人者，以符號「LH」表示。

(2)右旋螺紋（Right-hand thread）：從軸向看，如以順時針方向旋轉時，其前進方向遠離於人者，以符號「RH」表示。

3. **依螺紋位置來分：**

(1)外螺紋（External thread）：在圓柱體或圓錐體之外表面上具有螺紋者，如螺栓。

(2)內螺紋（Internal thread）：在圓柱孔或圓錐孔之內表面上具有螺紋者，如螺帽。

4. **依螺旋產生線來分（圖2-8）：**

(1)單線螺紋（Single-start thread）：由一條螺旋線所構成之螺紋，亦即導程與螺距相等之螺紋。

(2)雙線螺紋（Double-start thread）：由二條螺旋線所構成之螺紋，亦即導程為螺距二倍者。

(3)複螺紋（Multi-start thread）：由二條以上螺旋線所構成之螺紋，亦即導程為螺距二倍以上之整倍數者，如三線螺紋、四線螺紋⋯⋯。

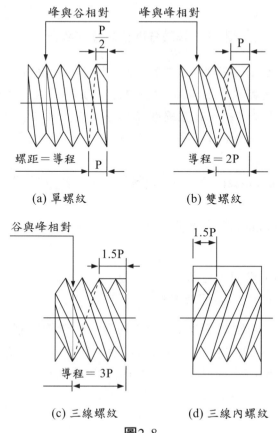

(a) 單螺紋　　　　　(b) 雙螺紋

(c) 三線螺紋　　　　(d) 三線內螺紋

圖2-8

二、螺紋的規範

以下為常見的螺紋各部位之專有名詞（圖2-9）：

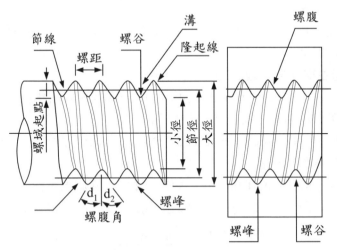

圖2-9　螺紋各部位之專有名詞

1. 節距（Pitch）為兩個相鄰螺紋在軸方向的距離，其倒數即為每吋的齒數。
2. 導程（Lead）是螺紋件每旋轉一圈順軸向前進的距離。例如，在雙線螺絲上，導程是螺距的二倍，在三線螺絲上，導程是螺距的三倍。【107中油】
3. 大徑（Major diameter）亦即是外直徑，又稱公稱直徑（nominal diameter）或標稱直徑。
4. 小徑（Minor diameter）是螺紋部份的最小直徑，亦稱根部直徑（root diameter）。
5. 節徑（Pitch diameter）為大直徑與小直徑之平均值。

螺紋表示法：

螺紋的標記有如下幾項：1. 螺旋方向。2. 螺旋線條數。3. 螺紋公稱符號。4. 螺紋大徑。5. 螺距。6. 配合等級。

一個1吋的聯合粗齒制右手螺紋，每吋8齒，配合的鬆緊程度為2A級之表示方式為1-8UNC-2A。假如為左手螺紋者，其表示方式為1-8UNC-2A-LH（LH即左手left hand之簡寫，右手者則無此字尾）。

2-2 螺栓、螺帽、墊圈與螺釘

一、螺栓、螺帽、墊圈

1. 螺栓與螺釘

	螺栓	螺釘
直徑	$\frac{1}{4}$"以上	$\frac{1}{4}$"以下
使用	需與螺帽配合，使用扳手。	不需與螺帽配合，使用螺絲起子。
材料	中碳鋼、低合金鋼或軟鋼。	軟鋼、黃銅。

觀念速記

直徑$\frac{1}{4}$"（6.35mm）以上稱為螺栓；直徑$\frac{1}{4}$"（6.35mm）以下稱為螺釘。

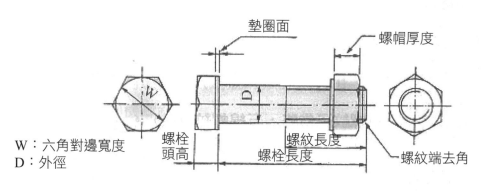

W：六角對邊寬度
D：外徑

螺栓示意圖

2.螺栓的種類

	說明	圖示
貫穿螺栓	需與螺帽配合，連結之兩機件鑽孔直徑較螺栓外徑大約1~1.5mm（$\frac{1}{32}$"）。	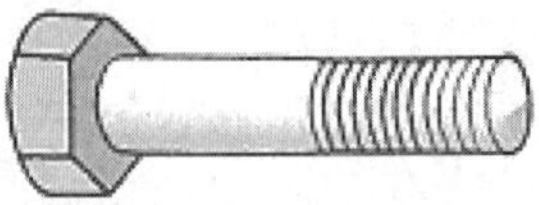
帶頭螺栓	形狀與貫穿螺栓相同，不需與螺帽配合，一機件鑽孔；另一機件攻螺紋，即可使用。	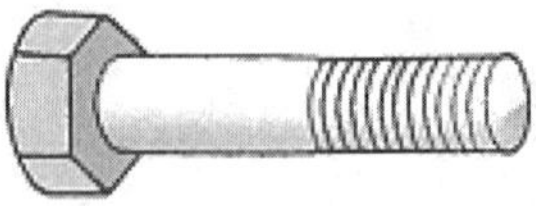
螺椿	又稱柱頭螺栓，為兩端攻有螺紋之桿。	
地腳螺栓	用於將機械固定於地面上。	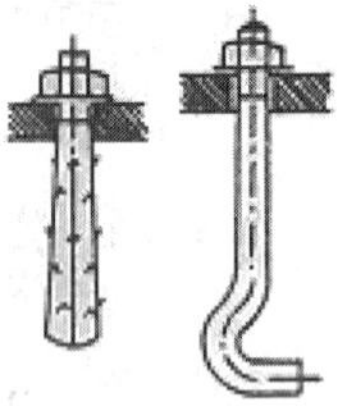
環首螺栓	用於吊起機械之處。	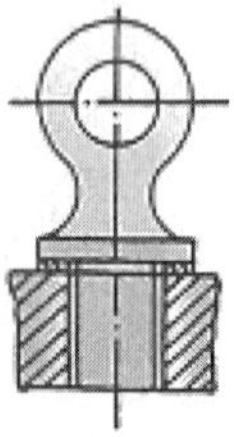

觀念速記

地腳螺栓用於將機械固定於地面上；環首螺栓用於吊掛機械。

3. **螺栓的表示法**

※**公制**

$$\underset{\underset{(1)}{\uparrow}}{L} \underset{\underset{(2)}{\uparrow}}{-3N} \underset{\underset{(3)}{\uparrow}}{M30} \times \underset{\underset{(4)}{\uparrow}}{3.2} \times \underset{\underset{(5)}{\uparrow}}{50} \underset{\underset{(6)}{\uparrow}}{-2}$$

(1)L表示左螺紋；R表示右螺紋（右螺紋可省略）。

(2)三線螺紋。

(3)公制螺紋，外徑為30mm。

(4)螺距3.2mm。

(5)螺栓長度50mm。

(6)2級配合（1：緊配合；2：中配合；3：鬆配合）。

※**英制**

$$\frac{5}{8} \times 2\text{-}11 \ \ UNC\text{-}2A\text{-}2\text{-}LH$$

$$\underset{(1)}{\uparrow} \ \underset{(2)}{\uparrow}\underset{(3)}{\uparrow} \ \ \underset{(4)}{\uparrow} \ \ \underset{(5)}{\uparrow}\underset{(6)}{\uparrow} \ \underset{(7)}{\uparrow}$$

(1)外徑為$\frac{5}{8}$"（英吋）。

(2)螺栓長度2"（英吋）。

(3)每吋牙數11牙。

(4)統一標準螺紋粗牙。

(5)2級配合（1：鬆配合；2：中配合；3：緊配合）、（A：陽螺紋；B：陰螺紋）。

(6)雙線螺紋。

(7)LH表示左螺紋；RH表示右螺紋（右螺紋可省略）。

4. **螺帽的種類**

	說明	圖示
六角螺帽	一般常用之螺帽。	

	說明	圖示
翼形螺帽	用手即可裝卸，用於常需裝卸之處。	
蓋頭螺帽	用於防止水、油滲入之處。	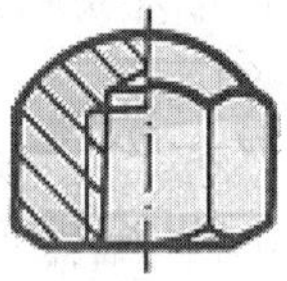
環首螺帽	如環首螺栓，用於吊掛機械之處。	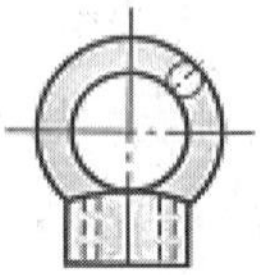
堡形螺帽	較一般螺帽高，與開口銷配合使用，可防止螺帽鬆脫，又稱槽螺帽。【105中油】	

觀念速記

翼形螺帽用手即可裝卸，用於常需裝卸之處；蓋頭螺帽用於防止水、油滲入之處。

5. 墊圈的種類

	說明	圖示
普通墊圈	可分為圓形及方形。	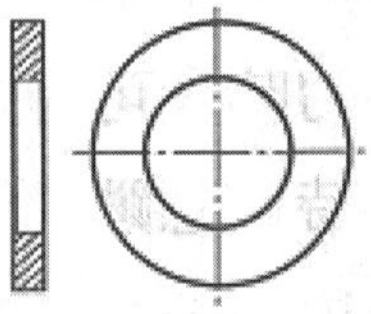

	說明	圖示
彈簧墊圈	用於鎖緊、防鬆。	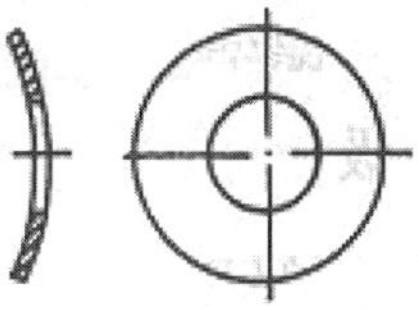
彈簧鎖緊墊圈	用於鎖緊、防鬆，斷面呈梯形。	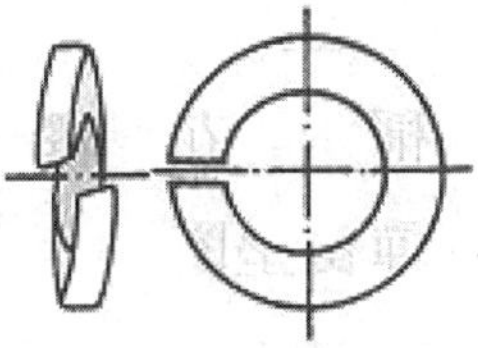
齒形墊圈	用於鎖緊、防鬆，又稱梅花墊圈。	

6. **墊圈的功用【107中油】**

(1)防止螺帽鬆脫。

(2)增加螺帽之接觸面積。

(3)減少單位面積的壓力。

(4)作光滑之承面。

(5)保護機件表面。

二、螺釘

	說明	圖示
帽螺釘	一般使用之螺釘。	
機螺釘	用來鎖緊較小機件之螺釘。	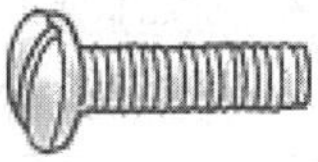

	說明	圖示
固定螺釘	用來阻止兩機件發生相對運動，又稱定位螺釘。	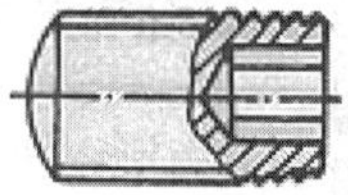
自攻螺釘	能自行產生攻螺紋作用之螺釘。	
木螺釘	能自行產生攻螺紋作用之螺釘，材料為軟鋼，係用於木材、塑膠或輕金屬之鎖緊。	

精選試題

( )　1. 螺桿的兩端皆有螺紋，其中一端鎖固於機件的陰螺孔中，另一端則貫穿配合件，再以螺帽鎖緊，此為：　(A)螺樁　(B)自攻螺栓　(C)螺栓　(D)帽螺釘。

( )　2. 螺釘的導角愈大，則愈適於：　(A)傳動用　(B)鎖緊用　(C)測量用　(D)定位用。

( )　3. 固定機器底座於地面上使用：　(A)滾珠螺釘　(B)機螺釘　(C)帽螺釘　(D)地腳螺釘。

( )　4. 當螺帽接觸面太小或零件的孔較大而螺帽接觸面較小時，應該如何增加鎖緊力：　(A)加入銅絲於螺絲間　(B)加上墊圈　(C)有槽螺帽鎖緊　(D)以上皆是。

( )　5. 在美國螺紋標準中一般常用機械的螺紋配合為：　(A)一級、二級、三級皆可　(B)一級配合　(C)三級配合　(D)一級或二級配合。

( )　6. 固定螺釘（Set Screw）的功用是：　(A)使圓柱機件軸心與孔的中心一致　(B)使圓柱機件在孔中可以轉動而不能滑動　(C)使圓柱機件軸心與孔的中心不一致　(D)使圓柱機件在孔中不容易滑動或轉動。

(　)　7. 愛克姆螺紋之螺紋角為？　(A)公制30°，英制29°　(B)公制29°，英制30°　(C)公制29°，英制29°　(D)公制60°，英制55°。

(　)　8. 若D為螺栓之公稱尺寸，正規級螺帽濃度T為：　(A)5/6×D　(B)8/9×D　(C)6/7×D　(D)7/8×D。

(　)　9. 墊圈之功用，下列何者為非？　(A)美觀大方　(B)防止螺帽鬆動　(C)增加摩擦面　(D)增大受力面。

(　)　10. 常需鬆卸處應用？　(A)翼形螺帽　(B)環首螺帽　(C)堡形螺帽　(D)T形螺帽。

(　)　11. 螺帽使用在動態連接件上為防止螺帽之鬆脫可使用彈簧鎖緊墊圈，此法是屬於：　(A)撓性鎖緊裝置　(B)確動鎖緊裝置　(C)摩擦鎖緊裝置　(D)剛性鎖緊裝置。

(　)　12. 螺紋記號M10×1.5中表示螺距者為？　(A)10×1.5　(B)M　(C)M10　(D)1.5。

(　)　13. 在英制螺紋中之NF或UNF符號表示　(A)極細螺紋　(B)陰螺紋　(C)粗螺紋　(D)細螺紋。

(　)　14. M15×1.5×30之螺栓，其中15代表：　(A)螺距　(B)公制螺紋　(C)螺栓長度　(D)螺栓公稱直徑。

(　)　15. 一螺栓標注M16×1.5×50－1，式中「16」表示：　(A)螺栓長16mm　(B)螺距16mm　(C)螺紋長度16mm　(D)螺栓公稱直徑16mm。

(　)　16. 1/2重級平墊圈，其中1/2系指墊圈之　(A)重量　(B)內徑　(C)種類　(D)濃度。

(　)　17. 螺帽使用在動態連接件上是為防止螺帽之鬆脫可使用彈簧鎖緊墊圈，此法屬於：　(A)摩擦鎖緊裝置　(B)剛性鎖緊裝置　(C)撓性鎖緊裝置　(D)確動鎖緊裝置。

(　)　18. 若某雙線螺紋之導程為L，螺距為P，則L與P之關係為　(A)$L=\dfrac{P}{2}$　(B)$L=P$　(C)$L=2P$　(D)$L=3P$。

(　)　19. 一般電燈泡頭上的螺紋為　(A)圓形螺紋　(B)方形螺紋　(C)梯形螺紋　(D)V形螺紋。

( )　20. 下列何者不是螺旋的主要功用？　(A)鎖緊機件　(B)調整機件的距離　(C)緩和衝擊　(D)傳達動力。

( )　21. 下列有關螺旋功用的敘述，何者不正確？　(A)連接機件　(B)傳達運動　(C)減少摩擦　(D)可作尺寸量測之用。

( )　22. 某雙線螺紋之螺距為P，導程角為θ，節圓直徑為D，則
　　　　$\tan\theta = $ _____ ？

( )　23. 一螺旋線旋繞於圓柱表面，此圓柱之直徑為D，此螺旋線之導程為L，導程角為30°，螺旋角為60°，則L＝ _____ ？

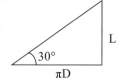

( )　24. 某複式螺旋（compound screw）由兩支螺桿組合而成，其螺紋規格分別為M14×2.0及L-2N M10×1.5，試問其導程應為多少mm？
　　　　(A)0.5　(B)1.0　(C)3.5　(D)5.0。

解答與解析

1. **A**　　　2. **A**　　　3. **D**　　　4. **B**　　　5. **B**　　　6. **D**　　　7. **A**　　　8. **D**

9. **A**　　　10. **A**　　　11. **C**　　　12. **D**　　　13. **D**　　　14. **D**　　　15. **D**　　　16. **B**

17. **A**　　　18. **C**　　　19. **A**　　　20. **C**　　　21. **C**

22. $\tan\theta = \dfrac{2P}{\pi D}$　　　23. L＝πDtan30°

24. **D**　複式螺旋一個為右旋螺紋螺距為2mm；一個為左旋雙線螺紋螺距為1.5mm，故知複式螺旋之導程為2＋1.5×2＝5(mm)。

第三章　機械效率與機械利益

依據出題頻率區分，屬：**B** 頻率中

課前叮嚀

本章重點為機械效率與機械利益的計算，特別應用在斜面與螺旋起重機上，差動螺紋與複式螺紋導程與機械利益的計算為新式的考題。

3-1 機器的機械效率

從機器動能方程式中可以看到，當機器運動時，總有一部分驅動力所作的功要消耗在克服一些有害阻力（如運動中的摩擦力）上而變為損失功。這完全是一種能量的損失，應當力求減少。因此，研究如何衡量機器對能量的有效利用程度以及確定的方法是十分重要的問題。

由於機器真正工作的階段是在穩定運動時期，所以能量的有效利用問題應根據此時期的特點進行討論。根據前述，在變速穩定運動的一個運動循環中，或勻速穩定運動的任一時間間隔內，輸入功等於輸出功與損失功這和，即式(3.1)可寫為

$$W_d = W_r + W_f \cdots\cdots\cdots\cdots\cdots\cdots\cdots\cdots\cdots\cdots\cdots (3.1)$$

從上式中可以看到，對於一定的 W_d，損失功 W_f 愈小，則輸出功 W_r 就愈大，這表示該機器對能量的有效利用程度愈高。因此，可以用 W_r 對 W_d 的比值 η 來衡量機器對能量有效利用的程度，即

$$\eta = \frac{W_r}{W_d} \cdots\cdots\cdots\cdots\cdots\cdots(3.2)$$

$$式中\quad \zeta = \frac{W_f}{W_d} \cdots\cdots\cdots\cdots\cdots(3.3)$$

由於式(3.2)表示了機器對機械能的有效利用程度，故稱 η 為機器的機械效率或簡稱效率，而 ζ 則稱為損失系數。由式(3.2)可知

$$\eta + \zeta = 1\cdots\cdots\cdots\cdots\cdots\cdots(3.4)$$

以上說明，作變速穩定運動的機器的效率概念是建立在一個運動循環之上的。因為在一個運動循環中的任一微小區間內，機器動能的增量和運動構件重力所作的功並不等於零，輸入功的一部分還要用來增加機器的動能和克服運動構件重力所作的功，或者機器的動能和構件重力的功會克服一部分輸出功和損失功，故此時輸出功與輸入功的比值並不是機器的真正效率，而稱為瞬時效率。真正的效率應等于整個運動循環內輸出功與輸入功的比值，因而又稱為循環效率。但是對於勻速穩定運動的機器，則因其動能在整個穩定運動時期都保持不變，即動能增量和構件重力的功都等於零，所以此時機器的效率就等於任一瞬時的效率。

3-2　機器的機械利益

	定義	公式
機械利益	一機械中，從動件所獲得之力與施於主動件之力的比值。	$M = \dfrac{W}{F}$ $M > 1$省力費時 $M < 1$費力省時

	定義	公式
機械效益	一機械中，從動件所作之功與主動件所接受之能量的比值。	$\eta = \dfrac{W_{out}}{W_{in}} \times 100\%$

※功的原理：無論何種機械，若不計摩擦損失時，則輸入之功恆等於輸出之功。

	公式	圖示
斜面之機械利益	$W \sin 30^\circ = F$ $\dfrac{W}{F} = \csc 30^\circ$	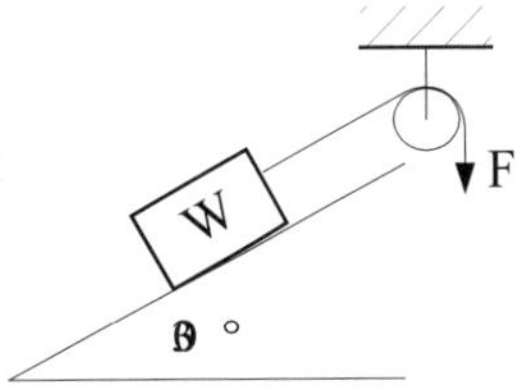
螺旋起重機之機械利益	$2\pi RF = WP$ $\dfrac{W}{F} = \dfrac{2\pi R}{P}$	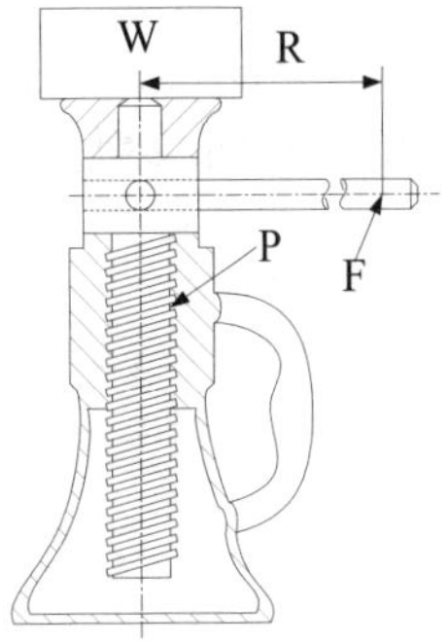

3-3 差動螺紋與複式螺紋

一、差動螺紋
由兩個或兩個以上「旋向相同，導程不同」之螺旋所組成。當螺桿旋轉一周時，其螺帽所移動之距離為兩螺紋導程之差（即 $L = L_1 - L_2$），稱為差動

螺紋。此螺紋可獲得較大之機械利益，能使較小支力量舉起很重之物體，但較費時。

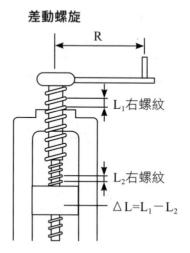

差動螺旋

二、複式螺紋

由兩個或兩個以上「旋向相反，導程不同」之螺旋所組成。當螺桿旋轉一周時，其螺帽所移動之距離為兩螺紋導程之和（即$L＝L_1＋L_2$），稱為複式螺紋。

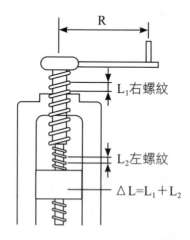

精選試題

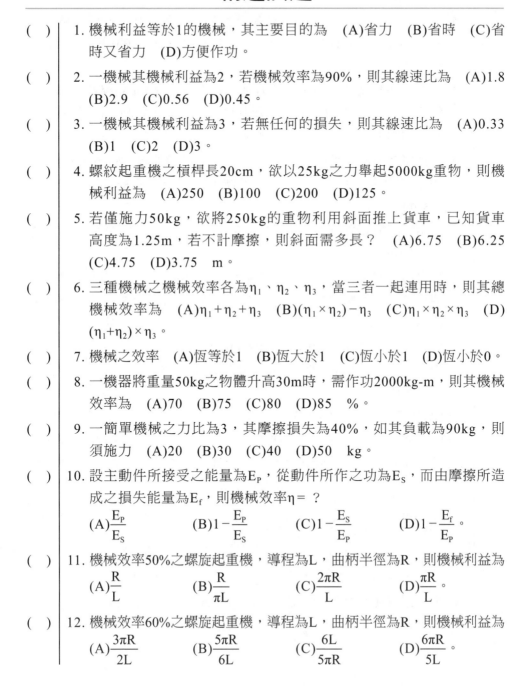

( ) 1. 機械利益等於1的機械,其主要目的為 (A)省力 (B)省時 (C)省時又省力 (D)方便作功。

( ) 2. 一機械其機械利益為2,若機械效率為90%,則其線速比為 (A)1.8 (B)2.9 (C)0.56 (D)0.45。

( ) 3. 一機械其機械利益為3,若無任何的損失,則其線速比為 (A)0.33 (B)1 (C)2 (D)3。

( ) 4. 螺紋起重機之槓桿長20cm,欲以25kg之力舉起5000kg重物,則機械利益為 (A)250 (B)100 (C)200 (D)125。

( ) 5. 若僅施力50kg,欲將250kg的重物利用斜面推上貨車,已知貨車高度為1.25m,若不計摩擦,則斜面需多長? (A)6.75 (B)6.25 (C)4.75 (D)3.75 m。

( ) 6. 三種機械之機械效率各為η_1、η_2、η_3,當三者一起連用時,則其總機械效率為 (A)$\eta_1+\eta_2+\eta_3$ (B)$(\eta_1\times\eta_2)-\eta_3$ (C)$\eta_1\times\eta_2\times\eta_3$ (D)$(\eta_1+\eta_2)\times\eta_3$。

( ) 7. 機械之效率 (A)恆等於1 (B)恆大於1 (C)恆小於1 (D)恆小於0。

( ) 8. 一機器將重量50kg之物體升高30m時,需作功2000kg-m,則其機械效率為 (A)70 (B)75 (C)80 (D)85 %。

( ) 9. 一簡單機械之力比為3,其摩擦損失為40%,如其負載為90kg,則須施力 (A)20 (B)30 (C)40 (D)50 kg。

( ) 10. 設主動件所接受之能量為E_p,從動件所作之功為E_s,而由摩擦所造成之損失能量為E_f,則機械效率$\eta=$?
(A)$\dfrac{E_p}{E_s}$ (B)$1-\dfrac{E_p}{E_s}$ (C)$1-\dfrac{E_s}{E_p}$ (D)$1-\dfrac{E_f}{E_p}$。

( ) 11. 機械效率50%之螺旋起重機,導程為L,曲柄半徑為R,則機械利益為
(A)$\dfrac{R}{L}$ (B)$\dfrac{R}{\pi L}$ (C)$\dfrac{2\pi R}{L}$ (D)$\dfrac{\pi R}{L}$。

( ) 12. 機械效率60%之螺旋起重機,導程為L,曲柄半徑為R,則機械利益為
(A)$\dfrac{3\pi R}{2L}$ (B)$\dfrac{5\pi R}{6L}$ (C)$\dfrac{6L}{5\pi R}$ (D)$\dfrac{6\pi R}{5L}$。

( )　13. 機械的功用大都為　(A)省力又省時　(B)省力或省時　(C)省力不省時　(D)不省力亦不省時。

( )　14. 設千斤頂搖臂長為L呎，當其受垂直於臂的力P ℓb，而迴轉一周時重物W ℓb上升H呎，則所作之功為　(A)HP　(B)LP　(C)2πLP　(D)2πHP。

( )　15. 有關螺絲墊圈（washer）之敘述，何者錯誤？　(A)梅花墊圈具有鎖緊及防震功用　(B)墊圈可增加摩擦面及減少鬆動　(C)墊圈為傳達運動的機件　(D)平墊圈以圓形最常見。

( )　16. 下列何者不適合用於傳遞重負荷？　(A)甘迺迪鍵（Kennedy key）　(B)路易氏鍵（Lewis key）　(C)栓槽鍵（spline key）　(D)鞍鍵（saddle key）。

( )　17. 應用斜面推高物體時，斜面愈長則　(A)愈省力　(B)愈費力　(C)無關　(D)愈省時。

( )　18. 發電機的機械效率為95%，馬達的機械效率為90%，則二者在一起使用時（例如柴油電氣機車）機械效率為　(A)185　(B)5　(C)95　(D)85.5　%。

( )　19. 用一螺旋起重機如圖所示，舉500kg重之物件，螺旋之導程為1cm，假設不計摩擦力，則舉起該物件，應出之力為
(A)16.7　　　(B)19.7
(C)2.65　　　(D)5.5　kg。

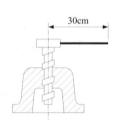

( )　20. 螺旋起重機如圖所示，手柄半徑為R，螺紋導程L，設摩擦不計，則其機械利益約為　(A)$\dfrac{\pi R}{L}$　(B)$\dfrac{2\pi R}{L}$　(C)$\dfrac{L}{\pi R}$　(D)$\dfrac{L}{2\pi R}$。

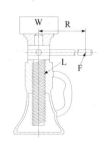

( )　21. 用螺旋起重機（其手柄半徑為30cm），舉500kg重之物體，螺旋之導程為1cm，假設不計摩擦力，則舉起該物件應出之力為　(A)16.7　(B)2.7　(C)9.5　(D)5　kg。

(　) 22. 如圖所示，若W＝100kg，則F須出力若干才可拉動？

　　　(A)75

　　　(B)50

　　　(C)30

　　　(D)10　kg。

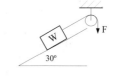

(　) 23. 如圖所示，導程L_1＝5mm右旋，L_2＝3mm右旋，手

　　　輪D＝50mm，則該機械效益為

　　　(A)15π

　　　(B)20π

　　　(C)25π

　　　(D)30π。

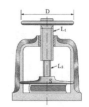

(　) 24. 如圖所示，當F旋轉20周時，螺帽W上升5.5cm，已

　　　知導程L_1＝0.5cm，且兩螺旋均為右螺旋，則導程L_2

　　　應為若干？

　　　(A)0.22　　　　(B)0.32

　　　(C)0.42　　　　(D)0.52　cm。

(　) 25. 一螺旋起重機之螺紋為2 N M36×4.0，手柄長度為

　　　20cm，以15N的施力，舉升2000N的重物，試問：下列敘述何者正

　　　確？　(A)機械利益≈133；機械效率≈85%　(B)機械利益≈133；機

　　　械效率≈42%　(C)機械利益≈314；機械效率≈42%　(D)機械利益

　　　≈157；機械效率≈85%。

解答與解析

1.**D**　機械利益等於1的機械，其主要目的為方便作功。

2.**C**　$V＝\dfrac{1}{2×0.9}＝0.56$。

3.**A**　$V＝\dfrac{1}{3}＝0.33$。

4.**C**　$M＝\dfrac{W}{F}＝\dfrac{5000}{25}＝200$。

5.**B**　$50×10×L＝25×10×1.25 \Rightarrow L＝6.25(m)$。

6. **C** 數個機械組合使用時，總機械效率為各機械效率之連乘積。

7. **C** 機械效率恆小於1。

8. **B** $\eta = \dfrac{50 \times 30}{2000} \times 100\% = 75\%$。

9. **D** $A = 3 = \dfrac{90}{F} \Rightarrow F = 30 \Rightarrow F_o \times (1 - 40\%) = 30 \Rightarrow F_o = 50(kg)$。

10. **D** 機械效率 $= 1 - $ 摩擦損失 $= 1 - \dfrac{E_f}{E_p}$。

11. **D** $A = \dfrac{2\pi R}{L} \times 50\% = \dfrac{\pi R}{L}$。

12. **D** $A = \dfrac{2\pi R}{L} \times 60\% = \dfrac{6\pi R}{5L}$。

13. **B** 機械的功用大都為省力或省時。

14. **C** $W = F \cdot S = P \cdot 2\pi L = 2\pi LP$。

15. **C** 螺栓及墊圈為固定用機件。

16. **D** 鞍型鍵為傳送小動力之鍵。

17. **A** 斜面愈長愈費時，但愈省力。

18. **D** $\eta = 95\% \times 90\% = 85.5\%$。

19. **C** $\dfrac{500}{F} = \dfrac{2\pi \times 30}{1} \Rightarrow F = 2.65(kg)$。

20. **B** $W_入 = W_出$，$F \times 2\pi R = W \times L$，$M = \dfrac{W}{F} = \dfrac{2\pi R}{L}$。

21. **B** $F \times 2\pi \times 30 = 500 \cdot 1 \Rightarrow F = 2.7(kg)$。

22. **B** $F = W \sin\theta \Rightarrow F = 100 \times \sin 30° \Rightarrow F = 50(kg)$。

23. **C** $M = \dfrac{2\pi R}{\Delta L} = \dfrac{2\pi \times 25}{5 - 3} = 25\pi$。

24. **A** 由題中知，F轉20周時，W上升5.5cm，$L_1 = 0.5$cm，則F轉一周時，W上升之距離為 $5.5 \div 20 = 0.275$，又 $\Delta L = L_1 - L_2$，$\therefore 0.275 = 0.5 - L_2$，故 $L_2 = 0.225$cm。

25. **A** (1)機械利益 $M = \dfrac{W}{F} = \dfrac{2000}{15} \approx 133$。

　　(2)機械效率 $123 = \eta \dfrac{2\pi \times 20}{0.8} \Rightarrow \eta = 0.847 \approx 80\%$。

第四章　鍵與銷

依據出題頻率區分，屬：**C** 頻率低

> **課前叮嚀**
> 鍵與銷的種類為必考焦點，其中方鍵、平鍵表示法需熟記，鍵的強度計算需
> 詳加練習。

鍵和銷主要用來實現軸和軸上零件（如齒輪、帶輪等）的周向固定以傳遞轉矩；有的還能實現軸上零件的軸向固定以傳遞軸向力；有的則能構成軸向動連接以使零件在軸上滑動。

4-1　鍵連接的類型

鍵常用來將轉動元件固結在軸上，且鍵的一半位於軸槽內，另一半則位於轉元件（常以輪轂表示）之槽內，以便使轉動元件與軸能共同迴轉。若依傳送動力的大小分類，可將鍵分成小動力與大動力兩大類：

一、用於傳送小動力或輕負載之鍵有七種類型

1. **方鍵**：用途甚廣且握力強，鍵的一半嵌入軸內，另一半嵌入輪轂內，其截面積為正方形，即w（鍵寬）=h（厚）=D/4（D表軸徑）。

2. **平鍵**：鍵厚h小於鍵寬w，一般取h=2/3 w，w=D/4，而且與鍵接觸之軸上不採用開槽溝的方式而改削為鍵寬之平面，因此其結合強度較差，但較方鍵不易影響軸的強度。

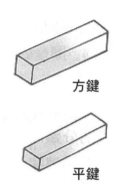

方鍵

平鍵

3. **斜鍵**：或稱推拔鍵，通常將平鍵上方製成有斜度（公制斜度大約1：100），使得裝配時更為容易，且在軸與輪轂間有更好的結合效果。因其裝配緊密，為了易於拆卸起見，常在大端處作成有頭的形狀，稱為帶頭斜鍵。

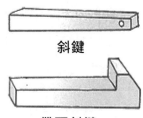

斜鍵

帶頭斜鍵

4. **半圓鍵**：或稱伍德氏鍵，通常鍵寬約等於D/4，鍵半徑約等於軸半徑，其優點是對軸強度影響之程度較平鍵為低，而且鍵完全埋在輪轂內沒有露出。

半圓鍵

5. **鞍型鍵**：為扁平形，上面平直且常有微小斜度（公制斜度1：100），下面則與軸有相同圓弧的形狀，所以軸上並沒有鍵槽。其扭力之傳遞完全靠摩擦阻力而非剪力，所以僅適用於小的負載。

鞍型鍵

6. **滑鍵**：又稱渚鍵或羽鍵，此種鍵通常是固定在兩配合件之一，而且能在另一組合件內滑動，滑鍵承受壓力不得超過7MPa。

滑鍵

7. **錐形鍵**：是由一被分割為兩片或三片之圓錐環所組成之鍵。兩配合件軸與輪殼均不須要加工鍵槽，而直接將錐形鍵打入軸與輪轂間即可，所以非常方便，但因錐形鍵僅靠摩擦力傳遞動力，故無法傳遞大動力。

錐形環鍵

觀念速記

方鍵、平鍵表示法：寬度(mm)×高度(mm)×長度(mm)。

二、用於傳遞大動力之鍵有四種類型

1. **圓形鍵**：成圓柱形或圓錐形（推拔形），通常不作鍵槽，而是先將輪轂與軸裝配好後，在其兩配合件間直接鑽孔插入即可。

當軸徑D<6吋時取鍵徑d＝D/4；當軸徑D>6吋則取d＝D/5。

圓形鍵

2. **斜角鍵**：是將方鍵底部兩個直角製成斜面，以便軸迴轉時，鍵僅受壓力而無剪力之作用。斜角鍵之優點是配合時可允許微量之間隙，因此易於拆裝。

斜角鍵

3. **切線鍵**：又稱魯氏或路易氏鍵，利用兩個斜鍵相擠壓以保持緊密而組成，通常均採用兩個切線鍵分別位於軸心成120度之軸外徑切線上，能承受大的陡震負載。

切線鍵

4. **栓槽鍵**：直接在軸外表面加工成栓槽或利用有栓槽之軸套直接裝於軸上，而且在配合的輪轂內表面亦加工成能與軸相配合的栓槽，能承受很大的扭力，並允許兩配合件在軸間的相對運動。

栓槽鍵

4-2 鍵的強度設計【106中油】

鍵承受力的情況與其配合的鬆緊有關，其中緊配合之徑向壓力F1與鬆配合之切線壓力F2將不會造成鍵的破壞，所以不予考慮，而僅考慮F的作用力，對於F的作用力，將會造成鍵的承力與剪力等兩種破壞。其分析如下：
1. F與扭力（T）之關係。　　2. 鍵的承載應力。
3. 鍵的剪應力。　　　　　　4. 鍵尺寸的最佳設計。

鍵的強度：
1. 鍵在傳動時，必須承受壓力與剪力。
2. 一般鍵之破壞，均受剪力影響。
3. 力與力矩之關係：$T = F \times \dfrac{D}{2} \Rightarrow F = \dfrac{2T}{D}$。
4. 壓應力為：$S_c = \dfrac{F}{A_c} = \dfrac{\frac{2T}{D}}{\frac{hL}{2}} = \dfrac{4T}{DhL}$。　5. 剪應力為：$S_s = \dfrac{F}{A_s} = \dfrac{\frac{2T}{D}}{wL} = \dfrac{2T}{DwL}$。

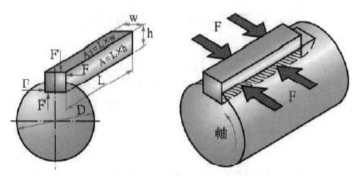

圖4-1　鍵之壓應力與剪應力

4-3　銷的種類

銷主要用來固定零件之間的相對位置，起定位作用，也可用於軸與輪轂的連接，傳遞不大的載荷，還可作為安全裝置中的過載剪斷元件。

銷有圓柱銷和圓錐銷兩種基本類型，這兩類銷均已標準化。圓柱銷利用微量過盈固定在銷孔中，經過多次裝拆後，連接的緊固性及精度降低，故只宜用於不常拆卸處。圓錐銷有1：50的錐度，裝拆比圓柱銷方便，多次裝拆對連接的緊固性及定位精度影響較小，因此應用廣泛。

銷子一般可分成半永久性銷子與速釋性銷子兩大類：

一、半永久性銷子有兩種類型

1. **機器銷子**：又可分成定位銷、推拔銷、U形鉤銷與開口銷四種，定位銷是由鋼料經淬火研磨所製成圓柱形者，常用於固定兩接觸物體的相對位置；推拔銷之斜度通常取每一呎長直徑之增加量為1/4吋，常用於固定肘臂、手輪或類似元件於軸上，安裝時需用鎚敲入，可產生強大的保持力，而不易鬆脫；U形鉤銷是因其常用U形鉤上而得名，並非銷之本身為U形，此銷為一圓柱體，一端有圓盤形凸緣，另一端則有通過中心線之徑向孔，此孔可插入一開口銷，以防銷的脫離；開口銷主要是裝在其他扣件上，以防止其他扣件脫落。

	說明	圖示
定位銷	是由鋼料經淬火研磨所製成圓柱形者，常用於固定兩接觸物體的相對位置，如機車、汽車活塞之定位。	
推拔銷	推拔銷之斜度通常取每一呎長直徑之增加量為1/4吋，其公制錐度1：50，英制錐度1：48，常用於固定肘臂、手輪或類似元件於軸上，安裝時需用鎚敲入，可產生強大的保持力，而不易鬆脫。【105中油】	
U形鉤銷	是因其常用U形鉤上而得名，並非銷之本身為U形，此銷為一圓柱體，一端有圓盤形凸緣，另一端則有通過中心線之徑向孔，此孔可插入一開口銷，以防銷的脫離。	
開口銷	主要是裝在堡形螺帽上，以防止其他扣件（螺帽）脫落。	

2. **徑向鎖緊銷**：又可分成槽銷與彈簧銷兩種，其中槽銷有分A～F等六型，而彈簧銷有分開槽管子式與蝸捲式兩種。徑向鎖緊銷常用於高度振動或陡震的地方，且容易安裝，而費用也低，其鎖緊原理為：槽銷是利用有關軸向等間隔槽之外徑稍微大於未開槽的外徑（相等於孔徑），當槽銷裝入孔內時，銷槽會受壓變形而與孔形成壓力配合，可防止其鬆脫；彈簧銷是利用材料的彈性能，將材料製成開口空心圓管，然後將其擠壓打入孔內，造成鎖緊的作用。

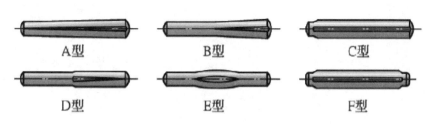

圖4-2　有槽直銷

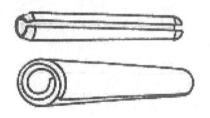

圖4-3　彈簧銷

二、速釋性銷子

常見的速釋性銷子有：柄型、L柄型、環柄與鈕扣頭型四種。此種速釋性銷子在本體部份是鬆配合，然後利用各種不同頭部的形狀與尺寸，以達到鎖緊與鬆釋的作用。

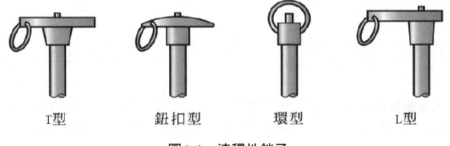

T型　　　鈕扣型　　　環型　　　L型

圖4-4　速釋性銷子

精選試題

( )　1. 下列哪一個鍵只適於輕負荷？
　　　(A)圓鍵　　　　　　　　(B)鞍形鍵
　　　(C)裂式鍵　　　　　　　(D)方鍵。

( )　2. 有自動調心作用者為？
　　　(A)圓鍵　　　　　　　　(B)裂式鍵
　　　(C)半圓鍵　　　　　　　(D)栓槽鍵。

( )　3. 切線式鍵除了衝擊負荷之外也可用於來自左右兩側之？
　　　(A)剪力　　　　　　　　(B)旋轉力
　　　(C)壓力　　　　　　　　(D)拉力。

( )　4. 可以傳遞最大動力的是：
　　　(A)栓槽鍵　　　　　　　(B)圓鍵
　　　(C)半月鍵　　　　　　　(D)鞍形鍵。

( )　5. 公制標準斜銷的推拔度為：
　　　(A)1/50　　　　　　　　(B)1/86
　　　(C)1/48　　　　　　　　(D)1/96。

( )　6. 由傳遞動力之分析，鍵須能承受：
　　　(A)抗剪及抗拉　　　　　(B)抗扭及抗壓
　　　(C)抗剪及抗壓力　　　　(D)抗壓及抗拉。

( )　7. 下列何種鍵只能用於小動力傳達：
　　　(A)推拔鍵　　　　　　　(B)埋頭鍵
　　　(C)鞍形鍵　　　　　　　(D)圓形鍵。

( )　8. 利用摩擦力傳遞旋轉機件與轉軸間之扭矩為何種鍵：
　　　(A)斜鍵　　　　　　　　(B)鞍型鍵
　　　(C)平鍵　　　　　　　　(D)切線鍵。

( )　9. 使用何鍵可不致減弱軸之強度：
　　　(A)圓鍵　　　　　　　　(B)斜鍵
　　　(C)半圓鍵　　　　　　　(D)鞍型鍵。

(　)　10. 鍵係將旋轉機件與軸連結以傳遞何種負荷？
　　　　(A)扭矩　　　　　　　　　　(B)拉力
　　　　(C)剪力　　　　　　　　　　(D)壓力。

(　)　11. 可將輪轂結在軸上俾使輪與軸結合成一體而不致使輪再發生相對之
　　　　迴轉運動者稱為：
　　　　(A)輪胎　　　(B)墊圈
　　　　(C)凸緣　　　(D)鍵。

(　)　12. 栓槽鍵（Spline Key）的功用在使其配的軸：
　　　　(A)能作旋轉及軸向運動　　　(B)僅能作軸向運動
　　　　(C)結合在一起共同旋轉　　　(D)僅能作旋轉運動。

(　)　13. 下列各項說明何者正確：
　　　　(A)連桿為一剛性機件，用以從一機件上傳一力量到另一機件
　　　　(B)錐形滾子軸同時可承受軸向及徑向負荷
　　　　(C)圓形鍵較鞍形鍵能傳動較大動力
　　　　(D)以上皆是。

(　)　14. 平鍵之表示法為？
　　　　(A)鍵高×鍵長×鍵寬　　　　(B)鍵寬×鍵長×鍵高
　　　　(C)鍵寬×鍵高×鍵長　　　　(D)鍵長×鍵寬×鍵高。

(　)　15. 在公制中，斜鍵的斜度為：
　　　　(A)1：20　　　　　　　　　(B)1：50
　　　　(C)1：100　　　　　　　　(D)1：48。

解答與解析

　1.B　　2.C　　3.B　　4.A　　5.A　　6.C　　7.C　　8.B
　9.D　　10.A　　11.D　　12.C　　13.D　　14.C　　15.C

第五章　彈簧

依據出題頻率區分，屬：**A** 頻率高

> **課前叮嚀**
> 彈簧為最常見的機件，彈簧功用、彈簧指數與彈簧簡諧運動週期的計算為必考焦點。

5-1　彈簧分類

彈簧的種類很多，若按照其所承受的載荷性質，彈簧主要分為拉伸彈簧、壓縮彈簧、扭轉彈簧和彎曲彈簧等四種。若按照彈簧形狀又可分為：

1. **螺旋彈簧**：是用彈簧絲捲繞製成，由於製造簡便，價格較低，易於檢測和安裝，所以應用最廣。這種彈簧既可以製成受壓縮載荷作用的壓縮彈簧，又可以製成受拉伸載荷作用的拉伸彈簧，還可以製成承受扭矩作用或完成扭轉運動的扭轉彈簧。

2. **疊板彈簧**：可以承受很大的衝擊載荷，具有良好的吸振能力，常用作緩衝減振彈簧。在載荷相當大和彈簧軸向尺寸受限制的地方，可以採用疊板彈簧。

3. **環形彈簧**：是目前減振緩衝能力最強的彈簧，常用作近代重型機車、鍛壓設備和飛機起落裝置中的緩衝零件。

表中列出的是各種彈簧的基本型式。

> **【例】**
> 　1. 壓縮彈簧【105中油】
> 　　　・螺旋壓縮彈簧　　　　　　　　・圓盤形彈簧
> 　　　・疊板彈簧：用於汽車、火車底盤之避震器
> 　　　・錐形彈簧：用於沙發、修剪花木之剪刀，大直徑者先變形
> 　2. 拉伸彈簧

3. 扭轉彈簧
　　・螺旋扭轉彈簧：用於家電　　　　・蝸旋扭轉彈簧：用於鐘錶

螺旋扭轉彈簧是扭轉彈簧中最常用的一種，其具有較多的圈數、變形較大、儲存能量也較大的特點，多用於壓緊及儀表、鐘錶的動力裝置。疊板彈簧能承受較大的彎曲作用，常用於受載方向尺寸有限制而變形量又較大的場合。由於疊板彈簧能承受較大之荷重，所以在汽車、農耕機和鐵路車輛的懸掛裝置中均普遍使用這種彈簧。

5-2　彈簧功用【105中油】

彈簧是透過其自身產生較大彈性變形進行工作的一種彈性元件。在各類機器中的應用十分廣泛。其主要功用是：

控制機械的運動	例如內燃機中控制氣缸閥門啟閉的彈簧、離合器中的控制彈簧。
吸收振動和衝擊能量	例如各種車輛中的減振彈簧及各種緩衝器的彈簧等。
儲存和釋放能量	例如鐘錶彈簧、槍栓彈簧等。
測量力的大小	例如彈簧秤和測力器中的彈簧等等。

1. 彈簧載重F、T與其變形l之間關係的曲線，稱為彈簧特性線。
2. 載重與變形：對於受壓或受拉的彈簧，載重指壓力或拉力，變形是指彈簧壓縮量或伸長量；對於受扭轉的彈簧，載重是指扭矩，變形是指扭角。
3. 常見類型：按照架構型式不同，常見的彈簧特性曲線有三種，如下頁圖5-1，5-2，5-3所示。

5-3 彈簧剛度

一、定義

彈簧剛度是指使彈簧產生單位變形的載荷，用K和K_T分別表示拉（壓）彈簧的剛度與扭轉彈簧的剛度，其表達式如下：

對於拉壓彈簧　$K = \dfrac{dF}{d\lambda}$　　　　　對於扭轉彈簧　$K_T = \dfrac{dT}{d\phi}$

其中：F --- 彈簧軸向拉（壓）力。

　　　λ --- 彈簧軸向伸長量或壓縮量。

　　　T --- 扭轉彈簧的扭矩。

　　　ϕ --- 扭轉彈簧的扭轉角。

彈簧常數又可表示為$k = \dfrac{Gd}{8C^3n}$，其中G為剪彈性模數，d為線徑，n為作用圈數，C為彈簧指數。

二、彈簧剛度與彈簧特性的關係

圖5-1所示的直線型彈簧，其剛度為一常數，如螺旋彈簧。這種彈簧的特性曲線愈陡，彈簧剛度相應愈大，即彈簧愈硬；反之則愈軟。

圖5-2所示的彈簧特性曲線為剛度漸增型，即彈簧隨變形量的增大其剛度越大，如疊板彈簧。為在最大或衝擊載荷作用時，仍具有較好的緩衝減振性能，故多使用彈簧特性曲線具有該型曲線的走向。

圖5-3所示彈簧特性曲線為剛度漸減型，即彈簧剛度隨變形的增大而越小，如圓盤形彈簧。為了在衝擊動能一定時，獲得較小衝擊力，則應使用具有剛度漸減型特性曲線的彈簧為宜。

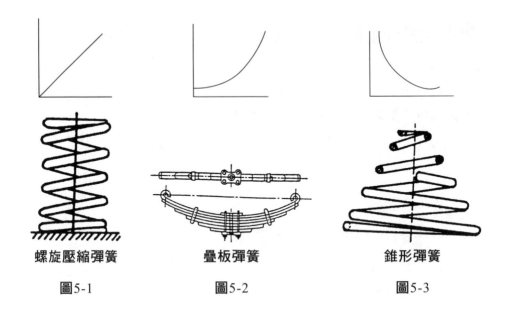

螺旋壓縮彈簧	疊板彈簧	錐形彈簧
圖5-1	圖5-2	圖5-3

三、彈簧的串聯與並聯

1. 串聯：總變形量　$x = x_1 + x_2 + x_3 + \ldots\ldots + x_n$

　　　　總彈簧常數　$\dfrac{1}{k} = \dfrac{1}{k_1} + \dfrac{1}{k_2} + \ldots\ldots + \dfrac{1}{k_n}$

2. 並聯：總變形量　$x = x_1 = x_2 = x_3 = \ldots\ldots = x_n$

　　　　總彈簧常數　$k = k_1 + k_2 + \ldots\ldots + k_n$

5-4 彈簧之簡諧運動

【例1】

有一物連接於彈簧的一端，在光滑水平面作簡諧運動，欲使其週期變為原來的2倍，可以怎麼做呢？

週期 $T = 2\pi\sqrt{\dfrac{m}{k}}$ ，(1)將物體質量變為原來的4倍，週期變為原來的2倍。(2)將

4條同樣的彈簧加以串聯，彈力常數變為 $\dfrac{k}{4}$，週期變為原來的2倍。

【例2】

質量m的木塊連在兩條相同的彈簧上，兩彈簧彈力常數皆為k，並鉛直擺放如圖。在木塊平衡的情況下，將木塊再下壓 $\dfrac{mg}{k}$ 後釋放，則振幅為 $\dfrac{mg}{k}$ 。

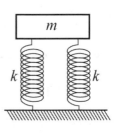

(1)當木塊在最低處時，彈簧對木塊的作用力大小為

$$\left(\frac{mg}{2k}+\frac{mg}{k}\right)2k=3mg(\uparrow)$$

(2)當木塊在最高處時，彈簧對木塊的作用力大小為 $\dfrac{mg}{2k}\times 2k=mg(\downarrow)$

(3)振盪的週期為 $2\pi\sqrt{\dfrac{m}{k}}$ 。

【例3】

如圖所示，一質量200g之球自力常數k＝40N/m的彈簧上方 h＝20cm高處落下，假設g＝10m/s²，則

  (1)設球落下距離為h，則 $0.2\times 10\times h=\dfrac{1}{2}\times 40(h-0.2)^2$ ，

    $10h^2-5h+0.4=0 \Rightarrow h=\dfrac{5+\sqrt{25-6}}{20}=0.4(m)$ ，

    最大壓縮量0.4－0.2＝0.2(m)＝20(cm)。

  (2)平衡時壓縮 $0.2\times 10=40x \Rightarrow x=0.05(m)=5(cm)$ ，

    振幅為20－5＝15(cm)。

  (3)最大伸長量15－5＝10(cm)。

  (4)S.H.M.的週期與振幅無關，為 $2\pi\sqrt{\dfrac{m}{k}}=2\pi\sqrt{\dfrac{0.2}{40}}=2\pi\dfrac{1}{\sqrt{200}}$ (秒)。

【例4】

一物體作簡諧運動（S.H.M.），其位置與時間的關係為

$x(t)=10\cos\left(4\pi t+\dfrac{\pi}{6}\right)$ ，其中x與t的單位為公尺與秒，則

由餘弦函數特性可知週期為 $\dfrac{2\pi}{4\pi} = 0.5(s)$，振幅為10，

由週期公式 $0.5 = 2\pi\sqrt{\dfrac{1}{k}} \Rightarrow k = 16\pi^2(N/m)$，

物體受力為 $F = -kx = -16\pi^2 x$，

平衡點速率 $v = \dfrac{2\pi \times 10}{0.5}$，最大加速度 $a = \dfrac{(40\pi)^2}{10} = 160\pi^2(m/s^2)$。

精選試題

壹、選擇題

( )　1. 螺圈彈簧依承受的負荷性質可分成：　(A)扭轉彈簧　(B)拉張彈簧　(C)壓縮彈簧　(D)以上皆是。

( )　2. 槍枝板機所用之彈簧為：　(A)壓縮彈簧　(B)皿形彈簧　(C)扭桿彈簧　(D)扭轉彈簧。

( )　3. 用途最廣之彈簧是_____螺旋彈簧。　(A)壓縮　(B)錐形　(C)扭轉　(D)拉力。

( )　4. 拉力彈簧兩端常製成一環圈，其目的是為了：　(A)增加彈性　(B)增加彈簧長度　(C)可供掛鉤之用　(D)為了美觀。

( )　5. 普通鐘錶彈簧，動力剪草機都是採用：　(A)帶環彈簧　(B)動力彈簧　(C)蝸旋彈簧　(D)螺旋彈簧。

( )　6. 下列何者有誤？　(A)用於空間狹小及偏轉不過大之處，例如離合器，壓製機緩衝彈簧所用者是板簧　(B)扣環可防止鎖扣分件發生軸向運動　(C)油壓緩衝器常用於機車之緩衝　(D)在扭轉或彎曲工作中最簡單的一種彈簧是條形彈簧（即扭轉桿）。

( )　7. 彈簧在不受外力作用時之全部長度謂：　(A)外徑　(B)內徑　(C)實長　(D)自由長度。

( )　8.彈簧是以無負荷時之狀態畫出，如欲以負荷時狀態畫出則須記載：
(A)負荷大小　(B)自由長度　(C)簧距　(D)有效圈數。

( )　9.壓縮彈簧之兩端磨平是為：　(A)美觀大方　(B)增加接觸面　(C)使用方便　(D)增加斷面強度。

( )　10.有一彈簧長度承受200Kg的壓縮負荷，撓曲量為10cm，則彈簧常數為＿＿＿＿＿kg/cm？　(A)40　(B)30　(C)20　(D)1000。

( )　11.一螺旋彈簧，受583kg之軸向負荷，其線圈直徑為5cm，線徑為0.5cm，則彈簧指數為：　(A)12　(B)9　(C)7　(D)10。

( )　12.有一彈簧，其平均直徑為5cm，彈簧線徑3mm，圈數為2，材料剪割係數為8.5×10 kg/cm^2，則彈簧常數為＿＿＿＿＿kg/cm。　(A)3.44　(B)5.44　(C)4.44　(D)6.44。

( )　13.二密圈螺旋彈簧，為同樣材料所製，圈數相同，一圈之平均直徑為4cm，另一圈之平均直徑為2cm，則其彈簧常數之比值為：
(A)0.125　(B)0.200　(C)0.150　(D)0.100。

( )　14.彈簧所用之材料最廣用者是下列何者？　(A)黃銅　(B)鑄鐵　(C)青銅　(D)鋼。

( )　15.下列何種機件可用來儲存能量？　(A)齒輪　(B)鍵及銷　(C)軸承　(D)彈簧。

( )　16.鐘錶中的發條又稱為？　(A)錐形彈簧　(B)扭轉彈簧　(C)蝸形彈簧　(D)板簧。

( )　17.錐形彈簧壓縮時，最初壓縮變形較大的部份是？　(A)中直徑　(B)大中小直徑皆相同　(C)大直徑　(D)小直徑。

( )　18.兩個彈簧的彈簧常數各為K_1、K_2，串聯時彈簧之總彈簧常數為
(A)K_1+K_2　(B)$1/K_1 \times K_2$　(C)$K_1 \times K_2$　(D)$K_1 \times K_2/K_1+K_2$。

( )　19.下列機件何者可以用來儲存能量　(A)彈簧　(B)凸輪　(C)鍵　(D)傳動軸。

( )　20.用途最廣的彈簧為　(A)壓縮彈簧　(B)拉伸彈簧　(C)盤形彈簧　(D)蝸旋彈簧。

( )　21. 汽車底盤用以承載車身用的彈簧為　(A)疊板彈簧　(B)錐形彈簧　(C)螺旋彈簧　(D)拉伸彈簧。

( )　22. 兩彈簧之彈簧常數分別為20 N/cm及30 N/cm，將它們串聯後，總彈簧常數為多少N/cm？　(A)$\frac{1}{50}$　(B)$\frac{1}{12}$　(C)12　(D)50。

( )　23. 一壓縮彈簧受到120N之負荷作用，總長度縮短為100mm，而當負荷變成200N，總長度變為80mm，此彈簧之彈簧常數K為多少N/mm？　(A)0.4　(B)1.2　(C)2.5　(D)4.0。

( )　24. 如圖所示，質量為m的木塊作簡諧運動時，其總彈簧常數k為何？

(A)$k = k_1 + k_2$　(B)$\frac{1}{k} = \frac{1}{k_1} + \frac{1}{k_2}$

(C)$k = \frac{1}{k_1} + \frac{1}{k_2}$　(D)$\frac{1}{k} = k_1 + k_2$。

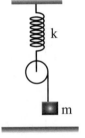

( )　25. 如圖所示，彈簧的力常數為k，則當質量為m的木塊作簡諧運動時，其週期為何？

(A) $\pi\sqrt{\frac{m}{2k}}$　(B) $\pi\sqrt{\frac{m}{k}}$

(C) $2\pi\sqrt{\frac{m}{k}}$　(D) $4\pi\sqrt{\frac{m}{k}}$。

( )　26. 如圖所示，一立方體木塊，邊長為l，比重為d，今將其全部沒入水中，然後釋放之，使其在水面上作簡諧運動，則其週期為何？

(A) $\pi\sqrt{\frac{d\ell}{2g}}$　(B) $\pi\sqrt{\frac{d\ell}{g}}$

(C) $2\pi\sqrt{\frac{d\ell}{g}}$　(D) $4\pi\sqrt{\frac{d\ell}{g}}$。

( )　27. 一彈簧組是由兩彈簧k_1與k_2串聯後，再與第3根彈簧k_3並聯所組成，此彈簧組受w的軸向負荷，則總變形量為？　(A)$w/(k_1k_2 + k_1k_3 + k_2k_3)$　(B)$w(k_1 + k_2)/(k_1k_2 + k_1k_3 + k_2k_3)$　(C)$w(k_1k_2 + k_1k_3 + k_2k_3)/(k_1 + k_2)$　(D)$w/(k_1 + k_2 + k_3)$。

（　）28.下列有關彈簧之敘述，何者錯誤？

(A)彈簧指數（spring index）越大，彈簧越容易變形

(B)彈簧常數（spring constant）越小，彈簧越容易變形

(C)將彈簧並聯使用時，整體的變形量等於個別彈簧的變形量

(D)將彈簧串聯使用時，整體的受力等於個別彈簧受力的總和。

解答與解析

1.**D**　2.**D**　3.**A**　4.**C**　5.**B**　6.**A**　7.**D**　8.**A**　9.**B**

10.**C**　$F=KX \Rightarrow 200=K \times 10 \Rightarrow K=20$ (kg/cm)

11.**D**　彈簧指數 $= \dfrac{D}{d} = \dfrac{平均直徑}{線徑} = \dfrac{5}{0.5} = 10$

12.**A**　13.**A**　14.**D**　15.**D**　16.**C**　17.**C**　18.**D**　19.**A**　20.**A**　21.**A**

22.**C**　$\dfrac{20 \times 30}{20+30} = 12$

23.**D**　$120=K(L-100)$　$200=K(L-80)$　$\dfrac{3}{5} = \dfrac{L-100}{L-80}$　$\Rightarrow L=130$

$120=K \times 30$　$\Rightarrow K=4$

24.**A**　此接法相當於彈簧並聯，故總彈簧常數 $k=k_1+k_2$。

25.**D**　此接法相當於兩個 $\dfrac{k}{2}$ 的彈簧串聯，總彈簧常數為 $\dfrac{\frac{k}{2} \times \frac{k}{2}}{\frac{k}{2}+\frac{k}{2}} = \dfrac{k}{4}$，故簡諧運

動的週期 $T = 2\pi \sqrt{\dfrac{m}{\frac{k}{4}}} = 4\pi \sqrt{\dfrac{m}{k}}$。

26.**C**　設平衡後再下壓 Δy，可得木塊所受向上的浮力 $F = \ell^2 \Delta yg$

比照 $F=kx$，可得 $k = l^2 g$　週期 $T = 2\pi \sqrt{\dfrac{m}{k}} = 2\pi \sqrt{\dfrac{dl^3}{l^2 g}} = 2\pi \sqrt{\dfrac{dl}{g}}$。

27.**B**　$k = \dfrac{k_1 k_2}{k_1 + k_2} + k_3 = \dfrac{k_1 k_2 + k_2 k_{3+} k_1 k_3}{k_1 k_2}$

故知總變形量 $x = \dfrac{w}{k} = \dfrac{w(k_1+k_2)}{k_1 k_2 + k_2 k_{3+} k_1 k_3}$。

28. **D** (B)彈簧常數（spring constant）越小，彈簧越容易變形。
(D)彈簧串聯時各彈簧受力（恢復力）相等。

貳、計算題

一、如右圖所示，一彈簧距平衡點 x，試由能量法推導其圓周頻率 p？

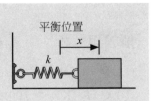

平衡位置

解 $\dfrac{1}{2}m\dot{x}^2 + \dfrac{1}{2}kx^2 = \text{const.}$

對時間微分可得： $m\dot{x}\ddot{x} + kx\dot{x} = 0$ $\dot{x}(m\ddot{x} + kx) = 0$

又 $\dot{x}$ 不恆為0可得： $m\ddot{x} + kx = 0$ 對照 $\ddot{x} + p^2x = 0$ 可得 $p = \sqrt{\dfrac{k}{m}}$

二、右圖中細環由O點的釘子所支撐，假設細環質量為 m，試求其小幅擺動的週期？

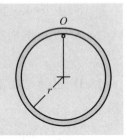

解 動能 $= \dfrac{1}{2}I_0\omega^2 = \dfrac{1}{2}(2mr^2)\dot{\theta}^2 = mr^2\dot{\theta}^2$

位能 $= mgr(1-\cos\theta) = mgr\left[1-\left(1-\dfrac{\theta^2}{2}\right)\right] = mgr\dfrac{\theta^2}{2}$

$mr^2\dot{\theta}^2 + mgr\dfrac{\theta^2}{2} = \text{const.}$

對時間微分可得：$2mr^2\dot\theta\ddot\theta + mgr\theta\dot\theta = 0$　　　　$mr\dot\theta(2r\ddot\theta + g\theta) = 0$

又 $\dot\theta$ 不恆為0可得：$2r\ddot\theta + g\theta = 0$

對照 $\ddot\theta + p^2\theta = 0$　　可得 $p = \sqrt{\dfrac{g}{2r}}$　　　$T = \dfrac{2\pi}{p} = 2\pi\sqrt{\dfrac{2r}{g}}$

三、50kg的輪子，繞其質心G的迴轉半徑為
　　0.7m，若它從平衡位置位移一微小量後釋
　　放，試求其振動週期？

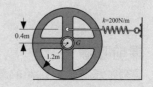

解 動能 $= \dfrac{1}{2}I_0\omega^2 = \dfrac{1}{2}(mr_G^2)\dot\theta^2 = 12.25\dot\theta^2$

彈力位能 $= \dfrac{1}{2}kx^2 = \dfrac{1}{2}k(0.4\sin\theta)^2 = 16\sin^2\theta = 16\theta^2$

$12.25\dot\theta^2 + 16\theta^2 = \text{const.}$

對時間微分可得：$24.5\dot\theta\ddot\theta + 32\theta\dot\theta = 0$　　　　$\dot\theta(24.5\ddot\theta + 32\theta) = 0$

又 $\dot\theta$ 不恆為0可得：$24.5\ddot\theta + 32\theta = 0$

對照 $\ddot\theta + p^2\theta = 0$　可得 $p = \sqrt{\dfrac{32}{24.5}} = 1.143$　　　$T = \dfrac{2\pi}{p} = \dfrac{6.28}{1.143} = 5.5$ (秒)

第六章　軸承

依據出題頻率區分，屬：**B** 頻率中

課前叮嚀

滑動軸承與滾動軸承的種類及優缺點需熟記，滾動軸承之內徑號碼對應之對應之內徑需會計算。

軸承是支承軸頸或軸上的迴轉件。根據軸承的工作原理可分：滑動軸承和滾動軸承。

一、滑動軸承

在滑動軸承表面若能形成潤滑膜將運動表面分開，則滑動摩擦力可大大降低，由於運動表面不直接接觸，因此也避免了磨損。滑動軸承的承載能力大，迴轉精度高，潤滑膜具有抗衝擊作用，因此，在工程上獲得廣泛的應用。

潤滑膜的形成是滑動軸承能正常工作的基本條件，影響潤滑膜形成的元素有潤滑模式、運動副相對運動速度、潤滑劑的物理性質和運動表面的粗糙度等。滑動軸承的設計應根據軸承的工作條件，確定軸承的架構類型、選擇潤滑劑和潤滑方法及確定軸承的幾何參數。

滑動軸承的類型：

1. **根據承受載荷的方向不同分為**：徑向軸承、止推軸承（受力方向平行軸向者）。【107中油】
2. **根據潤滑膜的形成原理不同分為**：無油軸承、多孔軸承。
3. **徑向滑動軸承可分為**：整體軸承、對合軸承、四部軸承。
   (1)整體軸承：磨損後無法調整，傳動馬力在10HP以下。
   (2)對合軸承：磨損後可作左右調整，用於汽車曲軸、車床主軸。

(3)四部軸承：磨損後可作上下左右調整，用於蒸汽機、發電機之主軸。

　　【105中油】

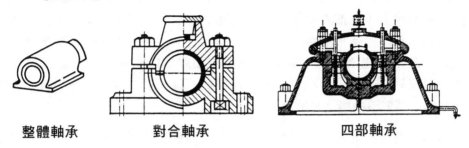

整體軸承　　　　　對合軸承　　　　　　四部軸承

二、滾動軸承

滾動軸承是廣泛運用的機械支承。其功能是在保證軸承有足夠壽命的條件下，用以支承軸及軸上的零件，並與機座作相對旋轉、擺動等運動，使轉動副表面之間的摩擦盡量降低，以獲得較高傳動效率。常用的滾動軸承已制定了國家標準，它是利用滾動摩擦原理設計而成，由專業化工廠成批生產的標準件。在機械設計中只需根據工作條件選用合適的滾動軸承類型和型號進行組合架構設計。

與滑動軸承相比，滾動軸承具有下列優點：

1. 應用設計簡單，產品已標準化，並由專業生產廠家進行大批量生產，具有優良的互換性和通用性。
2. 起動摩擦力矩低，功率損耗小，滾動軸承效率（0.98～0.99）比混合潤滑軸承高。
3. 負荷、轉速和工作溫度的適應範圍寬，工況條件的少量變化對軸承性能影響不大。
4. 大多數類型的軸承能同時承受徑向和軸向載荷，軸向尺寸較小。
5. 易於潤滑、維護及保養。

滾動軸承也有下列缺點：

1. 大多數滾動軸承徑向尺寸較大。
2. 在高速、重載荷條件下工作時，壽命短。
3. 振動及噪音較大。

三、滾動軸承構造

滾動軸承一般是由1.外圈、2.內圈、3.滾動體和4.保持器組成，如圖6-1。內圈裝在軸頸上（在推力軸承中稱為軸圈），配合較緊；外圈裝在機座或零件的軸承孔內，通常配合較鬆。內外圈上有滾道，當內外圈相對旋轉時，滾動體將沿滾道滾動。滾動體是實現滾動摩擦的滾動元件，除「自轉」外，還繞軸線公轉。形狀有球形、圓柱形、錐柱形、滾針、鼓形等。保持器的作用是把滾動體均勻地隔開。

為適應某些使用要求，有的軸承可以無內圈或無外圈、或帶防塵、密封圈等架構。

滾動軸承之內徑號碼：

1. 00表示內徑為10mm。

2. 01表示內徑為12mm。

3. 02表示內徑為15mm。

4. 03表示內徑為17mm。

5. 內徑號碼04～96者，將號碼乘以5即得內徑。

6. 內徑500mm以上，以「/」與尺寸符號隔開，內徑尺寸標於斜線後方。

機械有各種不同的工況，為滿足這些具體的使用要求，需要有不同類型的軸承來保證實際需要。根據滾動體形狀，滾動軸承大致可分為球軸承和滾子軸承；按其承受負荷的主要方向，則可分為向心軸承和推力軸承。

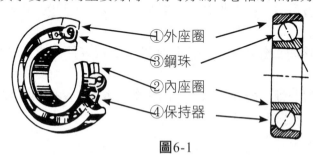

①外座圈
③鋼珠
②內座圈
④保持器

圖6-1

下面敘述為球軸承和滾子軸承的一般特性比較：

球軸承適於承受輕載荷，滾子軸承適於承受重載荷及衝擊載荷。當滾動軸承受純軸向載荷時，一般選用推力軸承；當滾動軸承受純徑向載荷時，一

般選用深溝球軸承或短圓柱滾子軸承；當滾動軸承受純徑向載荷的同時，還有不大的軸向載荷時，可選用深溝球軸承、角接觸球軸承、圓錐滾子軸承及調心球或調心滾子軸承；當軸向載荷較大時，可選用接觸角較大的角接觸球軸承及圓錐滾子軸承，或者選用向心軸承和推力軸承組合在一起，這在極高軸向載荷或特別要求有較大軸向剛性時尤為適宜。

每單位時間所作功稱為功率（power），而傳動軸則是用來傳遞功率。如果在傳遞的過程中均無任何能量損失時，表示傳動軸所傳遞的功率將維持不變。若以△t代表時間變量，△W代表功的變量，F代表切線方向作用力，△x代表受力方向之位移，u代表受力方向之速度，T代表扭矩，n代表轉動角速度。功率之代數式為：

$$\text{Power} = \lim_{\triangle x \to o} \frac{\triangle W}{\triangle t} = \lim_{\triangle t \to o} \frac{F \triangle x}{\triangle t} = Fu = Tn \cdots\cdots\cdots （A）$$

考慮單位的轉換時，（A）式可寫為：

HP（英制馬力）　　$= \dfrac{2\pi \times T \times n}{76 \times 60}$　式中T為kg-m；n為RPM

　　　　　　　　　$= \dfrac{2\pi \times T \times n}{746 \times 60}$　式中T為N-m；n為RPM

　　　　　　　　　$= \dfrac{2\pi \times T \times n}{550 \times 60}$　式中T為lb-ft；n為RPM

PS（公制馬力）　　$= \dfrac{2\pi \times T \times n}{75 \times 60}$　式中T為kg-m；n為RPM

一般常取英制馬力似等於公制馬力。

精選試題

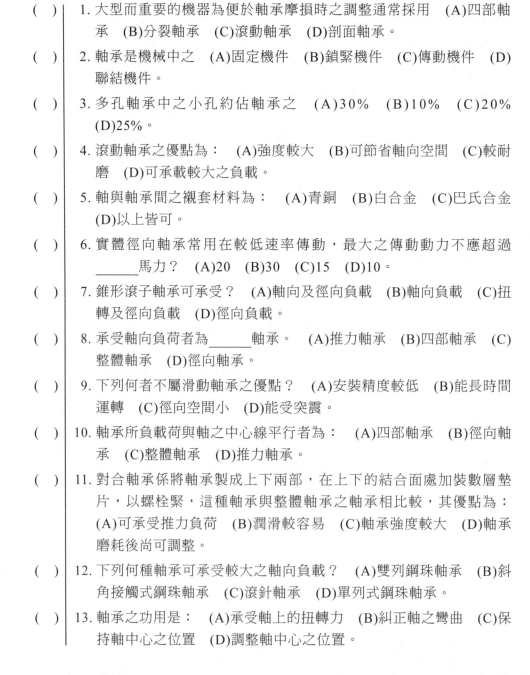

( ) 1. 大型而重要的機器為便於軸承摩損時之調整通常採用 (A)四部軸承 (B)分裂軸承 (C)滾動軸承 (D)剖面軸承。

( ) 2. 軸承是機械中之 (A)固定機件 (B)鎖緊機件 (C)傳動機件 (D)聯結機件。

( ) 3. 多孔軸承中之小孔約佔軸承之 (A)30% (B)10% (C)20% (D)25%。

( ) 4. 滾動軸承之優點為： (A)強度較大 (B)可節省軸向空間 (C)較耐磨 (D)可承載較大之負載。

( ) 5. 軸與軸承間之襯套材料為： (A)青銅 (B)白合金 (C)巴氏合金 (D)以上皆可。

( ) 6. 實體徑向軸承常用在較低速率傳動，最大之傳動動力不應超過_____馬力？ (A)20 (B)30 (C)15 (D)10。

( ) 7. 錐形滾子軸承可承受？ (A)軸向及徑向負載 (B)軸向負載 (C)扭轉及徑向負載 (D)徑向負載。

( ) 8. 承受軸向負荷者為_____軸承。 (A)推力軸承 (B)四部軸承 (C)整體軸承 (D)徑向軸承。

( ) 9. 下列何者不屬滑動軸承之優點？ (A)安裝精度較低 (B)能長時間運轉 (C)徑向空間小 (D)能受突震。

( ) 10. 軸承所負載荷與軸之中心線平行者為： (A)四部軸承 (B)徑向軸承 (C)整體軸承 (D)推力軸承。

( ) 11. 對合軸承係將軸承製成上下兩部，在上下的結合面處加裝數層墊片，以螺栓緊，這種軸承與整體軸承之軸承相比較，其優點為： (A)可承受推力負荷 (B)潤滑較容易 (C)軸承強度較大 (D)軸承磨耗後尚可調整。

( ) 12. 下列何種軸承可承受較大之軸向負載？ (A)雙列鋼珠軸承 (B)斜角接觸式鋼珠軸承 (C)滾針軸承 (D)單列式鋼珠軸承。

( ) 13. 軸承之功用是： (A)承受軸上的扭轉力 (B)糾正軸之彎曲 (C)保持軸中心之位置 (D)調整軸中心之位置。

( )　14. 軸承承受負荷為平行軸向者，稱為：　(A)四部軸承　(B)整體軸承　(C)對合軸承　(D)止推軸承。

( )　15. 下列有關於滾針軸承的敘述何者不正確？　(A)可自動調心　(B)適合高速運轉　(C)節省軸承空間　(D)可承受軸向推力。

( )　16. 一般而言，有關滾動與滑動軸承的比較，何者敘述錯誤？　(A)滑動軸承構造較簡單，拆卸較容易　(B)滾動軸承啟動阻力較小，潤滑較容易　(C)滑動軸承動力損失較少　(D)滑動軸承可承受較大的衝擊負荷。

( )　17. 下列有關撓性聯結器（flexible coupling）之敘述，何者錯誤？　(A)使用歐丹聯結器（Oldham's coupling）之兩軸，互相平行，但不在同一中心線上　(B)當歐丹聯結器之主動軸以等角速度旋轉時，從動軸亦以相同等角速度旋轉　(C)萬向接頭（universal joint）是球面四連桿組（conic four-bar linkage）之應用　(D)使用萬向接頭的兩軸中心線交於一點，若兩軸夾角越小，則角速度變化越大。

( )　18. 下列有關軸承之敘述，何者錯誤？　(A)多孔軸承以粉末冶金方法製造，使用時不需再加潤滑油，亦稱無油軸承　(B)空氣軸承利用外壓將空氣注入軸承與軸頸之間隙，以減少摩擦，屬於滑動軸承　(C)滾動軸承的規格以軸承內徑、外徑及寬度表示其主要尺度　(D)球面滾子軸承（spherical roller bearing）可以使軸承在微小位置偏差時，具有自動對正中心的作用。

解答與解析

1. A　　2. A　　3. D　　4. B　　5. D　　6. D　　7. A　　8. A
9. C　　10. D　　11. D　　12. B　　13. C　　14. D　　15. A
16. C　(C)滑動軸承動力損失較多。
17. D　(D)萬向接頭的兩軸中心線交於一點，若兩軸夾角越小，則角速度變化愈小。
18. A　根據潤滑膜的形成原理不同分為：無油軸承、多孔軸承；多孔軸承以粉末冶金方法製造，使用時需再加潤滑油。

第七章 軸連接裝置

依據出題頻率區分，屬：**B** 頻率中

7-1 剛性聯軸器之種類

當兩同心軸需要銜接，而且在構造上又不允許兩軸心線有平行或角度的偏差時，則必須選用剛性聯軸器，才能達成需求。此種聯軸器效率最高，但是製造的精確度相對的也提高，否則會造成無法安裝或是壽命減短。剛性聯軸器一般有下面五種類型：

一、套筒聯軸器

欲聯結之兩軸端部插入套筒之中央，然後再利用定位螺絲釘固定之，如圖7-1所示，適合於輕負載軸之聯結，常使用鑄鐵為製成材料。

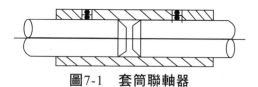

圖7-1 套筒聯軸器

二、凸緣聯軸器

欲聯結之兩軸端裝上凸緣盤，並用鍵將凸緣盤固定在軸上，然後再以螺栓穿過兩凸緣盤之孔經螺帽予以鎖固，如圖7-2所示，常用於大型軸與高度精密機械之迴轉軸，一般以鑄鐵材料製成。

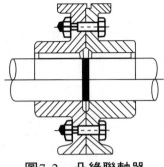

圖7-2　凸緣聯軸器

三、賽勒氏錐形聯軸器

利用內套筒之斜面楔合原理與摩擦作用，並以螺栓將其組合為一體，如圖7-3所示。

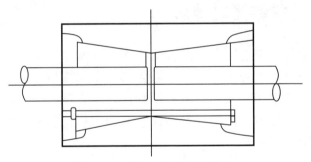

圖7-3　賽勒氏錐形聯軸器

四、分筒聯軸器

由夾板形圓筒分為兩半圓筒對合而成，並分別在各部圓筒凸緣處鑽以螺栓將其結合一體，如圖7-4所示。

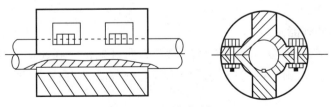

圖7-4　分筒聯軸器

五、環圈壓縮聯軸器

常以鑄鐵製造成外徑傾斜之兩半圓筒，套在欲結合之兩端外，再用內徑有傾斜之鋼質圓環套在兩半圓筒之傾斜外徑上，利用斜面的作用將兩半圓與其兩軸鎖緊，如圖7-5所示。

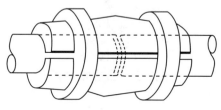

圖7-5　環圈壓縮聯軸器

7-2 撓性聯軸器之種類

實際上欲讓兩軸心完全對合，而絲毫無角度的偏差、平行的偏差或軸向微量的位移，這是不太可能的事情。因此為了確保機械在允許這些偏差或位移的存在時，仍能承受某種程度的振動或過度負載，而繼續運轉，所以常常選用了撓性聯軸器，而不採用凸緣聯軸器。撓性聯軸器的種類甚多，今舉出下列11種予以說明之：

一、彈性材料結合聯軸器

此種聯軸器有多種，例如以整個彈性材料（例如鐵氟龍等）做為聯軸器者，稱為彈性材料結合聯軸器；以兩金屬凸緣，中間置放塊狀彈性材料做為傳遞扭矩用之塊狀彈性材料凸緣聯軸器；其裝置與剛性凸緣聯軸器大致相似。

二、鏈條聯軸器

兩軸端均套上一外徑裝有鏈齒輪之軸套，而且配合一條連續的雙排滾子鏈條或無聲鏈條，如圖7-6所示，可用於兩軸心線有微量的平行偏差或角度偏差。

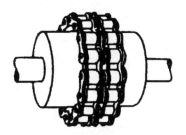

圖7-6 鏈條聯軸器

三、撓性彈簧環線聯軸器

又稱為伐克撓性聯軸器,是以薄彈簧鋼片在二軸上來回彎曲纏繞而成,如圖7-7所示。

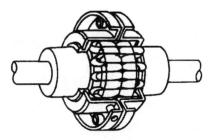

圖7-7 撓性彈簧環線聯軸器

四、齒輪撓性聯軸器

利用兩軸端裝有外齒之套與凸緣內徑之內齒囓合,再由螺栓固定兩凸緣,如圖7-8所示,可用於兩軸心有些微角度偏差的情況。

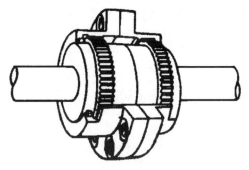

圖7-8 齒輪撓性聯軸器

五、歐丹聯軸器

適用於兩軸中心線互相平行,但不在同一直線而其平行之偏移量不很大之
情況,如圖7-9所示。兩轉軸之轉速相同,且皆作等角速度旋轉。

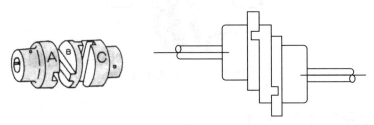

圖7-9　歐丹聯軸器

六、萬向聯軸器【105、107中油】

又稱虎克接頭或十字接頭,是依球體原理設計而成,以一十字形桿裝於二
正交U形叉頭孔內,並裝入滾針軸承。通常用於兩軸不平行,即有角度偏差
之結合,兩軸所夾的角度可任意變更,且角度愈大時轉速比變化愈大,故
軸心交角不宜超過30度,一般在5度以下為宜。若兩個不同直線之軸要做等
轉速之傳動時,可用雙節萬向聯軸器接合的型式。

七、液體聯軸器

是利用流體之輸入與輸出,使兩軸結合,其驅動軸相當於泵浦,輸出軸相
當於渦輪機。

八、撓性圓盤聯軸器

是由鋼、皮革、織造物或塑性材料等製成之圓盤,以交錯方式用螺栓聯結
於三爪式的凸緣盤上,又稱為柔性盤聯軸器。

九、膜片聯軸器

膜片聯軸器是在兩軸端凸緣上安裝膜片,而兩膜片間又裝一間隔管以連接
兩膜片並傳遞扭矩。

十、釋放過度負載聯軸器

此種聯軸器經常利用一支或多支的銷來承受所期望扭矩所造成的剪力，而且不同的機械將設計不同的扭矩限制，此種保護過度負載的情況有如保險絲的作用。另有一種釋放過度負載聯軸器稱為滾珠止回爪聯軸器，是利用彈簧負載的滾珠保持兩軸之相對運動，當扭矩超過其限制值時，才會迫使滾珠離開設定的位置。

十一、電磁聯軸器

電磁聯軸器含有兩個基本元件是一雙金屬滾子與一電磁滾子，而且使磁滾子裝於雙金屬滾子之內部，其磁力線是由電磁滾子的永久磁鐵發射出來，並穿過雙金屬滾子的銅與鋼，此時雙金屬滾子受動力源的帶動而開始旋轉時，就會切割磁力線產生電磁吸引力，而帶動另一軸轉動。

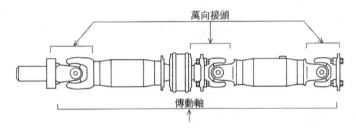

圖7-10　設有單向接頭之傳動軸

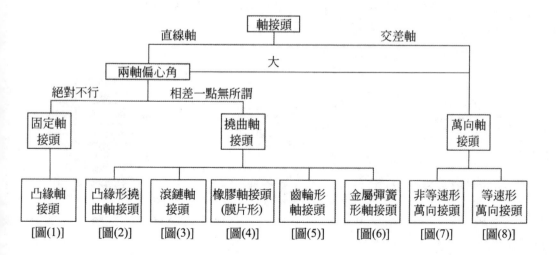

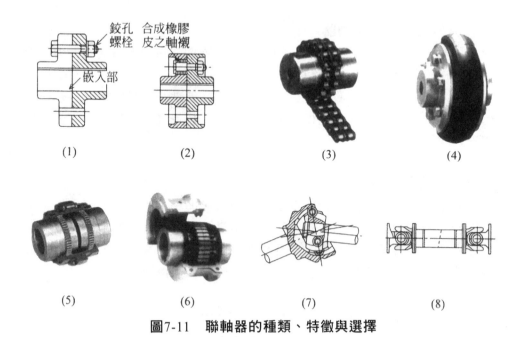

圖7-11　聯軸器的種類、特徵與選擇

7-3 離合器

離合器為使兩軸作間歇性之離合動作：

1. 方爪離合器：結合不便，易產生振動與噪音。【106中油】
2. 斜爪離合器：結合容易。
3. 錐形離合器：又稱摩擦離合器。

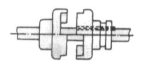
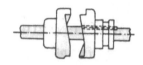
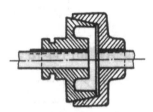

方爪離合器　　　　　斜爪離合器　　　　　錐形離合器

精選試題

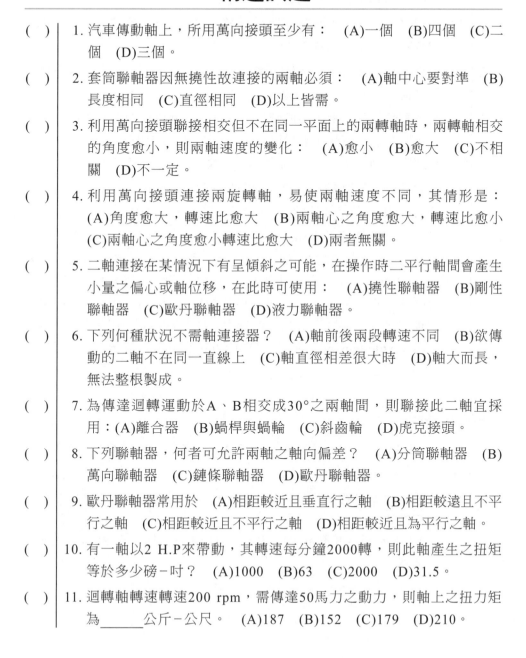

( )　1. 汽車傳動軸上，所用萬向接頭至少有：　(A)一個　(B)四個　(C)二個　(D)三個。

( )　2. 套筒聯軸器因無撓性故連接的兩軸必須：　(A)軸中心要對準　(B)長度相同　(C)直徑相同　(D)以上皆需。

( )　3. 利用萬向接頭聯接相交但不在同一平面上的兩轉軸時，兩轉軸相交的角度愈小，則兩軸速度的變化：　(A)愈小　(B)愈大　(C)不相關　(D)不一定。

( )　4. 利用萬向接頭連接兩旋轉軸，易使兩軸速度不同，其情形是：　(A)角度愈大，轉速比愈大　(B)兩軸心之角度愈大，轉速比愈小　(C)兩軸心之角度愈小轉速比愈大　(D)兩者無關。

( )　5. 二軸連接在某情況下有呈傾斜之可能，在操作時二平行軸間會產生小量之偏心或軸位移，在此時可使用：　(A)撓性聯軸器　(B)剛性聯軸器　(C)歐丹聯軸器　(D)液力聯軸器。

( )　6. 下列何種狀況不需軸連接器？　(A)軸前後兩段轉速不同　(B)欲傳動的二軸不在同一直線上　(C)軸直徑相差很大時　(D)軸大而長，無法整根製成。

( )　7. 為傳達迴轉運動於A、B相交成30°之兩軸間，則聯接此二軸宜採用：(A)離合器　(B)蝸桿與蝸輪　(C)斜齒輪　(D)虎克接頭。

( )　8. 下列聯軸器，何者可允許兩軸之軸向偏差？　(A)分筒聯軸器　(B)萬向聯軸器　(C)鏈條聯軸器　(D)歐丹聯軸器。

( )　9. 歐丹聯軸器常用於　(A)相距較近且垂直行之軸　(B)相距較遠且不平行之軸　(C)相距較近且不平行之軸　(D)相距較近且為平行之軸。

( )　10. 有一軸以2 H.P來帶動，其轉速每分鐘2000轉，則此軸產生之扭矩等於多少磅－吋？　(A)1000　(B)63　(C)2000　(D)31.5。

( )　11. 迴轉軸轉速轉速200 rpm，需傳達50馬力之動力，則軸上之扭力矩為＿＿＿公斤－公尺。　(A)187　(B)152　(C)179　(D)210。

( )　12. 可使兩軸迅速連接及分離的機件稱為　(A)聯軸器　(B)活鍵　(C)離合器　(D)萬向接頭。

( )　13. 歐丹聯軸器之中間浮動件與凸緣相接合，彼此間成　(A)60°　(B)75°　(C)15°　(D)30°。

( )　14. 虎克接頭的機構為　(A)雙滑塊曲柄組　(B)平行軸連桿組　(C)雙搖桿機構　(D)放射軸連接組。

( )　15. 當主動軸與從動軸中心成傾斜相交時，兩軸以萬向接頭連接，主動軸以等角速度迴轉，而從動軸則作：　(A)等角加速度運動　(B)等角速度運動　(C)與主動軸角速度一樣　(D)變角速度運動。

( )　16. 萬向接頭，原動軸以等角速度旋轉，則從動軸作：　(A)等角速度運動　(B)等角加速度運動　(C)等速度運動　(D)變角速度運動。

( )　17. 下列有關撓性傳動（flexible transmission）之敘述，何者正確？　(A)皮帶傳動透過拉力方式傳動，僅適用於平行兩軸之間的傳動場合　(B)V型皮帶具有高速傳動與鏈條傳送動力的特性，適用於汽車引擎之正時傳動　(C)V型皮帶的規格有M、A、B、C、D、E等六種，其中，M級的抗張強度最大　(D)皮帶輪傳動時，緊邊張力（tight side tension）與鬆邊張力（loose side tension）之比值，以7：3為最佳。

解答與解析

| 1.C | 2.A | 3.A | 4.A | 5.A | 6.A | 7.C | 8.D |
| 9.D | 10.B | 11.C | 12.C | 13.D | 14.D | 15.D | 16.D |

17.**D**　(B)定時皮帶具有高速動與鏈條傳送動力的特性，適用於汽車引擎之正時傳動。

(C)V型皮帶的規格有m、A、B、C、D、E等六種，其中E級抗張強度最大。

第八章　帶傳動

依據出題頻率區分，屬：**A** 頻率高

課前叮嚀

本章重點在於撓性傳動的種類、特性及優缺點，包含皮帶有效拉力的計算、皮帶傳動的功率及皮帶的速比、帶長的計算，防止皮帶脫落的方法亦為命題焦點之一，本章為機械原理最重要的章節之一。

8-1　帶傳動之分類

帶傳動是利用張緊在帶輪上的傳動帶與帶輪的摩擦或嚙合來傳遞運動和動力的。

帶傳動通常是由主動輪1、從動輪2和張緊在兩輪上的環形帶3所組成。根據傳動原理不同，帶傳動可分為摩擦傳動型（圖8-1）和嚙合傳動型（圖8-2）兩大類。

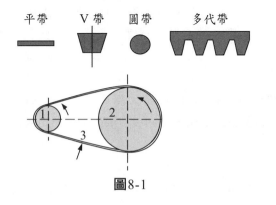

圖8-1

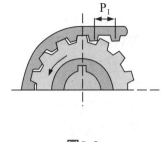

圖8-2

摩擦傳動型是利用傳動帶與帶輪之間的摩擦力傳遞運動和動力。摩擦型帶傳動中，根據撓性帶截面形狀不同，可分為：

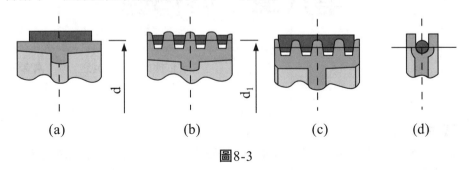

(a)　　　　　　　(b)　　　　　　　(c)　　　　　　　(d)

圖8-3

1. **普通平帶傳動（如圖8-3a）：**
   平帶傳動中帶的截面形狀為矩形，工作時帶的內面是工作面，與圓柱形帶輪工作面接觸，屬於平面摩擦傳動。

2. **V帶傳動（如圖8-3b）：**
   V帶傳動中帶的截面形狀為等腰梯形。工作時帶的兩側面是工作面，與帶輪的環槽側面接觸，屬於楔面摩擦傳動。在相同的帶張緊程度下，V帶傳動的摩擦力要比平帶傳動約大70%，其承載能力因而比平帶傳動高。在一般的機械傳動中，V帶傳動現已取代了平帶傳動而成為常用的帶傳動裝置。

3. **多楔帶傳動（如圖8-3c）：** 積由小而大依序為M、A、B、C、D、E、V帶斷面。【107中油】
   多楔帶傳動中帶的截面形狀為多楔形，多楔帶是以平帶為基體、內表面具有若干等距縱向V形楔的環形傳動帶，其工作面為楔的側面，它具有平帶的柔軟、V帶摩擦力大的特點。

4. **圓帶傳動（如圖8-3d）：**
   圓帶傳動中帶的截面形狀為圓形，圓形帶有圓皮帶、圓繩帶、圓錦綸帶等，其傳動能力小，主要用於v＜15m/s，i＝0.5～3的小功率傳動，如儀器和家用器械中（如縫紉機）。

5. **高速帶傳動：**
   帶速v＞30m/s，高速軸轉速n＝10000～50000rpm的帶傳動屬於高速帶傳動。

(1)高速帶：

傳動要求運轉平穩、傳動可靠並具有一定的壽命。高速帶常採用重量
輕、薄而均勻、撓曲性好的環形平帶，過去多用絲織帶和麻織帶，近
年來國內外普遍採用錦綸編織帶、薄型錦綸片複合平帶等。

(2)高速帶輪：

要求質量輕，架構對稱均勻、強度高、運轉時空氣阻力小。通常採用
鋼或鋁合金製造，帶輪各個面均應進行精加工，並進行動平衡。為了
防止帶從帶輪上滑落，大、小帶輪輪緣表面都應加工出凸度，製成鼓
形面或雙錐面。在輪緣表面常開環形槽，以防止在帶與輪緣表面間形
成空氣層而降低摩擦系數，影響正常傳動。

觀念速記

1.V形帶之規格表示法：形別×帶長(mm)。

2.防止皮帶脫落的方法：(1)使用凸緣約束(2)使用帶叉(3)輪面隆起（最好的方
法）。

8-2　皮帶有效拉力之推導

重要公式推導：皮帶有效拉力

$T_e = T_1 - T_2$　　　　　　$\Sigma F_x = 0$

$(T + dT)\cos\dfrac{d\phi}{2} - T\cos\dfrac{d\phi}{2} - \mu dN = 0$ ....(1)

$\Sigma F_y = 0$

$(T + dT)\sin\dfrac{d\phi}{2} + T\sin\dfrac{d\phi}{2} - dN = 0$ ....(2)

當$d\phi$很小時，$\sin\dfrac{d\phi}{2} = \dfrac{d\phi}{2}$，$\cos\dfrac{d\phi}{2} = 1$

(1)式可簡化為$(T + dT) - T - \mu dN = 0 \Rightarrow dN = \dfrac{dT}{\mu}$

(2)式可簡化為$Td\phi + dT(\dfrac{d\phi}{2}) - \dfrac{dT}{\mu} = 0$

二階微分項$dTd\phi \approx 0$

$$\mu d\phi = \frac{dT}{T}$$

$$\int_0^\theta \mu d\varphi = \int_{T_2}^{T_1} \frac{dT}{T}$$

$$\mu\theta = \ell_n \frac{T_1}{T_2} \Rightarrow e^{\mu\theta} = \frac{T_1}{T_2} \cdots\cdots 緊邊 \atop \cdots\cdots 鬆邊$$

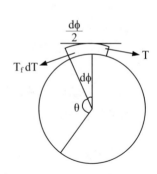

觀念速記

1. T_1表示緊邊張力，T_2表示鬆邊張力，有效拉力$T_e = T_1 - T_2$。

2. $\dfrac{T_1}{T_2}$ 約為 $\dfrac{7}{3}$，理論值為 $\dfrac{T_1}{T_2} = e^{\mu\theta}$（$\theta$表示接觸角）。

8-3 皮帶之速比

速比公式：N表轉速、D表直徑、t表示帶厚、x%表示滑動損失，
　　　　　一般而言，滑動損失約為2%。

1. 不考慮帶厚及摩擦損失：$\dfrac{N_B}{N_A} = \dfrac{D_A}{D_B}$

2. 考慮帶厚，不考慮摩擦損失：$\dfrac{N_B}{N_A} = \dfrac{D_A + t}{D_B + t}$

3. 不考慮帶厚，考慮摩擦損失：$\dfrac{N_B}{N_A} = \dfrac{D_A}{D_B}(1 - x\%)$

4. 考慮帶厚及摩擦損失：$\dfrac{N_B}{N_A} = \dfrac{D_A + t}{D_B + t}(1 - x\%)$

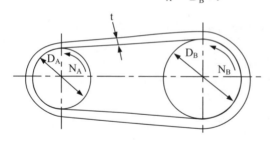

8-4 帶長之計算

1. 開口帶：

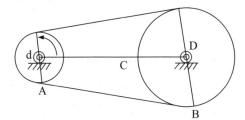

帶長：　$L = \dfrac{\pi}{2}(D+d) + 2C + \dfrac{(D-d)^2}{4C}$

2. 交叉帶：

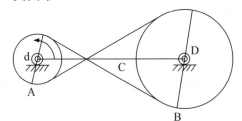

帶長：　$L = \dfrac{\pi}{2}(D+d) + 2C + \dfrac{(D+d)^2}{4C}$

8-5 階級塔輪

※主動軸之回轉數為從動塔輪中級兩邊相對稱位置之比例中項。

$n_1 \times n_5 = N^2$　　　$n_2 \times n_4 = N^2$　　　N：主動軸轉速

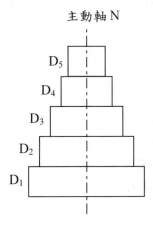
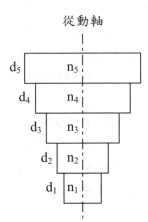

精選試題

( )　1. 帶輪裝置時須使　(A)沒有限制,即可作可逆之直角迴轉帶　(B)只要進入側之中心線在中央平面內　(C)僅退出側在中央平面內　(D)進入側與退出側都在中央平面內。

( )　2. 一帶輪直徑為1.1公尺,轉速150rpm,若其緊邊與鬆邊之張力差為60公斤,則可傳達之馬力數為　(A)0.3π　(B)132π　(C)18π　(D)2.2π。

( )　3. 在繩圈傳動裝置中,如裝張力輪的目的為　(A)增大摩擦力　(B)使繩圈向一定方向移動　(C)調節繩圈鬆緊度　(D)可逆向傳動。

( )　4. 多繩制的優點之一,係　(A)極適宜兩平行軸之動力傳送　(B)極宜於小動力之傳送　(C)極適宜兩交叉軸之動力傳送　(D)極宜於各種角度軸線間之動力傳送。

( )　5. 無聲鏈(Silent Chain)在運轉時安靜而無聲音,其齒片兩端的齒型　(A)漸開線　(B)斜直邊　(C)橢圓形　(D)圓弧。

( )　6. 原動輪與從動輪相距較遠時,則利用皮帶傳動之,其原因是　(A)較為美觀　(B)較為經濟　(C)兩輪轉速比不會改變　(D)設計簡單。

( )　7. 下列各種皮帶,何種使用於精密磨床之砂輪心軸傳動,無段變速機速率之傳動?　(A)附齒皮帶　(B)平皮帶　(C)三角皮帶　(D)圓形帶。

( )　8. 兩三角皮帶輪間開口連接傳動,已知每條三角皮帶之緊邊張力為40公斤鬆邊張力為16公斤,今傳遞24HP之馬力,設皮帶之傳動速率為15公尺/秒,則需用三角皮帶(設每條皮帶承受之負荷相等)　(A)4條　(B)3條　(C)5條　(D)6條。

( )　9. 直角迴轉帶裝置中　(A)二軸在空間互成平行,而不相交　(B)導輪可以改變皮帶迴轉方向　(C)二軸在空間互成垂直而相交　(D)二軸在空間係平行。

( )　10. 使用皮帶裝置傳動時,下列何者為不正確?　(A)使用三角皮帶傳動時,因不易產生滑動,故適於高速運轉　(B)皮帶傳動之速比較鏈輪傳動正確性低　(C)皮帶寬度等於皮帶輪面寬度之85%時最適宜　(D)使用寬而薄的皮帶效率最高。

( )　11. 有一組皮輪傳動機構，A輪直徑20公分，B輪直徑45公分，假設A為原動輪，轉速為700rpm，皮帶後度為0.5公分，不計滑動時B輪轉速為　(A)1533rpm　(B)1575rpm　(C)315rpm　(D)311rpm。

( )　12. A、B二平皮帶傳動相距1200mm，A皮帶輪直徑240mm每分鐘15轉，B皮帶輪直徑300mm，在皮帶及皮帶輪面摩擦損失為2%時，B皮帶輪之每分鐘回轉速多少？　(A)118rpm　(B)980rpm　(C)50rpm　(D)200rpm。

( )　13. 兩皮帶輪之直徑分別為20吋及10吋，設皮帶厚度為0.200吋，若大輪轉速為1000rpm，滑動損失為2%，則從小輪之轉速為　(A)1500rpm　(B)3940rpm　(C)3000rpm　(D)1940rpm。

( )　14. 平皮帶傳動軸相距5000mm，二平皮帶輪之外徑各為$D_1 = 300mm$，$D_2 = 750mm$，試求其開帶之皮帶長度（mm）　(A)1168mm　(B)11780mm　(C)1178mm　(D)11680mm。

( )　15. 一對相等五級塔輪，主動軸迴轉100rpm，從動軸最低轉速40rpm，則從動軸最高轉速與最低轉速比為　(A)5.15　(B)7.35　(C)4.15　(D)6.25。

( )　16. 對Ｖ型皮帶下列敘述何者不會增大傳遞馬力數？　(A)皮帶張力愈大　(B)皮帶之剖面積愈大　(C)兩輪中心線傾斜時與水平夾角愈大　(D)速比不等於1時，大輪之接觸角度愈小。

( )　17. 開口平皮帶傳動軸相距48cm，兩皮帶輪之外徑各為16cm與20cm，則皮帶全長為　(A)152.6cm　(B)89.8cm　(C)215.79cm　(D)159.27cm。

( )　18. 一皮帶輪傳動，原動輪直徑為60cm，轉速為1500rpm，若皮帶之緊邊張力為40kg，鬆邊張力為30kg，則可傳遞之公制馬力（PS）數為：(A)1π　(B)2π　(C)6π　(D)3π。

( )　19. 一對相等三級塔輪，主動軸每分鐘迴轉數為100，從動輪每分鐘最低迴轉數為50，則從動輪每分鐘最高迴轉數為　(A)200　(B)80　(C)160　(D)400。

( )　20. 要防止帶圈脫落，實際上以採用　(A)平面帶輪　(B)隆面帶輪　(C)凸緣帶輪　(D)在帶圈漸進邊約束　為佳。

( ) 21. 為防止皮帶脫落,平皮帶輪的輪面通常做成 (A)中間隆起 (B)中間凹下 (C)波浪狀 (D)粗糙面。

( ) 22. 平皮帶輪為防止皮帶脫落,會將皮帶輪的中央製成大弧度的凸形,其凸起的高度為輪寬的 (A)5 (B)10 (C)15 (D)20 %。

( ) 23. 在直角迴轉帶圈傳動裝置上,加置導輪,可 (A)增長帶圈壽命 (B)引導帶沿一定之方向移動 (C)加大傳遞之馬力 (D)減小傳遞之馬力。

( ) 24. 若欲傳達動力甚大,而軸間距離較遠及皮帶寬度受到限制時,宜採用下列何種傳動裝置? (A)摩擦輪 (B)皮帶 (C)繩索 (D)鏈條。

( ) 25. 需要導輪的是 (A)齒輪 (B)鏈輪 (C)英國制繩輪 (D)美國制繩輪。

( ) 26. 繩圈傳動裝置中,繩圈內、外部均有損傷,繩圈愈粗,則其損傷 (A)外部愈小,內部愈大 (B)外部愈大,內部愈小 (C)內、外部均小 (D)內、外部均愈大。

( ) 27. 以平皮帶傳動時,皮帶的厚度約為直徑的 (A)$\frac{1}{5} \sim \frac{1}{10}$ (B)$\frac{1}{10} \sim \frac{1}{20}$ (C)$\frac{1}{20} \sim \frac{1}{30}$ (D)$\frac{1}{30} \sim \frac{1}{50}$。

( ) 28. 下列有關常用V型皮帶之敘述,何者錯誤? (A)V型皮帶又稱三角皮帶 (B)V型皮帶之規格有M、A、B、C、D、E等六種型別 (C)V型皮帶之夾角為40° (D)型別為M的V型皮帶之截面積最大。

( ) 29. 有關V型皮帶,下列敘述何者正確? (A)斷面為三角形 (B)規格分A、B、C、D、E等五種型式 (C)A型的斷面積較C型大 (D)數目相同時選用D型可比B型傳達較大動力。

( ) 30. 欲由一定轉速主軸上獲得各種不同的速率,一般非精確傳動機構多使用 (A)蝸桿與蝸輪 (B)齒輪 (C)凸輪 (D)圓錐形皮帶輪。

( ) 31. V形皮帶的規格有 (A)A、B、C三種 (B)A、B、C、D四種 (C)A、B、C、D、E五種 (D)M、A、B、C、D、E六種。

( ) 32. 下列何種型別的V型皮帶具有最小的斷面積?
(A)A (B)C (C)E (D)M。

( ) 33. 下列哪一形的三角皮帶，能傳遞最大的動力？

(A)M (B)A (C)E (D)F。

( ) 34. V形皮帶B×600，其中的「600」表示 (A)帶輪直徑 (B)二軸間距離 (C)帶圈長度 (D)帶圈之強度。

( ) 35. 三角皮帶的斷面成 (A)三角形 (B)方形 (C)梯形 (D)橢圓形。

( ) 36. 在高速傳動時，撓性連接物宜用

(A)綿繩 (B)鋼帶 (C)三角帶 (D)以上皆可。

( ) 37. 家庭用縫紉機上，常用

(A)平皮帶 (B)V形帶 (C)特殊帶 (D)圓形帶。

( ) 38. 以平皮帶傳動時，皮帶與輪面間之接觸角度不得小於

(A)90° (B)120° (C)150° (D)180°。

( ) 39. 有一帶圈之設計強度為每吋寬度100ℓb，若在帶圈傳動裝置中，帶圈緊邊張力為200ℓb，鬆邊張力為90ℓb，原動輪直徑為2ft，每分鐘迴轉數300，則帶圈之線速度(ft/min)為

(A)3768 (B)1884 (C)942 (D)471 ft/min。

( ) 40. 有一帶圈之設計強度為每吋寬度100ℓb，若在帶圈傳動裝置中，帶圈緊邊張力為200ℓb，鬆邊張力為90ℓb，原動輪直徑為2ft，每分鐘迴轉數300，則帶圈在每分鐘內傳遞之功(ft-ℓb)為

(A)753600 (B)207240 (C)136590 (D)84180 ft-ℓb。

( ) 41. 有一帶圈之設計強度為每吋寬度100ℓb，若在帶圈傳動裝置中，帶圈緊邊張力為200ℓb，鬆邊張力為90ℓb，原動輪直徑為2ft，每分鐘迴轉數300，則傳動功率(HP)為

(A)22.84 (B)6.28 (C)41.4 (D)2.57 HP。

( ) 42. 設有一皮帶之速率為1000ft/min，鬆邊拉力為330ℓb，緊邊拉力為660ℓb，則所傳動之HP為 (A)10 (B)15 (C)20 (D)25 HP。

( ) 43. 一皮帶式制動器，輪鼓直徑為50cm，轉速為600rpm，若皮帶之有效拉力為300kg，則其制動馬力約為多少PS？

(A)6.28 (B)17.7 (C)31.4 (D)62.8 PS。

( )　44. 使用皮帶輪傳達馬力，其傳遞效率與下列何者無關？　(A)皮帶圈材質強度　(B)皮帶圈與帶輪摩擦係數　(C)皮帶圈迴轉速度　(D)皮帶圈長度。

( )　45. 皮帶輪使用惰輪可增大接觸角，此接觸角增加愈大則　(A)傳達動力愈大　(B)傳達動力愈小　(C)摩擦力愈大　(D)與傳達動力無關。

( )　46. 以V形皮帶傳遞2HP的功率，若皮帶的速度為8m/sec，緊邊的張力為鬆邊張力的1.5倍，則緊邊的張力為　(A)46　(B)56　(C)66　(D)76kg。

( )　47. 有一帶圈之設計強度為2kg/mm，若在帶圈傳動中，帶圈緊邊張力為200kg，鬆邊張力為80kg，原動輪外徑50cm，轉速為450rpm，則帶圈之有效挽力為　(A)280　(B)200　(C)120　(D)100　kg。

( )　48. 有一帶圈之設計強度為2kg/mm，若在帶圈傳動中，帶圈緊邊張力為200kg，鬆邊張力為80kg，原動輪外徑50cm，轉速為450rpm，則傳達功率為　(A)20.8　(B)19.8　(C)18.8　(D)16.8　馬力。

( )　49. 有一帶圈之設計強度為2kg/mm，若在帶圈傳動中，帶圈緊邊張力為200kg，鬆邊張力為80kg，原動輪外徑50cm，轉速為450rpm，則帶圈應有之寬度為　(A)60　(B)50　(C)40　(D)20　mm。

( )　50. 有一帶圈之設計強度為2kg/mm，若在帶圈傳動中，帶圈緊邊張力為200kg，鬆邊張力為80kg，原動輪外徑50cm，轉速為450rpm，則帶圈之線速度為　(A)35.1　(B)23.5　(C)11.7　(D)5.9　m/sec。

( )　51. 有一帶圈之設計強度為2kg/mm，若在帶圈傳動中，帶圈緊邊張力為200kg，鬆邊張力為80kg，原動輪外徑50cm，轉速為450rpm，兩帶輪之直徑為60cm與80cm，若大輪轉速為420rpm，則小輪之轉速為　(A)560　(B)460　(C)315　(D)215　rpm。

( )　52. 設有一帶圈之速度為200m/min，其緊邊張力與鬆邊張力之差為90kg，試求其傳動馬力為　(A)3　(B)4　(C)5　(D)6　馬力。

( )　53. 有一皮帶輪之直徑30cm，轉速200rpm傳送πPS，則其有效拉力為多少kg？　(A)55　(B)65　(C)75　(D)150　kg。

( )　54. A、B兩皮帶傳動輪，主動輪A直徑15cm，其轉速為每分鐘200轉，從動輪B直徑為30cm，皮帶與皮帶輪之間的滑動率為2%，試求B輪之轉速為每分鐘多少轉？　(A)90　(B)94　(C)98　(D)102 rpm。

( )　55. 皮帶傳動馬力$PS = \dfrac{(T_1-T_2)\pi DN}{4500}$ 式中，D之單位為　(A)吋　(B)呎　(C)公尺　(D)公分。

( )　56. 當二帶輪運轉時，帶圈與帶輪間常有若干滑動，從動輪之迴轉數約遲　(A)2　(B)5　(C)8　(D)15　%。

( )　57. 由於皮帶與皮帶輪間之滑動，從動輪之迴轉速度減少約　(A)2～3% (B)5～8%　(C)8～10%　(D)10～15%。

( )　58. 主動帶輪直徑為50cm，轉速100rpm，倘若從動輪轉速為500rpm，則其直徑為　(A)5　(B)8　(C)10　(D)20　cm。

( )　59. A、B二皮帶輪相距1200mm，A皮帶輪直徑240mm，每分鐘150轉，B皮帶輪直徑300mm，在皮帶和皮帶輪面打滑為20%時，B皮帶輪之每分鐘迴轉數多少？　(A)980　(B)96　(C)200　(D)50　rpm。

( )　60. 一組平皮帶輪傳動機構，原動輪A之外徑為20cm，從動輪B之外徑為50cm，如原動輪之轉速為505rpm，設皮帶厚度為0.5cm，不計滑動時則從動輪B之轉速為多少rpm？　(A)205　(B)215　(C)1245 (D)1255　rpm。

( )　61. 二皮帶輪的直徑分別為400mm及200mm，二軸相距80cm，交叉皮帶比開口皮帶約長　(A)85　(B)8.5　(C)100　(D)10　cm。

( )　62. 一對皮帶輪傳動裝置，輪徑為50cm及80cm，軸心距離1m，試求交叉帶與開口帶之帶差長度為多少cm？　(A)40　(B)50　(C)55　(D)60cm。

( )　63. 有一皮帶輪，以測量法測得的長度為2000mm，其適當的長度為 (A)2000　(B)1984　(C)1976　(D)1960　mm。

( )　64. 已知一對相同之五級塔輪，其主動軸轉速為200rpm，而從動軸最低轉速為20rpm，則從動軸之最高轉速為多少rpm？　(A)1500 (B)1800　(C)2000　(D)2400　rpm。

( )　65. 一對相等五級塔輪，主動輪每分鐘迴轉數為120，從動輪每分鐘最
　　　低迴轉數為20，則從動輪最高轉數與最低轉數之比為
　　　(A)36：1　　　　　　　　　(B)30：1
　　　(C)24：1　　　　　　　　　(D)18：1。

( )　66. 一對相等五級塔輪，若主動軸轉速固定，且N＝250rpm，從動軸最
　　　低轉速為50rpm，則從動軸最高轉速與最低轉速比為
　　　(A)25　　　　　　　　　　　(B)20
　　　(C)15　　　　　　　　　　　(D)5。

( )　67. 在皮帶輪直徑與兩輪中心距均相等之狀況下，下列關於開口皮帶與
　　　交叉皮帶之比較何者正確？
　　　(A)開口皮帶之長度較交叉皮帶長
　　　(B)開口皮帶之接觸角較交叉皮帶小
　　　(C)開口皮帶所傳動之兩輪旋向相反
　　　(D)開口皮帶可傳遞之動力較交叉皮帶大。

解答與解析

1. **D**

2. **D**　$P = FV$　　　　　$P = 60 \times 9.8 \times \dfrac{1.1 \times \pi \times 150}{60} = 1620\pi$

　　$PS = \dfrac{P}{736}$　　$PS = \dfrac{1620\pi}{736} \div 2.2\pi$

3. **C**

4. **A**　多繩制的優點之一，係極適宜二平行軸之動力傳送。

5. **B**　　　6. **B**　　　7. **A**　　　8. **C**　　　9. **B**　　　10. **D**

11. **C**　考慮皮帶厚度 $\dfrac{N_B}{N_A} = \dfrac{D_A + t}{D_B + t}$　$\dfrac{N_B}{N_A} = \dfrac{20 + 0.5}{45 + 0.5}$ ⇨ $N_B = 315$（rpm）

12. **A**　$\dfrac{N_B}{N_A} = \dfrac{D_A}{D_B}(1 - x\%)$　$\dfrac{N_B}{150} = \dfrac{240}{300}$　$\therefore N_B = 118$ rpm

13. D $\dfrac{N_1}{N_2}=\dfrac{D_2+t}{D_1+t} \Rightarrow \dfrac{1000}{N_2}=\dfrac{10+0.2}{20+0.2}$

$N_2=1980 \qquad N=N_2\times(1-2\%)=1980\times98\%=1940(\text{rpm})$

14. D

15. D $n_3=100 \quad n_1\times n_5=n_3^2 \quad n_1\times40=100^2 \quad n_1=250 \quad \dfrac{250}{40}=6.25$

16. C

17. A $L=\dfrac{\pi}{2}(D+d)+2C+\dfrac{(D-d)^2}{4\times48}$

$=\dfrac{\pi}{2}(20+16)+2\times48+\dfrac{(20-16)^2}{4\times48}=56.52+96+0.08=152.6（\text{cm}）$

18. B

19. A $10000=50\times n_3 \qquad n_3=200$

20. B 要防止帶圈脫落，實際上以採用隆面帶輪為佳。

21. A 為防止皮帶脫落，平皮帶輪的輪面通常做成中間隆起。

22. A 皮帶輪凸起的高度為輪寬的5%。

23. B 加置導輪，可引導帶沿一定之方向移動。

24. C 繩索適合遠距離傳動。

25. D 需要導輪的是美國制繩輪。

26. D 繩圈愈粗，則其損傷內、外部均愈大。

27. C 以平皮帶傳動時，皮帶的厚度約為直徑的$\dfrac{1}{20}\sim\dfrac{1}{30}$。

28. D V型皮帶以E型之截面積最大，M型之截面積最小。

29. D

30. D 欲由一定轉速主軸上獲得各種不同的速率，一般非精確傳動機構多使用圓錐形皮帶輪。

31. D V形皮帶的規格有M、A、B、C、D、E六種。

32. D V型皮帶斷面積由小至大依序為M、A、B、C、D、E。

33.**C**　三角皮帶的大小，由小而大依序為M、A、B、C、D、E。

34.**C**　B×600中，B代表型式，600代表帶圈長度。

35.**C**　三角皮帶的斷面成梯形。

36.**B**　在高速傳動時，撓性連接物宜用鋼帶。

37.**D**　家庭用縫紉機上，常用圓形帶。

38.**B**　以平皮帶傳動時，皮帶與輪面間之接觸角度不得小於120°

39.**B**　$V = r \cdot \omega = 1 \times 2\pi \times 300 = 1884 \text{(ft/min)}$

40.**B**　帶輪每分鐘移動1884ft
　　$\therefore W = F \times S = 110 \times 1884 = 207240 \text{(ft-}\ell\text{b)}$

41.**B**　$P = \dfrac{W}{t} = \dfrac{207240}{60} \times \dfrac{1}{550} = 6.28 \text{ (HP)}$

42.**A**　$P = F \times V = (660 - 330) \times \dfrac{1000}{60} \times \dfrac{1}{550} = 10 \text{ (HP)}$

43.**D**　$P = 300 \times \dfrac{0.5}{2} \times \dfrac{2\pi \cdot 600}{60} \times \dfrac{1}{75} = 62.8 \text{(PS)}$

44.**D**　其傳遞效率與皮帶圈長度無關。

45.**A**　$\because \dfrac{T_1}{T_2} = e^{\mu\theta}$
　　$\therefore$接觸角愈大，有效張力便愈大，可增加傳達的動力。

46.**B**　$2 = (1.5T_2 - T_2) \times 8 \times \dfrac{1}{75}$
　　$T_2 = 37.5$
　　$\Rightarrow T_1 = 1.5T_2 = 1.5 \times 37.5 = 56.25$

47.**C**　$T_e = 2\text{kg/mm}$，$D = 50\text{cm} = 0.5\text{m}$，$N = 450\text{rpm}$
　　有效挽力$T = 200 - 80 = 120\text{kg}$

48.**C**　$T_e = 2\text{kg/mm}$，$D = 50\text{cm} = 0.5\text{m}$，$N = 450\text{rpm}$
　　有效挽力　$T = 200 - 80 = 120\text{kg}$
　　功率　$PS = \dfrac{T \times \pi DN}{75 \times 60} = \dfrac{120 \times 3.14 \times 0.5 \times 450}{75 \times 60} = 18.8$馬力

49. **A** $T_e=2kg/mm$，$D=50cm=0.5m$，$N=450rpm$

有效挽力　$T=200-80=120kg$

帶寬　$W=\dfrac{T}{T_e}=\dfrac{120}{2}=60mm$

50. **C** $T_e=2kg/mm$，$D=50cm=0.5m$，$N=450rpm$

圈線速度　$V=\dfrac{\pi DN}{60}=\dfrac{3.14\times0.5\times450}{60}=11.77m/sec$

51. **A** $T_e=2kg/mm$，$D=50cm=0.5m$，$N=450rpm$

$\dfrac{N_{小}}{N_{大}}=\dfrac{D_{大}}{D_{小}}=\dfrac{80}{60}=\dfrac{4}{3}$

$N_{小}=\dfrac{4}{3}\times N_{大}=\dfrac{4}{3}\times420=560rpm$

52. **B** 由題中知，$V=200m/min$，$T=90kg$

$\therefore PS=\dfrac{TV}{75}=\dfrac{90\times200}{75\times60}=4$（馬力）

53. **C** 由題中知，$D=30cm=0.3m$，$N=200rpm$，$PS=\pi$馬力

$PS=\dfrac{TV}{75}=\dfrac{T\times\pi DN}{4500}$

$\therefore T=\dfrac{4500PS}{\pi DN}=\dfrac{4500\times\pi}{3.14\times0.3\times200}=75kg$

54. **C** $\dfrac{N_B}{N_A}=\dfrac{D_B+t}{D_A+t}(1-S)$　　$\dfrac{N_B}{200}=\dfrac{15}{30}(1-2\%)$　　$N_B=98rpm$

55. **C** D之單位為公尺。

56. **A** 從動輪之迴轉數約遲2%。

57. **A** 從動輪之迴轉速度減少約2～3%。

58. **C** $\dfrac{100}{500}=\dfrac{D_B}{50}$　　$D_B=10cm$

59. **B** $\dfrac{N_A}{N_B}=\dfrac{D_B}{D_A}\Rightarrow\dfrac{150}{N_B}=\dfrac{300}{240}$

$\Rightarrow N_B=120$　　$N_B'=120\times(1-20\%)=96(rpm)$

60. **A** $\dfrac{N_B}{N_A} = \dfrac{D_A + t}{D_B + t} = \dfrac{20 + 0.5}{50 + 0.5}$

$N_B = \dfrac{20.5}{50.5} \times 505 = 205 \text{rpm}$

61. **D** $\ell = \dfrac{D \times d}{C} = \dfrac{40 \times 20}{80} = 10 \text{(cm)}$

62. **A** 由題中知，$d = 50 \text{cm}$，$D = 80 \text{cm}$，$C = 1 \text{m} = 100 \text{cm}$

$\ell = \dfrac{D \times d}{C} = \dfrac{80 \times 50}{100} = 40 \text{cm}$

63. **B** $L = 2000 \times (1 - \dfrac{8}{1000}) = 1984 \text{ (mm)}$

64. **C** $40000 = 20 \times n_5$ $\qquad n_5 = 2000$

65. **A** $14400 = 20 \times n_5$ $\qquad n_5 = 720$

$n_5 : n_1 = 36 : 1$

66. **A** $62500 = 50 \times n_5$ $\qquad n_5 = 1250$

$n_5 : n_1 = 25 : 1$

67. **B** (A)開口皮帶之長度較交叉皮帶短。

(C)開口皮帶所傳動之兩輪旋向相同。

(D)開口皮帶可傳遞之動力較交叉皮帶小。

第九章　鏈傳動

依據出題頻率區分，屬：**B** 頻率中

> **課前叮嚀**
>
> 鏈條可分為滾子鏈及齒形鏈，鏈長節距之計算及帶、鏈、繩之比較為必考重點。

鏈傳動是由裝在平行軸上的主、從動鏈輪和繞在鏈輪上的環形鏈條所組成，以鏈作中間撓性件，靠鏈與鏈輪輪齒的嚙合來傳遞運動和動力。

9-1　鏈傳動的分類

在鏈傳動中，按鏈條架構的不同主要有滾子鏈傳動和齒形鏈傳動兩種類型：

一、滾子鏈傳動

滾子鏈的架構如圖9-1。它由內鏈板1、外鏈板2、銷軸3、套筒4和滾子5組成。鏈傳動工作時，套筒上的滾子沿鏈輪齒廓滾動，可以減輕鏈和鏈輪輪齒的磨損。

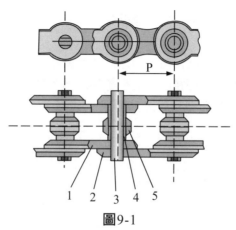

圖9-1

把一根以上的單列鏈並列、用長銷軸聯接起來的鏈稱為多排鏈。鏈的排數愈多，承載能力愈高，但鏈的製造與安裝精度要求也愈高，且愈難使各排鏈受力均勻，將大大降低多排鏈的使用壽命，故排數不宜超過4排。當傳動功率較大時，可採用兩根或兩根以上的雙排鏈或三排鏈。

鏈條相鄰兩銷軸中心的距離稱為鏈節距，用P表示，它是鏈傳動的主要參數。

二、無聲鏈傳動

無聲鏈傳動是利用特定齒形的鏈板與鏈輪相嚙合來實現傳動的。

它是由彼此用鉸鏈聯接起來的齒形鏈板組成（圖9-2），鏈板兩工作側面間的夾角為60°，相鄰鏈節的鏈板左右錯開排列，並用銷軸、軸瓦或滾柱將鏈板聯接起來。又稱為倒齒鏈，按鉸鏈架構不同，分為圓銷鉸鏈式、軸瓦鉸鏈式和滾柱鉸鏈式三種，見圖9-2。

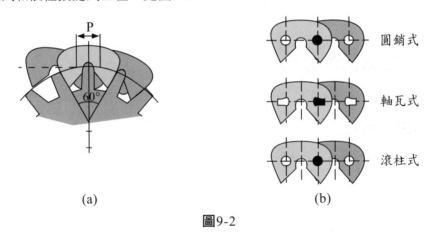

圓銷式

軸瓦式

滾柱式

(a)   (b)

圖9-2

與滾子鏈相比，齒形鏈具有工作平穩、噪聲較小、允許鏈速較高、承受衝擊載荷能力較好和輪齒受力較均勻等優點；但架構複雜、裝拆困難、價格較高、重量較大並且對安裝和維護的要求也較高。

觀念速記

鏈條之節數為偶數，鏈輪之齒數為奇數，可使磨損均勻。

三、起重鏈─係為起重或曳引重物之用，依形式之不同又可分為兩類

1. 平環鏈：

又稱套環鏈，由橢圓形環所組成，用於吊車、起重機和挖泥機中。所用之材料為熟鐵、碳鋼及合金鋼。

圖9-3　平環鏈　　　　圖9-4　用平環鏈之吊車

2. 柱環鏈：

又稱日字鏈，外型與套環鏈相似，只在每節套環中多一支柱，作加強及定位之用，故其強度較高且不易扭結，適用於船上之錨鍊或繫留鏈，主要材料為熟鐵或碳鋼。

9-2 鏈傳動的運動分析

鏈條進入鏈輪後形成折線，因此鏈傳動的運動情況和繞在正多邊形輪子上的帶傳動很相似。邊長相當於鏈節距p，邊數相當於鏈輪齒數z。鏈輪每轉一周，鏈移動的距離為zp，設z_1、z_2為兩鏈輪的齒數，p為節距（mm），D為鏈輪直徑，則節距$p = 2R\sin\theta = D\sin\theta$，$n_1$、$n_2$為兩鏈輪的轉速（r/min），則鏈條的平均速度v（m/s）為：

$$v = \frac{z_1 p n_1}{60 \times 1000} = \frac{z_2 p n_2}{60 \times 1000}$$

由上式可得鏈傳動的平均傳動比：

$$i = n_1 / n_2 = z_2 / z_1$$

事實上，鏈傳動的瞬時鏈速和瞬時傳動比都是變化的。分析如下：設鏈的緊邊在傳動時處於水平位置，見圖9-5。設主動輪以等角速度ω_1轉動，則其分度圓周速度為$R\omega$。當鏈節進入主動輪時，其銷軸總是隨著鏈輪的轉動而不斷改變其位置。當位於β角的瞬時，鏈水平運動的瞬時速度v等於銷軸圓周速度的水平分量。

即鏈速$v = \cos\beta R_1\omega_1$

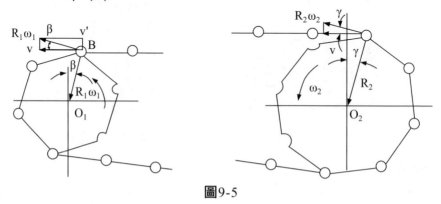

圖9-5

角的變化範圍在$\pm\dfrac{\phi}{2}$之間，$\phi_1 = 360°/z_1$。當$\beta = 0$時，鏈速最大，$v\text{max} = R_1\omega_1$；當$\beta = \pm\dfrac{\phi}{2}$時，鏈速最小，$v\text{min} = R_1\omega_1\cos(\dfrac{\phi}{2})$。因此，即使主動鏈輪勻速轉動時，鏈速$v$也是變化的。每轉過一個鏈節距就週期變化一次，見圖9-6。同理，鏈條垂直運動的瞬時速度$v` = R\omega\sin\beta$也作週期性變化，從而使鏈條上下抖動。

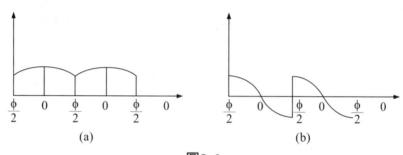

(a)　　　　　　　　　　　　(b)

圖9-6

從動鏈輪由於鏈速v≠常數和γ角的不斷變化，因而它的角速度$\omega_2 = v / R_2 \cos\gamma$ 也是變化的。

鏈傳動比的瞬時傳動比i為：

$$i = \omega_1 / \omega_2 = R_2 \cos\gamma / R_1 \cos\beta$$

顯然，瞬時傳動比不能得到恆定值。因此鏈傳動工作不穩定。

帶、繩、鏈之比較如下表所示：

表9-1　帶、繩、鏈之比較【107中油】

	軸距	轉速	動力	速比
帶	近	快	小	不正確（確動皮帶除外）
繩	遠	慢	大	不正確
鏈	中	中	中	正確

精選試題

( )　1. 一動力機以600rpm運轉，以鏈輪相連接，傳輸4HP至從動輪，如原動輪節徑為6吋，則有效張力為　(A)140lbs　(B)130lbs　(C)120lbs　(D)150lbs。

( )　2. 一般撓性傳動時，若兩軸距離過遠時，則宜採用　(A)摩擦輪　(B)繩索　(C)皮帶　(D)鏈條。

( )　3. 適於速度高之動力傳達所用之鏈為　(A)栓接鏈　(B)套環鏈　(C)滾子鏈　(D)活鉤鏈。

( )　4. 下列何者不為鏈條傳動裝置的特性？　(A)耐溫及耐濕，但製造成本高，維護及安裝較繁瑣　(B)適用於兩軸距離較長而速比確定的場合　(C)鏈條傳動速度均勻，靜穩無聲　(D)可以長距離傳動。

( )　5. 欲傳動之二軸相距較遠，且速比又需正確時應使用_____傳動。
　　　(A)鏈輪　(B)帶輪　(C)皮帶輪　(D)齒輪。

( )　6. 一對相等三級塔輪，主動軸迴轉速為100rpm，從動軸最低轉速為50rpm，
　　　則從動輪最高轉速為　(A)160rpm　(B)80rpm　(C)200rpm　(D)360rpm。

( )　7. 無聲鏈（Silent Chain）在運轉時安靜而無聲音，其齒片兩端的齒型
　　　為　(A)拋物線　(B)圓弧　(C)漸開線　(D)斜直邊。

( )　8. 下列何者不為動力傳達鏈？　(A)塊狀鏈　(B)平環鏈　(C)無聲鏈
　　　(D)滾子鏈。

( )　9. 鏈輪傳動時，其轉速與鏈輪齒數成　(A)平方成反比　(B)平方成正
　　　比　(C)正比　(D)反比。

( )　10. 欲傳動之兩軸較遠，而速比又需正確時，應使用_____傳動。
　　　(A)帶輪　(B)齒輪　(C)繩輪　(D)鏈輪。

( )　11. 鏈條之節數一般為偶數，而鏈輪之齒數則應為　(A)奇數　(B)50齒
　　　以上採偶數　(C)偶數　(D)50齒以上採奇數。

( )　12. 動力用傳達鏈若使用愈久，一般在每呎長度拉長多少吋時，鏈條便
　　　必須換新？　(A)1/8吋　(B)2/7吋　(C)1/7吋　(D)3/8吋。

( )　13. 下列哪一種之傳達速率最大？　(A)塊狀鏈　(B)鉤鏈　(C)倒齒鏈
　　　(D)滾子鏈。

( )　14. 兩軸間距離較遠，而速比又需要精確且個定時，使用下列何種傳動
　　　機構較佳？　(A)鏈輪　(B)摩擦輪　(C)凸輪　(D)滑輪。

( )　15. 鏈輪輪齒之形狀時　(A)下半部為擺線，上半部為圓形　(B)下半部
　　　為圓形，上半部為離線　(C)下半部為漸開線，上半部為圓形　(D)
　　　下半部為圓形，上半部為漸開線。

( )　16. 鏈條傳動　(A)是一種多邊形傳動，速比沒有變化　(B)是一種圓形
　　　傳動，速比略有變化　(C)是一種圓形傳動，速比沒有變化　(D)是
　　　一種多邊形傳動，速比微有變化。

( )　17. 鏈條是屬於　(A)剛體間接接觸　(B)撓性體間接接觸　(C)直接接觸
　　　傳動　(D)以上皆非。

( ) 18. 可以高速傳動且無噪音之鏈條是 (A)倒齒鏈 (B)滾子鏈 (C)柱環鏈 (D)平環鏈。

( ) 19. 適於高速度之動力傳達所用之鏈為 (A)套環鏈 (B)柱環鏈 (C)活勾鏈 (D)滾子鏈。

( ) 20. 用於高速動力傳動且不產生噪音與陡震之鏈條為 (A)塊狀鏈 (B)月牙鏈 (C)滾子鏈 (D)倒齒鏈。

( ) 21. 腳踏車上的鏈條是採用 (A)無聲鏈 (B)平環鏈 (C)塊狀鏈 (D)滾子鏈。

( ) 22. 用於速度高的動力傳達所使用的鏈為 (A)塊狀鏈 (B)鉤鏈 (C)無聲鏈 (D)滾子鏈。

( ) 23. 下列何者為最常用之動力鏈條？ (A)滾子鏈 (B)無聲鏈 (C)塊狀鏈 (D)平環鏈。

( ) 24. 工業上常用之鏈條可分為三大類，即起重鏈、輸送鏈及 (A)動力鏈 (B)環鏈 (C)無聲鏈 (D)塊狀鏈。

( ) 25. 以速率而言，何種鏈傳遞速率最大？ (A)塊狀鏈 (B)倒齒鏈 (C)滾子鏈 (D)栓接鏈。

( ) 26. 無聲鏈傳動之所以無聲，係由於 (A)有消音器 (B)無滑動發生 (C)鏈輪較大 (D)鏈輪較小。

( ) 27. 用鏈圈傳達動力時 (A)無緊邊張力 (B)傳動效率低 (C)有滑動發生 (D)有效拉力等於緊邊張力。

( ) 28. 滾子鏈之鏈節愈長 (A)效率愈高 (B)愈不適合高速傳動 (C)傳動馬力愈大 (D)有效挽力愈大。

( ) 29. 無聲鏈之鏈條不易自鏈輪脫落的原因是 (A)鏈條為剛性，不易拉長 (B)鏈條之銷子可調節鏈條長短 (C)二鏈輪之中心距離隨時可調整 (D)鏈輪與鏈條為斜面接觸，當長度增加時，鏈條與鏈輪之接觸部分會漸遠離鏈輪中心而自動調整長度。

( ) 30. 下列何者不是鏈條傳動的優點？ (A)不受溼氣及冷熱之影響 (B)無滑動現象且傳動效率高 (C)有效挽力較大 (D)適合高速迴轉且傳動速率穩定。

( )　31. 利用鏈圈傳動時　(A)鬆邊張力幾乎等於0　(B)需有初張力　(C)會有滑動產生　(D)以上皆非。

( )　32. 如欲得到均勻之傳動，鏈輪齒數不得少於　(A)10　(B)20　(C)25　(D)30　齒。

( )　33. 如欲得到勻滑的傳動，鏈輪齒數不得少於　(A)15　(B)20　(C)25　(D)30　齒。

( )　34. 造成鏈輪傳動速率不穩定及產生振動和噪音的主要原因為是　(A)弦線作用　(B)弧線作用　(C)二軸距離較遠　(D)潤滑不足。

( )　35. 鏈之傳動，速比正確　(A)且無滑動發生　(B)但易受溫度變化影響　(C)但易受濕氣影響　(D)但有效拉力比帶輪小。

( )　36. 距離較遠，而速度比仍需正確時，下列哪種傳動方式最為有效？　(A)皮帶　(B)鏈條　(C)繩索　(D)齒輪。

( )　37. 當二輪軸間距離較遠，又需藉撓性物傳達速比一定之運動，則可採用　(A)繩輪　(B)帶輪　(C)鏈輪　(D)以上皆可。

( )　38. 機械傳動設計上，如傳動距離較遠，且速比需正確，但工作環境濕度大及高溫情況，應考慮下列何者較佳？　(A)齒輪系　(B)皮帶輪系　(C)鏈條輪系　(D)鋼索輪系。

( )　39. 鏈條傳動時，鏈條在鏈輪上接觸角須在　(A)90°　(B)100°　(C)120°　(D)150°　以上。

( )　40. 下列有關鏈條之敘述，何者錯誤？　(A)鏈輪齒數一般不得少於25齒　(B)在相同速比下，鏈輪之外徑比皮帶輪大　(C)不易受溫度和濕氣影響，故壽命較長　(D)在高速運轉下無法使用。

( )　41. 針對鏈條傳動，下列何者為誤？　(A)用於距離遠的二軸間傳動　(B)轉速比準確　(C)適合於高速傳動　(D)傳遞大馬力。

( )　42. 為避免鏈條傳動時產生擺動及噪音，可採行之方法中，下列何者錯誤？　(A)徹底給予潤滑　(B)減少鏈輪齒數　(C)改變鏈輪轉速　(D)變更軸間的距離。

( )　43. 有關鏈輪傳動的敘述，下列何者錯誤？　(A)有效挽力大　(B)不受高溫影響　(C)速比正確　(D)不受速度限制。

( )　44. 有關鏈條傳動之敘述，下列何者錯誤？　(A)轉速比為定值　(B)可作遠距離之傳動　(C)在相同速比下，鏈輪之外徑比皮帶輪小　(D)適合高速傳動。

( )　45. 下列何者不是鏈條傳動的優點？　(A)不受濕氣及冷熱之影響　(B)無滑動現象且傳動效率高　(C)有效挽力較大　(D)適合高速迴轉且傳動速率穩定。

( )　46. 鏈圈傳動時　(A)鬆邊張力近乎零　(B)緊邊張力近乎零　(C)有效挽力近乎零　(D)速比不正確。

( )　47. 有關鏈輪鏈條傳動特性，下列敘述何者較不正確？
(A)可較長距離、速比正確之傳動
(B)張力發生於鬆緊兩側，有效拉力較小
(C)鏈條齒數過少，易發生擺動與噪音現象
(D)鏈節須偶數，設計受限制。

( )　48. 為避免鏈條傳動時產生擺動及噪音，可採行之方法中，下列何者錯誤？　(A)徹底給予潤滑　(B)減少鏈輪齒數　(C)改變鏈輪轉速　(D)變更軸間的距離。

( )　49. 雙線蝸桿與一40齒之蝸輪相嚙合，蝸桿節圓直徑為10cm，蝸輪節圓直徑為80cm，若蝸輪的轉速為8rpm，則蝸桿的轉速為多少rpm？　(A)160　(B)64　(C)1　(D)0.4。

( )　50. 下列有關鏈輪傳動之敘述，何者正確？
(A)鉤接鏈（hook joint chain）的鏈環，環環相鉤連接，是一種動力傳達鏈
(B)為使磨損均勻，滾子鏈（roller chain）的鏈輪採用奇數齒數，鏈條的鏈節數為偶數
(C)倒齒鏈（inverted tooth chain）的鏈片兩側為斜直邊齒形，節距因磨損而增長時，易生噪音及脫離鏈輪
(D)降低滾子鏈輪的齒數，可以減低鏈輪傳動時，因為弦線作用（chordal action）造成的震動現象。

解答與解析

1.**A**　　2.**B**　　3.**C**　　4.**C**　　5.**A**　　6.**C**

7.**D**　無聲鏈其齒片二端的齒形為斜直邊。

8.**B**　　　9.**D**　　10.**D**　　11.**D**　　12.**D**　　13.**C**　　14.**A**

15.**D**　　　16.**D**

17.**B**　鏈條是屬於撓性體間接接觸。

18.**A**　倒齒鏈又名無聲鏈。

19.**D**　適於高速度之動力傳達所用之鏈為滾子鏈。

20.**D**　用於高速動力傳動且不產生噪音與陡震之鏈條為倒齒鏈。

21.**D**　腳踏車上的鏈條是採用滾子鏈。

22.**C**　用於速度高的動力傳達所使用的鏈為無聲鏈。

23.**A**　滾子鏈為最常用之動力鏈條。

24.**A**　工業上常用之鏈條可分為三大類，即起重鏈、輸送鏈及動力鏈。

25.**B**　傳遞速率最大的為倒齒鏈。

26.**B**　無聲鏈傳動之所以無聲，係由於無滑動發生。

27.**D**　用鏈圈傳達動力時有效拉力等於緊邊張力。

28.**B**　滾子鏈之鏈節愈長愈不適合高速傳動。

29.**D**　鏈輪與鏈條為斜面接觸，當長度增加時，鏈條與鏈輪之接觸部分會漸遠離鏈輪中心而自動調整長度。

30.**D**　鏈條傳動傳動速率不穩定。

31.**A**　利用鏈圈傳動時鬆邊張力幾乎等於0。

32.**C**　如欲得到均勻之傳動，鏈輪齒數不得少於25齒。

33.**C**　如欲得到勻滑的傳動，鏈輪齒數不得少於25齒。

34.**A**　造成鏈輪傳動速率不穩定及產生振動和噪音的主要原因為是弦線作用。

35.**A**　鏈之傳動，速比正確且無滑動發生。

36.**B**　距離較遠，而速度比仍需正確時適用鏈條。

37.**C**　當二輪軸間距離較遠，又需藉撓性物傳達速比一定之運動，則可採用鏈輪。

38. **C**　距離較遠，而速度比仍需正確時適用鏈條。

39. **C**　鏈輪與皮帶輪一樣，接觸角要在120°以上。

40. **B**　在相同速比下，鏈輪之外徑比皮帶輪小。

41. **C**　鏈輪傳動速度不宜過高。

42. **B**　應增加鏈輪齒數。

43. **D**　鏈輪傳動速度不宜過高。

44. **D**　鏈輪傳動速度不宜過高。

45. **D**　鏈條傳動不適合高速迴轉且傳動速率較不穩定。

46. **A**　鏈條傳動時，幾乎沒有鬆邊張力。

47. **B**　鏈條傳動時，幾乎沒有鬆邊張力。

48. **B**　應增加鏈輪齒數。

49. **A**　$2 \times N_{蝸桿} = 40 \times 8$　$N_{蝸桿} = 160(rpm)$。

50. **B**　(B)為使磨損均勻，滾子鏈（roller chain）的鏈輪採用奇數齒數，鏈條的鏈節數為偶數。
　　　(D)增加滾子鏈輪的齒數，可以減低鏈輪傳動時，因為弦線作用（chordal action）造成的震動現象。

第十章 摩擦輪傳動原理

課前叮嚀
本章重點在於摩擦輪之種類與特性,圓柱形及圓錐形摩擦輪為必考的焦點之一,速比的計算及傳動功率亦為常考的重點,理解觀念後應不難拿分。

摩擦輪的種類甚多,其中最常見的有下列八種:

一、圓柱形摩擦輪
如表10-1所示,又分外接圓柱形與內接圓柱形摩擦輪,其中外接圓柱形摩擦輪之兩輪轉動方向相反,而內接圓柱形輪之兩輪轉動方向相同。

表10-1

	外接圓柱形摩擦輪	內接圓柱形摩擦輪
轉向	相反	相同
兩軸中心距	兩輪半徑和$C=R_A+R_B$	兩輪半徑差$C=R_A-R_B$
圖例		

二、圓錐形摩擦輪

如表10-2所示，又分外接圓錐形與內接圓錐形摩擦輪，其中外接圓錐形摩擦輪之兩軸交角等於兩輪半錐角之和，而內接圓錐形摩擦輪兩軸交角則等於兩輪半錐角之差。

表10-2

	外接圓錐形摩擦輪	內接圓錐形摩擦輪
轉向	相反	相同
兩軸夾角	兩輪半頂角和θ＝α＋β	兩輪半頂角差θ＝α－β
圖例		

外接式與內接式摩擦輪之速比均為 $\dfrac{N_B}{N_A}=\dfrac{\sin\alpha}{\sin\beta}$

三、凹槽摩擦輪

將圓柱形摩擦輪外緣作成凹槽者稱之凹槽摩擦輪，如圖10-1所示。若設計很多凹槽的組合，則可增加輪緣間之接觸面積，促使摩擦力增加，而不須以增加兩軸間壓力的力式來增加摩擦力。槽兩邊的夾角愈小則所生摩擦力愈大，一般槽角以30度～40度為宜。

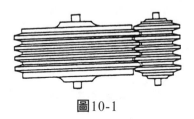

圖10-1

四、圓盤與滾子摩擦輪

如圖10-2所示，利用兩互相垂直軸之圓盤與滾子的摩擦來傳動，若移動軸上的滾子就可改變速比或軸的轉動方向，一般以滾子為主動件，圓盤為從動件；滾子使用軟材料，圓盤使用硬材料；滾子愈接近圓盤中心，則圓盤之轉速愈快。

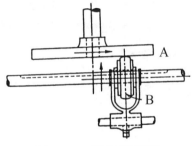

圖10-2 圓盤與滾子

五、橢圓形摩擦輪

是由兩個大小相等之橢圓形輪子組成,如圖10-3所示。此種摩擦輪之速比不固定,其傳動中之最大角速比與最小角速比互成倒數。兩軸心分別位於焦點上。

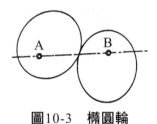

圖10-3　橢圓輪

六、球與圓柱摩擦輪

如圖10-4所示,利用球與圓柱表面之摩擦來傳動,其所能傳遞的動力很小。

七、球與圓錐摩擦輪

如圖10-5所示,使用三個相交軸,其中間軸裝有可調整位置之球面體,而兩外軸則裝圓錐體,若移動中間球面的軸向位置,就可改變速比,但是在迴轉中保持一定的速比。

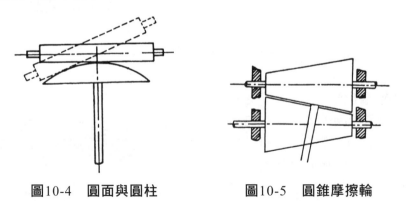

圖10-4　圓面與圓柱　　　圖10-5　圓錐摩擦輪

八、對數螺線摩擦輪

兩輪周緣曲線為對數螺旋線者稱之,如單葉瓣輪、雙葉瓣輪、三葉瓣輪與四葉瓣輪。在迴轉中其速比隨時在改變,且為一連續的運動。

觀念速記

摩擦輪主動輪輪面使用軟材料;從動輪輪面使用硬材料。

※摩擦輪之基本馬力公式：

$$P = FV = F \times \frac{\pi DN}{60} \qquad PS = \frac{P}{736}$$

由上式得知提高摩擦動力的方法有四：

A. 增加摩擦輪的直徑D（=2R）。　　　B. 增加輪的轉速N。

C. 增加正壓力F。　　　　　　　　　　D. 增加摩擦係數。

（增加摩擦輪馬力最有效的方法是增加摩擦係數）

摩擦輪傳動之優點：

1. 裝置簡單，成本低。2. 可高速運轉，防止損壞機件。3. 噪音小。

精選試題

( )　1. 如兩軸正交，須利用摩擦輪以傳遞速比可變的工作，通常均採用
(A)內切圓錐形　(B)圓柱形摩擦輪　(C)外切圓錐形　(D)圓盤與滾
子摩擦輪。

( )　2. 一摩擦輪每分鐘迴轉600次，其直徑為8吋，接觸處的壓力為400
磅，若摩擦係數為0.2，則所傳達之馬力為　(A)1.0　(B)1.5
(C)0.5　(D)3.0。

( )　3. 凹槽形摩擦輪與一平面接觸之摩擦輪，若兩者傳動之馬力相同，且
接觸面之摩擦係數相等，則凹槽形摩擦輪所需之正壓力　(A)視直
徑而定　(B)較小　(C)不一定　(D)較大。

( )　4. 一組摩擦輪傳動機構設兩輪間之摩擦係數為0.15，正壓力為40kg，
其中A輪的直徑250mm，B輪直徑400mm，若B輪之角速度為
60rad/sec，若不計滑動損失，則A輪傳動之馬力為　(A)0.48HP
(B)1.44HP　(C)3HP　(D)0.96HP。

( )　5. 圓盤與滾子的裝置，下列何者為非？　(A)滾子在圓盤中心時，圓
盤轉速為零　(B)滾子愈靠近圓盤中心，圓盤轉速愈慢　(C)可改變
方向亦可改變速度　(D)滾子愈靠近圓盤邊緣，圓盤轉速愈慢。

( )　6. 原動輪直徑100mm，欲得2.5倍之從動輪的轉速，則從動輪的直徑
　　　　應為　(A)20mm　(B)40mm　(C)250mm　(D)50mm。

( )　7. 二軸平行之內接圓盤A，B，二軸心相距400mm，A輪每分鐘36迴轉
　　　　而B輪每分鐘108迴轉，內接二圓盤輪之半徑（mm）各為
　　　　(A)$R_a=700$，$R_b=350$　(B)$R_a=550$，$R_b=150$　(C)$R_a=700$，
　　　　$R_b=300$　(D)$R_a=600$，$R_b=200$。

( )　8. 兩圓錐摩擦輪之角速度或迴轉速與兩輪直徑成　(A)相同關係　(B)
　　　　反比　(C)平方成正比　(D)整數。

( )　9. 摩擦輪直徑為16吋，每分鐘迴轉300次，接觸處之壓力為400磅，
　　　　若摩擦係數為0.2，則其所傳達之馬力為　(A)2HP　(B)1.5HP
　　　　(C)2.5HP　(D)3HP。

( )　10. 二圓錐形摩擦輪，作純粹滾動接觸時，其與轉數成反比例者為半頂
　　　　角者之　(A)餘弦　(B)正割　(C)餘切　(D)正弦。

( )　11. 兩摩擦輪傳動時，若無滑動現象，則兩輪之接觸點線速度　(A)與半
　　　　徑成正比　(B)與半徑成反比　(C)與半徑平方成正比　(D)相等。

( )　12. 原動輪每分鐘500轉，從動輪每分鐘100轉，若原動輪為5吋，則從
　　　　動輪之直徑為_____吋。　(A)75　(B)25　(C)50　(D)100。

( )　13. 兩圓錐輪之角速度或迴轉數與兩輪直徑成　(A)整數　(B)無聲　(C)
　　　　反比　(D)正比。

( )　14. 直徑40cm之摩擦圓盤輪每分鐘300迴轉，欲傳達3馬力（H.P）
　　　　動力時，接觸處之所加之壓力為若干公斤？（摩擦係數為0.3）
　　　　(A)19.8 kg　(B)1.980 kg　(C)1200 kg　(D)119.4 kg。

( )　15. 一摩擦輪之直徑為16吋，每分鐘轉300次，接觸處之壓力為400
　　　　磅，如摩擦係數為0.25，則其傳達之馬力（HP）是：　(A)0.381
　　　　(B)25　(C)38.1　(D)3.81。

( )　16. 摩擦輪之直徑為50cm，每分鐘迴轉數為450，若接觸處之正壓力為100
　　　　公斤，摩擦係數為0.2時，則可傳送之公制馬力數為　(A)3π　(B)π
　　　　(C)0.5π　(D)2π。

( )　17. 一般摩擦輪使用之因素，下列何者為不適宜考慮因素？　(A)速度
　　　　比絕對一定時　(B)輕負荷傳動時　(C)負載突然變大，防止損壞機
　　　　件時　(D)起動緩慢，運動噪音小時。

( ) 18. 對於圓錐摩擦輪，下列敘述何者正確？ (A)用於傳達二平行軸之動力 (B)用於傳達二歪斜軸之動力 (C)轉速比與接觸點之圓錐半徑成正比 (D)轉速比與半圓錐角之正弦成反比。

( ) 19. 純滾動接觸的二個圓錐形摩擦輪，二輪的轉速比和 (A)半錐角的餘弦值成反比 (B)半錐角的正弦值成正比 (C)半錐角的正弦值成反比 (D)半錐角的餘弦值成正比。

( ) 20. 二軸角80°之外接圓錐形摩擦輪，已知A輪轉速500rpm，半頂角40°，則B輪轉速為 (A)400 (B)450 (C)500 (D)550 rpm。

( ) 21. 純滾動接觸的二個圓錐形摩擦輪，二輪的轉速比和 (A)半錐角的正弦值成反比 (B)半錐角的正弦值成正比 (C)半錐角的餘弦值成反比 (D)半錐角的餘弦值成正比。

( ) 22. 對於圓錐摩擦輪，下列敘述何者正確？ (A)用於傳達二平行軸之動力 (B)用於傳達二歪斜軸之動力 (C)轉速比與接觸點之圓錐半徑成正比 (D)轉速比與半圓錐角之正弦成反比。

( ) 23. 一對外接圓錐形摩擦輪，A、B輪的半錐角分別為45°及30°，則二軸的交角為 (A)15° (B)30° (C)45° (D)75°。

( ) 24. 一對外接圓錐形摩擦輪，A、B輪的半錐角分別為45°及30°，且A輪的轉速為1200rpm，則B輪的轉速為 (A)1697 (B)1967 (C)2001 (D)2100 rpm。

( ) 25. 兩外接（外切）圓錐形摩擦輪之軸成正交，主動輪之半頂角等於30°，若主動輪旋轉一圈，則被動輪旋轉多少圈？ (A)0.500 (B)1.732 (C)2.000 (D)0.577 rpm。

( ) 26. 下列何者不是利用摩擦輪傳動之優點？ (A)噪音小 (B)構造簡單 (C)從動軸阻力過大時，機件不致損壞 (D)速度比準確。

( ) 27. 二軸線相交成90°之圓錐摩擦輪，已知主動輪之頂角為60°，轉速1000rpm，則從動輪之轉速(rpm)為 (A)1000×sin60° (B)1000×sin30° (C)1000×tan60° (D)1000×tan30° rpm。

( ) 28. 一對純滾動之外接圓錐形摩擦輪，其圓錐半頂角分別為θ_A及θ_B，則轉速比$\dfrac{N_B}{N_A}$為多少？ (A)$\dfrac{\cos\theta_A}{\cos\theta_B}$ (B)$\dfrac{\sin\theta_A}{\sin\theta_B}$ (C)$\dfrac{\sin\theta_B}{\sin\theta_A}$ (D)$\dfrac{\cos\theta_B}{\cos\theta_A}$。

( )　29. 兩內接（內切）圓柱形摩擦輪之轉速比為2：1，若小輪之半徑為5cm，
　　　　則兩輪之中心距離為多少cm？　(A)5　(B)10　(C)15　(D)30　cm。

( )　30. 若二個圓錐形摩擦輪的轉向相同，則此二圓錐形摩擦輪必為
　　　　(A)內接　(B)外接　(C)角速度相等　(D)搭接。

( )　31. 摩擦輪之原動輪以金屬做成，則其從動輪應以　(A)木材　(B)皮帶
　　　　(C)比原動輪較硬的金屬　(D)比原動輪較軟的金屬　做成。

( )　32. 摩擦輪傳動裝置中，其輪周邊之材料應使　(A)原動輪者較軟　(B)
　　　　從動輪者較軟　(C)二者軟硬一致　(D)不一定。

( )　33. 下列有關兩摩擦輪傳動的敘述，何者錯誤？　(A)內切時兩輪轉向
　　　　相同　(B)欲增加傳動馬力，增加摩擦係數是一有效方法　(C)主動
　　　　輪的材料較硬　(D)輪子之間常有滑動，並不單純為滾動。

( )　34. 圓盤與滾子摩擦輪　(A)僅可改變速比　(B)僅可改變轉向　(C)可改
　　　　變速比，亦可改變轉向　(D)不可改變速比，亦不可改變轉向。

( )　35. 有關圓盤與滾子之傳動裝置，下列何者錯誤？　(A)圓盤為主動
　　　　(B)滾子為主動　(C)可改變速比　(D)可改變從動輪轉向。

( )　36. 葉輪常用對數螺線形成，其中90°之對數螺旋線可形成　(A)單葉輪
　　　　(B)雙葉輪　(C)三葉輪　(D)四葉輪。

( )　37. 如右圖所示，若S軸的角速度為
　　　　T軸的3倍，則滾子R之中心面位
　　　　置距T軸之距離為若干？　(A)80
　　　　(B)100　(C)120　(D)150　mm。

( )　38. 三葉輪係由幾片對數螺線所組成？
　　　　(A)2　(B)3　(C)6　(D)12　片。

( )　39. 增加摩擦輪馬力最有效的方法是　(A)增加轉速　(B)增大直徑　(C)
　　　　增大正壓力　(D)增加摩擦係數。

( )　40. 一對外切圓柱形摩擦輪，二軸中心距離為400mm，分別以300rpm及
　　　　100rpm之速度迴轉，如二輪之壓力為250kg，又接觸面摩擦係數為
　　　　0.15，則可傳遞馬力為　(A)1.97　(B)2.57　(C)0.57　(D)1.57　PS。

( )　41. 當二機件為直接接觸傳達運動時，若接觸點無相對速度，則此二機件
　　　　為　(A)滑動接觸　(B)滾動接觸　(C)滾動兼滑動接觸　(D)無法確定。

( )｜42. 摩擦力與接觸面積大小成　(A)正比　(B)反比　(C)無關　(D)有時正比，有時反比。

( )｜43. 摩擦力的大小決定於　(A)摩擦係數　(B)正壓力　(C)接觸面間的粗糙程度　(D)以上皆是。

解答與解析

1. **D**　　2. **D**　　3. **B**　　4. **D**　　5. **B**　　6. **B**

7. **D** $\begin{cases} R_a - R_b = 400 \\ \dfrac{R_a}{R_b} = \dfrac{108}{36} \end{cases} \Rightarrow R_a = 600 \text{ (mm)}，R_b = 200 \text{ (mm)}$

8. **B**　　9. **D**

10. **D** 轉速比與半圓錐角之正弦成反比。

11. **D** 若無滑動現象，則兩輪接觸點的線速度相等。

12. **B**　　13. **C**　　14. **D**　　15. **D**

16. **B** $P = f \times \dfrac{\pi DN}{60} = 0.2 \times 100 \times 9.8 \times \dfrac{\pi \times 0.5 \times 450}{60}$

　　　　 $P = 2307.9$　　　$PS = \dfrac{2307.9}{736} = 3.1357 \doteqdot \pi$

17. **A** 有滑動產生時速比不正確。

18. **D** 轉速比與半圓錐角之正弦成反比。

19. **C** 二輪的轉速比和半錐角的正弦值成反比。

20. **C** 外接圓錐形摩擦輪，若半頂角相等，則二軸的轉速相同。

21. **A** 轉速比與半圓錐角之正弦成反比。

22. **D** 轉速比與半圓錐角之正弦成反比。

23. **D** ∵外接　∴θ = 45° + 30° = 75°

24. **A** $\dfrac{1200}{N_B} = \dfrac{\sin 30°}{\sin 45°} \Rightarrow N_B = 1697 \text{ (rpm)}$

25. **D** α = 30°　　β = 90° − α = 90° − 30° = 60°

　　　 $\dfrac{N_A}{N_B} = \dfrac{\sin \alpha}{\sin \beta}$　　$\dfrac{1}{N_B} = \dfrac{\sin 60°}{\sin 30°} = \sqrt{3}$　　$N_B = 0.577 \text{rpm}$

26. **D** 有滑動產生時速比不正確。

27. **D** $\alpha = 30°$ 　$\beta = 60°$ 　$\dfrac{N_A}{N_B} = \dfrac{\sin\beta}{\sin\alpha}$ 　$\dfrac{1000}{N_B} = \dfrac{\frac{\sqrt{3}}{2}}{\frac{1}{2}} = \sqrt{3}$

$N_B = \dfrac{1000}{\sqrt{3}} = 1000\tan 30°\,\text{rpm}$

28. **C**

29. **A** $\dfrac{R_2}{R_1} = \dfrac{N_1}{N_2} \Rightarrow R_2 = R_1(2) = 2R_1$
內接摩擦輪中心距$C = R_2 - R_1 = R_1 = 5$ (cm)

30. **A** 若二個圓錐形摩擦輪的轉向相同，則此二圓錐形摩擦輪必為內接。

31. **C** 從動輪應以比原動輪較硬的金屬做成。

32. **A** 原動輪者較軟。

33. **C** 主動輪的材料較軟。

34. **C** 圓盤與滾子摩擦輪可改變速比，亦可改變轉向。

35. **A** 圓盤為從動件。

36. **B** $n = \dfrac{180°}{90°} = 2$

37. **D** 由題中知，$N_S = 3N_T$ 　$\therefore \dfrac{N_S}{N_T} = \dfrac{3}{1} = \dfrac{R_T}{R_S}$ 　得$R_T = 3R_S$......(1)
又$R_T + R_S = 200\text{mm}$ ....(2)　(1)代入(2)　$3R_S + R_S = 200\text{mm}$
$\therefore R_S = 50\text{mm}$.............(3)　(3)代入(1)　得$R_T = 3R_S = 3\times 50 = 150\text{mm}$

38. **C** 三葉輪係由6片對數螺線所組成。

39. **D** 增加摩擦輪馬力最有效的方法是增加摩擦係數。

40. **D** $R_1 + R_2 = 400$ 　$R_1 = 100$ 　$R_2 = 300$
$P = 250\times 0.15\times \dfrac{\pi\times 0.2\times 300}{60}\times \dfrac{1}{75} = 1.57$ (PS)

41. **B** 若接觸點無相對速度，則此二機件為滾動接觸。

42. **C** 摩擦力與接觸面積大小無關。

43. **D**

第十一章　齒輪

依據出題頻率區分，屬：**A**頻率高

課前叮嚀

本章重點在於齒輪各部位之術語、齒形種類（包含漸開線及擺線）、及齒輪的用途及種類，齒輪外徑計算公式需熟記，另外消除干涉之方法也是必考的焦點之一，本章為機械原理最重要的章節之一。

11-1　正齒輪之術語

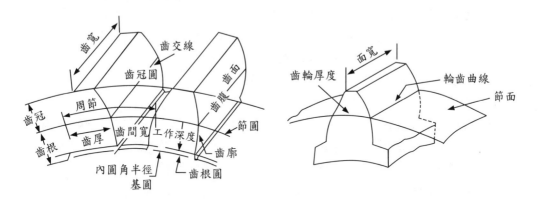

正齒輪是所有齒輪中最基本且最具代表性，其重要術語在齒輪設計時經常使用：

1. **節圓（Pitch Circle）**：是作為齒輪各計算依據之一理論圓，兩嚙合齒輪之節圓應相切。

2. **小齒輪（Pinion）**：兩嚙合齒輪中之較小齒輪稱之。

3. **大齒輪（Gear或Wheel）**：兩嚙合齒輪中之較大者稱之。

4. **周節（Circular Pitch）**：指節圓上任一點至鄰齒對應點之弧長。常以P_c表示周節，T表示齒數，D表示節圓直徑，則其間的關係為$P_c = \dfrac{\pi D}{T}$。

5. **模數（Module）**：指節圓直徑D與齒數T之比值，常以M表示，其公制單位為mm，以式子表示為$M = \dfrac{D}{T}$。

6. **徑節（Diametral Pitch）**：指齒數T與節圓直徑D之比值，常以P_d表示，其英制單位為1/in，以式子示為$P_d = \dfrac{T}{D}$。

7. **壓力角（Pressure Angle）**：兩嚙合齒接觸點處共同法線與圓切線所夾之角稱之壓力角，常以ϕ表示，而共同法線稱為作用線。

8. **齒冠高（Addendum）**：齒頂面與節圓間之徑向距離稱之。

9. **齒根高（Dedendum）**：齒底面與節圓間之徑向距離稱之。

10. **齒高**：齒頂面與齒底面間之徑向距離稱之。即齒高＝齒冠高＋齒根高，或稱齒深。

11. **齒面**：輪齒在節圓與齒頂圓間之曲面稱之。

12. **齒腹（Flank）**：指輪齒在節圓與齒底圓之曲面。

13. **齒寬**：沿齒輪軸向所測之輪齒寬度。

14. **齒厚**：沿節圓測得各齒之弧長厚度稱之齒厚。

15. **齒間**：沿節圓所測得相鄰兩齒間之長稱之。

16. **齒隙（Backlash）**：沿節圓所測得齒間長與齒厚之差稱之。一般所稱之周節即等於齒間長與齒厚之和，而且經常假設齒厚＝齒間長＝1／2周節。但實際上為了避免兩齒輪無法嚙合。所以將齒厚銑切成略薄，使齒厚略小於齒間長，以使能順利運轉，若齒隙預留過大或因磨損而過大，則會造成振動與噪音，通常齒隙將隨著兩齒輪中心距之大而預留的愈大。

17. **齒輪大小**：齒輪的大小常以下列三種方法表示：
    (1)公制齒輪的表示法：以模數M表示其大小，單位為mm。
    (2)英制齒輪的表示法：以徑節P_d表示其大小，單位為1／in。
    (3)製造齒輪的表示法：以周節P_c表示其大小，單位為mm或in。

18. **基圓**：以齒輪中心為圓心而與作用線相切之圓稱為基圓。

19. **齒間隙**：又稱餘隙，是指齒根圓與嚙合齒的齒冠圓間之距離。

20. **工作深度**：指兩嚙合齒冠圓間之距離。

21. **齒形干涉**：小齒輪與齒條或齒數較多
之大齒輪嚙合時，大齒輪之齒冠碰撞
到小齒輪之齒根，以致不正常運轉，
此種現象稱為干涉。當兩嚙合齒輪1
與齒輪2之齒冠圓半徑R1與R2分別大
於A與B時，就會產生干涉。

22. **中ra與rb分別為齒輪1與齒輪2之基圓**
半徑，C為兩嚙合齒輪之中心距，ϕ
為壓力角。

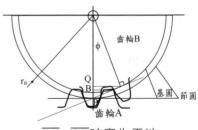

$\overline{BP} > \overline{QP}$ 時產生干涉
$\overline{BP}$ ＝齒頂高度a
$\overline{QP}$ ＝$r_B \sin^2 \phi$

齒輪之干涉示意圖

23. **齒輪下切（或稱清角Under Cut）**：由於發生齒形干涉，因此導致齒輪
嚙合轉動時，削刮齒根的現象稱為齒輪下切，此種現象會導致齒輪強度
減弱及轉動上不接合的情形。避免下切的方法有三：修正齒冠的大小；
增大壓力角，利用轉位齒輪原理修正齒冠高與齒根高。

24. **轉位齒輪**：將大齒輪之齒切削成齒根較長齒冠較短的齒形，相反地將小
齒輪切削成齒根較短而齒冠較長的齒形，此種現象稱為轉位齒輪，其目
的主是用來避免下切的現象。

25. **接觸長**：作用線上兩基圓切點之距離稱之。

26. **接觸率**：接觸長與基圓節距之比值稱為接觸率。一對齒輪必須同時有多
數齒嚙合接觸，才能進行圓滑的傳動。然而接觸長若大於基圓節距則能
保證多齒同時接觸的現象。

11-2 正齒輪力之分析

齒輪在傳動時，沿著作用線常會出現兩種作用力：一種是用來傳遞動力稱
之為傳遞力F_p；另一種是由於齒形誤差而引起之運動效果所產生之作用力稱
之為運動力F_d。這兩種力之合力$F = F_p + F_d$將會導致齒輪的破壞，其靜態破壞
的型式有兩種：一種是彎曲力矩所造成齒輪之靜態破壞，這就是齒輪抵抗
靜態彎曲力矩之力；另一種是齒形表面接觸之壓應力所造成齒面的破壞，
也就是所謂的表面磨耗能力。至於考慮動態的疲勞破壞也是有抵抗彎曲力

矩與表面壓力兩種型式。本節首先討論傳遞力F_p與運動力F_d之求法，然後在
下節再分別討論各種破壞型式之靜態與動態疲勞強度設計。

一、傳遞力

正齒輪沿作用線之傳遞力 ，可分成切線力與徑向推力，以ϕ表示壓力角，
則有一關係式為其中與節圓切線速率u之乘積會產生轉動之軸動力HP為：

$$HP = F_{pt}u = F_{pt}\pi D_1 n_1 = F_{pt}\pi D_2 n_2$$

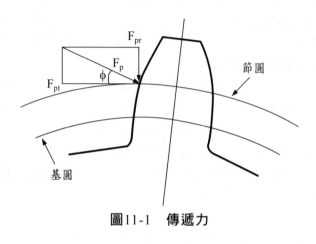

圖11-1　傳遞力

$$F_{pr} = F_{pt} \tan \phi$$

二、運動力

由於齒形的誤差所引起之運動力F_d，有許多的方法可用來以預測F_d值，但是
其可靠性還是一個未知數，因為在切削製造輪齒時，有很多難以控制的誤
差存在，而造成齒形誤差之主要因素是滾齒刀不當磨損所引起。本文提出
一種近似求法：令e值表示兩齒嚙合尺寸誤差以長度為單位，t為每一齒通過
接觸所的時間，k為對應之彈性常數，m_e為對應之等效質量，b為齒寬，E為
彈性模數，r為單位體積之齒重，n為齒輪轉速，N為齒數，r_o與r_i表示視齒輪
為空心圓柱的外環與內環半徑，參考圖11-2。

$$F_d = \frac{2e}{t}\sqrt{km_e}$$

其中　　　$t=\dfrac{1}{n_1 N_1}=\dfrac{1}{n_2 N_2}$, $k=\dfrac{b}{9}\left(\dfrac{E_1 E_2}{E_1+E_2}\right)$

$\dfrac{1}{m_e}=\dfrac{1}{m'_1}+\dfrac{1}{m'_2}$

$m_1=\begin{cases}\dfrac{\pi b\gamma}{2gr_o^2}(r_o^4-r_i^4) \text{，中空}\\[2mm]\dfrac{\pi b\gamma r_o^2}{2g} \text{，實心}\end{cases}$

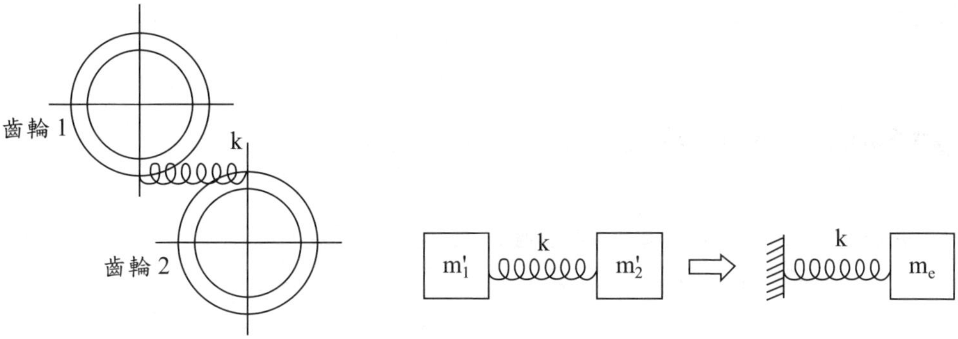

齒輪 1

k

齒輪 2

m'_1　　k　　m'_2　　⟹　　k　　m_e

圖11-2　求運動力之F_d之等效模型

11-3　齒輪傳動之基本定律

兩齒輪嚙合之節圓速度假設隨時均保持相同，而且兩節圓相切之節點維持
固定，作用線通過共節點，此種傳動原理就是所謂的齒輪傳動基本定律，
滿足此定律的齒形曲線有漸開線與擺線。由運動關係式得知節圓速度u等於
轉軸角速度w乘以節圓半徑r，所以在齒輪相同節圓速度的情況下必有：

$$r_1 w_1=r_2 w_2$$

其中r_1與r_2分別表示兩嚙合齒輪的節圓半徑，因r_1與r_2一經選定齒輪就不會改
變，所以得知齒輪嚙合期間均能保持一定的角速度比，即$w_1/w_2=$const，此

種關係又為齒輪的共軛作用（Conjugate Action），而且可以得到兩嚙合齒輪之中心距C亦維持不變，大小為：

$$C=r_1+r_2$$

※**齒輪傳動之優點：**

(1)可傳送大動力，效率高

(2)軸承間正壓力小，耐久性佳。

(3)可搭配輪系變速及傳遞較遠的距離。

(4)速比正確，扭矩大。

※**齒輪傳動之缺點：**

(1)吸收衝擊力的效果差。

(2)噪音大。

(3)設計與製造均較複雜。

11-4 齒形種類

滿足齒輪傳動基本定律的齒形曲線最常見的有漸開線與擺線，目前的輪齒均採用這兩種曲線，茲討論如下：

一、漸開線

利用拉開捲在圓筒上的線，其線端移動所畫出之曲線即為漸開線，一般的齒輪均採用此種曲線。漸開線的優點是：製造容易；齒根強度較大；兩齒輪中心距離如稍變化仍能保持正確的嚙合。其缺點是：會產生干涉現象；傳動時容易產生噪音；因壓力角保持固定所以效率較低。若採用漸開線設計齒形，必須具備下列三個嚙合件：

1. 相同的模數（或周節，或徑節）。

2. 相同的壓力角。

3. 免干涉之最大齒冠圓。

二、擺線【105中油】

利用一小的圓在大圓的外周上滾動，則小圓上一點所畫出的移動曲線稱外擺線；若小的圓在大圓的內周上滾動，則小圓上一點所畫出的移動曲線稱為內擺線。所謂擺線齒，是指齒面為外擺線，齒腹為內擺線，在轉動時壓力角由大變小，再由小變大。擺線齒形之優點是：無干涉現象；因壓力角

隨時變化所引起效率的提升；齒面接觸較準確、潤滑效果好、摩擦少。其缺點是：不容易製造；兩齒輪中心距必須很準確；齒面強度較差。若以擺線齒形設計齒輪，則必須具備下面兩個嚙合條件：

1. 相同模數（或周節，或徑節）。
2. 一齒輪齒面之外擺線滾圓直徑需相同於另一齒輪齒腹之內擺線滾圓直徑。

不管是漸開線或擺線齒形，其嚙合的條件中都表示必須具備相同之模數或周節或徑節，所以得知節圓半徑與齒數之比值為一常數，

$$\frac{\omega_1}{\omega_2} = \frac{r_2}{r_1} = \frac{N_1}{N_2} \qquad \frac{r_1}{r_2} = \frac{t_1}{t_2}$$

即半徑愈大齒數愈多；轉速愈慢。

觀念速記

消除干涉之方法：(1)縮小齒冠圓；(2)齒腹內陷；(3)增加齒數；(4)加大中心距；(5)增加壓力角。

11-5 齒輪標準【106中油】

標準齒輪的尺寸常以徑節Pd或模數m表示，而且依壓力角ψ之不同而有不同大小。一般最常使用的齒型有14×1/2度全長齒、20度全長齒、20度短齒與AGMA 20度25度統一制等四種，其尺寸規格如表所示，表中顯示14×1/2度全長齒與20度全長齒兩種僅僅是齒根圓直徑有所不同，其餘尺寸均相同。

齒型 名稱	14×1/2° 全齒長	20° 全齒長	20° 短齒	AGMA 統一20° 或25°全長齒
齒冠高	$\frac{1}{P_d}$ (m)	$\frac{1}{P_d}$	$\frac{0.8}{P_d}$	$\frac{1}{P_d}$
齒根高	$\frac{1.157}{P_d}$ (1.157m)	$\frac{1.157}{P_d}$	$\frac{1}{P_d}$	$\frac{1.25}{P_d}$

名稱＼齒型	14×1/2° 全齒長	20° 全齒長	20° 短齒	AGMA 統一20° 或25°全長齒
齒冠圓直徑	$\dfrac{N+2}{P_d}$ (($N+2$) m)	$\dfrac{N+2}{P_d}$	$\dfrac{N+2}{P_d}$	$\dfrac{N+2}{P_d}$
齒厚	$\dfrac{1.5708}{P_d}$ (1.5708m)	$\dfrac{1.5708}{P_d}$	$\dfrac{1.5708}{P_d}$	$\dfrac{1.57}{P_d}$
齒根圓直徑	$\dfrac{0.209}{P_d}$ (0.209m)	$\dfrac{0.236}{P_d}$	$\dfrac{0.3}{P_d}$	$\dfrac{0.25}{P_d}$

11-6　齒輪種類

齒輪可依囓合的兩齒輪軸關係分成兩軸平行、兩軸相交、兩軸不相交又不平行等三類，分別討論如下：

一、兩軸平行之齒輪

此類齒輪之節面形狀為圓柱形，其囓合的情形有五種：

1. **正齒輪（Spur Gear）**：分內接與外接兩種囓合，是在圓面製成上與軸線平行的直齒，其傳動時不會生軸方向的推力。如圖11-3(a)。
2. **螺旋齒輪（Helical Gear）**：是利用無窮多個正齒排列於斜直線或曲線上組合而成，所以輪齒不與軸線平行，因此又稱為扭轉正齒輪，其傳動時會生軸方向的推力。接觸為點接觸，有許多齒同時接觸，傳動均勻、可傳遞較大動力、噪聲小、可高速旋轉。如圖11-3(b)。
3. **人字齒輪（Herringboneo Gear）**：由一對螺旋方向相反而螺旋角相同之螺旋齒組合而成，所以又稱雙螺旋輪。在傳動時因兩螺旋齒造成互相抵消之軸推力，於是在軸方向沒有任何推力。如圖11-3(c)。
4. **齒條（Rack and Pinion）**：類似外接正齒輪，其中一個為小的正齒輪，另一個為半無限大正齒之齒條。如圖11-3(d)。
5. **針齒輪**：又稱銷齒輪，因其中一輪之齒由圓柱形銷所組成，而另一輪之齒則是由外擺線所構成。如圖11-3(e)。

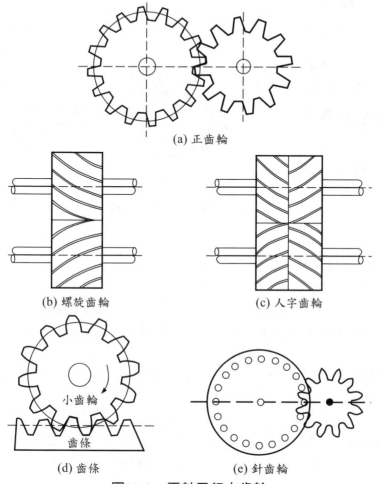

(a) 正齒輪

(b) 螺旋齒輪

(c) 人字齒輪

小齒輪

齒條

(d) 齒條

(e) 針齒輪

圖11-3　兩軸平行之齒輪

二、兩軸相交之齒輪

此類齒輪常稱斜齒輪或是傘齒輪，其節面形狀為圓錐形，嚙合齒之型態有三種：

1. **直齒斜齒輪（Straight Bevel Gear）**：是在圓錐面上製作成正齒形之齒輪，兩軸交角可為90°或不為90°。如圖11-4(a)。

2. **蝸線斜齒輪（Spiral Bevel Gear）**：輪齒是在圓錐面上製作成螺旋的齒形而得，至於蝸線角為零之蝸線齒輪常為zerol斜齒輪。此種齒輪在傳動時較直齒形圓滑、噪音小且接觸面大。如圖11-4(b)。

3. **冠狀斜齒輪**：其中一個齒輪是頂角為180°之平盤，其形狀似皇冠，所以稱為冠狀斜齒輪，常用於兩軸交角大於90°之傳動。如圖11-4(c)。

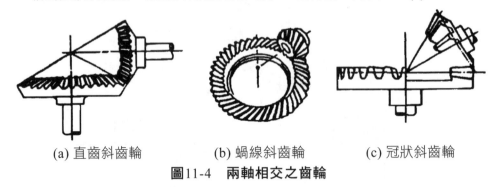

(a) 直齒斜齒輪　　　　　(b) 蝸線斜齒輪　　　　　(c) 冠狀斜齒輪

圖11-4　兩軸相交之齒輪

三、兩軸不相交又不平行之齒輪

1. **蝸桿與蝸輪（Worm and Worm Wheel）**：是由一類動力螺紋之蝸桿與一圓柱面上製成螺旋齒之蝸輪所組成，而且兩軸成垂直的歪斜線。如圖11-5(a)，以蝸桿為主動件；蝸輪為從動件。可獲得相當大的減速比，噪音小。

2. **歪齒輪**：又稱螺輪（Screw Gear），輪齒與螺旋齒輪之螺旋齒輪完全一樣，但是兩軸成不垂直的歪斜線，其嚙合的兩個齒輪螺旋角不一定相等，而方向也不一定相反。如圖11-5(b)。

3. **戟齒輪**：外形類似蝸線斜齒輪，但是兩軸為不相交之定斜線。如圖11-5(c)，用於汽車之差速機構，可增加汽車轉彎時之平穩性。

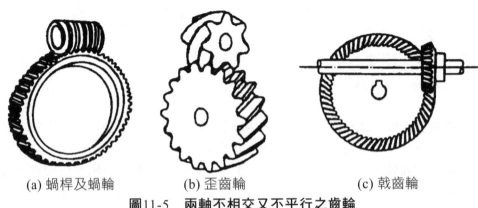

(a) 蝸桿及蝸輪　　　　　(b) 歪齒輪　　　　　(c) 戟齒輪

圖11-5　兩軸不相交又不平行之齒輪

精選試題

( )　1. 正齒輪齒數為T，節圓直徑為D，則其模數為　(A)D/T　(B)πD/T　(C)T/πD　(D)T/D。

( )　2. 在機械中，齒輪是一種　(A)滑動　(B)不滾動又不滑動之傳動　(C)滾動中帶滑動　(D)間接傳動。

( )　3. 用以表一個公制齒輪之輪齒大小係用　(A)外徑　(B)壓力角　(C)模數　(D)基圓直徑。

( )　4. 多數大小不同之擺線齒輪，欲互換，其必要條件　(A)周節或徑節及滾圓直徑均需相同　(B)齒數相同　(C)周節或徑節及壓力角須相同　(D)周節及壓力角相同。

( )　5. 常用於汽車傳動上之20度漸開線齒輪的齒，其壓力角與齒高為　(A)壓力角較小而齒較長　(B)壓力角較小而齒較短　(C)壓力角較大而齒輪較長　(D)壓力角較大而齒較短。

( )　6. 一節圓直徑為12吋之正齒輪，徑節為4，則齒數為　(A)24　(B)60　(C)30　(D)48。

( )　7. 兩機件其接觸情形係以點或線接觸且自由度常多於1者，如齒輪，滾珠，凸輪等是屬於　(A)力偶　(B)力臂　(C)低對　(D)高對。

( )　8. 若一正齒輪齒數為20，外徑為110mm，設齒冠（齒頂高）為模數的一倍，則其模數為　(A)4　(B)2　(C)5　(D)3。

( )　9. 斜齒輪之轉速與　(A)節錐角之正弦成正比　(B)節圓錐底圓半徑成反比　(C)基圓半徑成正比　(D)與節圓錐底圓半徑無關。

( )　10. 蝸輪之迴轉速與蝸桿迴轉速之比等於　(A)蝸桿之螺距/蝸輪之齒數　(B)蝸輪之齒數/蝸桿之螺距　(C)蝸桿之螺線數/蝸輪之齒數　(D)蝸輪之齒數/蝸桿之螺線數。

( )　11. 欲使齒輪傳動時壓力角一定，則齒輪曲線應採用　(A)雙曲線　(B)螺旋線　(C)拋物線　(D)漸開線。

( )　12. 兩外接正齒輪相距30mm，今用周節為πmm之兩齒輪傳動，設a輪與b輪之轉速比為3：2，則兩齒輪的齒數為　(A)Ta＝32，Tb＝48　(B)Ta＝40，Tb＝60　(C)Ta＝20，Tb＝30　(D)Ta＝24，Tb＝36。

( )　13. 一標準正齒輪其模數為2mm，齒數為18齒，則此齒輪的外徑為
　　　　 (A)39mm　(B)40mm　(C)42mm　(D)36mm。

( )　14. 一對齒輪用於傳達減速比，則　(A)作用角的大小與兩，輪之壓力
　　　　 角成反比　(B)作用角的大小與作用弧成正比　(C)主動輪之作用角
　　　　 小於從動輪之作用角　(D)從動輪之作用角小於主動輪之作用角。

( )　15. 一個20度短齒制的齒輪，若已知其模數為5mm，齒數為20，則此齒
　　　　 輪的外徑為　(A)110mm　(B)100mm　(C)104mm　(D)108mm。

( )　16. 漸開線齒輪的優點有　(A)潤滑容易　(B)沒有干涉現象　(C)無互換
　　　　 性　(D)製造容易。

( )　17. 漸開線齒輪互換的條件　(A)基圓直徑相等　(B)節圓直徑相等　(C)
　　　　 齒數相等　(D)周節相等。

( )　18. 蝸輪組（蝸輪與蝸桿）在傳動上之特性與優點，下列敘述何者有
　　　　 誤？　(A)減速比大　(B)運轉時靜穩無聲　(C)有自鎖性　(D)適於
　　　　 高速及重負荷。

( )　19. 若需要一組傳達不相交互成直角之兩軸間，有極高的轉速比，工作
　　　　 時發聲又要小，則要用　(A)正齒輪　(B)人字齒輪　(C)蝸桿與蝸
　　　　 輪傳動　(D)斜齒輪。

( )　20. A、B兩軸間之距離為76mm，A、B各軸欲配置齒輪，以A為主動
　　　　 軸，B為從動軸，假定速比$N_a：N_b=2：1$，輪齒之周節$P_c=7.97$mm
　　　　 時，兩輪的齒數應為　(A)$T_a=23$，$T_b=46$　(B)$T_a=20$，$T_b=40$
　　　　 (C)$T_a=20$，$T_b=46$　(D)$T_a=36$，$T_b=52$。

( )　21. 漸伸線常用於繪　(A)齒輪　(B)彈簧　(C)圓錐體　(D)螺紋。

( )　22. 欲得較大減速比應採用　(A)直交傘形齒輪組　(B)傘形齒輪　(C)蝸
　　　　 輪蝸桿組　(D)行星齒輪系。

( )　23. 節圓直徑160mm，齒數32之正齒輪，其周節為　(A)2mm　(B)15.7mm
　　　　 (C)5mm　(D)6mm。

( )　24. 兩相外接之正齒輪中，原動輪齒數為60，周節$\frac{\pi}{2}$吋，兩輪中心距離
　　　　 為20吋，則從動輪的齒數為　(A)50　(B)30　(C)60　(D)20。

( )　25. 漸開線齒輪之齒形曲線係由　(A)描繪圓　(B)齒頂圓　(C)齒根圓
　　　　(D)基圓決定。

( )　26. 兩同模數全齒制標準齒輪其壓力角分別為14 1/2度與20度，其齒形
　　　　區別為　(A)齒厚　(B)齒根高度　(C)齒冠　(D)齒根厚度。

( )　27. 一模數為8，齒數40之正齒輪，其周節為_____公釐。　(A)5π
　　　　(B)7π　(C)8π　(D)9π。

( )　28. 一對完全斜齒輪　(A)僅能作連續及間歇傳動　(B)可同時作連續及
　　　　間歇傳動　(C)僅能作間歇傳動　(D)僅能作連續旋轉運動。

( )　29. 公制齒輪模數的定義是　(A)節徑與齒數之乘積　(B)節徑與齒數之
　　　　比　(C)齒數與節徑之比　(D)節徑與齒數之和。

( )　30. 20度標準漸開線短齒齒輪的齒冠等於（P_d＝徑節（Diametral
　　　　Pitch））　(A)$1.157/P_d$　(B)$1/P_d$　(C)$0.8/P_d$　(D)$1.05/P_d$。

( )　31. 兩個齒輪互相接觸傳動，其接觸面為何種接觸情形？　(A)滑動接
　　　　觸　(B)接觸點之共同法線與兩輪的連心線之交點的位置隨時在變
　　　　(C)接點始終在兩輪之切線交點上　(D)滾動接觸。

( )　32. 下列那個齒輪用於兩軸既不平行也不相交之傳動？　(A)內齒輪
　　　　(B)雙曲面齒輪　(C)斜齒輪　(D)螺線斜齒輪。

( )　33. 欲得較大減速比應採用　(A)斜齒輪組　(B)直交傘形齒輪組　(C)行
　　　　星齒輪組　(D)蝸輪蝸桿組。

( )　34. 一齒輪之齒間與另一相接合齒輪之齒厚兩者的差為　(A)餘隙　(B)
　　　　齒面　(C)齒隙　(D)齒冠。

( )　35. 擺線齒輪比漸開線齒輪製造較為困難，是因為擺線齒輪是由幾種不
　　　　同曲線所組成的？　(A)2　(B)3　(C)4　(D)6。

( )　36. 一個圓在一條直線上滾動，其圓周上任一點之軌跡為　(A)正擺線
　　　　(B)外擺線　(C)內擺線　(D)漸開線。

( )　37. 一配對齒輪齒數24，大齒輪齒數48，模數M＝4，則此兩軸之中心距
　　　　離為_____mm？　(A)76　(B)72　(C)70　(D)144。

( )　38. 我國中央標準局制定齒輪的壓力角為
　　　　(A)14.5°　(B)22.5°　(C)15°　(D)20°。

( )　39. 我國中央標準局CNS制之齒輪壓力角為
　　　　(A)15°　(B)20°　(C)22.5°　(D)25°。

( )　40. 嚙合轉動時會產生軸向力的是　(A)正齒輪　(B)人字齒輪　(C)螺旋
　　　　齒輪　(D)針輪。

( )　41. 何種齒輪傳動時，所能傳動力最大，噪音最小，而在兩平行軸間傳
　　　　動？　(A)直齒正齒輪　(B)螺旋齒輪　(C)斜形齒輪　(D)針形齒輪。

( )　42. 如右圖螺旋齒輪，A及B兩軸應加裝止推軸承，
　　　　其安裝之左右位置依A、B軸之順序為
　　　　(A)左，左　(B)右，右
　　　　(C)左，右　(D)右，左。

( )　43. 下列何者可傳動相交之兩軸？　(A)人字齒輪　(B)斜齒輪　(C)螺旋
　　　　齒輪　(D)歪齒輪。

( )　44. 下列何種齒輪可用在於兩軸相交成90°之傳動？　(A)螺線齒輪　(B)
　　　　戟齒輪　(C)蝸桿與蝸輪　(D)直齒斜齒輪。

( )　45. 如右圖兩軸交角90°的一對斜齒輪，其齒數各為N_1、N_2，若 $\beta=30°$，
　　　　則$N_1:N_2$為　(A)$1:\sqrt{3}$　(B)$\sqrt{3}:1$　(C)$\sqrt{2}:1$　(D)$1:\sqrt{2}$。

( )　46. 下列何種齒輪組可得到較大減速比？　(A)正齒輪組　(B)蝸桿蝸輪
　　　　組　(C)行星齒輪組　(D)冠狀齒輪組。

( )　47. 下列何種齒輪可提供較大的減速比？　(A)內齒輪　(B)螺旋齒輪
　　　　(C)針齒輪　(D)蝸桿與蝸輪。

( )　48. 下列敘述何者正確？　(A)蝸輪帶動蝸桿　(B)蝸桿帶動蝸輪　(C)兩
　　　　者可互為帶動　(D)兩者不可配合傳動。

( )　49. 一雙線蝸桿與50齒蝸輪嚙合傳動，若蝸桿之轉速為100rpm，則蝸輪
　　　　之轉速為　(A)4rpm　(B)200rpm　(C)2rpm　(D)20rpm。

( )　50. 一正齒輪其節圓直徑24cm，齒數30，則其周節為　(A)0.8cm
　　　　(B)1.256cm　(C)2.512cm　(D)5.024cm。

( )　51. 一對正齒輪，徑節為16，角速比成5與3之比，若小齒輪齒數為
　　　　36，問大齒輪之齒數、中心距離各為　(A)80，4吋　(B)90，3吋
　　　　(C)60，2吋　(D)60，3吋。

(　)　52. 常用於汽車差速箱中，用以降低轉軸的位置，其所用的齒輪為
　　　(A)正齒輪　(B)螺旋齒輪　(C)斜齒輪　(D)戟齒輪。

(　)　53. 一對相嚙合齒輪的　(A)齒數　(B)模數　(C)壓力角　(D)周節　之
　　　比值稱為齒輪比。

(　)　54. 一對嚙合傳動之齒輪，最主要應具有相同的　(A)節徑　(B)周節
　　　(C)齒高　(D)齒根圓。

(　)　55. 兩大小不同的齒輪嚙合運轉時，必須有相等的　(A)節徑　(B)周節
　　　(C)基圓　(D)齒數。

(　)　56. 兩相嚙合傳動之齒輪，其何者應相同？　(A)齒數　(B)節徑　(C)徑
　　　節　(D)以上皆是。

(　)　57. 一漸開線齒輪，其基圓半徑與節圓半徑　(A)成正比　(B)成反比
　　　(C)相等　(D)相切。

(　)　58. 一模數為5mm之全齒制正齒輪，其齒數為30齒，該齒輪的徑節為
　　　(A)5　(B)$\frac{1}{5}$　(C)5.08　(D)$\frac{1}{5.08}$　齒／吋。

(　)　59. 一齒輪之模數為2.54公釐／齒，其徑節應為　(A)10　(B)9　(C)8
　　　(D)9.85　齒／吋。

(　)　60. 用來傳遞動力的齒輪，其壓力角不宜大於　(A)14.5°　(B)20°
　　　(C)22.5°　(D)30°。

(　)　61. 甲乙兩個外接正齒輪，其軸心相距43.2cm，甲齒輪有40齒，模數為
　　　12，甲輪帶動乙輪，使乙輪產生每分鐘300轉之轉速，則甲輪之轉
　　　速為　(A)100　(B)200　(C)300　(D)240　rpm。

(　)　62. 一圓在另一圓之內緣滾動時，滾圓上一點所成之軌跡，謂　(A)內
　　　擺線　(B)外擺線　(C)正擺線　(D)漸開線。

(　)　63. 一圓在另一圓外緣滾動時，滾圓上一點所成之軌跡，稱為　(A)內
　　　擺線　(B)正擺線　(C)外擺線　(D)漸開線。

(　)　64. 一標準正齒輪之模數為10mm，則齒深為　(A)10　(B)20　(C)21.57
　　　(D)25.4　mm。

(　)　65. 下列何者不是擺線齒輪互換的基本條件？　(A)齒數相等　(B)周節
　　　相等　(C)徑節相等　(D)滾圓相等。

( ) 66. 下列何者是屬於漸開線齒輪之特性？ (A)壓力角隨時改變 (B)不會有干涉現象 (C)兩中心軸距離允許有些微誤差 (D)製造不易。

( ) 67. 要使齒輪之壓力角保持一定，其齒形曲線宜採 (A)漸開線 (B)擺線 (C)拋物線 (D)正擺線。

( ) 68. 下列對漸開線齒輪之敘述，何者是錯的？ (A)齒形由單一曲線形成 (B)有干涉現象 (C)製造較容易 (D)壓力角隨時在變。

( ) 69. 工程、機械用負荷大之齒輪，其齒輪曲線是 (A)正擺線 (B)內擺線 (C)外擺線 (D)漸開線。

( ) 70. 有關齒輪的敘述，下列何者錯誤？ (A)人字齒輪無軸向推力發生 (B)徑節5之齒形比模數5之齒形大 (C)短齒制之齒頂高為全齒深之80% (D)接觸點有相對運動發生。

( ) 71. 中國國家標準，齒輪之壓力角多少度？ (A)14.5° (B)15° (C)20° (D)22.5°。

( ) 72. 若一雙線蝸桿之轉速為100rpm，傳達之蝸輪轉速為8rpm，則蝸輪齒數為 (A)20 (B)25 (C)30 (D)40 齒。

( ) 73. 不平行不相交之兩軸用齒輪傳動，下列何者最不適用？ (A)螺線齒輪（Screw Gear） (B)戟齒輪 (C)人字齒輪 (D)蝸輪與蝸桿。

( ) 74. 欲消除螺旋齒輪之軸向推力，宜採用 (A)斜齒輪 (B)蝸桿與蝸輪 (C)人字齒輪 (D)齒條。

( ) 75. 一對互相嚙合的斜齒輪，若齒數皆為30齒，則其節圓錐角皆為 (A)90° (B)60° (C)45° (D)30°。

( ) 76. 下列何種齒輪於嚙合傳動時，兩齒輪之中心軸線會相交？ (A)人字齒輪 (B)戟齒輪 (C)冠狀齒輪 (D)蝸桿與蝸輪。

( ) 77. 三線蝸桿與30齒之蝸輪嚙合運轉，若蝸桿轉速100rpm，則蝸輪轉速為 (A)5rpm (B)10rpm (C)3.33rpm (D)30rpm。

( ) 78. 如右圖，齒輪A質量20kg、迴轉半徑0.4m，齒輪B質量6kg、迴轉半徑0.16m，系統原先靜止，現於齒輪B施加一力偶12N-m，求齒輪B作用於齒輪A之切線力為 (A)92.3 (B)100 (C)120 (D)150 (N)。

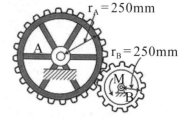

$r_A = 250mm$

$r_B = 250mm$

( )｜ 79. 一共軛嚙合之漸開線正齒輪對，除了壓力角相等外尚需滿足下列何
　　　種條件？　(A)周節相等　(B)節徑相等　(C)基圓相切　(D)齒根圓
　　　角相等。

解答與解析

1. **A**　　　2. **A**　　　3. **C**　　　4. **A**　　　5. **D**　　　6. **D**　　　7. **D**　　　8. **C**

9. **B**　　　10. **C**　　　11. **D**　　　12. **D**　　　13. **B**　　　14. **D**

15. **D**　$P_d = \dfrac{1}{M} = \dfrac{1}{5} = 0.2$，節徑$D = MT = 5 \times 20 = 100(mm)$

　　　查表11 5齒冠高$\dfrac{0.8}{Pd} = \dfrac{0.8}{0.2} = 4(mm)$

　　　外徑$100 + 4 \times 2 = 108(mm)$

16. **D**　　　17. **D**　　　18. **D**　　　19. **C**　　　20. **B**　　　21. **B**　　　22. **C**　　　23. **B**

24. **D**　$P_C = \dfrac{\pi D}{T} \Rightarrow \dfrac{\pi}{2} = \dfrac{\pi D_A}{60} \Rightarrow D_A = 30\ (in)\quad R_A = 15\ (in)$

　　　又$C = R_A + R_B \qquad 20 = 15 + R_B \qquad R_B = 5\ (in) \Rightarrow D_B = 10(in)$

　　　$P_C = \dfrac{\pi D_B}{T_B} \Rightarrow \dfrac{\pi}{2} = \dfrac{\pi \times 10}{T_B} \qquad T_B = 20(齒)$

25. **D**　　　26. **D**　　　27. **C**　　　28. **D**　　　29. **B**　　　30. **C**　　　31. **A**　　　32. **B**

33. **D**　　　34. **C**　　　35. **A**　　　36. **A**　　　37. **D**　　　38. **D**　　　39. **B**

40. **C**　嚙合轉動時會產生軸向力的是螺旋齒輪。

41. **B**　螺旋齒輪所能傳動力最大。

42. **D**　依A、B軸之順序為右，左。

43. **B**　斜齒輪可傳動相交之兩軸。

44. **D**　直齒斜齒輪可用在於兩軸相交成90º之傳動。

45. **A**　$\dfrac{N_1}{N_2} = \dfrac{\sin \beta}{\sin \alpha} = \dfrac{\sin 30°}{\sin 60°} = \dfrac{1}{\sqrt{3}}$

46. **B**　蝸桿蝸輪組可得到較大減速比。

47. **D**　蝸桿與蝸輪具有高減速比（200：1）、體積小、運轉平靜無聲、具自
　　　鎖性、結構簡單之特性。

48.**B**　蝸桿帶動蝸輪。

49.**A**　$2 \times 100 = 50 \times n$　　　$n = 4$ (rpm)

50.**C**　$\dfrac{3.14 \times 24}{30} = 2.512$

51.**D**　設A代表小齒輪，B代表大齒輪

$$\dfrac{N_B}{N_A} = \dfrac{3}{5} = \dfrac{36}{T_B} \Rightarrow T_B = 60 \text{ (齒)} , \ P_d = \dfrac{T}{D} \Rightarrow D = \dfrac{T}{P_d}$$

$$C = \dfrac{1}{2} \times \dfrac{1}{P_d} \times (T_A + T_B) = \dfrac{1}{2} \times \dfrac{1}{16} \times (36 + 60) = 3 \text{ (in)}$$

52.**D**　常用於汽車差速箱中，用以降低轉軸的位置，其所用的齒輪為戟齒輪。

53.**A**　一對相嚙合齒輪的齒數之比值稱為齒輪比。

54.**B**　一對嚙合傳動之齒輪，最主要應具有相同的周節。

55.**B**　兩大小不同的齒輪嚙合運轉時，必須有相等的周節。

56.**C**　兩相嚙合傳動之齒輪徑節相同。

57.**A**　$\because D_B = D_P \cos \theta$，而$\cos \theta$為常數，故$D_B$與$D_P$成正比。

58.**C**　$M = \dfrac{25.4}{P_d} \Rightarrow 5 = \dfrac{25.4}{P_d}$　　　$P_d = 5.08(\ell/\text{in})$

59.**A**　$2.54 \times P_d = 25.4$　　　$P_d = 10(\ell/\text{in})$

60.**D**　用來傳遞動力的齒輪，其壓力角不宜大於30°。

61.**D**　先求乙齒輪之齒數，外接中心距　$C = M \times (\dfrac{T_甲 + T_乙}{2})$

$\therefore 432 = 12 \times (\dfrac{40 + T_乙}{2})$　　　$T_乙 = 32$齒　　　迴轉速比$\dfrac{N_甲}{N_乙} = \dfrac{T_乙}{T_甲}$

$\therefore N_甲 = \dfrac{T_乙}{T_甲} \times N_乙 = \dfrac{32}{40} \times 300 = 240 \text{rpm}$

62.**A**　一圓在另一圓之內緣滾動時，滾圓上一點所成之軌跡，謂內擺線。

63.**C**　一圓在另一圓外緣滾動時，滾圓上一點所成之軌跡，稱為外擺線。

64.**C**　$h = 2.157M = 21.57$ (mm)。

65. **A**　擺線齒輪傳動時，產生擺線的滾圓之直徑應相等。

66. **C**　兩中心軸距離允許有些微誤差。

67. **A**　要使齒輪之壓力角保持一定，其齒形曲線宜採漸開線。

68. **D**　漸開線齒輪壓力角保持固定。

69. **D**　工程、機械用負荷大之齒輪，其齒輪曲線是漸開線。

70. **C**　短齒制之齒冠高為齒根高之80%。

71. **C**　中國國家標準，齒輪之壓力角為20°。

72. **B**　$T = \dfrac{2 \times 100}{8} = 25$ (齒)

73. **C**　人字齒輪適用於平行之兩軸。

74. **C**　欲消除螺旋齒輪之軸向推力，宜採用人字齒輪。

75. **C**　$\because \dfrac{N_B}{N_A} = \dfrac{T_A}{T_B} = \dfrac{\sin\alpha}{\sin\beta}$　　　$\therefore \sin\alpha = \sin\beta$

　　　　又 $\theta = \alpha + \beta = 90°$　　　$\therefore \alpha = \beta = 45°$

76. **C**　人字齒輪兩軸呈平行；戟齒輪兩軸90°但不相交；螺桿與蝸輪兩軸呈垂直但軸心不相交。

77. **B**　$3 \times 100 = 30 \times N$　　　$N = 10$ (rpm)

78. **A**　設齒輪B作用於齒輪A之切線力為F

　　　$\Sigma M_A = I_A \alpha_A$　　　$F \times 0.25 = 20 \times 0.4^2 \times \alpha_A$

　　　$\Sigma M_B = I_B \alpha_B$　　　$12 - F \times 0.1 = 6 \times 0.16^2 \times \alpha_B$

　　　又 $0.25\alpha_A = 0.1\alpha_B \Rightarrow \alpha_A = 0.4\alpha_B$

　　　$F = 5.12\alpha_B \Rightarrow 12 = 0.6656\alpha_B \Rightarrow \alpha_B = 18.03$ (rad/s^2)

　　　$F = 92.3(N) \Rightarrow \alpha_A = 7.2$ (rad/s^2)

79. **A**　除了壓力角相等外尚需滿足模數相等亦即周節相等。

第十二章　輪系

依據出題頻率區分，屬：**A** 頻率高

> **課前叮嚀**本章重點在於輪系的的種類，包含單式輪系、複式輪系、回歸輪系
> 與周轉輪系，各種輪系的定義及輪系值的計算更是不能不會，各種傳動輪之轉
> 速計算更是必考的焦點。

12-1 單式輪系

1. 輪系：凡使用二個或二個以上之齒輪、皮帶輪、摩擦輪及鏈輪，相互配合，進而傳達運動者稱之。

2. 單式輪系每一軸上只安裝一輪；除最初之原動輪與最後之從動輪外，其餘稱為**惰輪**。惰輪之功用為**改變末輪之旋轉方向**，但不影響輪系值，可使用直徑較小的惰輪，以節省空間。【106中油】

$$輪系值 e = \frac{末輪轉速(N_b)}{首輪轉速(N_a)} = \pm \frac{首輪齒數(T_a)}{末輪齒數(T_b)} = \frac{首輪直徑(D_a)}{末輪直徑(D_b)}$$

首末兩輪迴轉方向相同，輪系值為正，迴轉方向相反，輪系值為負。

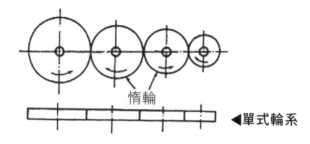

惰輪

◀單式輪系

觀念速記

單式輪系每一軸上只安裝一輪；除最初之原動輪與最後之從動輪外，其餘稱為**惰輪**。惰輪之功用為**改變末輪之旋轉方向**，但不影響輪系值。

12-2　複式輪系

1. 複式輪系：除原動軸與最後之從動軸外，其餘各軸同時具有兩輪或兩輪以上；除原動軸與最後之從動軸外，其餘各軸稱為**中間軸**。

$$輪系值e = \frac{最終從動輪轉速(N_b)}{原動輪轉速(N_a)} = \pm \frac{各原動輪直徑乘積(D_a \times D_c)}{各從動輪直徑乘積(D_b \times D_d)}$$

$$= \frac{各原動輪齒數乘積(T_a \times T_c)}{各從動輪齒數乘積(T_b \times T_d)}$$

2. 首末兩輪迴轉方向相同，輪系值為正，迴轉方向相反，輪系值為負。

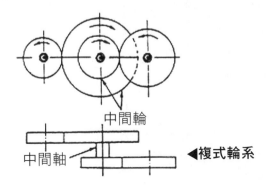

中間輪

中間軸　◀複式輪系

12-3　回歸輪系與周轉輪系

1. 回歸輪系：在一輪系中，首末兩輪之軸線在同一直線上者。若齒輪之模數均相同，則任一對齒輪之**齒數和必相等**。

$$C = \frac{M}{2}(T_A + T_B) = \frac{M}{2}(T_C + T_D)，故 T_A + T_B = T_C + T_D$$

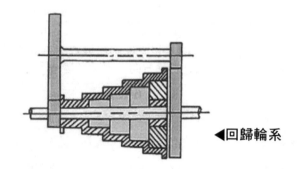

◀回歸輪系

觀念速記

回歸輪系若齒輪之模數均相同，則任一對齒輪之齒數和必相等，即 $T_A + T_B = T_C + T_D$。

2.周轉輪系：在一輪系中，至少有一輪軸是繞另一輪軸旋轉者。

$$輪系值\, e = \frac{末輪轉速 - 旋臂轉速\,(N_b - m)}{首輪轉速 - 旋臂轉速\,(N_a - m)}$$

$$= \pm \frac{各原動輪齒數乘積\,(T_a \times T_c)}{各從動輪齒數乘積\,(T_b \times T_d)}$$

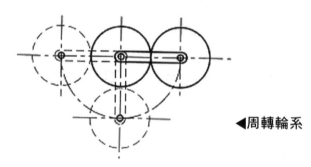

◀周轉輪系

精選試題

( ) 1. A、B、C與D四個齒輪構成一個單式輪系,齒數分別為50、60、80
與100,若A為原動輪,D為最終從動輪,則其輪系值為　(A)1
(B)2　(C)−3　(D)−$\frac{1}{2}$。

( ) 2. 一輪系組中,首末兩輪之迴轉方向相同,迴轉速度相等,則其輪系
值為　(A)1　(B)−1　(C)0　(D)2。

( ) 3. 用來加速的輪系,其輪系值之絕對值必　(A)大於1　(B)小於1　(C)
等於1　(D)不一定。

( ) 4. 用於減速之輪系,其輪系值之絕對值　(A)大於1　(B)小於1　(C)等
於1　(D)等於0。

( ) 5. 在輪系設計時,輪系值一般為　(A)6　(B)$\frac{1}{6}$　(C)介於6～$\frac{1}{6}$之間
(D)在6～$\frac{1}{6}$以外。

( ) 6. 在單式輪系中,惰輪之齒數與　(A)輪系值無關　(B)會影響轉速比
(C)會影響傳動效率　(D)會增加傳動馬力。

( ) 7. 如右圖所示之輪系,設N表轉速,T表齒數,
若已知N_A=40rpm順時針,T_A=80齒,並為主
動輪,T_B=40齒,T_C=20齒,則N_C之轉速為
若干rpm?　(A)80rpm,↻　(B)80rpm,↺
(C)160rpm,↻　(D)160 rpm,↺。

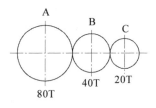

( ) 8. 如右圖所示之輪系,設N表轉速,T表
齒數,若已知N_A=30rpm,T_A=100齒,
並為主動輪,T_C=25齒,則N_C之轉速
為　(A)60rpm　(B)120rpm　(C)180rpm
(D)240rpm。

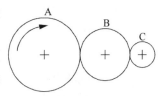

( ) 9. 如右圖之輪系,若A輪順時針方向旋轉
600rpm,則C輪之轉速為
(A)−1000rpm　(B)1000rpm
(C)1500rpm　(D)−1500rpm。

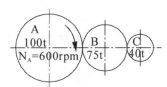

（　）10. 如右圖所示之輪系值為
　　　　(A)10　　　　　　(B)−10
　　　　(C)20　　　　　　(D)30。

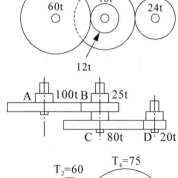

（　）11. 如右圖所示輪系，若A輪轉速為
　　　　100rpm，則C輪之轉速為
　　　　(A)100　　　　　(B)200
　　　　(C)300　　　　　(D)400　rpm。

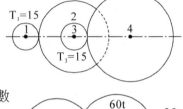

（　）12. 如右圖所示一齒輪系，已知齒數分別為
　　　　$T_1=15$，$T_2=60$，$T_3=15$，$T_4=75$，已
　　　　知齒輪1為輸入輪，轉速為1800rpm，
　　　　試求輸出輪4之轉速為多少rpm？
　　　　(A)90　(B)1440　(C)2250　(D)180。

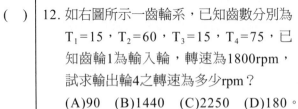

（　）13. 如右圖所示，A、B、C、D四輪之齒數
　　　　分別為50、40、60、25，若旋臂m逆時
　　　　針5轉（繞A輪之軸心轉），A輪順時針
　　　　3轉時，則C、D兩輪之轉速與轉向各為
　　　　(A)N_C=15轉（逆時針）、N_D=19轉（順時針）
　　　　(B)N_C=15轉（順時針）、N_D=19轉（逆時針）
　　　　(C)N_C=19轉（順時針）、N_D=15轉（逆時針）
　　　　(D)N_C=19轉（順時針）、N_D=15轉（順時針）。

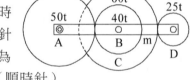

（　）14. 如右圖輪系所示之齒數，若A輪之轉速
　　　　為逆時針60rpm，則F輪之轉速為何？
　　　　(A)72rpm　　　　(B)50rpm
　　　　(C)18rpm　　　　(D)9rpm。

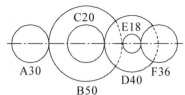

（　）15. 如右圖之皮帶輪系中，D_A=20cm，
　　　　D_B=40cm，D_C=15cm，D_D=45cm，
　　　　當無滑動損失時，N_A=1500rpm，則N_D= ？
　　　　(A)150rpm　　　　(B)250rpm
　　　　(C)350rpm　　　　(D)400rpm。

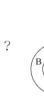

( )　16. 如右圖所示帶輪組由ABCD四輪所組成，其直徑依序為25cm，60cm，15cm，75cm，當D輪轉速為150rpm時，A輪轉速為
(A)2000rpm　　(B)2250rpm
(C)1600rpm　　(D)1400rpm。

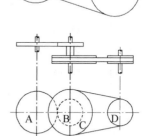

( )　17. 如右圖所示，A輪為100齒，B輪為50齒，C輪直徑300mm，D輪直徑100mm，若A輪以25rpm順時針迴轉，則D輪為
(A)150rpm順時針迴轉　(B)150rpm逆時針迴轉　(C)100rpm順時針迴轉　(D)100rpm逆時針迴轉。

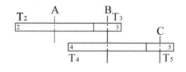

( )　18. 在複式輪系中，中間軸如為偶數時，則首輪與末輪之轉向
(A)相同　(B)相反　(C)不一定　(D)無關。

( )　19. 在複式輪系中，若有奇數個中間軸，則首輪與末輪之轉向
(A)相反　(B)相同　(C)不一定　(D)無關。

( )　20. 如右圖所示之複式輪系中，齒輪5與齒輪2之轉速比$(\dfrac{N_5}{N_2})$為
(A)$\dfrac{T_2 \times T_4}{T_3 \times T_5}$　　(B)$\dfrac{T_3 \times T_5}{T_2 \times T_4}$
(C)$\dfrac{T_2 \times T_3}{T_4 \times T_5}$　　(D)$\dfrac{T_4 \times T_5}{T_2 \times T_3}$。

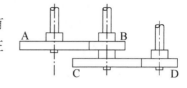

( )　21. 如右圖齒輪A有100齒，B有50齒，C有125齒，D有25齒之輪系，若A輪是主動輪，D輪是從動輪，則輪系值為
(A)0.1　(B)1　(C)10　(D)20。

( )　22. 下列有關輪系值（train value）的敘述，何者錯誤？　(A)輪系值是末輪轉速與首輪轉速的比值　(B)若輪系值為正，代表首末兩輪的迴轉方向相同　(C)用於增速的輪系，其輪系值的絕對值大於1
(D)複式輪系的中間軸齒輪不影響輪系值的大小。

( )　23. 如右圖所示之複式輪系，若A軸以
160rpm轉動時，C軸轉速若干？
(A)2560rpm　　(B)640rpm
(C)40rpm　　(D)10rpm。

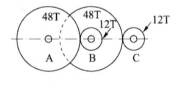

( )　24. 如右圖所示之複式輪系中，齒輪A、
B、C、D之齒數分別為40、20、50及
20，若齒輪A沿順時針方向轉1圈，則
齒輪D轉動之圈數及方向為
(A)2圈，逆時針方向　　(B)2圈，順時
針方向　　(C)5圈，逆時針方向　　(D)5
圈，順時針方向。

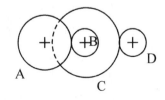

( )　25. 如右圖所示輪系，齒數分別為$T_A=25$，
$T_B=40$，$T_C=20$，$T_D=50$，若A為主
動輪，轉速為1800rpm，D為從動輪轉速應為多少rpm？　　(A)145
(B)450　(C)650　(D)1240。

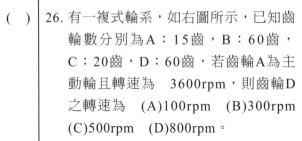

( )　26. 有一複式輪系，如右圖所示，已知齒
輪數分別為A：15齒，B：60齒，
C：20齒，D：60齒，若齒輪A為主
動輪且轉速為　3600rpm，則齒輪D
之轉速為　　(A)100rpm　(B)300rpm
(C)500rpm　(D)800rpm。

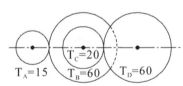

( )　27. 如右圖所示之齒輪系，當A軸之轉速
為25rpm，D軸之轉速為若干？
(A)100rpm　　(B)200rpm
(C)400rpm　　(D)800rpm。

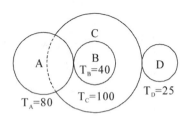

( )　28. 如右圖所示，齒輪A有20齒，齒輪B有
40齒，齒輪C有30齒，齒輪D有50齒
之輪系，A為主動輪，轉速120rpm，
D為從動輪，轉速為

(A)9rpm　(B)18rpm　(C)24rpm　(D)36rpm。

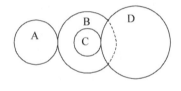

( ) 29. 下列何者非回歸輪系之應用？ (A)車床後列齒輪 (B)車床換向輪系 (C)時鐘輪系 (D)汽車轉向輪系。

( ) 30. 如右圖所示回歸齒輪系，若A為主動件，D為從動件，T表齒數，則輪系值e為

(A)$\dfrac{T_A \times T_C}{T_B \times T_D}$ (B)$\dfrac{T_B \times T_D}{T_A \times T_C}$

(C)$\dfrac{T_A \times T_B}{T_C \times T_D}$ (D)$\dfrac{T_C \times T_D}{T_A \times T_D}$ 。

( ) 31. 如右圖所示為一車床後列齒輪（回歸齒輪系），$T_A=40$齒，$T_B=120$齒，$T_C=40$齒，$T_D=120$齒，當A輪之轉速為1800rpm時，D輪之轉速為 (A)200 (B)250 (C)300 (D)350 rpm。

( ) 32. 如右圖所示之回歸輪系中，各齒輪之模數皆為5，若齒輪A、B、C之齒數分別為30齒、40齒及15齒，則齒輪D之齒數為 (A)25 (B)55 (C)60 (D)85。

( ) 33. 如右圖所示，回歸輪系設計，若兩對齒輪模數相同，齒數$T_A=50$，$T_B=28$，$T_D=40$，則T_C為多少齒數？ (A)18 (B)25 (C)38 (D)62。

( ) 34. 在一輪系中，若僅有一輪固定，而其他各輪則圍繞此固定輪旋轉者，稱為 (A)普通輪系 (B)單式輪系 (C)周轉輪系 (D)複式輪系。

( ) 35. 若輪系中之各軸心的位置會產生改變的稱為 (A)定心輪系 (B)偏心輪系 (C)回歸輪系 (D)周轉輪系。

( ) 36. 周轉輪系之值是等於

(A)$\dfrac{\text{末輪轉速}+\text{轉動桿轉速}}{\text{首輪轉速}+\text{轉動桿轉速}}$ (B)$\dfrac{\text{末輪轉速}-\text{轉動桿轉速}}{\text{首輪轉速}-\text{轉動桿轉速}}$

(C)$\dfrac{\text{末輪轉速}+\text{轉動桿轉速}}{\text{首輪轉速}-\text{轉動桿轉速}}$ (D)$\dfrac{\text{末輪轉速}-\text{轉動桿轉速}}{\text{首輪轉速}+\text{轉動桿轉速}}$ 。

( )　37. 如右圖所示，A為30齒，B為10齒，旋臂m順
　　　時針旋轉3轉，A輪逆時針旋轉2轉，則B輪
　　　轉速方向為　(A)順時針18轉　(B)逆時針18
　　　轉　(C)順時針24轉　(D)逆時針24轉。

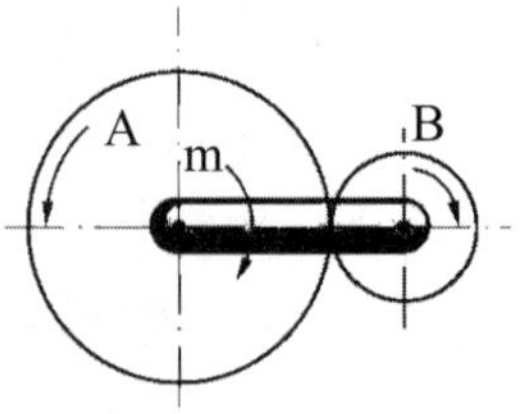

( )　38. 一周轉輪系如右圖所示，以A齒輪之
　　　軸心線為共轉中心，C為旋臂，D為
　　　惰輪，A、D、B各齒輪之齒數分別為
　　　90齒、20齒、30齒，若n_A（A齒輪之
　　　轉速）$= -3$rpm，n_c（C旋臂之轉速）
　　　$= +5$rpm，則B齒輪之轉速為
　　　(A)-16rpm　(B)-19rpm　(C)-21rpm　(D)-25rpm。

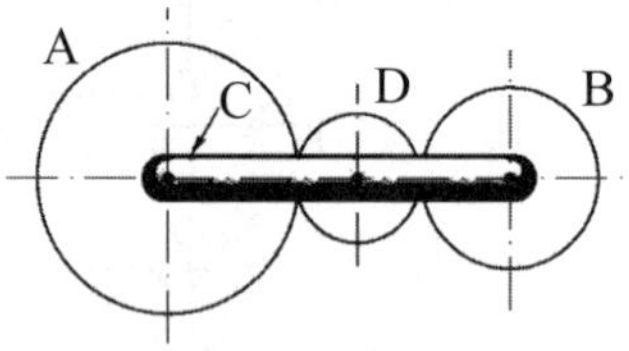

( )　39. 如右圖所示，利用蝸輪、齒輪組成之
　　　齒輪系，各齒輪之齒數A30齒、B54
　　　齒、C36齒、D24齒、F15齒各註明
　　　於圖上，原動輪A為每分鐘600迴轉
　　　時，蝸輪F之每分鐘迴轉數為
　　　(A)150rpm，↷　(B)120rpm，↶
　　　(C)100rpm，↷　(D)50rpm，↶。

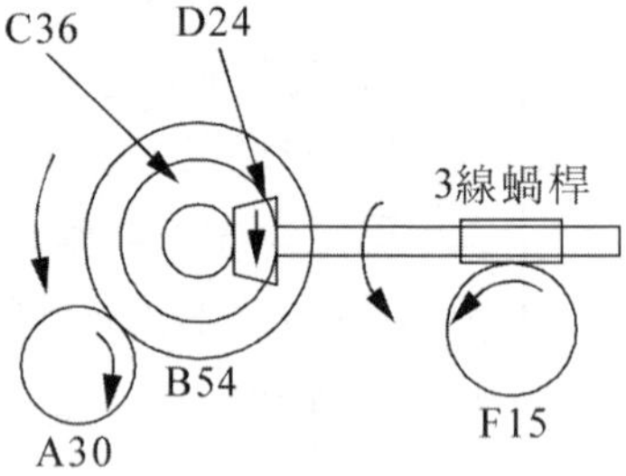

( )　40. 有A、B、C、D四個齒輪，齒數分別為20、25、40、50，且模數均
　　　為5，利用這些齒輪所能組裝之最大速比為
　　　(A)4　　　　(B)$\dfrac{1}{4}$　　　　(C)2.5　　　　(D)0.4。

( )　41. 有A、B、C、D四個齒輪，齒數分別為20、25、40、50，且模數均
　　　為5，利用這些齒輪所能組裝之最小速比為
　　　(A)4　　　　(B)$\dfrac{1}{4}$　　　　(C)2.5　　　　(D)0.4。

( )　42. 右圖所示之齒輪A及B分別具有60及40
　　　齒，若齒輪A逆時針旋轉3圈，且旋轉臂
　　　C順時針旋轉5圈，則齒輪B旋轉之圈數為
　　　(A)7　(B)8　(C)12　(D)17　圈。

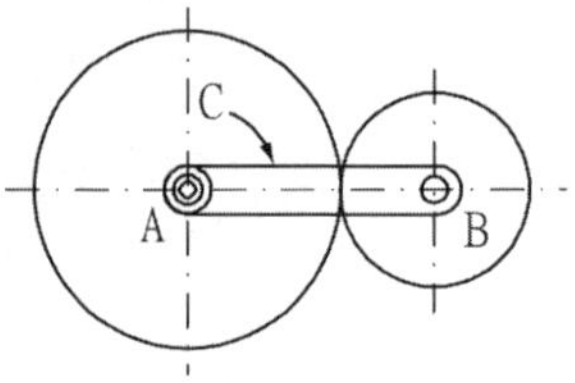

( )　43. 設A及B兩個正齒輪組成之周轉輪系，如
　　　　右圖所示，A輪有30齒，B輪有10齒，且
　　　　A輪固定不動，若旋轉臂m順時鐘方向每
　　　　分鐘10轉，則B輪之轉速為　(A)200rpm
　　　　(B)30rpm　(C)40rpm　(D)60rpm。

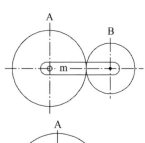

( )　44. 如右圖所示，A為30齒，B為10齒，旋臂m
　　　　順時針旋轉3轉，A輪逆時針旋轉2轉，則
　　　　B輪轉速方向為
　　　　(A)順時針18轉　(B)逆時針18轉
　　　　(C)順時針24轉　(D)逆時針24轉。

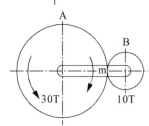

( )　45. 如右圖所示，A齒輪有30齒且固定不動，
　　　　B齒輪有10齒且依反時針方向迴轉40圈，
　　　　則旋臂m應轉　(A)13.3圈反時針方向
　　　　(B)13.3圈順時針方向　(C)10圈反時針方
　　　　向　(D)10圈順時針方向。

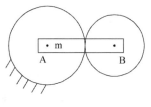

( )　46. 設A及B兩個正齒輪組成之周轉輪系，如
　　　　右圖所示，A輪有30齒，B輪有10齒，且
　　　　A輪固定不動，若旋臂m順時鐘方向每分
　　　　鐘旋轉10轉，則B輪之轉速為
　　　　(A)200rpm　(B)30rpm　(C)40rpm　(D)60rpm。

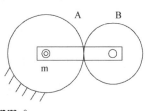

( )　47. 如右圖所示一周轉輪系，以A齒輪之軸心
　　　　線為共轉中心，C為旋臂，D為惰輪，A、
　　　　D、B各齒輪之齒數分別為90齒、20齒、
　　　　30齒、若n_A（A齒輪之轉速）＝－3rpm，n_c
　　　　（C旋臂之轉速）＝＋5rpm，則B齒輪之轉速為
　　　　(A)－16rpm　(B)－19rpm　(C)－21rpm　(D)－25rpm。

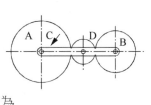

( )　48. 如右圖所示之周轉輪系，各齒輪齒數分別為
　　　　T_a＝30、T_b＝20、T_c＝10、T_d＝90，若N_d＝0，
　　　　而N_a＝20rpm（順時針），則N_c之轉向及轉
　　　　速為何？　(A)40rpm，↷　(B)40rpm，↶
　　　　(C)80rpm，↷　(D)80rpm，↶。

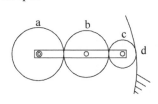

( )　49. 如右圖所示之周轉輪系，若輪A轉速為
　　　　+5rpm，旋臂轉速為−3rpm，則輪B之轉速為
　　　　(A)15rpm，⤵　(B)15rpm，⤴
　　　　(C)21rpm，⤵　(D)21rpm，⤴。

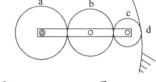

( )　50. 如右圖所示之周轉輪系，若輪A轉速為
　　　　+5rpm，旋臂轉速為−3rpm，則C輪的轉
　　　　速及轉向分別為
　　　　(A)15rpm，⤵　(B)15rpm，⤴
　　　　(C)21rpm，⤵　(D)21rpm，⤴。

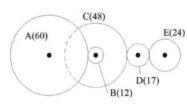

( )　51. 如右圖所示之周轉輪系，各齒輪齒數分別
　　　　為$T_a=30$、$T_b=20$、$T_c=10$、$T_d=90$，若
　　　　$N_d=0$，而$N_a=20rpm$（順時針），則旋臂
　　　　m之轉向及轉速為何？
　　　　(A)5rpm，⤵　(B)5rpm，⤴　(C)10rpm，⤵　(D)10rpm，⤴。

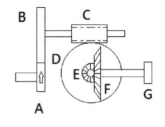

( )　52. 如圖所示之齒輪系，A為60齒、B
　　　　為12齒、C為48齒、D為17齒、E
　　　　為24齒，若A為主動輪且E為從動
　　　　輪，下列敘述何者正確？　(A)齒
　　　　輪A與齒輪E旋轉方向相同　(B)輪
　　　　系值為−10　(C)齒輪A旋轉1圈時，齒輪E旋轉2.5圈　(D)若改變
　　　　齒輪D之齒數將會影響齒輪系之輪系值。

( )　53. 如下圖所示之複式輪系，A、B為正齒
　　　　輪，C為三線右旋蝸桿，D為蝸輪，E、
　　　　F為斜齒輪，齒輪G與齒輪F固定於同一
　　　　轉軸。設齒數$T_A=26$、$T_B=45$、$T_D=$
　　　　52、$T_E=16$、$T_F=48$，若A輪轉動方向
　　　　如箭頭所示，則齒輪A的轉速n_A與齒輪
　　　　G的轉速n_G的關係為：　(A)$n_A:n_G=90:1$，轉向相同　(B)$n_A:n_G$
　　　　$=90:1$，轉向相反　(C)$n_A:n_G=270:1$，轉向相同　(D)$n_A:n_G$
　　　　$=270:1$，轉向相反。

( )　54. 如圖所示之起重機輪系，手柄半徑 R ＝160mm，捲筒直徑D＝160mm，不計摩擦損失，若欲吊起W＝1,280kg之重物，則手柄之切線施力F應為多少kg？
(A)20
(B)30
(C)40
(D)50。

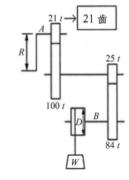

( )　55. 如圖所示之傳動機構，齒輪A為100齒，齒輪B為50齒，皮帶輪C直徑300mm，皮帶輪D直徑100mm，若A輪以60rpm順時針迴轉，則D輪之轉速與轉向為何？　(A)360rpm順時針旋轉　(B)360rpm逆時針旋轉　(C)10rpm順時針旋轉　(D)10rpm逆時針旋轉。

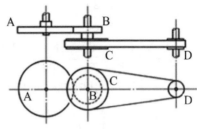

( )　56. 車輛用鼓式和碟式煞車制動器比較的敘述，何者正確？　(A)碟式煞車制動器較適合為卡車等需要高煞車能力的場合使用　(B)鼓式煞車排水性較好，不致因泥土與水等影響剎車效果　(C)一般而言，碟式煞車具有較佳之散熱效果與穩定性　(D)鼓式煞車制動器利用摩擦片抵住鼓輪產生制動作用，又稱卡鉗。
圓盤式制動器。

解答與解析

1.**D**　∵單式輪系　∴$e = -\dfrac{T_A}{T_D} = -\dfrac{50}{100} = -\dfrac{1}{2}$

2.**A**　一輪系組中，首末兩輪之迴轉方向相同，迴轉速度相等，則其輪系值為1。

3.**A**　用來加速的輪系，其輪系值之絕對值必大於1。

4.**B**　用於減速之輪系，其輪系值之絕對值小於1。

5. **C**　在輪系設計時，輪系值一般為介於$6 \sim \dfrac{1}{6}$之間。

6. **A**　在單式輪系中，惰輪之齒數與輪系值無關。

7. **C**　$\dfrac{N_C}{N_A} = \dfrac{T_A}{T_C}$　　$\dfrac{N_C}{40} = \dfrac{80}{20}$　　$N_C = 160$ (rpm，↺)

8. **B**　$e = \dfrac{N_C}{N_A} = \dfrac{T_A}{T_C}$　　$\therefore \dfrac{N_C}{30} = \dfrac{100}{25}$　　$N_C = 120$ (rpm)

9. **C**　$e = \dfrac{N_C}{N_A} = \dfrac{T_A}{T_C} \Rightarrow \dfrac{N_C}{600} = \dfrac{100}{40}$　　$N_C = 1500$ (rpm)

10. **A**　$e = \dfrac{60 \times 48}{12 \times 24} = 10$

11. **D**　$\dfrac{N_B}{N_A} = -\dfrac{T_A}{T_B} \Rightarrow \dfrac{N_B}{100} = -\dfrac{100}{25}$

$N_B = -400\text{rpm} = 400\text{rpm}$（與A輪轉向相反）　　$N_B = N_C = 400\text{rpm}$

12. **A**　$\dfrac{N_4}{N_1} = \dfrac{T_1 \times T_3}{T_2 \times T_4}$　　$\dfrac{N_4}{1800} = \dfrac{15 \times 15}{60 \times 75} \Rightarrow N_4 = 90(\text{rpm})$

13. **A**　$e_{A/C} = -\dfrac{50}{40} = \dfrac{N_B - (-5)}{3 - (-5)}$　　$-40 = 4N_C + 20$

$N_C = N_B = -15$ (rpm，↻)

$e_{A/D} = -\dfrac{50 \times 60}{40 \times 25} = \dfrac{N_D - (-5)}{3 - (-5)}$　　$24 = N_D + 5$

$N_D = 19$ (rpm，↺)

14. **D**　$e = \dfrac{N_F}{N_A} = -\dfrac{T_A \times T_C \times T_E}{T_B \times T_D \times T_F}$

$-\dfrac{N_F}{60} = -\dfrac{30 \times 20 \times 18}{50 \times 40 \times 36}$　　$N_F = 9$ (rpm，↺)

15. **B**　$e = \dfrac{N_D}{N_A} = \dfrac{D_A \times D_C}{D_B \times D_D} \Rightarrow \dfrac{N_D}{1500} = \dfrac{20 \times 15}{40 \times 45}$　　$N_D = 250$ (rpm)

16. **B**　$e = \dfrac{N_D}{N_A} = -\dfrac{D_A \times D_C}{D_B \times D_D} = -\dfrac{20 \times 15}{60 \times 75} = -\dfrac{1}{15}$

$-\dfrac{1}{15} = \dfrac{150}{N_A}$　　$N_A = -2250$ (rpm，↺)

17. **B**　$\dfrac{N_D}{N_A} = \dfrac{T_A \times D_C}{T_B \times D_D} = \dfrac{100 \times 300}{50 \times 100} = 6$　　$\dfrac{N_D}{25} = 6$　　$N_D = 150(\text{rpm}，↻)$

18. **B** 在複式輪系中，中間軸如為偶數時，則首輪與末輪之轉向相反。

19. **B** 在複式輪系中，若有奇數個中間軸，則首輪與末輪之轉向相同。

20. **A** $\dfrac{T_2 \times T_4}{T_3 \times T_5}$

21. **C** $e_{A/D} = \dfrac{N_D}{N_A} = \dfrac{D_A \times D_C}{D_B \times D_D} = \dfrac{100 \times 125}{50 \times 25} = 10$

22. **D** (D)複式輪系的中間軸齒輪會影響輪系值的大小。

23. **A** $e_{A \to C} = \dfrac{N_C}{N_A} = \dfrac{T_A \times T_C}{T_B \times T_D}$　　$\dfrac{N_C}{160} = \dfrac{48 \times 48}{12 \times 12} = 16$

　　　 $\therefore N_C = 16 \times 160 = 2560 \text{ rpm}$

24. **D** 輪系值為 $e_{A-D} = \dfrac{N_D}{N_A} = \dfrac{T_A \times T_C}{T_B \times T_D}$　　$\dfrac{N_D}{1} = \dfrac{40}{20} \times \dfrac{50}{20} = 5$

　　　 得 $N_D = +5 \text{rpm}$（順時針）

25. **B** $\dfrac{N_D}{N_A} = \dfrac{25 \times 20}{40 \times 50}$　　$N_D = 450 \text{ (rpm)}$

26. **B** $e = \dfrac{N_D}{N_A} = \dfrac{T_A \times T_C}{T_B \times T_D}$　　$\dfrac{N_D}{3600} = \dfrac{15 \times 20}{60 \times 60}$　　$N_D = 300 \text{ (rpm)}$

27. **B** $e = \dfrac{N_D}{N_A} = \dfrac{T_A \times T_C}{T_B \times T_D}$　　$\dfrac{N_D}{25} = \dfrac{80 \times 100}{40 \times 25}$　　$N_D = 200 \text{ (rpm)}$

28. **D** $\dfrac{N_D}{N_A} = \dfrac{T_A \times T_C}{T_B \times T_D}$　　$\dfrac{N_D}{120} = \dfrac{20 \times 30}{40 \times 50}$　　$N_D = 36 \text{ (rpm)}$

29. **B** 如右圖所示，車床換向輪系為
單式輪系之應用。

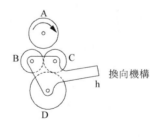

換向機構

30. **A** 輪系值 e 為 $\dfrac{T_A \times T_C}{T_B \times T_D}$

31. **A** $e_{A/D} = \dfrac{N_D}{N_A} = \dfrac{T_A \times T_C}{T_B \times T_D}$

　　　 $\dfrac{N_D}{1800} = \dfrac{40 \times 40}{120 \times 120} \Rightarrow N_D = 200 \text{ (rpm)}$

32. **B** 中心距離 $M(T_A + T_B) = M(T_C + T_D)$

　　　 故 $T_A + T_B = T_C + T_D$　　$30 + 40 = 15 + T_D$　　得 $T_D = 55$（齒）

33. **A** 回歸輪系中 $T_A + T_C = T_B + T_D$　　$50 + T_C = 28 + 40$　　$T_C = 18$（齒）

34. **C** 在一輪系中，若僅有一輪固定，而其他各輪則圍繞此固定輪旋轉者，稱為周轉輪系。

35. **D** 若輪系中之各軸心的位置會產生改變的稱為周轉輪系。

36. **B** 周轉輪系之值是等於 $\dfrac{\text{末輪轉速} - \text{轉動桿轉速}}{\text{首輪轉速} - \text{轉動桿轉速}}$。

37. **A** $e_{A \to B} = \dfrac{N_B - N_m}{N_A - N_m} = -\dfrac{T_A}{T_B} \Rightarrow \dfrac{N_B - 3}{-2 - 3} = -\dfrac{30}{10}$

$\therefore N_B = +18 \text{rpm}$（順時針）

38. **B** $e_{A \to B} = \dfrac{N_B - N_C}{N_A - N_C} = -\dfrac{T_A}{T_B} \Rightarrow \dfrac{N_B - 5}{-3 - 5} = +\dfrac{90}{30}$

$\therefore N_B = -19 \text{rpm}$

39. **C** $\dfrac{N_F}{600} = \dfrac{30 \times 36 \times 3}{54 \times 24 \times 15} \Rightarrow N_F = 100 (\text{rpm})$

40. **A** 採用複式輪系，且 $50 \to 25 \to 40 \to 20$ $\qquad e = \dfrac{50 \times 40}{25 \times 20} = 4$

41. **B** 採用複式輪系，且 $25 \to 50 \to 20 \to 40$ $\qquad e = \dfrac{25 \times 20}{50 \times 40} = \dfrac{1}{4}$

42. **D** $\dfrac{N_B - N_C}{N_A - N_C} = -\dfrac{T_A}{T_B} \Rightarrow \dfrac{N_B - 5}{-3 - 5} = -\dfrac{3}{2}$

$\therefore N_B = 17 圈$

43. **C** $e = -\dfrac{T_A}{T_B} = -\dfrac{30}{10} = -3$

$e_{A/B} = \dfrac{N_B - N_m}{N_A - N_m} \Rightarrow -3 = \dfrac{N_B - 10}{0 - 10} \Rightarrow N_B = 40(\text{rpm}，\circlearrowleft)$

44. **A** $e = -\dfrac{T_A}{T_B} = -\dfrac{30}{10} = -3$

$e_{A/B} = \dfrac{N_B - N_m}{N_A - N_m} \Rightarrow -3 = \dfrac{N_B - 3}{-2 - 3}$

$\therefore N_B = +18(轉)$

45. **C** $e_{A/B} = -\dfrac{T_A}{T_B} = -\dfrac{30}{10} = -3 \qquad \because e_{A/B} = \dfrac{N_B - N_m}{N_A - N_m} \qquad \therefore -3 = \dfrac{-40 - N_m}{0 - N_m}$

$4N_m = -40 \qquad \therefore N_m = -10 \text{rpm}$（反時針方向）

46. **C** $\quad e = -3 = \dfrac{N_B - 10}{0 - 10} \Rightarrow N_B = 40 \text{(rpm,} \curvearrowleft)$

47. **B** $\quad e_{A/B} = \dfrac{T_A}{T_B} = \dfrac{n_B - n_C}{n_A - n_C} \Rightarrow \dfrac{90}{30} = \dfrac{n_B - 5}{-3 - 5}$
$\quad\therefore n_B = -19 \text{rpm}$

48. **C** $\quad$(1) $\dfrac{N_d - N_m}{N_a - N_m} = +\dfrac{T_a}{T_d} \Rightarrow \dfrac{0 - N_m}{+20 - N_m} = +\dfrac{30}{90} \Rightarrow N_m = -10 \text{ (rpm)}$
$\quad$(2) $\dfrac{N_c - N_m}{N_a - N_m} = +\dfrac{T_a}{T_c} \Rightarrow \dfrac{N_c - (-10)}{+20 - (-10)} = +\dfrac{30}{10}$
$\qquad N_c + 10 = +90 \Rightarrow N_c = +80 \text{ (rpm)}$

49. **B** $\quad \dfrac{N_B - N_m}{N_A - N_m} = -\dfrac{T_A}{T_B} \Rightarrow \dfrac{N_B - (-3)}{(+5) - (-3)} = -\dfrac{72}{48}$
$\quad N_B + 3 = -12 \Rightarrow N_B = -15 \text{ (rpm)}$

50. **C** $\quad \dfrac{N_C - N_m}{N_A - N_m} = +\dfrac{T_A}{T_C} \Rightarrow \dfrac{N_C - (-3)}{(+5) - (-3)} = +\dfrac{72}{24}$
$\quad N_C + 3 = +24 \Rightarrow N_C = +21 \text{ (rpm)}$

51. **D** $\quad \dfrac{N_d - N_m}{N_a - N_m} = +\dfrac{T_a}{T_d} \Rightarrow \dfrac{0 - N_m}{(+20) - N_m} = +\dfrac{30}{90}$
$\quad -3N_m = 20 - N_m \Rightarrow N_m = -10 \text{ (rpm)}$

52. **B** $\quad$(A)齒輪A與齒輪E旋轉方向相反。
$\quad$(B)$e = \dfrac{N_B}{N_A} = -\dfrac{60 \times 48}{12 \times 24} = -10$。
$\quad$(C)齒輪A旋轉1圈時，齒輪E旋轉10圈。
$\quad$(D)齒輪D為惰輪，若改變齒輪D之齒數將不會影響齒輪系之輪系值。

53. **B** $\quad e = \dfrac{n_G}{n_A} = \dfrac{26 \times 3 \times 16}{45 \times 42 \times 48} = \dfrac{1}{90} \Rightarrow n_A : n_G = 90 :$
$\quad$1，右旋螺紋C如圖所示，故可得A與G轉向
$\quad$相反。

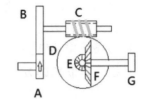

54. **C** $\quad \dfrac{W}{F} = \dfrac{1280}{F} = \dfrac{320 \times 100 \times 84}{160 \times 25 \times 21} \Rightarrow F = 40 \text{(kg)}$

55. **B** $\quad \dfrac{N_D}{N_A} = \dfrac{N_D}{60} = -\dfrac{100 \times 300}{50 \times 100} \Rightarrow N_D = -360 \text{(rpm)}$。

56. **C** $\quad$(C)一般而言，碟式煞車具有較佳之散熱效果與穩定性。

第十三章 制動器

依據出題頻率區分，屬：**A** 頻率高

課前叮嚀

本章重點在於制動器之種類、功用，常考題目為塊狀制動器及帶狀制動器之施力計算，理解後應不難拿分。

13-1 制動器的功用

制動器工作原理是利用摩擦當中產生的摩擦力矩來實現制動作用，或者利用制動力與重力的平衡，使機器運轉速度保持恆定。為了減小制動力矩和制動器的尺寸，通常將制動器配置在機器的高速軸上。

13-2 制動器的類型及特點

1. **按用途區分：**
   (1)停止式：起停止和支持運動物體的作用。
   (2)調速式：除上述作用外，還可調節物體運動速度。
2. **按架構特徵區分：** 塊式、帶式和盤式。
3. **按操縱模式區分：** 手動、自動和混合式。
4. **按工作狀態區分：**
   (1)常開式：經常處於鬆閘狀態，必須施加外力才能實現制動。
   (2)常閉式：經常處於合閘即制動狀態，只有施加外力才能解除制動狀態。起重機械中的提升機構常採用常閉式制動器，而各種車輛的主制動器則採用常開式。

13-3 制動器的選擇及應用實例

一些應用廣泛的制動器，已標準化，有系列產品可供選擇。額定制動力矩是表徵制動器工作能力的主要參數，制動力矩是選擇制動器型號的主要依據，所需制動力矩根據不同機械設備的具體情況確定。選擇制動器時，為了使制動安全可靠，一般將所需制動力矩適當加大，即按計算制動力矩Tzc來選擇制動器的型號：

Tz — 制動輪所在軸的力矩，N·m。

Kz — 制動安全係數。

Tez — 制動器的額定制動力矩，見制動器產品樣本或查機械設計手冊。

制動器之材料

※制動器之材料須具備之條件為：

  A. 摩擦係數高。　　　B. 良好的散熱能力。

  C. 耐高溫而不失效。　D. 耐磨及耐蝕。

【例】

1. 塊狀制動器：應用於腳踏車

  (1)制動力矩：$T = fr$

  (2)摩擦力：$f = \mu N$

  (3)依平衡原理：$Na = fb + F\ell$

  計算F，若T為順時針，則f向右，若T為逆時針，則f向左。

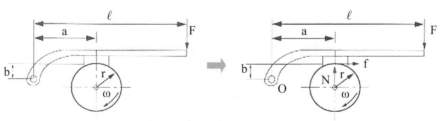

2. 帶狀制動器：

  (1)制動力矩：$T = (F_1 - F_2)r$

  (2)力矩平衡：$F_2 a = F_1 b + F\ell$

圓盤轉向**順時針**時，較易發生自鎖現象。

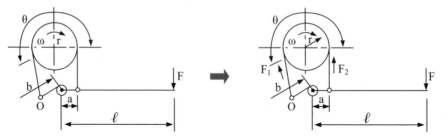

3. 圓盤制動器：即俗稱之碟煞。煞車時，油壓推動活塞，使煞車襯夾住剎車圓盤而產生制動作用，如圖所示：【106中油】

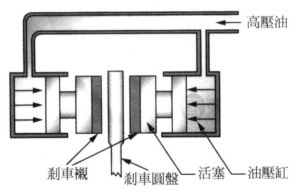

剎車襯　剎車圓盤　活塞　油壓缸

圖13-1　碟式制動器原理

4. 內靴式機械制動器：用於機車

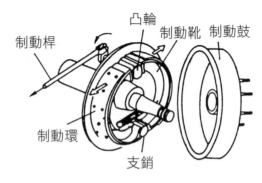

制動桿　凸輪　制動靴　制動鼓

制動環　支銷

5. 內靴式油壓制動器：用於汽車

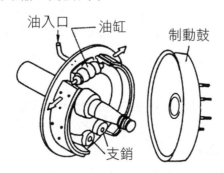

油入口　油缸　制動鼓　支銷

6. 圓盤制動器：

依據文獻記載可分為**均勻磨耗理論及壓力均佈理論**。

(1)均勻磨耗理論

所受的力矩：$T = \dfrac{1}{2}\mu\,(r_o + r_i)_{av}F = \mu r_{av}F$，其中F為所受正向力。

(2)壓力均佈理論

所受的力：$N = \pi P(r_o^2 - r_i^2)$

所受的力矩：$T = \mu P \int r dA = 2\pi\mu P \int_{r_i}^{r_o} r^2 dr = \dfrac{2}{3}\pi\mu P(r_o^3 - r_i^3)$

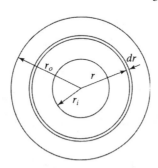

精選試題

( )　1. 制動器其作用為_____，而達到調節運動機件之速度成停止其運動　(A)吸收動能或位能變為熱能　(B)吸收熱能變為位能　(C)吸收熱能變為動能　(D)吸收熱能變為動能或位能。

( )　2. 差動式帶狀制動器有自鎖之作用，其自鎖方向為_____個方向。
(A)4　(B)5　(C)3　(D)1。

( )　3. 有一帶狀制動器之鬆邊張力40公斤，緊邊張力100公斤，若其摩擦轉速為 V = 2 m/sec ，則最大制動功率為_____馬力。
(A)4.8　(B)2.4　(C)3.2　(D)1.6。

( )　4. 有一圓盤制動器，平均直徑為40cm，轉軸之扭矩為1000Kg-cm，若圓盤之摩擦係數為0.2，則最小之制動力為_____公斤。
(A)200　(B)250　(C)300　(D)150。

( )　5. 制動器接觸面上的材料必須　(A)耐磨耗、耐高溫　(B)摩擦係數大　(C)無臭味發生　(D)以上皆是。

( )　6. 凸輪制動器（Cam Brake）乃利用凸輪及圓統控制起動機升降速度，直接緊壓圓筒的機件是　(A)樞軸　(B)旋轉臂　(C)凸輪　(D)摩擦履塊。

( )　7. 常見之小型汽車的制動器是　(A)空壓式制動器　(B)電磁式制動器　(C)帶狀式制動器　(D)內靴式制動器。

( )　8. 制動器乃是將動能轉換為熱能，因此制動器的_____是主要之考慮要項　(A)潤滑作用　(B)散熱作用　(C)冷卻作用　(D)摩擦作用。

( )　9. 剎車鼓之轉速與制動器之制動功率　(A)平方成反比　(B)成反比　(C)不相關　(D)成正比。

( )　10. 電磁式制動器之優點是　(A)節省費用　(B)調速變換容易　(C)制動裝置簡單　(D)耐摩擦。

( )　11. 帶狀制動器之剎車力與扭矩　(A)成反比　(B)平方成反比　(C)平方成正比　(D)成正比。

( )　12. 帶狀制動器之鬆邊張力為 F_1，緊邊張力為 F_2，則剎車力F 為
(A)$F_2 \times F_1$　(B)$F_2 - F_1$　(C)$F_1 + F_2$　(D)$F_2 \div F_1$。

( )　13. 制動器上之襯料應　(A)具高摩擦係數　(B)耐高溫　(C)具耐磨性　(D)以上皆是。

( )　14. 一般俗稱煞車的裝置是指　(A)制動器　(B)聯結器　(C)連桿機構　(D)離合器。

( )　15. 自行車所使用的制動器多為　(A)帶狀制動器　(B)塊狀制動器　(C)內靴式油壓制動器　(D)圓盤制動器。

( )　16. 電磁式制動器係利用　(A)摩擦力　(B)黏滯力　(C)阻尼力　(D)重力　使機件之運動減慢或停止。

( )　17. 如右圖所示單塊狀制動器,若扭矩為T,摩擦力為F,輪鼓半徑為R,摩擦係數為f,正壓力為N,則

(A)$T = fNR$　　(B)$N = TfR$

(C)$T = \dfrac{fN}{R}$　　(D)$N = \dfrac{Tf}{R}$。

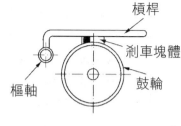

( )　18. 如右圖所示一單塊狀制動器,鼓輪軸之扭矩為240N-cm,鼓輪半徑12cm,若摩擦係數為0.2,則作用力P為

(A)66.7　　(B)86.6

(C)100　　(D)120　N。

( )　19. 如右圖之單塊狀制動器若轉軸之扭矩T=1500N-cm,輪鼓直徑30cm,摩擦係數μ=0.25,若輪鼓作順時針旋轉,則制動作用力P為若干N?

(A)104N　　(B)94N

(C)86N　　(D)76N。

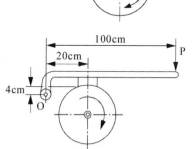

( )　20. 如右圖所示之制動器,其摩擦係數μ=0.6,鼓之半徑r=100mm,桿長a=150mm,b=150mm,若煞車扭力T=12000N-mm,則欲阻止其旋轉之操作力P需大於

(A)100　　(B)200

(C)300　　(D)400　N。

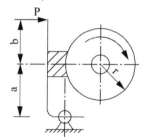

( )　21. 一制動器之摩擦表面積為$150cm^2$，摩擦係數為0.2，接觸面的壓
力為$100N/cm^2$，若制動速度為$5m/sec$時，則公制制動馬力數為
(A)5　(B)10　(C)15　(D)20。

( )　22. 制動器以何種原理來調節機件運動速度？　(A)吸收動能或位能
轉變為熱能　(B)吸收熱能轉變為位能　(C)吸收熱能轉變為動能
(D)吸收電能轉變為動能。

( )　23. 制動器為將動能變為熱能之裝置，故其首要考慮因素為　(A)動力
傳遞　(B)潤滑作用　(C)耐磨作用　(D)散熱作用。

( )　24. 差動式制動器，如右圖所示，若煞車
時，輪子有可能發生自鎖現象為
(A)逆時針旋轉時
(B)順時針旋轉時
(C)不論順時針或逆時針旋轉
(D)不論順時或逆時均不發生自鎖。

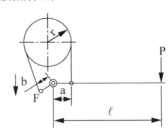

( )　25. 如右圖所示之帶狀制動器，鼓輪直徑為
$20cm$，若平衡扭矩需$500N\text{-}cm$，且$\dfrac{F_1}{F_2}$
$=2$，則停止轉動需施力P為
(A)6　(B)10
(C)20　(D)25　N。

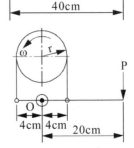

( )　26. 如右圖所示，鼓輪直徑為$8cm$，平衡扭矩為
$400N\text{-}cm$，當$F_1 = \dfrac{7}{3}F_2$時，則停止轉動，試求
制動力P為
(A)10　(B)15　(C)20　(D)25　N。

( )　27. 如右圖所示之制動器，制動鼓之直徑為
$24cm$，$L=100cm$，$a=30cm$，$\theta=252°$，
摩擦係數$\mu=0.25$，$F_1=180N$，則制動力
P為若干N？（令 $e^{\frac{0.25 \times 252 \times \pi}{180}}=3$）
(A)18N　(B)20N　(C)24N　(D)30N。

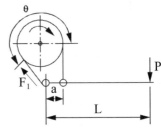

( ) 28. 如右圖所示之差動式制動器,若要有
「自勵」現象,則鼓輪應
(A)順時針轉
(B)逆時針轉
(C)二者都會
(D)二者都不會。

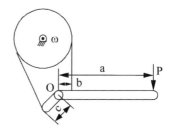

( ) 29. 電磁式制動器的優點是 (A)制動裝置簡單 (B)可用電流控制,節
省費用 (C)調速變換容易 (D)以上皆是。

( ) 30. 帶狀制動器中煞車帶的緊邊張力若等於鬆邊張力,即發生 (A)平
衡 (B)自鎖 (C)失調 (D)差動 現象,此種情況甚為危險。

( ) 31. 帶狀制動器之扭矩與煞車力成 (A)正比 (B)反比 (C)平方正比
(D)平方反比。

( ) 32. 帶狀制動器之高張力為F_1,低張力為F_2,鼓輪半徑為r,則制動扭力
矩為 (A)$(F_1+F_2)r$ (B)$(F_1-F_2)r$ (C)F_1F_2r (D)F_1r。

( ) 33. 帶狀制動器緊邊張力為T_1,鬆邊張力為T_2,則煞車力T等於 (A)
T_1+T_2 (B)$T_1 \times T_2$ (C)$\dfrac{T_1}{T_2}$ (D)T_1-T_2。

( ) 34. 有一平皮帶輪,接觸角為θ(以弧度表示),摩擦係數為μ,緊邊拉
力為T_1,鬆邊拉力為T_2,則 (A)$\dfrac{T_2}{T_1}=e^{\mu\theta}$ (B)$\dfrac{T_1}{T_2}=e^{\mu\theta}$ (C)
$T_1 \cdot T_2=e^{\mu\theta}$ (D)$T_1-T_2=e^{\mu\theta}$。

( ) 35. 一般稱為碟煞的裝置是指 (A)帶狀制動器 (B)圓盤制動器 (C)離
合器 (D)塊狀制動器。

( ) 36. 一圓盤離合器,設μ是接觸面之摩擦係數,F_a是軸向推力,D_m是接
觸面盤之平均直徑,則其可以傳動的扭矩是 (A)$\dfrac{1}{2}\mu F_a D_m$ (B)
$\mu F_a D_m$ (C)$2\mu F_a D_m$ (D)$3\mu F_a D_m$。

( ) 37. 有一單圓盤離合器,已知摩擦係數0.3,圓盤外徑為60mm,內徑為
20mm,考慮均勻磨耗,傳動扭矩為60N-cm,試求所需軸向推力為
多少kg? (A)100N (B)100kg (C)200N (D)200kg。

( ) 38. 有一圓盤離合器，若其摩擦係數為0.4，圓盤外徑80mm，內徑40mm，假設均勻磨耗，欲傳動扭矩720N-mm，則所需之軸向推力為多少N？ (A)40 (B)60 (C)80 (D)100。

( ) 39. 汽車上目前使用最多，且煞車時具備自動煞緊作用的制動器為 (A)塊狀 (B)帶狀 (C)內靴式 (D)流體式。

( ) 40. 一般車輛所採用的鼓式煞車指的是 (A)內靴制動器 (B)塊（狀）制動器 (C)帶（式）制動器 (D)圓盤制動器。

( ) 41. 汽車制動器之材料通常以 (A)塑膠 (B)石綿 (C)黃銅 (D)鑄鐵為主。

( ) 42. 下列何種制動器，只能使運動機件速度減緩，而無法將其完全停止？ (A)塊狀制動器 (B)帶狀制動器 (C)內靴式制動器 (D)流體式制動器。

( ) 43. 常用於油田或礦場等地方，運送重物或鑽井時所用之制動器為 (A)塊狀制動器 (B)帶狀制動器 (C)內靴式制動器 (D)流體制動器。

( ) 44. 電梯伺服馬達的控制常使用 (A)濕式電磁制動器 (B)乾式電磁制動器 (C)磁滯式電磁制動器 (D)磁粉式電磁制動器。

( ) 45. 吊車、起重機及升降機常用 (A)圓盤式制動器 (B)流體式制動器 (C)機械摩擦式制動器 (D)電磁式制動器。

( ) 46. 下列關於四連桿機構之敘述，何者正確？ (A)四連桿機構之自由度為2 (B)四連桿機構總共有4個瞬時中心 (C)四連桿機構中可繞固定軸作360度旋轉之桿件稱為曲柄 (D)牽桿機構即為四連桿機構中之曲柄搖桿。

解答與解析

1. **A**　　2. **D**

3. **D**　$P = FV = (100-40) \times 9.8 \times 2 = 1176$

$$PS = \frac{P}{736} = \frac{1176}{736} \doteqdot 1.6$$

4. **B**　　5. **D**　　6. **D**　　7. **D**　　8. **B**　　9. **D**　　10. **B**

11. **D**　　12. **B**　　13. **D**

14. **A**　煞車係指制動器。

15. **B**　自行車所使用的制動器多為塊狀制動器。

16. **C**　電磁式制動器係利用阻尼力使機件之運動減慢或停止。

17. **A**

18. **A**　$T = f \cdot r \Rightarrow 240 = f \cdot 12 \Rightarrow f = 20$
　　$f = \mu \cdot N \Rightarrow 20 = 0.2 \cdot N \Rightarrow N = 100$
　　$\Sigma M = 0 \Rightarrow 100 \cdot 20 - P \times 30 = 0 \Rightarrow P = 66.7 \text{ (N)}$

19. **D**　$T = f \cdot r \Rightarrow 1500 = f \cdot 15 \quad f = 100 \text{ (N)}$
　　$100 = 0.25 \cdot N \Rightarrow N = 400 \text{(N)}$
　　$\Sigma M_o = 0 \Rightarrow -100 \cdot 4 + 400 \times 20 - P \times 100 = 0 \qquad P = 76 \text{ (N)}$

20. **A**　$\because T = f \cdot r \qquad 12000 = f \times 100 \qquad \therefore f = 120 \text{(N)}$
　　$f = \mu \cdot N \qquad 120 = 0.6 \cdot N \qquad N = 200 \text{ (N)}$
　　$200 \times 150 - P \times 300 = 0 \qquad P = 100 \text{ (N)}$

21. **D**　$P = \dfrac{N}{A} \Rightarrow 100 = \dfrac{N}{150} \Rightarrow N = 15000 \text{ (N)}$
　　$f = \mu \cdot N = 0.2 \times 15000 = 3000 \text{ (N)}$
　　$P = f \times V = 3000 \times 5 = 15000 \text{(j/sec)} = 20 \text{ (HP)}$

22. **A**　制動器吸收動能或位能轉變為熱能。

23. **D**　制動器為將動能變為熱能之裝置，故其首要考慮因素為散熱作用。

24. **B**　順時針旋轉時易發生自鎖現象。

25. **D**　$T = (F_1 - F_2) \cdot r \Rightarrow 500 = (2F_2 - F_2) \cdot 10$
　　$F_2 = 50 \text{，} F_1 = 100$
　　$\Sigma M = 0 \Rightarrow 100 \times 10 - P \times 40 = 0 \Rightarrow P = 25 \text{ (N)}$

26. **C**　$T = (F_1 - F_2) \cdot r \Rightarrow 400 = (\dfrac{7}{3}F_2 - F_2) \cdot 4$
　　$F_2 = 75 \text{ (N)，} F_1 = 175 \text{ (N)}$
　　$\Sigma M_o = 0 \Rightarrow -75 \times 4 + 175 \times 4 - P \times 20 = 0 \Rightarrow P = 20 \text{ (N)}$

27. **A**　$\dfrac{F_1}{F_2} = e^{\mu\theta} \Rightarrow \dfrac{180}{F_2} = 3$
　　$\therefore F_2 = 60$
　　$F_2 \times a = P \times L \Rightarrow 60 \times 30 = P \times 100$
　　$\therefore P = 18N$

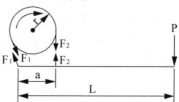

28. **A** 當鼓輪順時針轉的時候，$F_1 \cdot c$和$P \cdot a$均為順時針，因此才會產生「自勵」現象。

29. **C** 電磁式制動器的優點是調速變換容易。

30. **B** 帶狀制動器中煞車帶的緊邊張力若等於鬆邊張力，即發生自鎖。

31. **A** $T = (T_1 - T_2) \times r$，故扭矩與煞車力成正比。

32. **B** 制動扭力矩為$(F_1 - F_2)r$。

33. **D** 煞車力T等於 $T_1 - T_2$。

34. **B** $\dfrac{T_1}{T_2} = e^{\mu\theta}$

35. **B** 一般稱為碟煞的裝置是指圓盤制動器。

36. **A** $T = f \times r = \mu F_a \times \dfrac{D_m}{2} = \dfrac{1}{2}\mu F_a D_m$

37. **A** $r = \dfrac{D_o + D_i}{4} = \dfrac{60 + 20}{4} = 20 \text{ (mm)} = 2 \text{ (cm)}$

　　　　$T = f \cdot r \Rightarrow 60 = f \times 2 \Rightarrow f = 30 \text{ (N)}$

　　　　$f = \mu \cdot N \Rightarrow 30 = 0.3N \Rightarrow N = 100 \text{ (N)}$

38. **B** $r = \dfrac{1}{2} \times (\dfrac{80 + 40}{2}) = 30 \text{(mm)} \Rightarrow T = f \cdot r$

　　　　$720 = f \times 30 \Rightarrow f = 24$，$f = \mu \cdot N \Rightarrow 24 = 0.4 \cdot N$

　　　　$N = 60 \text{(N)}$

39. **C** 目前汽車上使用最多的制動器為油壓內靴式制動器。

40. **A** 一般車輛之鼓式煞車即為內靴制動器；碟式煞車即為圓盤制動器。

41. **B** 汽車制動器之材料通常以石綿為主。

42. **D** 流體式運動器只能將運動的機件減慢速度，如欲完全煞住，需再藉助機械裝置。

43. **D** 常用於油田或礦場等地方，運送重物或鑽井時所用之制動器為流體制動器。

44. **D** 電梯伺服馬達的控制常使用磁粉式電磁制動器。

45. **D** 吊車、起重機及升降機常用電磁式制動器。

46. **C** 四連桿機構中可繞固定軸作360度旋轉之桿件稱為曲柄。

第十四章　凸輪

依據出題頻率區分，屬：**A** 頻率高

課前叮嚀

本章重點在於凸輪各部位之術語，包含基圓、工作曲線、理論曲線、壓力角及總升距，凸輪之種類與應用，及凸輪之運動曲線，包含位移圖、速度圖及加速度圖等，理解後應不難拿分。

14-1 凸輪各部及作用力

一、凸輪各部名稱

1. **基圓**：以凸輪軸中心至從動件尖端或滾子中心之最短距離為半徑所畫之圓，稱為基圓，常做為凸輪設計之基礎。
2. **工作曲線**：凸輪與從動件接觸之外緣曲線稱之。
3. **理論曲線**：從動件滾子中心或尖端，與凸輪配合轉動所經過之曲線稱為理論曲線，又稱節曲線。
4. **升角**：使從動件上升之凸輪周緣所對應的軸中心角。
5. **降角**：使從動件下降之凸輪周緣所對應的軸中心角。
6. **作用角**：使從動件產生運動之凸輪周緣所對應應之軸中心角稱為作用角，即升角與降角之和。
7. **壓力角**：凸輪與從動接觸點之法線與從動件運動方向所夾之角。
8. **傾斜角**：凸輪周緣切線與運動方向傾斜程度之角，傾斜角愈大則壓力角愈小。
9. **靜止角**：使從動件靜止之凸輪周緣所對應之軸中心角，相當於2減去作用角。
10. **總升距**：從動件上升之最高位置與下降之最低位置的差距。

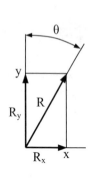
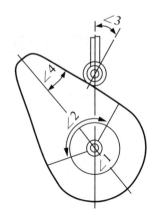

凸輪之壓力角與作用力

二、凸輪作用力

凸輪作用於從動件之作用力R是沿著垂直於切線且通過接觸點之法線，其與從動件運動方向所夾的角就是壓力角。將作用力R分成兩個互相垂直分量得：沿從動件運動方向之分量是$R\cos\theta$，就是推動從動件上升之有效力；另一垂直分量是$R\sin\theta$，就是所謂的側壓力，此力將形成摩擦阻力。凸輪作用力常受到壓力角、凸輪周緣傾斜角及基圓大小等三個因素的影響：

1. **壓力角的影響：**當壓力角愈大時有效作用力將變小，而側壓力與從動件摩擦阻力則隨之變大；當壓力角變小時剛好相反。
2. **傾斜角的影響：**傾斜角愈大時，壓力角將變小，而側壓力亦隨著變小，其傳動速度變慢；當傾斜角變小時，情形剛好相反。
3. **基圓大小之影響：**基圓愈大時，傾斜角變大，所以壓力角變小，而側壓力隨著變小；當基圓愈小時，情形剛好相反。【105中油】
   基圓愈大愈不易摩損，但是愈不經濟。

14-2　凸輪種類及運動曲線

一、凸輪種類

1. **確動凸輪：**不須藉助外力即可使從動件始終與凸輪保持接觸者稱之確動凸輪，凸輪與從動件間有兩點或兩點以上接觸。【106中油】

	說明	說明圖示
等徑凸輪	從動件上具有兩個滾子，分別位於凸輪的上下，而與凸輪周緣同時接觸，並且對於任意通過凸輪中心而與凸輪緣相交之兩點間的距離恆為一定。	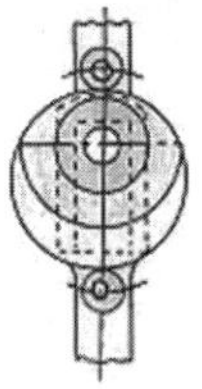
等寬凸輪	從動件在中間部制成一方形外框，而框內上下兩平行線間距離為b，凸輪則裝在框內，且凸輪周緣任意兩平行切線間之距離亦等於b。	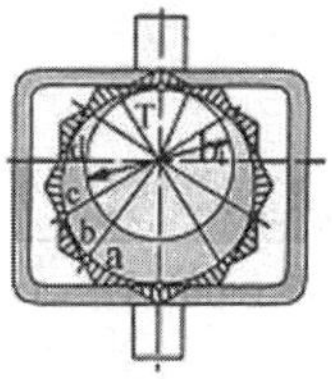
主凸輪與回凸輪	由兩組凸輪所組成，一組是促使從動件上升之主凸輪，另一組則是使從動件下降之回凸輪。	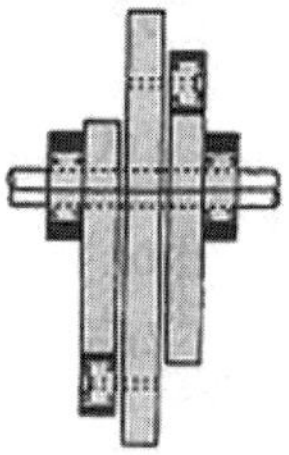
三角凸輪	利用兩個不同半徑之圓弧曲線組成一類似三角形且具有六段弧形之凸輪。	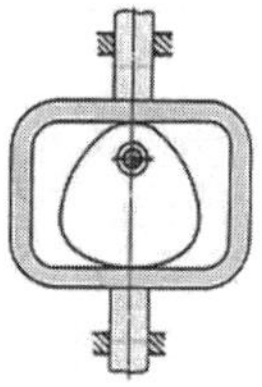
反凸輪	利用迴轉桿之轉動帶動具有凹槽之凸輪，然後再由凸輪驅動從動件作上下往復運動。	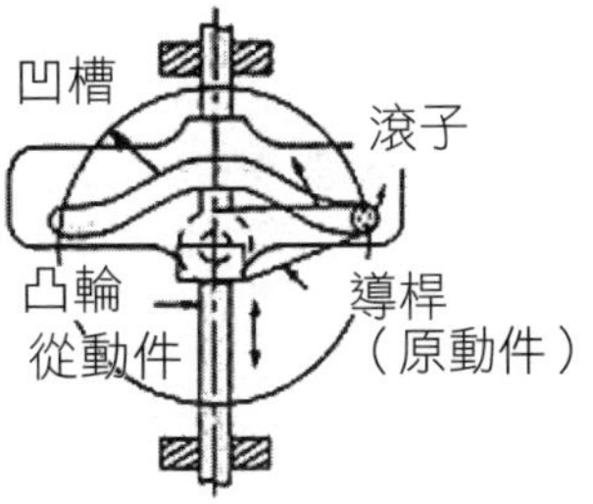

2. **立體凸輪：**

	說明	說明圖示
圓柱凸輪	凸輪軸與從動件中心軸線互相平行者。	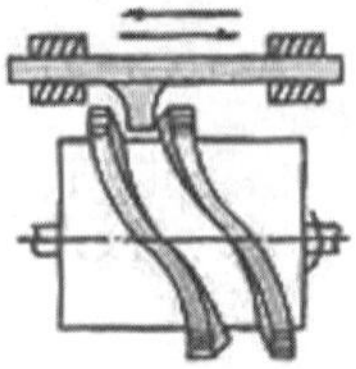
圓錐凸輪	凸輪軸與從動件中心軸線成斜角者。	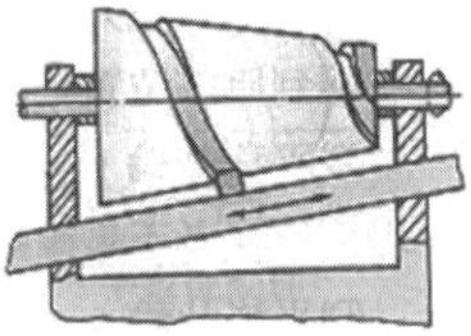
端面凸輪	以一端具有特殊軌道之圓柱做為凸輪,當凸輪轉動時,能促使作往復的運動。	
球形凸輪	以具有溝槽之球體做凸輪,當凸輪轉動時,從動件開始作搖擺旋轉或往復的運動。	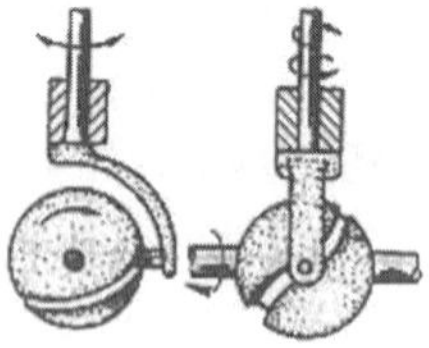
斜板凸輪	將一圓盤傾斜地安裝在軸上而形成一斜板凸輪,當凸輪轉動時,能使從動件做簡諧運動。	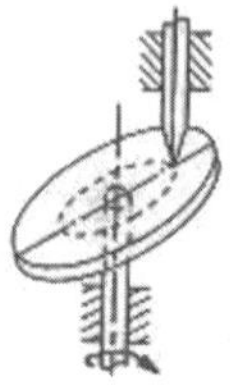

觀念速記

平面凸輪(板凸輪)主要分為普通凸輪及確動凸輪;立體凸輪主要分為圓柱凸輪、圓錐凸輪、端面凸輪、球形凸輪及斜板凸輪等。

二、凸輪之運動曲線

1. 等速運動

(a) 位移圖

(b) 速度圖

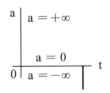

(c) 加速度圖

2. 等加速運動

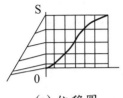

(a) 位移圖

(b) 速度圖

(c) 加速度圖

3. 簡諧運動

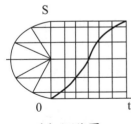

(a) 位移圖

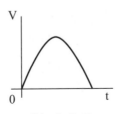

(b) 速度圖

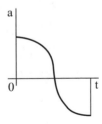

(c) 加速度圖

精選試題

( )　1. 對相同之升角與升程而言，凸輪基圓大小對從動件運動之影響為：
(A)基圓愈小，傾斜角愈小　(B)基圓愈大，傾斜角愈小　(C)基圓愈大，壓力角愈小　(D)基圓愈小，壓力角愈小。

( )　2. 凸輪周緣與最大半徑所成之夾角稱為周緣傾斜角，就凸輪施於從動件之側壓力而言，周緣傾斜角　(A)須為直角　(B)宜小　(C)宜大　(D)須等於零。

( )　3. 保持凸輪之總升距及升角不變，若增大其最小半徑，則可　(A)減輕側面壓力　(B)增加側面壓力　(C)增加接觸面的磨損　(D)減少周緣傾斜角。

( )　4. 內燃機的氣閥啟閉必須迅速，故設計凸輪時，就傳動率而言，周緣傾斜角　(A)宜大　(B)等於零　(C)大小無關　(D)宜小。

( )　5. 心臟形之凸輪是　(A)簡諧凸輪　(B)修正等速凸輪　(C)等加速凸輪　(D)等速凸輪。

( )　6. 凸輪加速度與時間關係圖，從動件作　(A)搖擺運動　(B)等速運動　(C)簡諧運動　(D)修正等速運動。

( )　7. 斜盤凸輪其尖端從動件的運動為　(A)平直運動　(B)簡諧運動　(C)等速運動　(D)間歇運動。

( )　8. 一般汽車引擎上控制氣閥起閉的凸輪是屬於　(A)圓柱形凸輪　(B)圓錐形凸輪　(C)滾子形凸輪　(D)平板形凸輪。

( )　9. 何種凸輪之從動件位移與凸輪軸平行　(A)平移凸輪　(B)平板凸輪　(C)雙曲線凸輪　(D)圓柱凸輪。

( )　10. 凸輪從動件的位移線圖若為正弦函數，則其為　(A)簡諧運動　(B)等減速運動　(C)等加速運動　(D)運動情況不確定。

( )　11. 平移凸輪可使從動件上下運動，而其本身為　(A)搖擺運動　(B)間歇旋轉運動　(C)左右往復移動　(D)連續旋轉運動。

( )　12. 將凸輪從動件偏置，即凸輪旋轉中心與從動件運動方向線間之偏移距離不等於零，其目的為　(A)增加從動件之傳動速度　(B)減少壓力角　(C)增加作用角　(D)增加同緣傾斜角。

( )　13. 在凸輪機構中　(A)原動件通常不為凸輪　(B)凸輪為等速迴轉　(C)從動件必為等速運動　(D)凸輪作變速運動。

( )　14. 一凸輪若自開始至結束，皆以同樣的簡諧運動進行，則此凸輪必　(A)不可能　(B)成對稱　(C)不成對稱　(D)成圓形。

( )　15. 凸輪之基圓愈大則　(A)摩擦愈小　(B)不會有何差異　(C)傳動效率較差　(D)摩擦愈大。

( )　16. 圓柱形凸輪係製成於圓柱體上，往復從動件之運動方向與凸輪軸線　(A)相平行　(B)相直交　(C)成一角度　(D)重疊在一起。

( )　17. 若凸輪之位移曲線圖為一正弦函數，則從動件作　(A)等速運動　(B)簡諧運動　(C)等加速運動　(D)修正之等速運動。

( )　18. 等加速度運動的凸輪是　(A)凸輪作等加速度的旋轉　(B)凸輪之輪緣上各點的線速度與時間的平方成比例　(C)凸輪使從動件作變速度旋轉　(D)凸輪使從動件作加速度移動。

( )　19. 等寬凸輪（Constant Breadth Cam）的工作曲線上　(A)各對平行切線間的距離皆相等　(B)只有六對平行切線間的距離相等　(C)只有八對平行切線間的距離相等　(D)只有十對平行切線間的距離相等。

( )　20. 凸輪從動作之位移線圖為正弦函數，則從動件為　(A)修正等速運動　(B)等減速運動　(C)等加速運動　(D)簡諧運動。

( )　21. 凸輪從動件的位移曲線　(A)為水平時，從動件靜止不動.　(B)為水平時，從動件作等速運動　(C)為斜直線時，從動件靜止不動　(D)為斜直線時，從動件作簡諧運動。

( )　22. 以滾子從動件之滾子中心，繞凸輪周緣旋轉所得之軌跡，稱為　(A)工作曲線　(B)理論曲線　(C)漸開線　(D)擺線。

( )　23. 凸輪從動件上升與下降的最大差距，稱為　(A)總升距　(B)作用距　(C)移動距　(D)總降距。

( )　24. 如果知道某凸輪的最小半徑為 L_1，最大半徑為 L_2，則可以知道　(A)凸輪的機械利益等於 $\dfrac{L_2}{L_1}$　(B)從動件的運動振幅是 $L_2 - L_1$　(C)凸輪的壓力角 $\tan\phi = \dfrac{L_1}{L_2}$　(D)凸輪的機械效率等於 $\dfrac{L_2}{L_1}$。

( )　25. 一偏心凸輪之偏心距為10cm，則從動件之行程為　(A)20　(B)10　(C)5　(D)40　cm。

( )　26. 設計凸輪時要以　(A)根圓　(B)節圓　(C)頂圓　(D)基圓　為基礎。

( )　27. 以距離凸輪中心之最短距離為半徑，所畫得的圓曲線稱為
(A)節圓　(B)理論曲線　(C)基圓　(D)外圓曲線。

( )　28. 反凸輪之從動件為凸輪，其運動為　(A)旋轉　(B)往復運動　(C)搖擺運動　(D)皆有可能。

( )　29. 斜盤凸輪從動件在凸輪斜盤上的相對動路為　(A)圓周　(B)橢圓　(C)拋物線　(D)雙曲線。

( )　30. 等寬凸輪其從動件之運動方向與凸輪的轉軸　(A)平行　(B)相交　(C)重合　(D)垂直。

( )　31. 雙凸輪機構是由　(A)定徑凸輪　(B)主凸輪與回凸輪　(C)定寬凸輪　(D)三角形凸輪　所構成。

( )　32. 球形凸輪，可使其從動件作何種運動？　(A)搖擺運動　(B)往復直線運動　(C)簡諧運動　(D)平移運動。

( )　33. 如右圖所示為凸輪之位移線圖，cd段從動件作
(A)等加速運動　(B)變形等速運動　(C)等速運動　(D)簡諧運動。
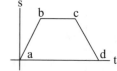

( )　34. 如右圖所示為凸輪之位移線圖，則該凸輪從動件之運動為　(A)等速上升→靜止→等速下降　(B)等減速上升→靜止→等加速下降　(C)靜止→等速上升→等速下降　(D)等速下降→靜止→等速上升。
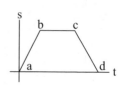

( )　35. 若從動件之速度隨時間之變化情形如右圖所示，則此從動件作　(A)簡諧運動　(B)等速度運動　(C)等加速度運動　(D)變加速度運動。

( )　36. 如右圖所示為凸輪之位移線圖，bc段從動件作
(A)靜止不動　(B)等加速運動
(C)等速運動　(D)簡諧運動。
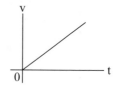

( ) 37. 一質點作等速圓周運動時,其在該圓直徑上的投影所產生的運動為
      (A)間歇運動　(B)簡諧運動
      (C)迴轉運動　(D)搖擺運動。

( ) 38. 位移與時間之關係如右圖所示,則其為
      (A)等速運動　(B)等加速運動
      (C)簡諧運動　(D)等減速運動。

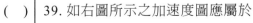

( ) 39. 如右圖所示之加速度圖應屬於
      (A)等速運動
      (B)加速運動
      (C)簡諧運動
      (D)反覆運動。

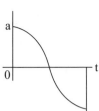

( ) 40. 若凸輪從動件之位移為S,時間為t,則$S=25t^2$代表　(A)等加速度
      運動　(B)等速度運動　(C)簡諧運動　(D)擺線運動。

( ) 41. 若凸輪從動件之位移為S,時間為t,則$S=25t$代表　(A)等加速度運
      動　(B)等速度運動　(C)簡諧運動　(D)擺線運動。

( ) 42. 若凸輪從動件之位移為S,時間為t,則$S=2t^2+3t$代表　(A)等加速
      度運動　(B)等速度運動　(C)簡諧運動　(D)擺線運動。

( ) 43. 假設位置S(公尺)與時間t(秒)之關係式為$S=t+1$,則下列敘述何
      者有誤?　(A)第零秒時,位置在1公尺　(B)第1秒時,位置在2公尺
      (C)第零秒之速度為1公尺／秒　(D)第1秒之速度為2公尺／秒。

解答與解析

    1. **C**　　　2. **C**　　　3. **A**　　　4. **D**　　　5. **D**　　　6. **D**　　　7. **B**　　　8. **D**

    9. **D**　　10. **A**　　11. **C**　　12. **B**　　13. **B**　　14. **B**　　15. **A**　　16. **A**

  17. **B**　　18. **D**　　19. **A**　　20. **D**　　21. **A**

22. **B**　以滾子從動件之滾子中心,繞凸輪周緣旋轉所得之軌跡,稱為理論
　　　　曲線。

23. **A**　凸輪從動件上升與下降的最大差距,稱為總升距。

24. **B**　凸輪從動件的總升程為最大半徑與最小半徑之差。

25. **A**

26. **D**　設計凸輪時要以基圓為基礎。

27. **C**　以距離凸輪中心之最短距離為半徑，所畫得的圓曲線稱為基圓。

28. **B**　反凸輪之從動件為凸輪，其運動為往復運動。

29. **B**　斜盤凸輪從動件的動路為橢圓。

30. **A**　等寬凸輪其從動件之運動方向與凸輪的轉軸平行。

31. **B**　雙凸輪機構是由主凸輪與回凸輪所構成。

32. **A**　球形凸輪，可使其從動件作搖擺運動。

33. **C**　cd段從動件作等速運動。

34. **A**　ab為等速上升，bc為靜止不動，cd為等速下降。

35. **C**　從動件作等加速度運動。

36. **A**　bc段為水平線，故從動件為靜止不動。

37. **B**　一質點作等速圓周運動時，其在該圓直徑上的投影所產生的運動為簡諧運動。

38. **A**　其為等速運動。

39. **C**　由圖可知，此加速度為變加速度，故為簡諧運動。

40. **A**　$\because V = S' = 50t$　　$a = V' = 50$　　$\therefore$該凸輪作等加速度運動。

41. **B**　$v = 25$　　故為等速度運動。

42. **A**　$v = s' = 4t$　　$a = v' = 4$，故為等加速度運動。

43. **D**　$\because S = t + 1$　　$\therefore$該運動為等速度運動　　且$V = S' = 1(m/sec)$。

第十五章　連桿與滑車

依據出題頻率區分，屬：**A** 頻率高

課前叮嚀

連桿為最常見之機構，可分為曲柄搖桿機構、雙搖桿機構、雙曲柄機構，其形成條件及應用實例高普考計算題很常考，各種滑車之機械利益也很常出題。

15-1　四連桿機構

在平面機構的範疇，最簡單的低配對機構是四連桿。 四連桿包含四個桿件及四個接合配對，如圖15-1。如前所言，機構中應有固定桿，此桿通常與地相連，或代表地的狀態。在固定桿之相對桿稱為聯結桿（coupler link）或浮桿；與其兩端相連的則稱為側連桿（side links）。一個相對於第二桿可以自由迴轉360度之連桿，稱為對第二桿（不一定固定桿）旋轉（revolve）。而若所有四連桿能變成連線時，此稱為變異點（change point）。

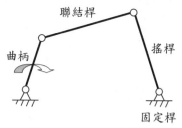

圖15-1　四連桿機構

1. **曲柄（Crank）**：相對於固定軸作旋轉之側桿稱為曲柄。
2. **搖桿（Rocker）**：相對於固定軸作搖擺運動之側桿稱為搖桿。
3. **曲柄搖桿機構（Crank-rocker mechanism）**：在四連桿系統中，若較短的側桿旋轉，另一側桿擺動時，此稱為曲柄搖桿機構。

幾何形成充分條件：

(1)最短桿b為曲柄。

(2)最短桿與任一桿件長度和小於其它兩桿長度和。

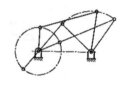

　　$b+a<c+d$，$b+c<a+d$，$b+d<a+c$

(3)應用實例：腳踏車、縫紉機、攪拌機

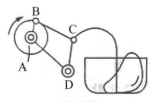

　　　腳踏車　　　　　　　　縫紉機　　　　　　　　攪拌機

4. 雙搖桿機構（Double-rocker mechanism）：在四連桿系統中，若兩側
　　連桿均為擺動狀況時，此稱為雙搖桿機構。

幾何形成充分條件：

(1)最短桿c之對邊為固定桿。

(2)固定桿與任一側連桿件長度和大於其它兩桿長度和。

　　$a+b>c+d$，$a+d>b+c$

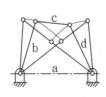
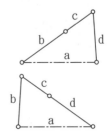

(3)應用實例：電扇擺頭、摺布機

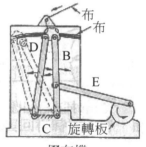

　　　　電扇擺頭　　　　　　　　　　　摺布機

5. **雙曲柄機構（Double-crank mechanism）**：在四連桿系統中，若兩側連桿均作迴轉時，稱為雙曲柄機構。

幾何形成充分條件：

(1)最短桿a為固定桿。

(2)最短桿與任一桿件長度和小於其它兩桿長度和。

a+b<c+d，a+c<b+d，a+d<b+c

(3)應用實例：火車機車頭、汽車轉向機構、繪圖儀、天平機

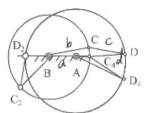

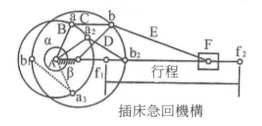

插床急回機構

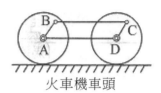

火車機車頭

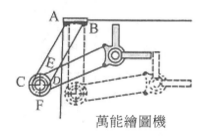

萬能繪圖機

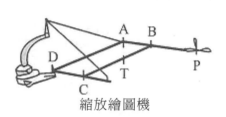

縮放繪圖機

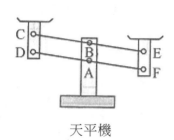

天平機

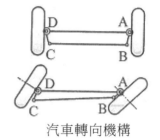

汽車轉向機構

15-2 起重滑車

一、機械利益與機械效益

	定義	公式
機械利益	一機械中，從動件所獲得之力與施於主動件之力的比值。	$M = \dfrac{W}{F}$ $M > 1$　省力費時 $M < 1$　費力省時
機械效益	一機械中，從動件所作之功與主動件所接受之能量的比值。	$\eta = \dfrac{W_{out}}{W_{in}} \times 100\%$

二、滑車之機械利益

	機械利益	圖示		機械利益	圖示
定滑車	$M = 1$	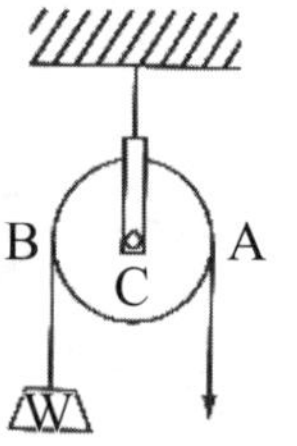	西班牙滑車	$M = 3$	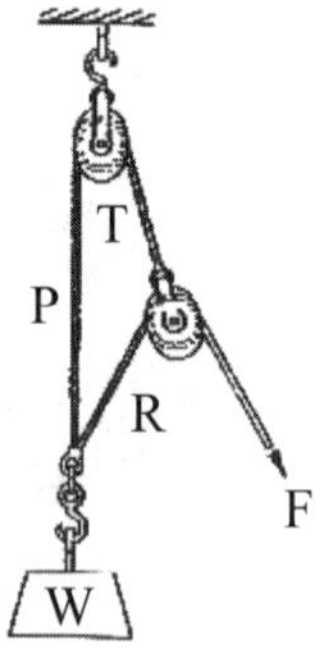
動滑車	$M = 2$	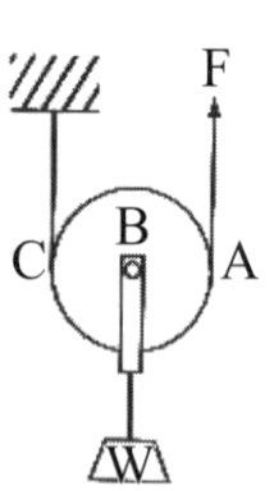	帆滑車	$M = 3 \times 4 = 12$	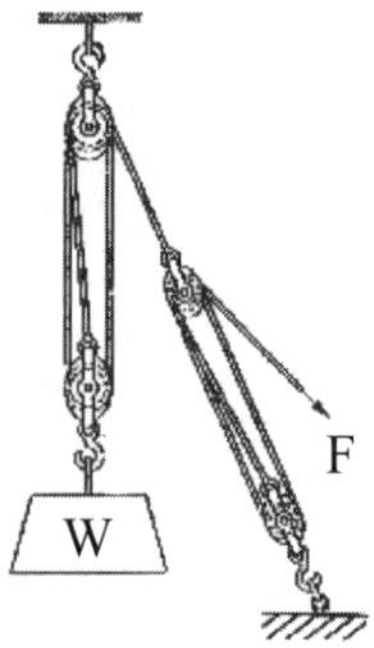

觀念速記

惠斯登差動滑車機械利益$M = \dfrac{2D}{D-d}$。

中國式絞盤機械利益$M = \dfrac{4R}{D-d}$。

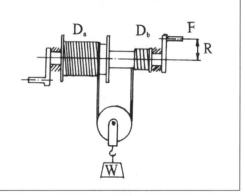

精選試題

壹、選擇題

( )　1. 若四連桿機構如下左圖所示，以3in為固定桿，組成之連桿組為
(A)雙曲柄機構　(B)雙搖桿機構　(C)曲柄搖桿機構　(D)以上皆非。

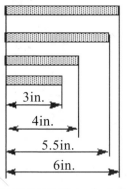

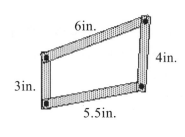

( )　2. 若四連桿機構如上右圖所示，組成之連桿組為
(A)雙曲柄機構　(B)雙搖桿機構　(C)曲柄搖桿機構　(D)以上皆非。

( )　3. 若四連桿機構如上圖所示，若以3in為曲柄，組成之連桿組為
(A)雙曲柄機構　(B)雙搖桿機構　(C)曲柄搖桿機構　(D)以上皆非。

( )　4. 當人騎腳踏車時，大腿為
　　　(A)曲柄　(B)搖桿　(C)浮桿　(D)以上皆非。

( )　5. 當人騎腳踏車時，小腿為
　　　(A)曲柄　(B)搖桿　(C)浮桿　(D)以上皆非。

( )　6. 當人騎腳踏車時，腳踏板為
　　　(A)曲柄　(B)搖桿　(C)浮桿　(D)以上皆非。

( )　7. 如右圖所示，若A之線速度大小為2m/s，
　　　且$\overline{AE}$＝2m，則A點之角速度ω_A＝
　　　(A)4　(B)229　(C)1　(D)57　rad/s。

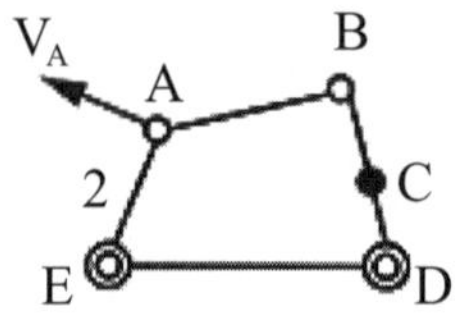

( )　8. 如右圖所示，若B之角速度大小為50度/s，
　　　且$\overline{BD}$＝3m，則C點之角速度ω_C＝
　　　(A)25　(B)50　(C)100　(D)200　度/s。

( )　9. 如右圖所示，以100N作用力可吊起重物
　　　(A)200
　　　(B)400
　　　(C)600
　　　(D)800　N。

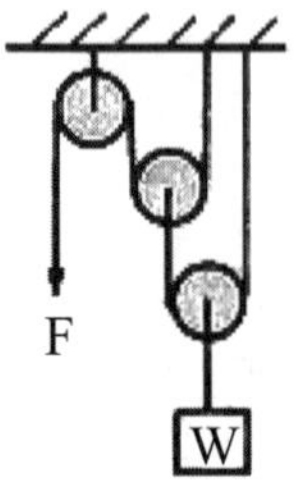

( )　10. 如右圖所示，物重200N，則需
　　　多少作用力方可吊起重物？
　　　(A)50
　　　(B)100
　　　(C)150
　　　(D)200　N。

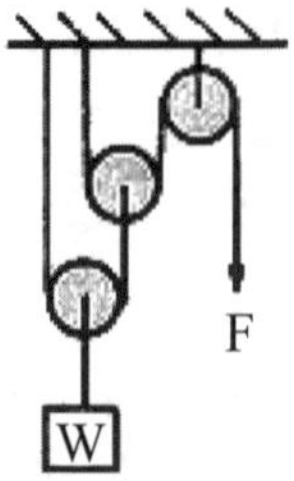

( )　11. 下列有關四連桿機構之敘述，何者錯誤？　(A)四連桿機構之任意
　　　三件連桿長度之和，必大於第四桿長度　(B)四連桿機構中，繞固
　　　定軸作360°迴轉之連桿，稱為「搖桿」（rocker）　(C)雙曲柄機
　　　構的固定桿為四連桿機構之最短桿　(D)雙搖桿機構的固定桿為四
　　　連桿機構之最短桿的對邊桿。

( )　12. 對於四連桿機構，假設最短桿為a，最長桿為b，其餘兩桿長為c與 d，在何種情況至少有一桿能做360°的旋轉？　(A)a＋b＞c＋d (B)a＋b＞c＋d　(C)a＋c＞b＋d　(D)a＋c＝b＋d。

( )　13. 四連桿組ABCD中，桿件長AB＝20cm，BC＝30cm，CD＝40cm， AD＝40cm，若AB為固定桿，則此四連桿形成何種機構？　(A)曲 柄搖桿機構　(B)雙曲柄機構　(C)雙搖桿機構　(D)三搖桿機構。

( )　14. 如圖所示之曲柄搖桿機構，下 列敘述何者錯誤？ (A)AB＋AD＋DC＞BC (B)AB＋BC＋DC＞AD (C)AB＋BC－DC＜AD (D)AD－AB＋DC＜BC。

( )　15. 汽車之轉向機構屬於下列何種機構之應用？　(A)曲柄搖桿機構 （crank and rocker mechanism）　(B)雙曲柄機構（double crank mechanism）　(C)非平行相等曲柄機構（non-parallel equal crank mechanism）　(D)雙搖桿機構（double rocker mechanism）。

( )　16. 電扇擺頭屬於下列那種機構之應用？　(A)雙曲柄機構（double crank mechanism）　(B)雙搖桿機構（double rocker mechanism） (C)相等曲柄機構（equal crank mechanism）　(D)曲柄搖桿機構 （crank and rocker mechanism）。

( )　17. 一個五連桿機構總共有多少個瞬時中心？　(A)8　(B)10　(C)12 (D)15。

( )　18. 起重滑車由三個單槽輪組成，即由1個定滑輪 與2個動滑輪所組成，如附圖所示，其機械利 益為何？　(A)2　(B)3　(C)4　(D)0.5。

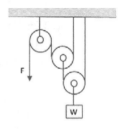

( )　19. 下列那一種滑車不是為省力而設計？　(A)定 滑車　(B)動滑車　(C)西班牙滑車（Spanish burtons）　(D)雙槽滑車（Double through pulley）。

( ) 20. 如圖所示之滑輪組，欲吊起180kg之物重W
時，則施力F最少需施加多少的力量？
(A)20kg
(B)30kg
(C)40kg
(D)50kg。

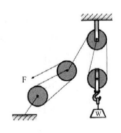

( ) 21. 某鐵捲門手動滑車採用惠斯頓差動滑車（Weston differential pulley
block）形式，兩定滑輪的直徑分別為$D_A = 300mm$及$D_B = 240mm$，
動滑輪的直徑為$D_C = 280mm$，若不計摩擦損失，則其機械利益為
何？ (A)10 (B)15 (C)20 (D)30。

( ) 22. 日內瓦機構之從動件具有6個徑向溝槽，若主動件轉速為120rpm，
則從動件旋轉一圈需要多少秒？ (A)2 (B)3 (C)12 (D)20。

解答與解析

1.**A** (1) 最短桿3in為固定桿。
(2) 最短桿與任一桿件長度和小於其它兩桿長度和。
3+6<4+5.5，3+4<6+5.5，3+5.5<6+4
故為雙曲柄機構。

2.**B** (1) 最短桿3in之對邊為固定桿。
(2) 固定桿與任一側連桿件長度和大於其它兩桿長度和。
4+5.5>3+6，4+6>5.5+3
故為雙搖桿機構。

3.**C** (1) 最短桿3in為曲柄
(2) 最短桿與任一桿件長度和小於其它兩桿長度和
3+6<4+5.5，3+4<6+5.5，3+5.5<6+4
故為曲柄搖桿機構。

4.**B** 當人騎腳踏車時，大腿為搖桿。

5.**C** 當人騎腳踏車時，小腿為浮桿。

6.**A** 當人騎腳踏車時，腳踏板為曲柄。

7.**C** $2 = 2 \times \omega_A$ $\omega_A = 1$ (rad/sec)

8.**B** 同一桿件之角速度相等。

9. **B** $100 \times 4 = 400$ (N)

10. **A** $200 = 4F$　　$F = 50$ (N)

11. **B** (B)相對於固定軸作360°旋轉之側桿稱為曲柄。

12. **B** 形成曲柄的充要條件為：最短桿與任一桿件長度和小於其它兩桿長度和，可知a＋b＜c＋d，故選(B)。

13. **B** 最短桿AB為固定桿，可形成雙曲柄機構。

14. **D** 最短桿與任一桿件長度和小於其他兩桿長度和，故(D)錯誤。

15. **C** 在四連桿系統中，若兩側連桿均作迴轉時，稱為雙曲柄機構。汽車之轉向機構屬於非平行相等曲柄機構。

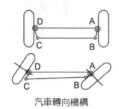

汽車轉向機構

16. **B** 如圖電扇擺頭屬於雙搖桿機構。

電扇擺頭

17. **B** $C_2^5 = 10$。

19. **A** 定滑車是為改變力的方向。

20. **B** $W = 6F \Rightarrow \dfrac{W}{6} = \dfrac{180}{6} = 30$(kg)。

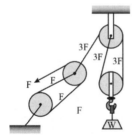

21. **A** 惠斯登差動滑車機械利益 $M = \dfrac{2D}{D-d} = \dfrac{2 \times 300}{300 - 240} = 10$。

22. **B** 日內瓦機構如下圖所示，從動輪具有6個徑向溝槽，原動輪A迴轉一周，利用輪上的柱銷E，使從動輪B轉動16周。故原動輪轉速120rpm；從動輪轉速20rpm，轉一圈需3秒。

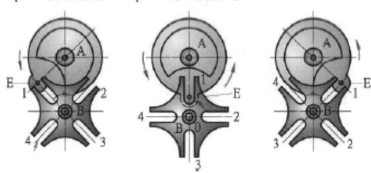

貳、計算題

一、**桿件AB長240mm，在這個瞬間** $v_A = 180 (mm/s)$，
$\theta = 30°$，試求：
(1)B點的速度
(2)AB桿的角速度
(3)AB桿的角加速度。

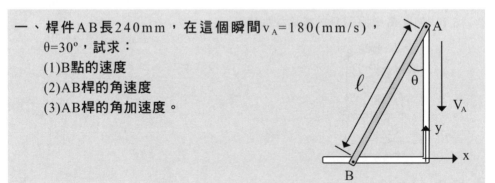

解 (1) 解法一：

$$x_A^2 + x_B^2 = 240^2$$

$$x_A \dot{x}_A + x_B \dot{x}_B = 0 \Rightarrow 120\sqrt{3}(-180) - 120\dot{x}_B$$

$$\dot{x}_B = -180\sqrt{3} = -311.77 (mm/s)$$

(2) 解法二：

$$\vec{v}_A = \vec{v}_B + \vec{v}_{A/B}$$

$$\vec{v}_A = \vec{v}_B + \vec{\omega} \times \vec{r}_{A/B}$$

$$-180\vec{j} = v_B\vec{i} + \omega\vec{k} \times (120\vec{i} + 120\sqrt{3}\vec{j})$$

$$0 = v_B - 120\sqrt{3}\omega$$

$$-180 = 120\omega \Rightarrow \omega = -1.5\text{rad}/\text{s}$$

(3) $\vec{a}_A = \vec{a}_B + \vec{a}_{A/B}$

$$0 = a_B\vec{i} + \alpha\vec{k} \times (120\vec{i} + 120\sqrt{3}\vec{j}) - \omega^2(120\vec{i} + 120\sqrt{3}\vec{j})$$

$$0 = 120\alpha - 120\sqrt{3}\omega^2 = 120\alpha - 120 \times 2.25\sqrt{3}$$

$$\alpha = 2.25\sqrt{3}\text{rad}/\text{s}^2$$

解法三（(1)、(2)題的其他解法－瞬心法）：

$$-180\vec{j} = \omega_{AB}\vec{k} \times 120\vec{i} \Rightarrow \omega_{AB} = -1.5(\text{rad}/\text{s})$$

$$v_B\vec{i} = -1.5\vec{k} \times (-120\sqrt{3}\vec{j}) \Rightarrow v_B = -180\sqrt{3}(\text{mm}/\text{s})$$

二、如右圖曲柄AB有順時針12(rad/s)的角速度，試求桿件BD的角速度及D點的速度在
(1)θ=0º
(2)θ=90º
(3)θ=180º。

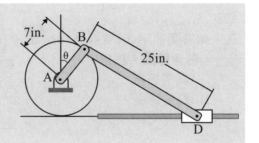

解 (1) $\theta = 0^\circ$，$\vec{v}_B = 84\vec{i}$

$$\vec{v}_B = \vec{v}_D + \vec{v}_{B/D}$$

$$\vec{v}_B = \vec{v}_D + \vec{\omega} \times \vec{r}_{B/D}$$

$$84\vec{i} = v_D\vec{i} + \omega\vec{k} \times (-20.7\vec{i} + 14\vec{j})$$

$$84 = v_D - 14\omega$$

$$0 = -20.7\omega \Rightarrow \omega = 0\text{rad}/\text{s}$$

$$v_D = 84\text{in}/\text{s}$$

(2) $\theta = 90^\circ$，$\vec{v}_B = -84\vec{j}$

$$\vec{v}_B = \vec{v}_D + \vec{v}_{B/D}$$

$$\vec{v}_B = \vec{v}_D + \vec{\omega} \times \vec{r}_{B/D}$$

$$-84\vec{j} = v_D\vec{i} + \omega\vec{k} \times (-24\vec{i} + 7\vec{j})$$

$$0 = v_D - 7\omega$$

$$-84 = -24\omega \Rightarrow \omega = 3.5\text{rad/s}$$

$$v_D = 24.5\text{in/s}$$

(3) $\theta = 180°$，$\vec{v}_B = -84\vec{i}$

$$\vec{v}_B = \vec{v}_D + \vec{v}_{B/D}$$

$$\vec{v}_B = \vec{v}_D + \vec{\omega} \times \vec{r}_{B/D}$$

$$-84\vec{i} = v_D\vec{i} + \omega\vec{k} \times (-25\vec{i})$$

$$-84 = v_D$$

$$0 = -25\omega \Rightarrow \omega = 0\text{rad/s}$$

$$v_D = -84\text{in/s}$$

三、如右圖曲柄OA有順時10(rad/s)的角速度，試求：
(1)A點的速度
(2)B點的速度。

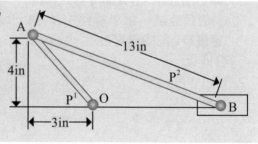

解 (1) $\vec{v}_A = \vec{v}_O + \vec{v}_{A/O}$　$\vec{v}_A = \vec{v}_O + \vec{\omega}_{OA} \times \vec{r}_{A/O}$

$$\vec{v}_A = -10\vec{k} \times (-3\vec{i} + 4\vec{j}) \qquad \vec{v}_A = 40\vec{i} + 30\vec{j}$$

(2) $\vec{v}_B = \vec{v}_A + \vec{v}_{B/A}$ 　　　$\vec{v}_B = \vec{v}_A + \vec{\omega}_{AB} \times \vec{r}_{B/A}$

$$v_B\vec{i} = 40\vec{i} + 30\vec{j} + \omega_{AB}\vec{k} \times (12.37\vec{i} - 4\vec{j})$$

$$0 = 30 + 12.37\omega_{AB} \Rightarrow \omega_{AB} = -2.425(\text{rad/s})$$

$$v_B = 40 + 4 \times (-2.425) = 40 - 9.7 = 30.3(\text{in/s})$$

四、一四連桿機構如右圖所示，試由其位置關係式推導出速度關係式？

(a)

(b)

解 $R_2 + R_3 - R_4 - R_1 = 0$　　$ae^{j\theta_2} + be^{j\theta_3} - ce^{j\theta_4} - de^{j\theta_1} = 0$

又 $\theta_1 = 0$

對時間微分可得：$aj\omega_2 e^{j\theta_2} + bj\omega_3 e^{j\theta_3} - cj\omega_4 e^{j\theta_4} = 0$

第十六章　間歇運動機構

依據出題頻率區分，屬：**A** 頻率高

課前叮嚀
本章重點在於間歇運動機構的原理與種類，間歇運動機構的特性，包含棘輪機構及擒縱器、間歇齒輪、日內瓦機構、星形輪及凸輪等，記憶性試題較多，台電中油有時會出兩三題，理解後應不難拿分。

16-1　棘輪機構及擒縱器

間歇運動機構因原動件運動方式之不同，可以分為兩大類：

1. **由擺動運動產生間歇運動**：例如棘輪機構及擒縱器。【107中油】
2. **由迴轉運動產生間歇運動**：例如間歇齒輪、日內瓦機構、星形輪及凸輪。

※棘輪機構

	說明	圖示
單爪棘輪	搖臂逆時針旋轉時，驅動爪將棘輪上推一齒；搖臂回擺時，棘輪則靜止不動。	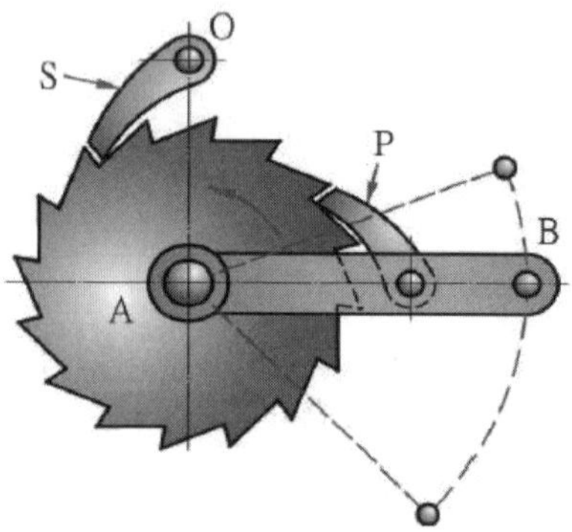

	說明	圖示
多爪棘輪	將原來得一個行程分成二或三個行程。	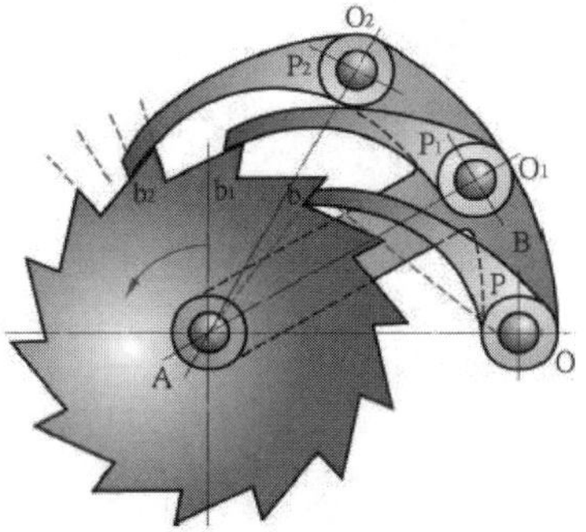
起重棘輪	起重棘輪作間歇直線運動。	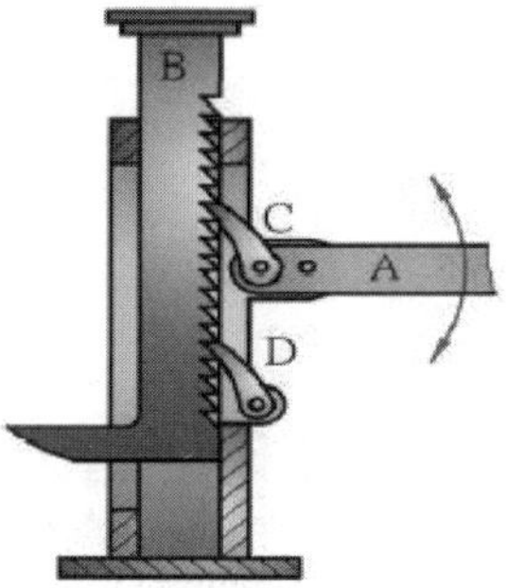
無聲棘輪	不使用驅動爪，而使用摩擦力來驅動，又稱為摩擦棘輪，運轉時安靜無聲。	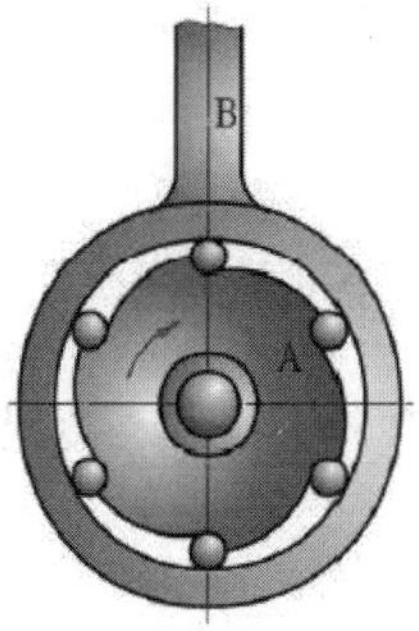

※擒縱器

	說明	圖示
錨形擒縱器	利用搖臂之搖擺運動驅動兩托板對縱脫輪發生擒縱作用,缺點為週期不正確。	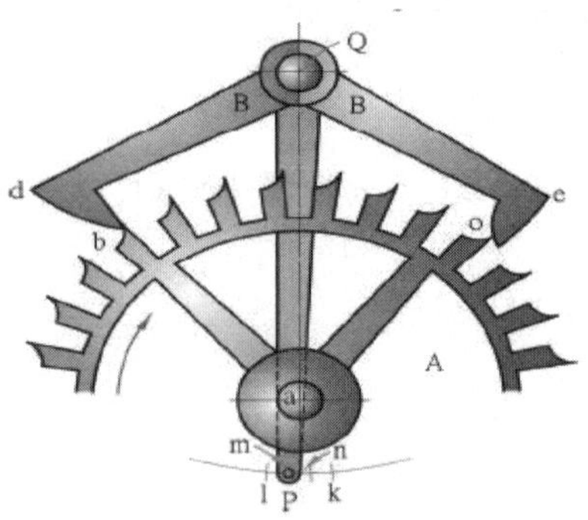
筒形擒縱器	以圓柱擺輪對縱脫輪發生擒縱作用,優點為週期正確。	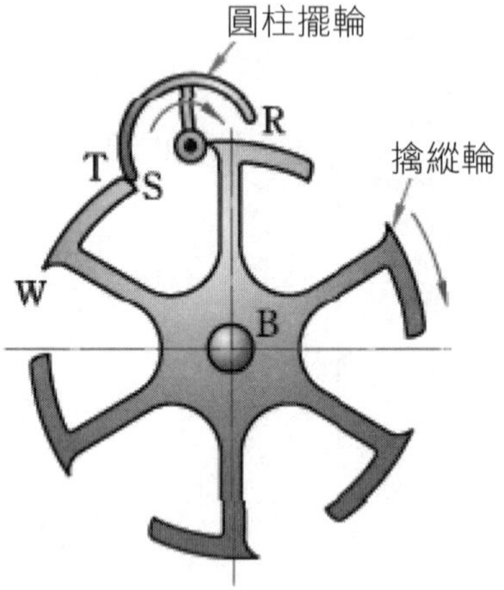

16-2 間歇齒輪、日內瓦機構、星形輪

※間歇齒輪

如下圖所示，A主動輪，其上僅有一齒。B為從動輪，其上有8個齒間。兩輪之節圓相等。在A輪迴轉$\frac{1}{8}$周之時間內，B輪亦轉動$\frac{1}{8}$周。在A輪迴轉其餘$\frac{7}{8}$周之時間內，B輪則靜止不動。

間歇齒輪所作間歇運動，雖然運動期間是等速運動，但間歇期間之急促停止或開動，會有陡振現象，故不適用於高速運動機構。

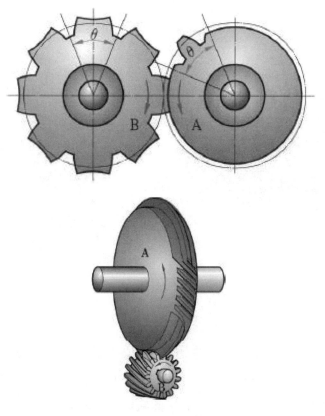

圖16-1　間歇螺旋齒輪

※日內瓦機構

如下圖所示，原動輪A迴轉一周，利用輪上的柱銷E，使從動輪B轉動$\frac{1}{4}$周。此種機構常用於電影放映機或工具機的分度裝置。

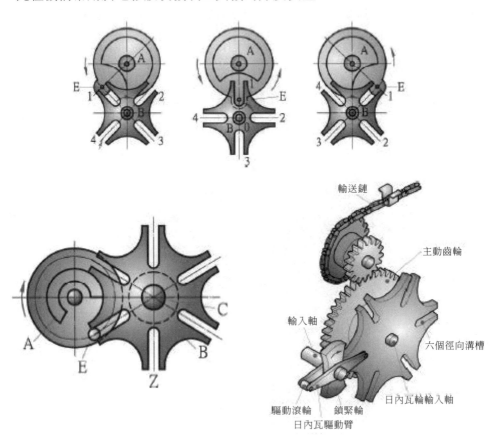

※星形輪

如圖所示，固定在主動軸A上之迴轉臂1依箭頭方向轉動1圈時，其前端裝有圓銷2，使從動軸上之星形輪3亦依箭頭方向轉動1齒，即$\frac{1}{6}$圈。此機構常用於搪孔工具的進給切削及紡織機械等。

精選試題

( )　1. 無聲棘輪之傳動是利用　(A)向心力　(B)離心力　(C)液壓力　(D)摩擦力　(E)彈簧力。

( )　2. 棘輪機構中止動爪之功能為　(A)驅動棘輪作單向旋轉　(B)減少間歇時間　(C)防止棘輪逆轉　(D)阻止棘輪轉動。

( )　3. 如負載甚大且間歇旋轉運動要求比較細密時，應採用何種棘輪傳動較為適宜？　(A)單爪棘輪　(B)多爪棘輪　(C)回動爪棘輪　(D)無聲棘輪。

( )　4. 一時鐘常用以控制鐘擺的機構是　(A)棘輪　(B)間歇齒輪　(C)擒縱器　(D)反轉閘　(E)無聲棘輪。

( )　5. 齒輪式手錶內的擒縱器為　(A)錨形擒縱器　(B)圓柱形擒縱器　(C)不擺擒縱器　(D)圓盤擒縱器。

( )　6. 錨形擒縱器之缺點是　(A)易引起週期不正確　(B)擺角太大　(C)擺角太小　(D)擒縱力太小。

( )　7. 一間歇正齒輪之原動輪有2齒，從動輪有16齒，則從動輪迴轉一周，原動輪應迴轉＿＿＿＿周。　(A)4　(B)8　(C)32　(D)64。

( )　8. 下列何者可由迴轉運動產生間歇迴轉運動？　(A)日內瓦機構　(B)棘輪機構　(C)擒縱器機構　(D)以上皆可。

( )　9. 日內瓦（Geneva）輪系，原動輪每迴轉一周，則從動輪轉動　(A)1/4圈　(B)1/3圈　(C)1/2圈　(D)1圈。

( )　10. 所謂間歇運動是物體運動時，有　(A)擺動　(B)迴轉　(C)反向　(D)靜止週期。

( )　11. 當一機構的原動件作等角速運動時，其從動件有時運動，有時停止，則此種運動機構稱為　(A)反向運動機構　(B)間歇運動機構　(C)比例運動機構　(D)簡諧運動機構。

( )　12. 無聲棘輪之特徵是　(A)運動確實　(B)傳動效率高　(C)利用摩擦力傳動　(D)以上皆是。

( )｜13. 下列那一種機構不能作間歇運動？　(A)日內瓦機構　(B)萬向接頭　(C)凸輪機構　(D)擒縱器。

( )｜14. 應用於鐘錶上以使指針能正確指出時間者為　(A)間歇齒輪　(B)擒縱器　(C)日內瓦機構　(D)棘輪機構。

( )｜15. 如圖為一將動力由軸1傳至軸4之齒輪系，請問它是一？　(A)變換轉向機構　(B)變換轉速機構　(C)變換進給機構　(D)以上皆非。

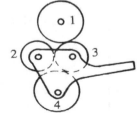

解答與解析

1. **D**　無聲棘輪之傳動是利用摩擦力。

2. **C**　止動爪之功能為防止棘輪逆轉。

3. **B**　如負載甚大且間歇旋轉運動要求比較細密時，應採用多爪棘輪。

4. **C**　擒縱器可用來控制鐘擺。

5. **B**　齒輪式手錶內的擒縱器為圓柱形擒縱器。

6. **A**　錨形擒縱器之缺點是週期不正確。

7. **B**　$\dfrac{1}{N_{原}} = \dfrac{1}{16} \Rightarrow N_{原} = 8$（周）。

8. **A**　日內瓦機構可由迴轉運動產生間歇迴轉運動。

9. **A**　日內瓦（Geneva）輪系，原動輪每迴轉一周，則從動輪轉動$\dfrac{1}{4}$圈。

10. **D**　間歇運動是物體運動時，有靜止週期。

11. **B**　從動件有時運動，有時停止之運動機構稱為間歇運動機構。

12. **C**　無聲棘輪之特點是利用摩擦力傳動。

13. **B**　萬向接頭不能作間歇運動。

14. **B**　應用於鐘錶上以使指針能正確指出時間者為擒縱器。

15. **A**　此為變換轉向機構。

第二部分　機械力學

第一章　概論

依據出題頻率區分，屬：**B** 頻率中

課前叮嚀

本章之目的在使讀者了解力學的起源，力學的基本單位及定義。

力學又稱經典力學，是研究通常尺寸的物體在受力下的形變，以及速度遠低於光速的運動過程的一門自然科學。力學是物理學、天文學和許多工程學的基礎，機械、建築、太空飛行器和船艦等的合理設計都必須以經典力學為基本依據。

機械運動是物質運動的最基本的形式。機械運動亦即力學運動，是物質在時間、空間中的位置變化，包括移動、轉動、流動、變形、振動、波動、擴散等。而平衡或靜止，則是其中的特殊情況。物質運動的其他形式還有熱運動、電磁運動、原子及其內部的運動和化學運動等。

力是物質間的一種相互作用，機械運動狀態的變化是由這種相互作用引起的。靜止和運動狀態不變，則意味著各作用力在某種意義上的平衡。因此，力學可以說是力和（機械）運動的科學。

1-1　力學的起源

力學知識最早起源於對自然現象的觀察和生產勞動的經驗。人們在建築、灌溉等勞動中使用槓桿、斜面、汲水等器具，逐漸累積起對平衡物體受力情況的認識。古希臘的阿基米德對槓桿平衡、物體重心位置、物體在水中受到的浮力等作了系統研究，確定它們的基本規律，初步奠定了靜力學，即平衡理論的基礎。

古代人還從對日、月運行的觀察和弓箭、車輪等的使用中，了解一些簡單的運動規律，如等速的移動和轉動。但是對力和運動之間的關係，在歐洲文藝復興時期以後才逐漸有了正確的認識。

伽利略在實驗研究和理論分析的基礎上，最早闡明自由落體運動的規律，提出加速度的概念。牛頓繼承和發展前人的研究成果（特別是克卜勒的行星運動三定律），提出物體運動三定律。伽利略、牛頓奠定了動力學的基礎。牛頓運動定律的建立標誌著力學開始成為一門科學。

此後，力學的研究對象由單個的自由質點，轉向受約束的質點和受約束的質點系。這方面的標誌是達朗貝拉提出的達朗貝拉原理，和拉格朗日建立的分析力學。其後，歐拉又進一步把牛頓運動定律用於剛體和理想流體的運動方程，這被視為連續介質力學的開端。

運動定律和物性定律這兩者的結合，促使彈性固體力學基本理論和黏性流體力學基本理論誕生於世，在這方面作出貢獻的是納維、柯西、泊松、斯托克斯等人。彈性力學和流體力學基本方程的建立，使得力學逐漸脫離物理學而成為獨立學科。

從牛頓到漢米敦的理論體系組成了物理學中的經典力學。在彈性和流體基本方程建立後，所給出的方程一時難於求解，工程技術中許多應用力學問題還須依靠經驗或半經驗的方法解決。這使得19世紀後半葉，在材料力學、架構力學與彈性力學之間，水力學和水動力學之間一直存在著風格上的顯著差別。

20世紀初，隨著新的數學理論和方法的出現，力學研究又蓬勃發展起來，創立了許多新的理論，同時也解決了工程技術中大量的關鍵性問題，如航空工程中的音障問題和太空飛行工程中的熱障問題等。

這時的先導者是普朗特和卡門，他們在力學研究工作中善於從複雜的現象中洞察事物本質，又能尋找合適的解決問題的數學途徑，逐漸形成一套特有的方法。從20世紀60年代起，計算機的應用日益廣泛，力學無論在應用上或理論上都有了新的進展。

力學在中國的發展經歷了一個特殊的過程。與古希臘幾乎同時，中國古代對平衡和簡單的運動形式就已具備相當水準的力學知識，所不同的是未建立起像阿基米德那樣的理論系統。

在文藝復興前約一千年時間內，整個歐洲的科學技術進展緩慢，而中國科學技術的綜合性成果堪稱卓著，其中有些在當時世界居於領先地位。這些成果反映出豐富的力學知識，但終未形成系統的力學理論。到明末清初，中國科學技術已顯著落後於歐洲。

1-2　學科性質

物理科學的建立是從力學開始的。在物理科學中，人們曾用純粹力學理論解釋機械運動以外的各種形式的運動，如熱、電磁、光、分子和原子內的運動等。當物理學擺脫了這種機械（力學）的自然觀而獲得健康發展時，力學則在工程技術的推展下按自身邏輯進一步演化，逐漸從物理學中獨立出來。

20世紀初，相對論指出牛頓力學不適用於高速或宇宙尺度內的物體運動；20年代，量子論指出牛頓力學不適用於微視世界。這反映人們對力學認識的深化，即認識到物質在不同層次上的機械運動規律是不同的。所以通常理解的力學，是指以巨視的機械運動為研究內容的物理學分支學科。許多帶「力學」名稱的學科，如熱力學、統計力學、相對論力學、電動力學、量子力學等，在習慣上被認為是物理學的其它分支，不屬於力學的範圍。

力學與數學在發展中始終相互推展，相互促進。一種力學理論往往和相應的一個數學分支相伴產生，如運動基本定律和微積分，運動方程的求解和常微分方程，彈性力學及流體力學和數學分析理論，天體力學中運動穩定性和微分方程定性理論等，因此有人甚至認為力學應該也是一門應用數學。但是力學和其它物理學分支一樣，還有需要實驗基礎的一面，而數學尋求的是比力學更帶普遍性的數學關係，兩者有各自不同的研究對象。

力學不僅是一門基礎科學，同時也是一門技術科學，它是許多工程技術的理論基礎，又在廣泛的應用過程中不斷得到發展。當工程學還只分民用工程學（即土木工程學）和軍事工程學兩大分支時，力學在這兩個分支中就

已經起著舉足輕重的作用。工程學越分越細，各個分支中許多關鍵性的進展，都有賴於力學中有關運動規律、強度、剛度等問題的解決。

力學和工程學的結合，促使了工程力學各個分支的形成和發展。現下，無論是歷史較久的土木工程、建築工程、水利工程、機械工程、船舶工程等，還是後起的航空工程、太空飛行工程、核技術工程、生物醫學工程等，都或多或少有工程力學的活動場地。

力學既是基礎科學又是技術科學這種二重性，有時難免會引起分別側重基礎研究和應用研究的力學家之間的不同看法。但這種二重性也使力學家感到自豪，它們為溝通人類認識自然和改造自然兩個方面作出了貢獻。

研究方法力學研究方法遵循認識論的基本法則：實驗——理論——實驗。

力學家們根據對自然現象的觀察，特別是定量觀測的結果，根據生產過程中累積的經驗和數據，或者根據為特定目的而設計的科學實驗的結果，抽提出量與量之間的定性的或數量的關係。為了使這種關係反映事物的本質，力學家要善於抓住起主要作用的元素，摒棄或暫時摒棄一些次要元素。

力學中把這種過程稱為建立模型。質點、質點系、剛體、彈性固體、黏性流體、連續介質等是各種不同的模型。在模型的基礎上可以運用已知的力學或物理學的規律，以及合適的數學工具，進行理論上的演繹工作，導出新的結論。

依據所得理論建立的模型是否合理，有待於新的觀測、工程實踐或者科學實驗等加以驗證。在理論演繹中，為了使理論具有更高的概括性和更廣泛的適用性，往往採用一些無因次參數如雷諾數、馬赫數、泊松比等。這些參數既反映物理本質，又是單純的數字，不受尺寸、單位制、工程性質、實驗裝置類型的牽制。

因此，從局部看來，力學研究工作模式是多樣的：有些只是純數學的推理，甚至著眼於理論體系在邏輯上的完善化；有些著重數值方法和近似計算；有些著重實驗技術等等。而更大量的則是著重在運用現有力學知識，解決工程技術中或探索自然界奧祕中提出的具體問題。

現代的力學實驗設備，諸如大型的風洞、水洞，它們的建立和使用本身就是一個綜合性的科學技術項目，需要多工種、多學科的協作。應用研究更

需要對應用對象的工藝過程、材料性質、技術關鍵等有清楚的了解。在力學研究中既有細緻的、獨立的分工，又有綜合的、全面的協作。

1-3 學科分類

力學可粗分為靜力學、運動學和動力學三部分，靜力學研究力的平衡或物體的靜止問題；運動學只考慮物體怎樣運動，不討論它與所受力的關係；動力學討論物體運動和所受力的關係。

力學也可按所研究對象區分為固體力學、流體力學和一般力學三個分支，流體包括液體和氣體；固體力學和流體力學可統稱為連續介質力學，它們通常都採用連續介質的模型。固體力學和流體力學從力學分出後，餘下的部分組成一般力學。

一般力學通常是指以質點、質點系、剛體、剛體系為研究對象的力學，有時還把抽象的動力學系統也作為研究對象。一般力學除了研究離散系統的基本力學規律外，還研究某些與現代工程技術有關的新興學科的理論。

一般力學、固體力學和流體力學這三個主要分支在發展過程中，又因對象或模型的不同出現了一些分支學科和研究領域。屬於一般力學的有理論力學（狹義的）、分析力學、外彈道學、振動理論、剛體動力學、陀螺力學、運動穩定性等；屬於固體力學的有材料力學、架構力學、彈性力學、塑性力學、斷裂力學等；流體力學是由早期的水力學和水動力學這兩個風格迥異的分支匯合而成，現下則有空氣動力學、氣體動力學、多相流體力學、滲流力學、非牛頓流體力學等分支。各分支學科間的交叉結果又產生黏彈性理論、流變學、氣動彈性力學等。

力學也可按研究時所採用的主要手段區分為三個方面：理論分析、實驗研究和數值計算。實驗力學包括實驗應力分析、水動力學實驗和空氣動力實驗等。著重用數值計算手段的計算力學，是廣泛使用電子計算機後才出現的，其中有計算架構力學、計算流體力學等。對一個具體的力學課題或研究項目，往往需要理論、實驗和計算這三方面的相互配合。

1-4 力學基本概念

一、剛體力學的四個物理量為

1. **長度**：描述一點在空間中的位置，以及描述物體的大小。
2. **時間**：表示事件發生的先後次序與長短（靜力學與時間無關）。
3. **質量**：事物的一種特性，用來表示不同物體受力後的不同反應。
4. **力**：
   (1)包括三個要素：大小、方向、施力點。
   (2)可視為一物體作用於另一物體上推或拉的力量。

二、定義

1. **質點**：一個只具有質量而無實體大小的物體。
2. **剛體**：由一大群質點組合而成的物質，質點彼此間的距離不因外力作用而改變。
3. **集中力**：一負載集中作用於物體上的某一點。

三、力學單位

SI系統與USCS系統的比較：

	SI系統	USCS系統
t時間	秒（sec（s））	秒（sec（s））
L長度	公尺（m）、公分（cm）	呎（ft）、吋（in） 1呎＝12吋
A面積	平方公尺（m^2）、平方公分（cm^2）	呎^2（ft^2）、吋^2（in^2）
V體積	立方公尺（m^3）、立方公分（cm^3）	呎^3（ft^3）、吋^3（in^3）
m質量	公斤（kg）	slug
W重量	牛頓（N）	磅（lb）
F力	牛頓（N＝kgm/s^2）	磅（lb）

精選試題

( )　1. 在靜力學的計算中，自由體是處於　(A)平衡狀態　(B)彈性狀態　(C)塑性狀態　(D)降伏狀態。

( )　2. 下列何者為超距力（Force at distance）？　(A)桌椅對地板之壓力　(B)火車頭對車箱之拖力　(C)球棒與棒球之碰撞力　(D)地心引力。

( )　3. 一般共平面非共點非平行力系之平衡方程式數目有　(A)四個　(B)三個　(C)六個　(D)二個。

( )　4. 1000公尺可記為　(A)1Gm　(B)1Mm　(C)1Km　(D)1mm。

( )　5. 力學之研究所考慮之四種要素為　(A)空間、時間、重量、力　(B)時間、速度、重量、力　(C)時間、空間、質量、力　(D)時間、速度、質量、力。

( )　6. 當一彈性物體受外力作用而運動時，此物體產生　(A)外效應　(B)內效應　(C)外及內效應　(D)無效應。

( )　7. 討論物體受力後之內力及變形相互間之關係的科學為　(A)靜力學　(B)動力學　(C)材料力學　(D)剛體力學。

( )　8. 作用於物體之外力，可沿作用線方向改變其作用點，所產生外效應不變，此為力之　(A)內效應　(B)可傳性　(C)彈性　(D)內應力。

( )　9. 下列何者屬於向量？　(A)速率　(B)溫度　(C)體積　(D)重量。

( )　10. 物體不受外力作用時，恆為靜止或恆以等速作直線運動，此現象稱為　(A)運動定律　(B)萬有引力　(C)慣性定律　(D)反作用定律。

( )　11. 1×10^{-6}公尺可記為　(A)1Gm　(B)1Mm　(C)1Km　(D)1μm。

( )　12. 將一力系以單一力取代而不改變剛體之外效應者稱為　(A)力之可傳性　(B)力平衡　(C)力合成　(D)力分解。

( )　13. 當物體受外力作用時，其大小、形狀均無變化者，此物體稱為　(A)剛體　(B)彈性體　(C)塑性體　(D)鋼體。

( )　14. 若一力系之平衡以$\Sigma F_y = 0$即可描述時，此力系為　(A)空間平行力系　(B)平面一般力系　(C)平面平行力系　(D)平面共點力系。

( ) 15. 剛體（Rigid body）其定義為受力後　(A)不再受力　(B)不變形　(C)彈性變形　(D)只有內效應產生。

( ) 16. 產生運動效應之力，可視為　(A)自由向量　(B)滑動向量　(C)純量　(D)拘束向量。

( ) 17. 使一公斤質量產生$1m/s^2$之加速度，其所需之力稱為　(A)1達因　(B)1牛頓　(C)1公斤重　(D)1磅重。

( ) 18. 二力或數力之合成，最多可產生　(A)一個合力　(B)二個合力　(C)三個合力　(D)無數個合力。

( ) 19. 下列有關力之可傳性之敘述何者為誤？　(A)適用於剛體　(B)大小及方向不變　(C)著力點可沿作用線移動　(D)可移至平行直線。

( ) 20. 在力學的研究中，下列何者屬於理想化名詞？　(A)流體　(B)剛體　(C)彈性體　(D)塑性體。

( ) 21. 牛頓第二定律為　(A)物體動量之變化對時間之比，與作用力成反比例且其變化發生之方向與作用力相同　(B)物體如不受外力作用時，應不改變其靜止或以等速沿一直線運動之狀態　(C)凡一物體受一作用力時，必有一反作用力，方向相反，大小相同　(D)當一物體受外力之作用，在力作用方向上產生一定之加速度，其大小與力之大小成正比例。

( ) 22. 作用於物體之合力等於該物體之質量與其加速度之乘積是為　(A)慣性定律　(B)運動定律　(C)作用及反作用定律　(D)牛頓第一定律。

( ) 23. 國際單位系統（SI制）之力單位為　(A)牛頓　(B)磅　(C)公克　(D)公斤。

( ) 24. 一物體在平衡狀態，係指該物體在　(A)作等速直線運動　(B)作等速圓周運動　(C)作等速加速度運動　(D)作簡諧運動。

( ) 25. 彈性物體，是那一門學科所研究之範疇？　(A)靜力學　(B)動力學　(C)材料力學　(D)應用力學。

( ) 26. 在牛頓的三個運動定律指出，當物體不受外力作用時，則靜止者繼續其靜止狀態，運動者繼續以同一速度向同一直線進行；此定律稱為　(A)加速度定律　(B)慣性定律　(C)反作用定律　(D)萬立農定律。

( )　27. 下列之敘述中何者不正確？　(A)力為一純量　(B)使物體變形之效
　　　　應為內效應　(C)力之可傳性原理僅適用於剛體　(D)向量與純量之
　　　　乘積為向量。

( )　28. 凡一物體作用於一物體，能改變後者之運動狀態或變形，或有此種
　　　　改變趨勢之作用稱為　(A)力　(B)力矩　(C)力之可傳性　(D)慣性。

( )　29. 下列那一門學科不能視為剛體？　(A)靜力學　(B)動力學　(C)材料
　　　　力學　(D)應用力學。

( )　30. 所謂剛體（Rigid body）其定義為　(A)物體內任何二點間之距離永
　　　　不改變之物體　(B)應變與應力成比例之物體　(C)受力可變形，但
　　　　不致破壞之物體　(D)鋼質之物體。

( )　31. 作用於剛體上的力，可視為　(A)自由向量　(B)滑動向量　(C)純量
　　　　(D)拘束向量。

( )　32. 所謂剛體是指　(A)剛好平衡的物體　(B)鋼質材料的物體　(C)物體
　　　　受力外形及內部質點相對位置不發生變化者　(D)即彈性體之簡稱。

( )　33. 凡具有大小及方向之量稱為向量，例如　(A)面積　(B)體積　(C)速
　　　　度　(D)質量。

( )　34. 物體受力前後，物體內各質點間之距離保持不變，則該物體稱為
　　　　(A)剛體　(B)彈性體　(C)塑性體　(D)流體。

( )　35. 下列物理量何者不具方向性？　(A)加速度　(B)速率　(C)位移
　　　　(D)作用力。

( )　36. 國際單位系統（SI制）之質量單位為　(A)牛頓　(B)磅　(C)公克
　　　　(D)公斤。

( )　37. 物體受外力作用，外形及內部質點相對位置不發生變化者，稱為
　　　　(A)可變體　(B)彈性體　(C)塑性體　(D)剛體。

( )　38. 下列何者為力對物體之外效應？　(A)支承反力　(B)剪力　(C)應力
　　　　(D)變形。

( )　39. 有關質點之假設，下列何者是正確？　(A)具大小，具質量　(B)不具
　　　　大小，但具質量　(C)不具大小，不具質量　(D)具大小，不具質量。

( )　40. 力的三要素分別為大小、作用點與　(A)時間　(B)長度　(C)質量
　　　　(D)方向。

( ) 41. 凡一物體作用於一物體,凡能改變後者之運動狀態或變形,或有此種改變趨勢之作用稱為 (A)力 (B)力矩 (C)力之可傳性 (D)慣性。

( ) 42. 任何一力必須具備三要素為 (A)大小、方向、時間 (B)大小、方向、空間 (C)大小、時間、空間 (D)大小、方向、作用點。

( ) 43. 下列何者不是向量? (A)力 (B)彎矩 (C)變形能 (D)扭力。

( ) 44. 下列何者為純量? (A)力矩 (B)動量 (C)慣性矩 (D)位移。

( ) 45. 使質量一公斤之物體產生 $1m/sec^2$ 之加速度所需之力為 (A)1達因 (B)1牛頓 (C)1磅達 (D)1公斤力。

( ) 46. 一般共平面非共點非平行力系之平衡方程式數目有 (A)四個 (B)三個 (C)六個 (D)二個。

( ) 47. 材料受外力作用而變形,當外力除去時,材料之變形依舊,不能恢復之性質稱為 (A)塑性 (B)剛性 (C)韌性 (D)彈性。

( ) 48. 下列之作用力,那一種不屬於超距力? (A)萬有引力 (B)磁力 (C)電力 (D)馬拉車。

( ) 49. 牛頓第二定律為 (A)物體動量之變化對時間之比,與作用力成反比例且其變化發生之方向與作用力相同 (B)物體如不受外力作用時,應不改變其靜止或以等速沿一直線運動之狀態 (C)凡一物體受一作用力時,必有一反作用力,方向相反,大小相同 (D)當一物體受外力之作用,在力作用方向上產生一定之加速度,其大小與力之大小成正比例。

( ) 50. 下列何者為非向量? (A)質量 (B)速度 (C)位移 (D)力矩。

( ) 51. 物體重量100kg重,重力場為 $980cm/sec^2$,其重量為 (A)100 (B)98 (C)98000 (D)980 牛頓。

( ) 52. 將某物體於 $g=4.90m/s^2$ 之重力場下,重量為980N,則該物體之質量為何? (A)49kg (B)98kg (C)100kg (D)200kg。

( ) 53. 力之可傳性可適用於 (A)可變體 (B)彈性體 (C)塑性體 (D)剛體。

( ) 54. 下列那一門學科不能將物體視為剛體? (A)動力學 (B)靜力學 (C)運動學 (D)材料力學。

( ) 55. 當一物體受他物體之作用力時,必產生一反作用力,且作用力與反作用力大小相等,方向相反且同在一條直線上,此現象稱為

(A)牛頓第一定律 (B)牛頓第二定律 (C)牛頓第三定律 (D)運動定律。

( ) 56. 在靜力學研討範圍中，均將受力物體假設成 (A)可變體 (B)彈性體 (C)塑性體 (D)剛體。

( ) 57. 一力之著力點，可沿其作用線，任意改變其位置，而不影響力之外效應，稱為 (A)力之逆向性 (B)力之可逆性 (C)力之可傳性 (D)力之方向性。

( ) 58. 下列何者非力之要素？ (A)大小 (B)方向 (C)單位 (D)著力點。

( ) 59. 下列何者為純量？ (A)速率 (B)速度 (C)加速度 (D)位移。

( ) 60. 因物體所生之內效應，係隨作用力之位置而變化，故力之可傳性僅適用於物體之 (A)內效應 (B)外效應 (C)變形 (D)內應力。

( ) 61. 下列敘述中，何者具有剛體的定義？ (A)應力與應變成線性比例的彈性體 (B)受力後可無限制的變形物體 (C)受力後雖可變形，但永不破壞的物體 (D)體內任何兩點間的距離永不改變的物體。

( ) 62. 力系係指幾個以上之力的討論？ (A)二個 (B)三個 (C)四個 (D)不限制。

( ) 63. 下列何者為純量？ (A)衝量 (B)慣性矩 (C)位移 (D)加速度。

( ) 64. 在力學的計算中，下列何者是向量？ (A)功 (B)速率 (C)慣性矩 (D)重量。

解答與解析

1. A	2. D	3. B	4. C	5. C	6. A	7. C	8. B
9. D	10. C	11. D	12. C	13. A	14. C	15. B	16. B
17. B	18. A	19. D	20. B	21. D	22. B	23. A	24. A
25. C	26. B	27. A	28. A	29. C	30. A	31. B	32. C
33. C	34. A	35. B	36. D	37. D	38. A	39. B	40. D
41. A	42. D	43. C	44. C	45. B	46. B	47. A	48. D
49. D	50. A	51. D	52. D	53. D	54. D	55. C	56. D
57. C	58. C	59. A	60. B	61. D	62. B	63. B	64. D

第二章 平面運動

依據出題頻率區分，屬：**A** 頻率高

課前叮嚀

運動學可分為直線運動與曲線運動，兩者合稱為平面運動，本章主要介紹其基本名詞如位移、速度與加速度。

2-1 位移

位移，就是位置的移動量。數學上，要清楚的說明位置（Location），必須說明清楚所選用的座標系（Coordinate system）以及此位置在座標系中的座標（Coordinate），然而座標系的選擇有很多，必須視處理什麼問題而定，一般而言，我們可以選用直角座標來描述。

一、位置的描述

直角座標可描述一個二維（Two Dimensional）的平面。如下圖，為一個 X－Y 座標系，座標系的原點 O 為 X 軸與 Y 軸的交點，而平面上的位置 P 可以由座標（x, y）來表示，x 表示 P 點垂直投影到 X－軸上的位置，而 y 表示 P 點垂直投影到 Y－軸上的位置。

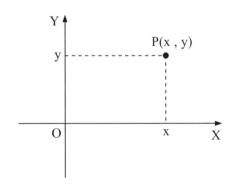

但是要如何描述位置的移動呢？很簡單，只要清楚的敘述出位置座標的改變即可。

二、位移向量

直角座標裡兩點$P（x_1, y_1）$以及$Q（x_2, y_2）$，則定義P點到Q點的位移P點到Q點的位移$=（x_2-x_1, y_2-y_1）$。

2-2 向量的加法

假設某物體第一次移動的位移向量為（2，3），第二次位移的位移向量為（-4，-1），則物體總共的位移量為：

$$(2, 3)+(-4, -1)=(-2, 2)$$

相當於在X方向上移動了-2單位距離，而在Y方向上移動了2單位的距離。

內積的幾何意義：

由於任意的兩個向量，必定落在同一個平面上，所以我們可以討論X-Y平面上的兩個向量的相互關係，來代替一般的情形。

如下圖，A、B兩向量的夾角等於$\theta_1-\theta_2$，在此X-Y平面上，此兩個向量可以寫成：

$$(a, b) = |A|(\cos\theta_1, \sin\theta_1)$$
$$(c, d) = |B|(\cos\theta_2, \sin\theta_2)$$

所以向量的內積等於

$(a, b)\cdot(c, d)=ac+bd$

$\qquad = |A||B|\{\cos\theta_2\cos\theta_1 + \sin\theta_2\sin\theta_1\}$

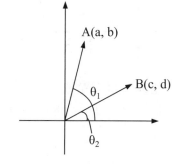

另一方面，三角函數的公式告訴我們

$$\{\cos\theta_2\cos\theta_1 + \sin\theta_2\sin\theta_1\} = \cos(\theta_2 - \theta_1)$$

所以我們了解了，向量內積的幾何意義：

內積＝向量長度的乘積·cos（向量間的夾角）

也就是 $\vec{A} \cdot \vec{B} = |\vec{A}||\vec{B}|\cos(\theta_2 - \theta_1)$

細心的讀者可以發現，向量的內積其實就是三角學裡面所謂的餘弦定理：

$$\left|\vec{A}\right|^2 + \left|\vec{B}\right|^2 - \left|\vec{A} - \vec{B}\right|^2 = 2\vec{A} \cdot \vec{B}$$

$$\cos(\theta_1 - \theta_2) = \frac{\left|\vec{A}\right|^2 + \left|\vec{B}\right|^2 - \left|\vec{A} - \vec{B}\right|^2}{2\left|\vec{A}\right|\left|\vec{B}\right|}$$

2-3　位移、速度與加速度

位移向量 $\Delta\vec{r} = \vec{r_B} - \vec{r_A}$

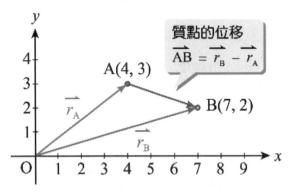

路徑長是質點運動所經歷的軌跡總長，為一純量；如下圖所示，搭乘不同種交通工具從台北到高雄路徑長不同，但位移相同。

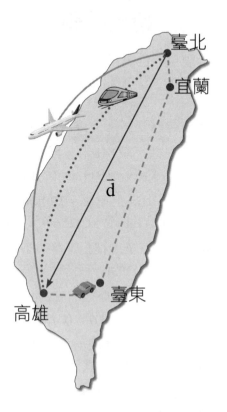

質點的位移對時間的變化率稱為速度
質點的路徑長對時間的變化率稱為速率
質點的速度對時間的變化率稱為加速度

精選試題

( )　1. 甲汽車朝北行駛，乙汽車以相同速率朝西行駛，則甲汽車相對於乙汽車的相對速度之方向是　(A)朝東北　(B)朝西南　(C)朝東南　(D)朝西北。

( )　2. 一車起始以等速行駛，然後以每秒1.0米/秒之加速度10秒鐘，假若此車於10秒鐘內共行駛148米，則其開始加速度時之初速度為_____米/秒。　(A)4.9　(B)9.8　(C)19.6　(D)24.5。

( )　3. 最新跑車可在4秒內由靜止加速至100km/hr，則平均加速度大小約？　(A)28m/s^2　(B)7m/s^2　(C)25m/s^2　(D)12.5m/s^2。

( )　4. 101大樓高508m，一石子由樓頂下落，不計空氣阻力約　(A)51.8　(B)103.6　(C)10.2　(D)20.4　秒落地。

( )　5. 鉛直向上拋出一物，經頂點時之速度為4.9m/sec，此物_____秒後又經該點下降　(A)0.5　(B)1　(C)2　(D)3。

( )　6. 一球從塔頂以2.5m/sec之初速度垂直向上拋出，經5秒著地，則塔高_____m　(A)90　(B)100　(C)110　(D)120。

( )　7. 自50m高之塔頂放下一球，同時自塔底以20m/sec之初速度鉛直上拋一物，則球與物_____秒後相遇　(A)1.5　(B)2.5　(C)3　(D)4.5。

( )　8. 自由落體，在第2秒內所經之距離與第5秒內所經之比為　(A)2：5　(B)1：3　(C)3：5　(D)4：7。

( )　9. 一靜止之物體自122.5公尺高之塔上落下，若不考慮空氣之阻力，則該物體落至地面需時間？　(A)4秒　(B)5秒　(C)6秒　(D)7秒。

( )　10. 下列何者為一向量　(A)溫度　(B)速度　(C)速率　(D)功。

( )　11. 若空氣阻力不計，自由落體是　(A)等速運動　(B)等加速運動　(C)減速運動　(D)變加速運動。

( )　12. 速度與時間之關係如右圖，則其為　(A)等加速運動　(B)變形之等速運動　(C)等加速運動及等減速運動　(D)等加速運動及等速運動。

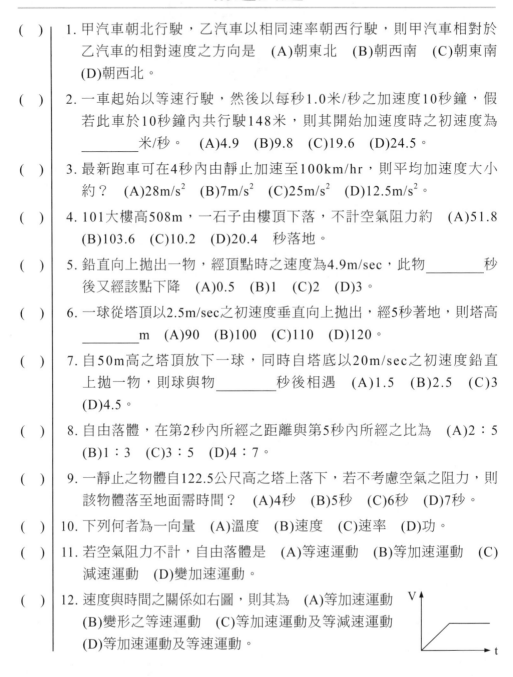

( )　13. 一運動物體上任意兩點之相對速度為零，則此運動物體　(A)靜止不動　(B)作直線運動　(C)作曲線運動　(D)以重心為旋轉中心作圓周運動。

( )　14. 一火車行駛速度為30m/sec，發現前方有緊急狀況後開始減速，經50秒始煞住車，共行多少m？　(A)750　(B)1000　(C)1500　(D)1800。

( )　15. 一物體速度為1m/sec，等加速為0.5m/sec²，經過多少秒，使速度變為3m/sec？　(A)1.5　(B)2　(C)3　(D)4。

( )　16. 一火車以20m/sec之速度行駛，欲停靠於前方400m之車站，則其加速度為　(A)-1.0m/sec²　(B)-0.5m/sec²　(C)$+0.5$m/sec²　(D)-1.0m/sec²。

( )　17. F作用於光滑平面質量m的小車上時，小車加速度為a，小車質量為2m，則加速度為　(A)2a　(B)a　(C)$\frac{a}{2}$　(D)$\frac{a}{4}$。

( )　18. 承上題，力為2F，則加速度　(A)2a　(B)a　(C)$\frac{a}{2}$　(D)$\frac{a}{4}$。

( )　19. 一垂直上拋物體，通過地上145m高處時，其上升速度為39m/sec，則此物體經幾秒落地　(A)9.7　(B)10.7　(C)12.7　(D)11.7。

( )　20. 自地面沿直拋上一物體，當其上升及下降前後兩次通過14.7m處，相隔時間為2秒，則此物體上拋之速度為_____m/sec。　(A)20　(B)30　(C)40　(D)50。

( )　21. 物體由靜止自同一高沿不同斜度之光滑斜面下滑，滑至底端時　(A)所需時間相同　(B)末速度相同　(C)斜面長者末速大　(D)斜面長者末速小。

( )　22. 一物體由靜止自由下落，經過1秒後，該物體的速度為　(A)2.5m/sec　(B)5m/sec　(C)3.5m/sec　(D)9.81m/sec。

( )　23. 有一運動物體，其初速度為20m/sec，6m/sec²，則在第5秒間所行距離　(A)27m　(B)37m　(C)47m　(D)57m。

( )　24. 某人繞一直徑為D之圓周上行走一圈半，則此人之位移是　(A)1.5πD　(B)πD　(C)0.5πD　(D)D。

( )　25. 每一小時60哩之速度等於_____ft/sec　(A)66　(B)77　(C)88　(D)99。

( )　26. 公制中一般使用之重力加速度g值為　(A)980m/s^2　(B)980m/s　(C)322m/s^2　(D)9.8m/s^2。

( )　27. 某人於半徑為R之圓周上，繞行之一又四分之一圈，則此人之位移為　(A)$\sqrt{2}$R　(B)R/$\sqrt{2}$　(C)(5/2)πr　(D)πR。

( )　28. 有一運動體，初速度為20m/s，加速度為6m/s^2，在第5sec行徑若干公尺？　(A)17　(B)27　(C)37　(D)47。

( )　29. 有一車均勻地加速，在20sec內，速度由0增加到每小時60km，則此段時間內的位移為　(A)100/3m　(B)200/3m　(C)300/3m　(D)500/3m。

( )　30. 下列直線運動有關公式何者正確？　(A)$V=V_0t+1/2at^2$　(B)$V_2=V_0^2+as$　(C)$a=V-V_0/t$　(D)$V=V_0st$。

( )　31. 某汽車往返相距3600公尺的A、B兩地需時5分，則平均速度為多少？　(A)0公尺/秒　(B)10公尺/秒　(C)24公尺/秒　(D)36公尺/秒。

( )　32. 一石頭由空中自由落下（g＝9.8m/sec^2）經過一高塔之塔頂時速度為9.8m/sec，到達塔底時速度為29.4m/sec，則該塔高度為　(A)39.2m　(B)31.5m　(C)28.4m　(D)21.8m。

( )　33. 右圖為一滑塊於靜止狀態由頂部沿光滑斜面往下滑，見到達底部之速度為（其中g為重力加速度，三角塊固定於地面）　(A)$\sqrt{g\ell\tan\theta}$　(B)$\sqrt{2g\ell\tan\theta}$　(C)$\sqrt{g\ell\sin\theta}$　(D)$\sqrt{2g\ell\sin\theta}$。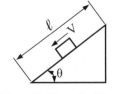

( )　34. 塔高100公尺，一物體自塔頂垂直向上拋出，經10秒後，物體降落地面，若不計空氣阻力，則物體向上拋出時之初速度為　(A)100m/sec　(B)83m/sec　(C)61m/sec　(D)39m/sec。

( )　35. 一物體自地面沿直上拋，初速　，當物體在落回地面時，其全部過程所需時間為　(A)$t=V_0/g$　(B)$t=2V_0/g$　(C)$t=3V_0/g$　(D)$t=4V_0/g$。

( )　36. 在MKS制單位中，1牛頓等於　(A)1N-m/s　(B)1kg-cm/s^2　(C)1kg-mm/s^2　(D)1kg-m/s^2。

( )　37. 一物體從靜止落下，於最後一秒鐘內行徑全程一半，則其落下高度
　　　　為　(A)56.6m　(B)68.9m　(C)72.4m　(D)84.3m。

( )　38. 一汽車以等加速度方式，於5秒內由10m/s之速度加速到15m/s，在
　　　　此加速期間所行經之距離為多少m？　(A)12.5　(B)37.5　(C)62.5
　　　　(D)87.5。

( )　39. 一物體自98m之高度由靜止自由落下，當該物體下降到78.4m之高
　　　　度時，所經歷之時間？　(A)1　(B)2　(C)3　(D)4。

( )　40. 塔頂自由落下之物體，其落地前一秒內所經之距離為全部距離之
　　　　5/9，則塔高為　(A)14.6m　(B)23.4m　(C)35.6m　(D)44.1m。

( )　41. 一球自高Hm處自由落下，另一石同時自地面以20m/sec之初速垂直
　　　　向上拋出，結果球與石兩者同時著地，則H之高度約為（設重力加
　　　　速度$g=10m/sec^2$）　(A)40m　(B)60m　(C)82m　(D)100m。

( )　42. 若一物體之運動方式為$v=4t+3$，則此物體為　(A)等速度運動　(B)
　　　　等加速度運動　(C)變加速度運動　(D)靜止不動。

( )　43. 甲地距乙地30公里，乙地至丙地50公里，一汽車由甲地經乙地到達
　　　　丙地，若甲地至乙地之平均速度為60km/hr，而乙地至丙地之平均
　　　　速度為40km/hr，求由甲地至丙地平均速度為若干？　(A)50km/hr
　　　　(B)80km/hr　(C)45.7km/hr　(D)40.1km/hr。

( )　44. 一質點以40cm/sec之初速度作等加速度直線運動，出發1分鐘後，
　　　　速度變為4m/sec，求其加速度為若干？　(A)0.6m/sec^2　(B)6m/sec^2
　　　　(C)6m/sec^2　(D)8m/sec^2。

( )　45. 有一汽車正以60km/hr之速度等速前進，若欲於5秒內停止運動，則其
　　　　減速度為若干？自開始剎車至完全停止所行距離為若干？
　　　　(A)−10/3m/sec^2，125/3m　　　　(B)−10/3 m/sec^2，115/3m
　　　　(C)−20/3 m/sec^2，125/3m　　　　(D)−20/3 m/sec^2，115/3m。

( )　46. 一火車由靜止出發作等加速度直線運動，經10秒後，其速度為
　　　　72km/hr，求其出發後第5秒所行經之距離為若干？　(A)9m
　　　　(B)16m　(C)25m　(D)31m。

( )　47. 一物體由靜止自由落下，若此物體位於地面上196公尺處，求(1)落
　　　　至地面需時若干？(2)經過4秒後物體之位置若干？　(A)$\sqrt{40}$ sec，
　　　　距地78.4m　(B)$\sqrt{40}$ sec，距地117.6m　(C)$\sqrt{60}$ sec，距地78.4m
　　　　(D)$\sqrt{60}$ sec，距地117.6m。

( )　48. 一物體在空中某位置由靜止自由落下，至地面時費時10秒，求此物
　　　　體落至地面之瞬時速度為若干？　(A)98m/sec（向上）　(B)49m/sec
　　　　（向上）　(C)98m/sec（向下）　(D)49m/sec（向下）。

( )　49. 一物體在空中某位置以每秒2公尺之初速度沿直線拋下，經6秒後著
　　　　地，求　(1)著地時之瞬時速度　(2)物體運動前距地面若干公尺？
　　　　(A)60.8m/sec向下，88.4m　(B)49m/sec向下，88.4m　(C)60.8m/sec
　　　　向上，188.4m　(D)60.8m/sec向下，188.4m。

( )　50. 一物體在距地面530公尺處垂直拋下，經10秒後著地，求(1)拋下之初
　　　　速度為若干？(2)第10秒內所落下之距離為若干？　(A)4m/sec↓，
　　　　97.1m　(B)6m/sec↓，90.7m　(C)4m/sec↓，61.9m　(D)6m/sec↓，
　　　　97.1m。

( )　51. 一物體以29.4m/sec之初速度沿直線上拋，求(1)達到最高點需
　　　　時若干？(2)最高點至出發點之距離有若干？　(A)3sec，44.1m
　　　　(B)4sec，44.1m　(C)3sec，71.3m　(D)4sec，49m。

( )　52. 一物體以39.2m/sec之初速度垂直拋上，經歷10秒後此物體到達何
　　　　處？　(A)下方98m　(B)上方49m　(C)下方49m　(D)上方98m。

( )　53. A汽車以40km/hr之速度向東行駛，另一汽車B以30km/hr之速度向北
　　　　行駛，則A車上的乘客觀察B汽車之運動情形如何？　(A)50km/hr，
　　　　朝東南37°　(B)10km/hr，朝東南37°　(C)50km/hr，朝西北37°
　　　　(D)10km/hr，朝西北37°。

( )　54. 如右圖所示，河流寬1公里，水流速度為4km/hr，
　　　　船至南岸之A點出發，與河流成垂直方向以
　　　　6km/hr之速度直航河流對岸之B點，但因水流
　　　　影響而達B'點，求(1)到達B'點之時間；(2)船
　　　　到達對岸所行之絕對位移　(A)10min，1.2km　(B)10hr，12km
　　　　(C)10min，3.6km　(D)20min，1.2km。

( )　55. 今有一物體，由靜止狀態開始作等加速直線運動，設在第1秒內行程為6m，最後一秒行經全程之9/25時，試求全程應為若干？
(A)125m　(B)135m　(C)145m　(D)150m。

( )　56. 今自50公尺高之塔頂由靜止狀態垂直自由落下一球，同時由塔底以20公尺/秒之初速度垂直向上拋一石，試求球與石相遇時間為何？
(A)1sec　(B)1.5sec　(C)2sec　(D)2.5sec。

( )　57. 自由落體運動初速度為零，則下降時間與下降距離的關係為
(A)兩者成正比　　　　　　　(B)兩者成反比
(C)時間與距離平方正比　　　(D)時間與距離平方根成正比。

( )　58. 一質點作直線運動，運動方程$V = 4t + 3$m/s，則此質點作　(A)等速運動　(B)等加速度運動　(C)變加速度運動　(D)靜止不動。

( )　59. 某汽車以等加速在5秒內，時速由36增至72公里，則此段時間內車子位移為　(A)75　(B)150　(C)175　(D)300　m。

( )　60. 甲車以每小時40公里向東行駛，乙車以每小時40公里向南行駛，則乙車上的人看甲車之速度及方向為　(A)每小時$40\sqrt{2}$公里，向東北　(B)每小時$60\sqrt{2}$公里，向東北　(C)每小時$60\sqrt{2}$公里，向東　(D)每小時$40\sqrt{2}$公里，向西北。

( )　61. 甲、乙兩物同時向上垂直拋出，甲經12秒落地，乙經8秒落地，如重力加速度為9.8m/sec^2，則甲物拋出高度較乙物拋高多少m？
(A)98.0　(B)78.4　(C)49.0　(D)39.2。

( )　62. 一直點作直線運動，運動方程式$V = 4t + 3$m/s，當$t = 3$秒時，速度V之大小為　(A)3m/sec　(B)7m/sec　(C)11m/sec　(D)15m/sec。

( )　63. 下列哪些為向量？　(A)位置　(B)質量　(C)時間　(D)速度　(E)加速度。（多選題）

解答與解析

1. **A**

2. **B**　$148 = V_0 \times 10 + \dfrac{1}{2} \times 1 \times 10^2 \Rightarrow V_0 = 9.8$ (m/s)

3. **B**　100km/hr＝27.78 (m/s) ⇨ 27.78＝a×4 ⇨ a＝6.94≒7 (m/s)

4. **C**　$h=\dfrac{1}{2}gt^2 \Rightarrow t=\sqrt{\dfrac{2h}{g}}=\sqrt{\dfrac{2\times508}{9.8}}\doteqdot 10.2$ (秒)

5. **B**

6. **C**　$-h=2.5\times5-\dfrac{1}{2}\times9.8\times5^2 \Rightarrow h=110$ (m)

7. **B**　　　8. **B**　　　9. **B**　　　10. **B**　　　11. **B**　　　12. **D**　　　13. **B**

14. **A**　　　15. **D**

16. **B**　$20^2=0^2-2a\times400 \Rightarrow a=-0.5$ (m/s^2)

17. **C**　　　18. **A**　　　19. **B**

20. **A**　$V_2=gt=9.8\times1 \Rightarrow V_2^2=V_1^2-2g\times14.7 \Rightarrow V_1=19.6$ (m/s)

21. **B**

22. **D**　$V=gt=9.8\times1=9.81$

23. **C**　　　24. **D**　　　25. **C**　　　26. **D**　　　27. **A**　　　28. **D**

29. **D**　$V=60(km/hr)=\dfrac{50}{3}(m/s)$，$a=\dfrac{v}{t}$，$s=\dfrac{1}{2}vt=\dfrac{1}{2}\times\dfrac{50}{3}\times20=\dfrac{500}{3}$

30. **C**　　　31. **A**

32. **A**　$(29.4)^2=(9.8)^2+2\times9.81h \Rightarrow h=39.2$ (m)

33. **D**　　　34. **D**　　　35. **B**　　　36. **D**　　　37. **A**　　　38. **C**　　　39. **B**　　　40. **D**

41. **C**　石著地時間　$t=\dfrac{20}{9.81}\times2=4.077$

　　　$H=\dfrac{1}{2}\times9.81\times(4.077)^2=81.54\doteqdot82$ (m)

42. **B**　　　43. **C**　　　44. **C**　　　45. **A**　　　46. **A**　　　47. **B**　　　48. **C**　　　49. **D**

50. **A**　　　51. **A**　　　52. **A**　　　53. **C**　　　54. **A**　　　55. **D**　　　56. **D**　　　57. **D**

58. **B**　　　59. **A**　　　60. **A**　　　61. **A**　　　62. **D**　　　63. **ADE**

第三章　曲線運動

依據出題頻率區分，屬：**A** 頻率高

> **課前叮嚀**
> 本章主要介紹自由落體及拋體運動之末速與位移之計算。

3-1　自由落體

自由落體為等加速廣直線運動，由於地球對於物體之萬有引力的吸引，物體在地表會受到一個向下（指向地心）的加速度g。

$$g=9.8\text{m/s}^2 \qquad V=gt \qquad H=\frac{1}{2}gt^2 \qquad V^2=2gH$$

> **【例】**
> 若從高度H公尺之樓頂拋下一個鐵球，則幾秒後鐵球會到達地面呢？

解 讓我們用微分方程的角度來解題，假設鐵球高度為一時間的函數y(t)，已知：

$$\begin{cases} y(0)=H\text{公尺} \\ v(t)=\dfrac{d}{dt}y(t) \end{cases}$$

因為自由落體（Free Fall）為一個等加速運動（Constant Acceleration），故

$$\frac{d}{dt}v(t)=-9.8\ \text{m/s}^2\ （「-」負號表示向下）$$

$$\Rightarrow v(t)=-9.8t\ \text{m/s}=\frac{d}{dt}y(t)\ （\because 初速度為0 \quad \therefore 常數項為0）$$

解得：

$$y(t)=-\frac{1}{2}\times 9.8\times t^2+C$$，C為待決定之常數。

由初始條件（Initial Condition）

　　　$\Rightarrow y(0)=H$公尺

我們可以決定常數C

　　　$\Rightarrow y(0)=C=H \quad \therefore y(t)=-4.9t^2+H$

何時鐵球會掉至地面呢？這個簡單，因為這相當於問何時$y(t)=0$？
設$t=T$時，

　　　$y(t)=0 \Rightarrow 0=-4.9+H$

　　　$\Rightarrow T=\sqrt{\dfrac{H}{4.9}}$秒$\Rightarrow T=\sqrt{\dfrac{10H}{7}}$秒　或$\sqrt{\dfrac{2H}{g}}$

讀者也可以背公式：

$$\frac{1}{2}gt^2=H \Rightarrow T=\sqrt{\frac{2H}{g}}$$

【例】

如上的例子，若鐵球先以初速度　m/s上拋，則何時鐵球掉至地面呢？

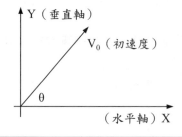

解 先假設位置函數y(t)，由題目知道2個初始條件：

已知：

　　　$y(0)=H$公尺　　　$\left.\dfrac{dy}{dt}\right|_{t=0}=V_0$

因鐵球的運動方程為：

　　　$[y(t)]=-g$ m/s^2　$\Rightarrow y(t)=-gt+V_0$m/s（速度函數）

　　解y(t)，得　　　$\Rightarrow y(t)=-\dfrac{1}{2}gt^2+V_0t+H$（高度函數）

若假設在t＝T，鐵球掉至地面y(T)＝0

$$y(T)=0 \Rightarrow -\frac{1}{2}gt^2+V_0t+H （一元二次方程式）$$

$$\Rightarrow T=\frac{V_0+\sqrt{v_0{}^2+2gH}}{g} , \frac{V_0-\sqrt{v_0{}^2+2gH}}{g} （不合）$$

3-2　拋體運動

承上例，如果鐵球不再是被垂直拋擲，而是以一個仰角斜拋入空中，則此時的運動軌跡會變成二維的拋物線，像這樣的運動，就稱為拋體運動。

如下圖，一個拋體有初速度$\vec{V}_0$，則此速度向量可分解為水平以及垂直兩分量。

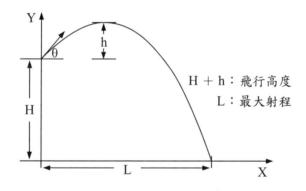

H＋h：飛行高度
L：最大射程

已知$\begin{cases}V_{0x}=V_0\cos\theta \\ V_{0y}=V_0\sin\theta\end{cases}$，θ為拋射的仰角。

當然了，拋體運動仍舊是一個等加速度運動，其加速度為重力加速度，g≒9.8 m/s。

分析拋體運動並不難，基本上只是求解微分方程而已，換句話說，只要寫下：

$\begin{cases}(1)初始條件：初速度，初始高度。 \\ (2)運動方程式：就是微分方程。\end{cases}$

再求解，應該是輕而易舉的。

一、初始條件（Initial Condition）

拋物的位置$\vec{X}(t)$以及速度$\vec{V}(t)$是數學上的向量，且時間t的函數。

$$\begin{cases} \vec{X}(t) = (x(t), y(t)) \\ \vec{V}(t) = (V_x(t), V_y(t)) \end{cases}$$

我們可以把向量分解成X-軸及Y-軸上的分量，由題意，知道初始條件有：

(a) $\begin{cases} x(0) = 0 \\ y(0) = H \end{cases}$ Initial Position

(b) $\begin{cases} V_x(0) = V_0 \cos\theta \\ V_y(0) = V_0 \sin\theta \end{cases}$ Initial Velocity

二、運動方程式（Equation Of Motion）

$$\begin{cases} \dfrac{d}{dt}V_y(0) = -g \text{（垂直方向有重力加速度）} \\ \dfrac{d}{dt}V_x(0) = 0 \text{（水平方向速度不變）} \end{cases}$$

$V_x(t)$最好解了，就是$V_x(t) = V_x(0) = V_x \cos\theta$，所以X-軸方向的位置x(t)，

$$\frac{d}{dt}x(t) = V_x(0) = V_x \cos\theta$$

$$\Rightarrow x(t) = (V_0 \cos\theta)t + x(0) = (V_0 \cos\theta)t$$

Y-軸方向的運動由：

$$\frac{d}{dt}V_y(t) = -g \Rightarrow V_y(t) = -gt + \text{constant} \text{（待決定，以初始條件決定之。）}$$

$$\because V_y(t=0) = V_0 \sin\theta \Rightarrow V_y(t) = -gt + V_0 \sin\theta$$

又速度 $V_y(t) = \dfrac{d}{dt}y(t) = -gt + V_0 \sin\theta$

$$\Rightarrow y(t) = -\frac{1}{2}gt^2 + V_0 \sin\theta t + \text{constant} \text{（待決定）}$$

$$\because y(0) = H \quad \therefore y(t) = -\frac{1}{2}gt^2 + V_0 \sin\theta t + H$$

三、摘要（Summary）

位置函數 $\begin{cases} x(t) = V_0 t \cos\theta \\ y(t) = -\dfrac{1}{2} g t^2 + V_0 \sin\theta t + H \end{cases}$

速度函數 $\begin{cases} V_x(t) = \dfrac{d}{dt} x(t) = V_0 \cos\theta \\ V_y(t) = \dfrac{d}{dt} y(t) = -gt + V_0 \sin\theta \end{cases}$

四、水平最大射程（The Horizontal Range）

當物體著地時，運動就結束了，所以此時X方向上之距離就是最大射程L。

假設t＝T時，拋體著地：

$$y(T) = 0 = -\frac{1}{2} g T^2 + V_0 \sin\theta T + H \quad （此為「T」之一元二次方程式）$$

解T得：

$$T = \frac{V_0 \sin\theta + \sqrt{V_0^{\,2} \sin^2\theta + 2gh}}{g}$$

所以

$$L = V_0 \cos\theta T = V_0 \cos\theta \left\{ \frac{V_0 \sin\theta + \sqrt{V_0^{\,2} \sin^2 + 2gh}}{g} \right\}$$

※Special Case：H＝0

當初始高度H＝0時，

$$L = V_0 \cos\theta \times 2\frac{V_0 \sin\theta}{g} = \frac{V_0^{\,2}}{g} \sin 2\theta$$

當固定V_0時（g為常數）θ＝45°時，有最大射程。

最高點之高度H＋h

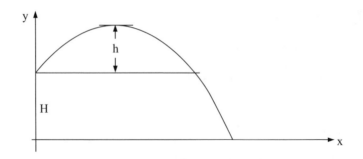

此時拋體不再上升，相反地卻開始下降，所以此點必有：

$$V_y = 0 = -gt + V_0 \sin\theta \Rightarrow t = \frac{V_0 \sin\theta}{g}$$

此時的高度$y(t)$

$$y\left(t = \frac{V_0 \sin\theta}{g}\right) = -\frac{1}{2}g\left(\frac{V_0 \sin\theta}{g}\right)^2 + V_0 \sin\theta\left(\frac{V_0 \sin\theta}{g}\right) + H = \frac{1}{2}\left(\frac{V_0^2 \sin^2\theta}{g}\right) + H$$

3-3 圓周運動

等速率圓周運動：速率不變，但方向隨時間均勻改變的運動。

1. 圓周運動須有向心力。
2. 向心加速度產生，向心力方向永遠與速度方向垂直。
3. 速度為路徑之切線方向，大小為$r\omega$。

【例】

一個小女孩以水平速度v_0丟出一球，假設球與地面之恢復係數為e，試求：(1)球撞擊地面後反彈之速度；(2)球反彈之最大高度。

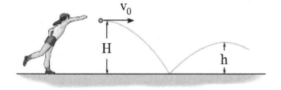

解 (1)球撞擊地面前之鉛直速度為 $\sqrt{2gH}$ ，

依恢復係數之定義 $e = \dfrac{v_{fn}}{\sqrt{2gH}} \Rightarrow v_{fn} = e\sqrt{2gH}$ ，

球撞擊地面後反彈之速度 $v_f = \sqrt{v_0^2 + 2e^2gH}$

(2)球反彈之最大高度時鉛直速度為0，

$0 = 2e^2gH - 2gh \Rightarrow h = e^2H$

【例】
一個質量m_B的方塊由一繩子經一孔與質量m_A的圓柱
體接在一起，試決定m_A的大小使方塊沿半徑r速率v
作圓周運動。

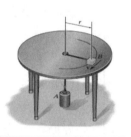

解 $m_A g = m_B \dfrac{v^2}{r} \Rightarrow m_A = \dfrac{m_B}{g} \dfrac{v^2}{r}$

精選試題

( )　1. 一質點作等速率圓周運動則　(A)沒有加速度　(B)運動方向不變
　　　(C)速度大小不變　(D)加速度大小隨時變化。

( )　2. 一般手錶之秒針其角速度應為　(A)π/60 rad/sec　(B)π/30 rad/sec
　　　(C)π rad/sec　(D)2π rad/sec。

( )　3. 半徑長10cm之秒針，從12點鐘開始，在45秒內，經過路徑長
　　　(A)5π　(B)10π　(C)15π　(D)20π　(cm)。

( )　4. 承3. 位移　(A)10　(B)$10\sqrt{2}$　(C)20　(D)$20\sqrt{2}$　cm。

( )　5. 半徑為1cm之飛輪加速度2rad/sec^2，由靜止開始轉動，則2秒後，其輪緣上任一點之加速度為 _____ cm/sec^2　(A)$\sqrt{260}$　(B)$\sqrt{196}$　(C)$\sqrt{20}$　(D)$\sqrt{80}$。

( )　6. 一電風扇以1200rpm等速迴轉，若突然斷電，使葉片在5秒內完全停止，則由斷電開始至葉片完全停止所轉過之圈數為　(A)40圈　(B)50圈　(C)40π圈　(D)50π圈。

( )　7. 一飛輪直徑50cm，一角速度600rpm旋轉，由於剎車之作用，發現其角速度直線減少中，且在轉100圈後停止，則剎車開始作用到停止之時間最接近　(A)20秒　(B)25秒　(C)30秒　(D)35秒。

( )　8. 一物體從一高度490公尺之屋頂，以初速100m/sec朝水平方向擲出，若不計空氣阻力，則此物體落至地時之水平位移為　(A)800m　(B)900m　(C)950m　(D)1000m。

( )　9. 如右圖所示，一質點作橢圓運動，當它通過A點時，其合成加速度a之大小為20m/sec^2，且方向如圖所示。問當它通過A點時其切線加速度大小為何？　(A)18m/sec^2　(B)16m/sec^2　(C)14m/sec^2　(D)12m/sec^2。

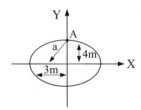

( )　10. 如右圖所示，一質點作橢圓運動，當它通過A點時，其合成加速度a之大小為20m/sec^2，且方向如圖所示。若在A點處之曲率半徑為6.25m，則通過A點時之速率為何？　(A)10m/sec　(B)15m/sec　(C)20m/sec　(D)25m/sec。

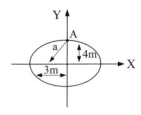

( )　11. 將一物體以在地面h＝50m處以仰角（水平向上）30°初速V_0＝20m/sec拋出，當物體到達地面時之速速率為　(A)37.12m/sec　(B)39.12m/sec　(C)42.12m/sec　(D)44.12m/sec。

( )　12. 一砲彈以初速度250m/sec，仰角37°之方向射出，擊中正前方4000m遠之目標，則知目標之高度為　(A)920m　(B)1040m　(C)840m　(D)760m。

(　) 13. 某電動馬達自開關閉合通電後，以40rad/sec^{2}之等角加速度由靜止狀態升至1800rpm的轉速。若馬達皮帶輪之直徑為20cm，求　(1)全部加速之時間　(2)加速時間內旋轉之轉數：　(A)4.7sec，70.7轉　(B)5.7sec，70.7轉　(C)4.7sec，50.1轉　(D)5.7sec，50.1轉。

(　) 14. 有一車輪於45秒內由靜止出發至1800rpm之轉速，求在發動後15秒末之瞬時角速度？　(A)20 rad/sec　(B)30 rad/sec　(C)20π rad/sec　(D)30π rad/sec。

(　) 15. 一質點沿半徑50cm之圓周，由靜止作等角加速度運動，若其加速度為4rad/sec^2，則在10秒末之運動敘述下列何者為非？
(A)切線速度為20m/sec　　　　(B)切線加速度為2m/sec^2
(C)法線加速度為800m/sec^2　　(D)以上皆是。

(　) 16. 一物體由一塔上以6m/sec之速度水平拋出，經6秒後著地，求
(1)此塔距地面之高　(2)著地點距塔之平面距離：　(A)176.4m，16m　(B)176.4m，36m　(C)49m，16m　(D)98m，36m。

(　) 17. 一飛機以360km/hr之等速向東航向目標實施炸射練習，若飛行高度為1960公尺，當飛到目標區多遠處即需投彈，以便炸中目標？
(A)200m　(B)490m　(C)980m　(D)2000m。

(　) 18. 一物體從20公尺高之匡頂，以與水平向上37°夾角射出，若其初速度為10m/sec，求其落地處與房屋之水平距離為若干？　(A)10m　(B)13m　(C)20m　(D)22m。

(　) 19. 槍彈以60m/sec之初速度由槍口射出，若射出仰角為30°，則下列何者為是？　(A)最大之高度45.9m　(B)落至原水平面之時間6.12秒　(C)射程318m　(D)以上皆是。

(　) 20. 一子彈在150m高之哨壁邊緣，以180m/sec之初速度發射出去，仰角30度，設空氣阻力忽略不計，則子彈著地處至發射處之水平距離約為　(A)1110m　(B)2100m　(C)3100m　(D)4100m。

(　) 21. 一彈丸以初速度V$_0$，及仰角θ發射時，若需要最大水平射程，則θ應等於　(A)0°　(B)30°　(C)45°　(D)60°。

(　) 22. 一質點在作圓周運動，如在圓之切線方向有加速度，此是由於質點之什麼改變而產生的？　(A)線速度之大小　(B)線速度之方向　(C)位置　(D)位置與線速度之方向。

（　）23. 一輪由靜止開始以等角加速度迴轉運動50秒，其迴轉數為100r.p.m 若其迴轉數變為180r.p.m，則所需時間　(A)40秒　(B)50秒　(C)60秒　(D)70秒。

（　）24. 設有一馬達轉速為每分鐘1200轉，當截斷電流後於400秒鐘內，轉速減為每分鐘720轉，則此馬達之角力速度為　(A)-4π　(B)4π　(C)5π　(D)6π　弧度/秒^2。

（　）25. 直徑為2公尺之輪，作等角加速度由靜止而開始運動，於第0.2秒末時角速達到10弧度/秒，試求此時輪緣上一點之加速度大小為　(A)112m/sec^2　(B)50m/sec^2　(C)150m/sec^2　(D)141m/sec^2。

（　）26. 槍彈離槍口速度為70m/sec則最大射程為　(A)300　(B)400　(C)500　(D)600　m。

（　）27. 一球在高度20m處以20m/sec之初速，仰角為53°射出，則當球擊中距離48m處之牆時，其距離地面之高度為　(A)已落地　(B)5.6m　(C)11.1m　(D)23.9m。

（　）28. 在980m高度，以速度500m/sec飛行之飛機，在距目標多遠處投彈，才能擊中目標　(A)6,062m　(B)7,071m　(C)8,233m　(D)9,800m。

（　）29. 一物體從高度為10m之屋頂以初速度10/sec出，則此體落於地面水平距離為　(A)100/4.9m　(B)100/7m　(C)100/9.8m　(D)100/19.6m。

（　）30. 一飛輪於45sec內，以等角加速度自靜止達到1800rpm之速度，則其角加速度為若干rad/sec^2？　(A)40　(B)3/4　(C)3/4π　(D)4/3π。

（　）31. 一物體以V_0之初速度與水平成θ仰角拋出，則下列何者為錯誤之結果：　(A)水平速率為$V_0\cos\theta$　(B)達到頂點之時間為$V_0\sin/g$　(C)最大高度為$V_0\sin^2\theta/2g$　(D)落到水平面之時間為$2V_0\sin\theta/2g$（其中以g為重力加速度，且不計空氣阻力）。

（　）32. 一物體以水平45°角拋出，若拋射物體最大高度為H，最大射程為D（不計空氣阻力損失），則其關係為　(A)H＝D　(B)2H＝D　(C)4H＝D　(D)H＝2D。

( )　33. 若初速度為一定時，以15°及75°之仰角拋出二球，何者水平射程較遠？　(A)15°仰角之水平射程較遠　(B)75°仰角之水平射程較遠　(C)相等　(D)75°仰角之水平射程為15°仰角之 $\sqrt{3}$ 倍。

( )　34. 有一唱片半徑為30公分，每分鐘轉動30轉，則下列敘述何者錯誤？　(A)邊緣上一質點的切線速度為30π公尺/秒　(B)迴轉速度為30rpm　(C)角速度為π rad/sec　(D)轉過540°之角位移需3秒。

( )　35. 一物體從高h的樓上水平拋射，著地時和水平地面成45°角，則水平位移為　(A)h　(B)2h　(C)3h　(D)1/2h。

( )　36. 水平飛行之飛機在300公尺高每小時90公里之速度投擲炸彈，與地面接觸時之速度為　(A)60.2m/sec　(B)80.7m/sec　(C)53.4m/sec　(D)96.5m/sec。

( )　37. 某人自桌邊將一石子以4.9公尺/秒之速率水平拋出，石子落地時之方向與水平成45°則此石子拋出後在第幾秒著地？　(A)1.41sec　(B)1.0sec　(C)0.707sec　(D)0.50sec。

( )　38. 有人從490m高之山頂以水平方向拋出一物，如果著地時之角度為45°，則此人拋球之初速度為　(A)106m/sec　(B)96m/sec　(C)86m/sec　(D)98m/sec。

解答與解析

1. **C**　　　2. **B**

3. **C**　$s = \pi D \times \dfrac{3}{4} = 20\pi \times \dfrac{3}{4} = 15\pi$ (cm)

4. **B**

5. **A**　$a_t = \alpha r = 2 \times 1 = 2 \text{cm/s}^2$, $a_n = \dfrac{V^2}{r} = r\omega^2 = (2 \times 2)^2 \times 1 = 16 \text{cm/s}^2$

$a = \sqrt{(a_t)^2 + (a_n)^2} = \sqrt{260}$ cm/s^2

6. **B**　　　7. **A**

8. **D** $h=\dfrac{1}{2}\,gt^2$；$490=\dfrac{1}{2}\times9.8\times t^2$ $\therefore t=10\,(sec)$

$S=Vt=100\times10=1000\ (m)$

9. **D**   10. **A**   11. **A**

12. **B** $250\cos37°=250\times\dfrac{4}{5}=200\,(ms)$

$4000\div200=20\ (秒)$

$y=250\sin37°\times20-\dfrac{1}{2}\times9.8\times20^2=3000-1960=1040\,(m)$

13. **A**

14. **C** $1800\text{rpm}=\dfrac{1800\times2\pi}{60}=60\pi\ (rad/s)$

$60\pi=\alpha\times45\Rightarrow\alpha=\dfrac{4\pi}{3}\ (rad/s^2)$

$\omega=\alpha t=20\pi$

15. **D**	16. **B**	17. **D**	18. **D**	19. **D**	20. **A**	21. **C**	22. **A**
23. **A**	24. **B**	25. **A**	26. **C**	27. **B**	28. **B**	29. **B**	30. **D**
31. **C**	32. **C**	33. **C**	34. **A**	35. **B**	36. **B**	37. **D**	38. **D**

第四章　質心與重心

依據出題頻率區分，屬：**A** 頻率高

課前叮嚀
本章主要介紹各種形狀之質心計算。

4-1　質心

1. **質心（質量中心）**：物質系統上被認為質量集中於此的一個假想點。
2. **重心（幾何中心）**：幾何學中，將n維空間中的一個對象X分成距相等兩部分的所有超平面的交點。

4-2　實例分析

【例】
假設有一個質地均勻的圓盤，其質量為M，半徑為R。試問其質心位置為何？

解 我想不用計算讀者也會猜。質心位於圓盤的中心點。Good guess！！
　　來看看物理學家如何思考答案吧！

（解法1） 利用已知的均勻直棍子的結果：
　　　　　　理論上我們可以把圓盤橫向切成無限多的一條一條的長條形。所以每一個長條

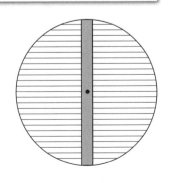

形都可以視為是一個均勻的棍子，而棍子的質心在棍子的中央。

現在，我們想像把這些橫向的棍子，縮成位於其質心的一個質點，且質量不變。此時，這些無數多的均勻棍子的質心，可以構成如圖中灰色的垂直棍子。而均勻棍子的質心在棍子的中央。所以，圓盤（此時縮成了灰色棍子）的質心就在圓的圓心上。

（**解法2**）運用數學公式求質心：

假設圓盤的質量面密度（area density of mass）為：

$$\rho = \frac{M}{\pi R^2} = \text{constant}$$

圓盤的總質量為 M。設圓心為座標的原點，則圓盤中某個微小面積（differential area）處的位置向量為：

$$\vec{r} = r(\cos\theta \hat{x} + \sin\theta \hat{y})$$

很顯然的，此微小面積 dA 為：

$$dA = r dr d\theta$$

運用公式，我們可以積分而得到質心 $\vec{c}$：

$$\vec{c} = \frac{\int_0^R \int_0^{2\pi} \rho \vec{r}(r\,d\theta\,dr)}{M}$$

$$= \frac{\rho \int_0^R \int_0^{2\pi} r^2(\cos\theta\hat{x} + \sin\theta\hat{y})(r\,d\theta\,dr)}{M}$$

$$= 0 \left\{ \text{use} \int_0^{2\pi} \cos\theta d\theta = 0 = \int_0^{2\pi} \sin\theta d\theta = 0 \right\}$$

所以，質心位於圓的圓心。

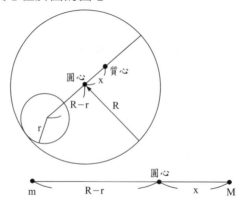

【例】

均勻的、挖了洞的圓盤：假設有一個質地均勻的圓盤，半徑為R。今若將此圓盤挖一個半徑為r的小圓洞，並使此小圓洞與大圓盤相切。則挖洞後的圓盤其質心位置為何？

解 這個題目比較適合用物理的理解來解題，直接用數學公式比較麻煩。因為物體的形狀，作積分要麻煩一點。

（STEP1）**假設物體的質心位置：**

從我們對於物理的了解，質心應該位於對稱的軸線上。又如果我們把小圓洞補上，物體的質心會變成在圓心上。所以，物體的質心應該位於小圓洞的另外一側。我們假設質心到圓心的距離為x。

（STEP2）**利用「把小圓洞補上，物體的質心會變成在圓心上」的特性來求解。**

請看下圖：

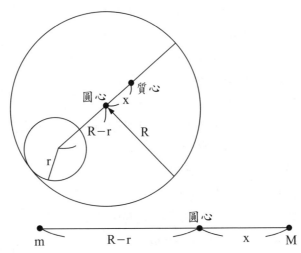

假想我們把小圓洞補上了。此小圓洞的質心離大圓盤的圓心距離為R−r，而原先破洞的圓盤其質心距離圓心為x。假設小圓洞的質量為m，破洞的大圓盤質量為M，則：

$$M : m = (R^2 - r^2) : r^2$$

由於補好洞的圓盤，其質心變成了圓心的位置。所以可以列出以
下的等式：

$0 = \dfrac{Mx - m(R-r)}{M+m}$　（設圓心為座標原點）

$Mx = m(R-r)$

$\Rightarrow x = \dfrac{m}{M}(R-r) = \dfrac{r^2}{R^2 - r^2}(R-r) = \dfrac{r^2}{R+r}$

質心位於距離圓心 $\dfrac{r^2}{R+r}$ 的地方。

精選試題

(　)　1. 稜錐或角錐體之體積重心，在底面積之重心與頂點之連線上距離底
邊＿＿＿＿高　(A)1/3　(B)1/4　(C)1/5　(D)1/2。

(　)　2. 有一長12cm之均質鐵絲，彎成如右圖，
之形狀，其重心之橫座標Xc＝？　(A)4.5cm
(B)4.8cm　(C)5.0cm　(D)5.2cm。

(　)　3. 如右圖，有一正方形A，B，C，D之板，每邊長
12cm，以二對角線分為4個三角形，若切去其一，
則殘部ABOCDA之重心OG為
(A)14/3cm　　　(B)4cm
(C)4/3cm　　　(D)6cm。

(　)　4. 如右圖，T形板之形心位置在中心上距左端
(A)8cm　　　(B)7cm
(C)6.2cm　　　(D)5.2cm。

(　)　5. 在如右圖，斜面部份面積之重心為X＝Y＝？
(A)0.77r　　　(B)1.56r
(C)0.62r　　　(D)0.43r。

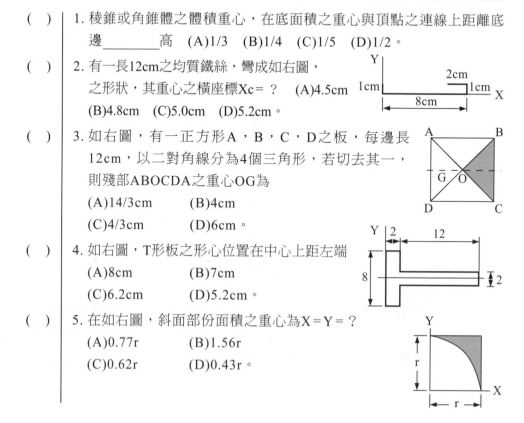

( )　6. 如右圖，斜線部份面積之重心為
　　　(A)x＝−1.43cm，y＝4.63cm
　　　(B)x＝−0.86cm，y＝4.63cm
　　　(C)x＝1.43cm，y＝2.64cm
　　　(D)x＝2.33cm，y＝3.45cm。

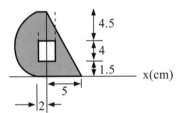

( )　7. 物質之重心、形心、質心同在一點之條件為　(A)同緯度　(B)均質
　　　(C)同緯度且均質　(D)以上皆非。

( )　8. 已知半圓片之重心至直徑之距離為
　　　(A)$4\gamma\sqrt{2}/3\pi \cdot \gamma/\pi$　　　　　　(B)$3\sqrt{2}/4 \cdot \gamma/\pi$
　　　(C)$8/3 \cdot \gamma/\pi$　　　　　　　　　(D)$8\sqrt{2}/9 \cdot \gamma/\pi$。

( )　9. 求ABCD線段之形心，如右圖
　　　(A)X＝0，Y＝2cm
　　　(B)X＝0，Y＝3cm
　　　(C)X＝0，Y＝4cm
　　　(D)X＝2cm，Y＝4cm。

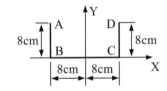

( )　10. 如右圖之形心位置為
　　　(A)X＝2.8cm，Y＝3.7cm
　　　(B)X＝3.7cm，Y＝2.8cm
　　　(C)X＝3cm，Y＝4cm
　　　(D)X＝4cm，Y＝3cm。

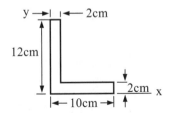

( )　11. 物體重心位置之求法，一般都是應用　(A)阿基米德原理　(B)拉密
　　　定理　(C)正弦定理　(D)力矩定理。

( )　12. 如右圖，圖形中，其形心位於
　　　(A)X＝0，Y＝0.1cm
　　　(B)X＝0，Y＝2.1cm
　　　(C)X＝0，Y＝2.3cm
　　　(D)X＝0，Y＝−0.95cm。

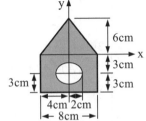

( )　13. 物體對於某直線之力代數和為零時，其直線必通過物體之　(A)重
　　　心　(B)一端　(C)座標原點　(D)上端。

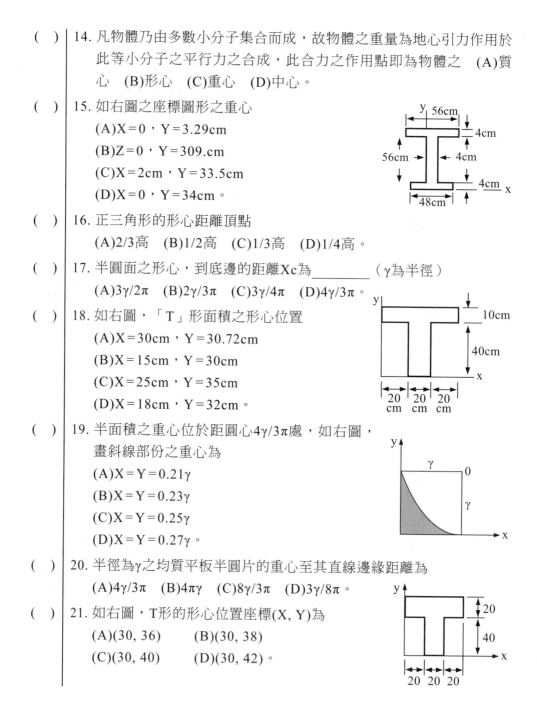

( )　14. 凡物體乃由多數小分子集合而成，故物體之重量為地心引力作用於此等小分子之平行力之合成，此合力之作用點即為物體之　(A)質心　(B)形心　(C)重心　(D)中心。

( )　15. 如右圖之座標圖形之重心
　　　(A)X＝0，Y＝3.29cm
　　　(B)Z＝0，Y＝309.cm
　　　(C)X＝2cm，Y＝33.5cm
　　　(D)X＝0，Y＝34cm。

( )　16. 正三角形的形心距離頂點
　　　(A)2/3高　(B)1/2高　(C)1/3高　(D)1/4高。

( )　17. 半圓面之形心，到底邊的距離Xc為_____（γ為半徑）
　　　(A)3γ/2π　(B)2γ/3π　(C)3γ/4π　(D)4γ/3π。

( )　18. 如右圖，「T」形面積之形心位置
　　　(A)X＝30cm，Y＝30.72cm
　　　(B)X＝15cm，Y＝30cm
　　　(C)X＝25cm，Y＝35cm
　　　(D)X＝18cm，Y＝32cm。

( )　19. 半面積之重心位於距圓心4γ/3π處，如右圖，畫斜線部份之重心為
　　　(A)X＝Y＝0.21γ
　　　(B)X＝Y＝0.23γ
　　　(C)X＝Y＝0.25γ
　　　(D)X＝Y＝0.27γ。

( )　20. 半徑為γ之均質平板半圓片的重心至其直線邊緣距離為
　　　(A)4γ/3π　(B)4πγ　(C)8γ/3π　(D)3γ/8π。

( )　21. 如右圖，T形的形心位置座標(X, Y)為
　　　(A)(30, 36)　　(B)(30, 38)
　　　(C)(30, 40)　　(D)(30, 42)。

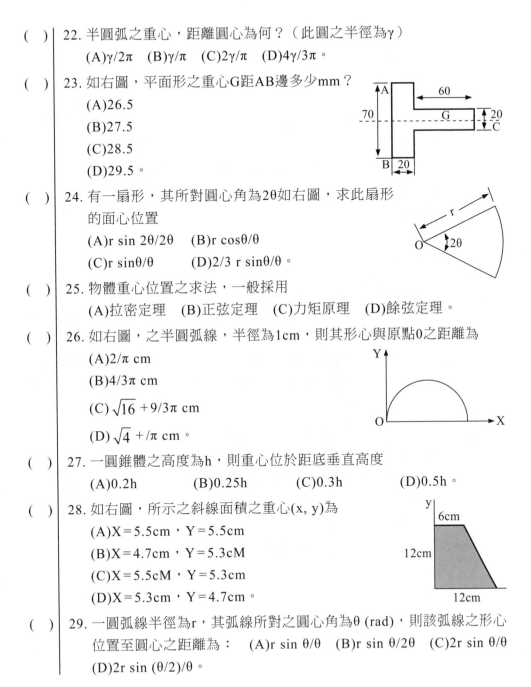

( )　22. 半圓弧之重心，距離圓心為何？（此圓之半徑為γ）

(A)γ/2π　(B)γ/π　(C)2γ/π　(D)4γ/3π。

( )　23. 如右圖，平面形之重心G距AB邊多少mm？

(A)26.5

(B)27.5

(C)28.5

(D)29.5。

( )　24. 有一扇形，其所對圓心角為2θ如右圖，求此扇形

的面心位置

(A)r sin 2θ/2θ　(B)r cosθ/θ

(C)r sinθ/θ　(D)2/3 r sinθ/θ。

( )　25. 物體重心位置之求法，一般採用

(A)拉密定理　(B)正弦定理　(C)力矩原理　(D)餘弦定理。

( )　26. 如右圖，之半圓弧線，半徑為1cm，則其形心與原點0之距離為

(A)2/π cm

(B)4/3π cm

(C) $\sqrt{16}$ +9/3π cm

(D) $\sqrt{4}$ +/π cm。

( )　27. 一圓錐體之高度為h，則重心位於距底垂直高度

(A)0.2h　(B)0.25h　(C)0.3h　(D)0.5h。

( )　28. 如右圖，所示之斜線面積之重心(x, y)為

(A)X＝5.5cm，Y＝5.5cm

(B)X＝4.7cm，Y＝5.3cM

(C)X＝5.5cM，Y＝5.3cm

(D)X＝5.3cm，Y＝4.7cm。

( )　29. 一圓弧線半徑為r，其弧線所對之圓心角為θ (rad)，則該弧線之形心

位置至圓心之距離為：　(A)r sin θ/θ　(B)r sin θ/2θ　(C)2r sin θ/θ

(D)2r sin (θ/2)/θ。

( )　30. 如右圖之圖形為一鐵線彎成ABCD三段，若此鐵線之重心為
　　　(Xc, Yc)，則Xc最接近下列何者？
　　　(A)3.50cm
　　　(B)4.05cm
　　　(C)4.35cm
　　　(D)4.65cm。

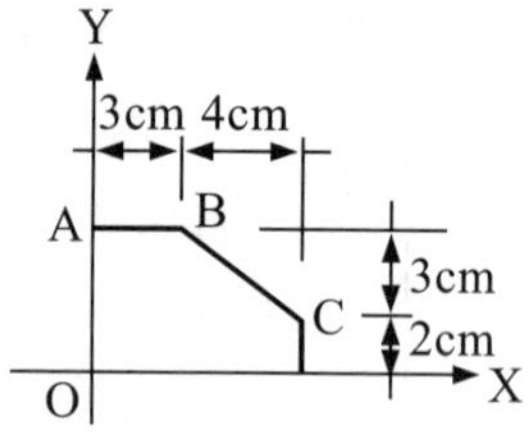

( )　31. 如右圖所示，線段ABCD之重心X約為多少公尺？
　　　(A)5.17m
　　　(B)4.2m
　　　(C)10m
　　　(D)15m。

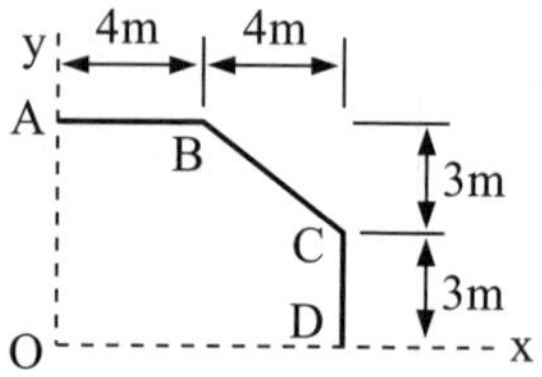

( )　32. 已知半圓片之重心至直徑之距離為$4\gamma/3\pi$，γ為半圓之半徑，則1/4
　　　圓的重心距離中心為　(A)$4\sqrt{2}/3 \cdot r/\pi$　(B)$3\sqrt{2}/3 \cdot r/\pi$　(C)$8/3 \cdot r/\pi$
　　　(D)$8\sqrt{3}/9 \cdot r/\pi$。

( )　33. 將角錐體或圓錐體之頂點與底面之重心相連結在此直線上距離底面
　　　(A)1/2　(B)1/3　(C)1/4　(D)1/5　高處一點即為此角錐體或圓體
　　　之重心。

( )　34. 有一半球，若直徑為a，則其重心為
　　　(A)$3/2\pi a^2$　(B)5/5a　(C)3/2a　(D)3/16a。

( )　35. 如右圖所示之斜線部份面積之重心(X, Y)為
　　　(A)(r/3, 0)　　　(B)(r/2, 0)
　　　(C)(r, 0)　　　(D)(r, r)。

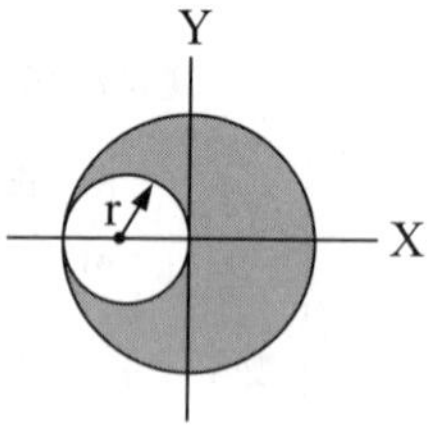

( )　36. 如右圖所示，斜線部份面積之重心座標為
　　　(A)(r/3, 0)
　　　(B)(−r/3, 0)
　　　(C)(r/6, 0)
　　　(D)(−r/6, 0)。

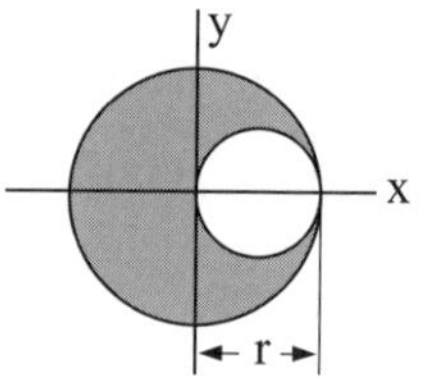

( ) 37. 如右圖所示，求扇形面積之重心X＝？
(A)3.67m
(B)4.37m
(C)5.37m
(D)6.37m。

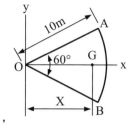

( ) 38. 右圖之斜線部份為一半圓去掉一長方塊之面積，
此斜面積之形心y為：
(A)$1/2\sqrt{2}-1/\pi-2h$
(B)$2/3\sqrt{2}-1/\pi-2h$
(C)$\sqrt{2}-1/\pi-2h$
(D)$3/4\sqrt{2}-1/\pi-2h$。

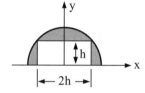

( ) 39. 下列敘述何者不正確？ (A)一段直線之重心為該直線之中點 (B)一段圓弧線之重心為該段圓弧線之中點 (C)一個圓的重心為該圓之圓心 (D)球體之重心即為球心。

( ) 40. 一梯形，上底為a，下底為b，高為h，如右圖所示，則重心距底部為
(A)h(3a+b)/2(a+b)
(B)h(2a+b)/3(a+b)
(C)h(2a+b)/3(a+b)
(D)2h(2a+b)/3(a+b)。

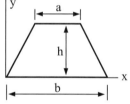

( ) 41. 如右圖所示之圓弧線重心至原點O之距離為：
(A)$4a/3\pi$
(B)$3a/2\pi$
(C)$2a/3\pi$
(D)$4a/3\pi$。

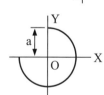

解答與解析

1. **B**

2. **A** $12Xc=1\times0+8\times4+1\times8+2\times7 \Rightarrow Xc=4.5cm$

3. **C**

4. **D**　$X = \dfrac{8 \times 2 \times 1 + 12 \times 2 \times 8}{8 \times 2 + 12 \times 2} = 5.2$

5. **A**　$X = Y = \dfrac{r^2 \times \dfrac{r}{2} - \dfrac{1}{4}\pi r^2 \times \dfrac{4r}{3\pi}}{r^2 - \dfrac{1}{4}\pi r^2} = 0.77r$

6. **B**　　　7. **B**　　　8. **A**　　　9. **A**

10. **C**　$X = \dfrac{10 \times 2 \times 5 + 10 \times 2 \times 1}{10 \times 2 + 10 \times 2} = 3 \ (cm)$

$Y = \dfrac{10 \times 2 \times 1 + 10 \times 2 \times 7}{10 \times 2 + 10 \times 2} = 4 \ (cm)$

11. **D**	12. **D**	13. **A**	14. **C**	15. **C**	16. **A**	17. **D**	18. **A**
19. **B**	20. **A**	21. **B**	22. **C**	23. **C**	24. **D**	25. **C**	26. **D**
27. **B**	28. **B**	29. **D**	30. **C**	31. **A**	32. **A**	33. **C**	34. **D**
35. **A**	36. **D**	37. **D**	38. **D**	39. **B**	40. **C**	41. **C**	

第五章　平面性質

依據出題頻率區分，屬：**A** 頻率高

課前叮嚀

本章主要介紹對一軸及對一極點之慣性距，並配合平行軸定理做組合物體之
變化。

5-1　慣性矩

計算面積形心時，須考量對某軸面積一次矩；亦即必須計算積分式 $\int x \times dA$。
考慮圖5−1微分元素 dA 對 x 及 y 軸的慣性矩分別為 $dI_x = y^2 dA$ 和 $dI_y = x^2 dA$ 可知

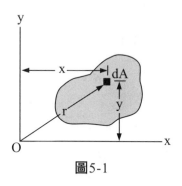

圖5-1

$$I_x = \int_A y^2 dA \qquad I_y = \int_A x^2 dA$$

表5-1

若 dA 對極點O或z軸做二次矩，稱為極慣性矩，即

$$dJ_O = r^2 dA \ \Rightarrow\ J_O = \int_A r^2 dA \ ，又 r^2 = x^2 + y^2 ，故 J_O = I_x + I_y$$

1. 由上式可知 I_x、I_x、I_O 恆正，面積慣性矩的單位是長度的四次方，即 m^4、
   mm^4、ft^4、in^4。

2. 經計算可得表5-1之形心及面積慣性矩：

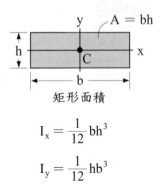

矩形面積

$$I_x = \frac{1}{12}\,bh^3$$

$$I_y = \frac{1}{12}\,hb^3$$

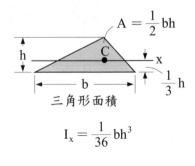

三角形面積

$$I_x = \frac{1}{36}\,bh^3$$

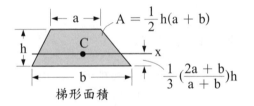

梯形面積

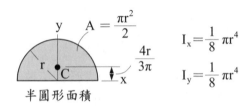

半圓形面積

$$I_x = \frac{1}{8}\,\pi r^4$$

$$I_y = \frac{1}{8}\,\pi r^4$$

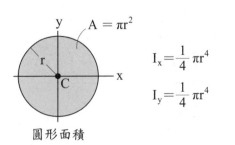

圓形面積

$$I_x = \frac{1}{4}\,\pi r^4$$

$$I_y = \frac{1}{4}\,\pi r^4$$

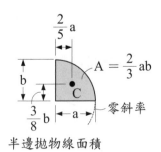

半邊拋物線面積

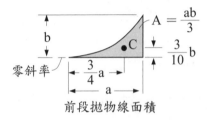

前段拋物線面積

圖5-2　面積的幾何性質

5-2 平行軸定理及迴轉半徑

一、平行軸定理

如圖5-3，形心位於x'、y'上，dA與x'軸、y'軸距離為x'、y'，與x、y軸距離為x'+d_x、y'+d_y

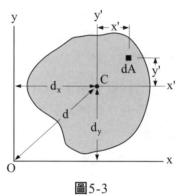

圖5-3

$$dI_x = (y' + d_y)^2 dA \Rightarrow I_x = \int_A (y' + d_y)^2 dA$$

$$= \int_A y'^2 \, dA + 2d_y \int_A y' dA + d_y^2 \int_A dA$$

上式中第二項為0可寫成 $I_x = I_{x'} + A d_y^2$ ①

同理可得 $I_y = I_{y'} + A d_x^2$ ②

由①+② $\Rightarrow J_O = J_C + Ad^2$，d為形心至原點的距離。

故可得面積對某軸之慣性矩可換成對形心之慣性矩，此為平行軸定理。

二、迴轉半徑

有時物體某一特定軸的慣性矩在某一些參考書中是用迴轉半徑（radius of gyration）k來表示。該迴轉半徑之單位為長度，且若其值及物體的質量為已知，則物體的慣性矩可由下式求得：

$$I = mk^2 \quad 或 \quad k = \sqrt{\frac{I}{m}}$$

注意：此式中k的定義和定義一元素質量dm對某一軸的慣性矩$dI = r^2 dm$中的r是相似的。

5-3 組合物體

若物體係由一些簡單形狀，如圓盤、球及桿組合而成，則物體對任意z軸的慣性矩可由各部分形狀的物體對z軸的慣性矩以代數相加而得。若組合物體中之某一部分形狀已被包含在另一部分的形狀中，故須將該部分考慮為負值，由代數相加予以減去。例如，「孔」則需由實心板中減掉。若每一組合部分的質心並非在z軸上時，則需利用平行軸定理$I = \Sigma(I_G + md^2)$來計算。式中I_G是每一組合部分對其質心的慣性矩，其值可由積分算得。

這裡我們要來介紹幾種常見的轉動慣量（rotational inertia）。提醒讀者，rotational inertia和轉動軸的選取是有絕對關係的！

1. 均勻的細棍：轉軸通過質心。

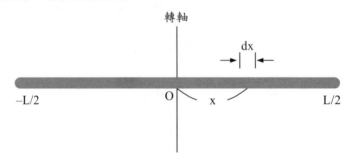

上圖灰色均勻的細棍，其線密度為ρ。所以，在座標位置x處的一小段的長度dx，其質量為ρdx。因此，這小段對於轉動慣量I的貢獻為dI：

$$dI = x^2 \rho \, dx$$

積分之後，我們可以得到轉動慣量I：

$$I = \int dI \, , \quad I = \int_{\frac{-L}{2}}^{\frac{L}{2}} x^2 \rho \, dx = \frac{\rho L^3}{12}$$

事實上，此細棍的質量$M = \rho L$。帶入上式，我們得到I和質量M以及細棍長度L的關係：

$$I = \frac{1}{12} M L^2$$

2. **均勻的細棍：轉軸通過細棍的某一端。**

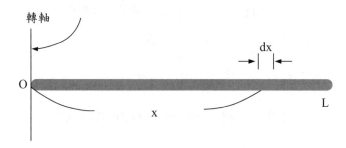

同上述，圖中的黑色小段對於轉動慣量I的貢獻為dI：

$$dI = x^2 \rho dx$$

積分之後，我們可以得到轉動慣量I：

$$I = \int dI \quad , \quad I = \int_0^L x^2 \rho dx = \frac{\rho L^3}{3} = \frac{1}{3} = ML^2$$

讀者可能會發現，這兩個例子唯一的差別只是把轉動軸平移了L/2距離！！而且，這兩個答案似乎和這個平移有某種關聯：

$$\frac{1}{3}ML^2 = \frac{1}{12}ML^2 + M\left(\frac{L}{2}\right)^2$$

很巧嗎？不是巧合，是平行軸定理的結果而已！！

3. **密度均勻的細圓環：轉軸通過圓心，且垂直於圓環所處的平面。**

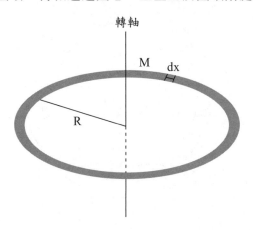

上圖質地均勻的灰色圓環其線質量密度為ρ。所以，在圓環上任意的一小段dx其質量為ρdx。因此，這小段對於轉動慣量I的貢獻為dI：

$$dI = R^2 \rho \, dx$$

積分之後，我們可以得到轉動慣量I：

$$I = \int dI \ , \ I = \int_0^{2\pi R} \rho R^2 dx = (2\pi R \rho) R^2 = MR^2$$

4. **密度均勻的薄圓盤：轉軸通過圓心，且垂直於圓盤。**

質地均勻的灰色圓環其面質量密度為ρ。如圖所示，圓盤所在的平面為XY平面，則轉動軸為Z軸。

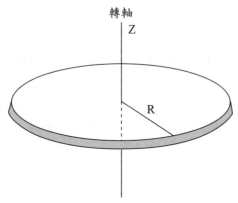

事實上，我們可以把均勻的圓盤，看成是一個又一個的小小的圓環所組成的。以下的圖形為切割後的圓盤：

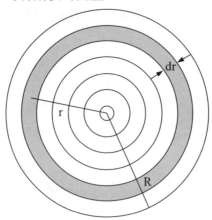

圖中稍為深色的環形，其寬度為dr，質量為$2\pi r\rho(dr)$。所以其所貢獻的Moment of inertia為dI：

$$dI = 2\pi r^3 \rho(dr)$$

所以，把所有圓環所貢獻的moments of inertia加起來（就是積分），就成了圓盤的moment of inertia。

$$I = \int dI \quad , \quad I = \int_0^R 2\pi \rho r^3 dr = \frac{1}{2}(\rho \pi R^2)R^2 = \frac{1}{2}MR^2$$

5. **密度均勻的圓柱體(I)：轉軸通過質心，且垂直於圓柱體的對稱長軸。**

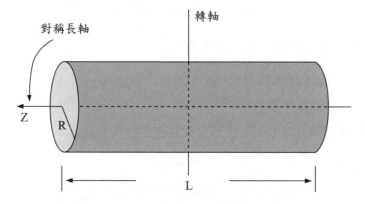

上圖為一個圓柱體(Cylinder)，質量密度為ρ。

很明顯的，圓柱體有一個對稱的長軸（圖中的Z方向）貫穿圓柱體的中心。如果我們在垂直於長軸的方向上，把圓柱體切開，我們會發現圓柱體的切面其實是一個圓形。

圓柱體的體積V與質量M分別為：

$$V = \pi R^2 L \qquad\qquad M = \rho \pi R^2 L$$

質心呢？下圖裡Axis of Rotation以及Z軸的交點，即是質心！我們將令質心為Z軸的原點，所以此圓柱體的頂端以及底端的Z座標別為L/2以及$-L/2$。

此圓柱體相對於轉動軸的Rotational Inertia：

我們可以把圓柱體想像成一個又一個的薄圓盤所堆疊而成。如下圖：

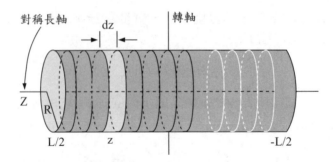

上圖中，灰色的薄圓盤的質量為$\rho\pi R^2 dz$。此薄圓盤到轉動軸的距離都是$|z|$。所以此圓盤的轉動慣量dI為：

$$dI = (\rho\pi R^2 dz)z^2 = \rho\pi R^2 z^2 dz$$

把所有的圓盤的轉動慣量相加後，得：

$$I = \int dI \quad , \quad I = \int_{-\frac{L}{2}}^{\frac{L}{2}} \rho\pi R^2 z^2 dz = \frac{1}{12}\rho\pi R^2 L^3 = \frac{1}{12}ML^2$$

6. **密度均勻的圓柱體(II)：轉軸即是圓柱體的對稱長軸。**

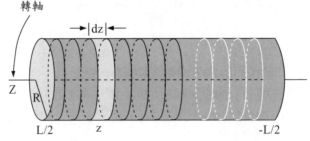

此圓柱體相對於轉動軸的Rotational Inertia：

上圖中，灰色的薄圓盤的質量為$\rho\pi$。所以此薄圓盤的轉動慣量dI為：

$$dI = \frac{1}{2}MR^2 = \frac{1}{2}(\rho\pi R^2 dz)R^2 = \frac{1}{2}\rho\pi R^4 dz$$

把所有薄圓盤的轉動慣量加起來（也就是積分起來），得到圓柱體的轉動慣量I：

$$I = \int dI \quad , \quad I = \int_{-\frac{L}{2}}^{\frac{L}{2}} \frac{1}{2}\rho\pi R^4 dz = \frac{1}{2}\rho\pi R^4 L = \frac{1}{2}MR^2$$

精選試題

( )　1. 設三角形底為b，高為h，則三角形面積對通過底邊之慣性矩為
(A)$bh^3/3$　(B)$bh^3/4$　(C)$bh^3/6$　(D)$bh^3/12$。

( )　2. 若圓之直徑為D，則圓對其心軸之迴轉半徑為　(A)D　(B)1/2D
(C)1/4D　(D)1/16D。

( )　3. 一面積A對其經過形心之軸之慣性矩為　，則此面積對相距d之另一
平行軸之慣性矩$I_d=$　(A)I_O+Ad　(B)$I_O+1/2\ Ad^2$　(C)I_O+Ad^2　(D)
I_O-Ad^2。

( )　4. x為正方形之形心軸，若其邊長為a，則對x軸之慣性矩為　(A)$1/3a^4$
(B)$1/4a^4$　(C)$1/12a^4$　(D)$1/24a^4$。

( )　5. 迴轉半徑K_x，慣性矩　與截面積A之三者之關係為　(A)$K_x=I_x/A$
(B)$K_x=I_x/A^2$　(C)$K_x=I_x/A$　(D)$K_x=I_x/A^2$。

( )　6. 如右圖，T形之面積對x-x軸之慣性矩為
(A)136cm
(B)168cm
(C)184cm
(D)252cm。

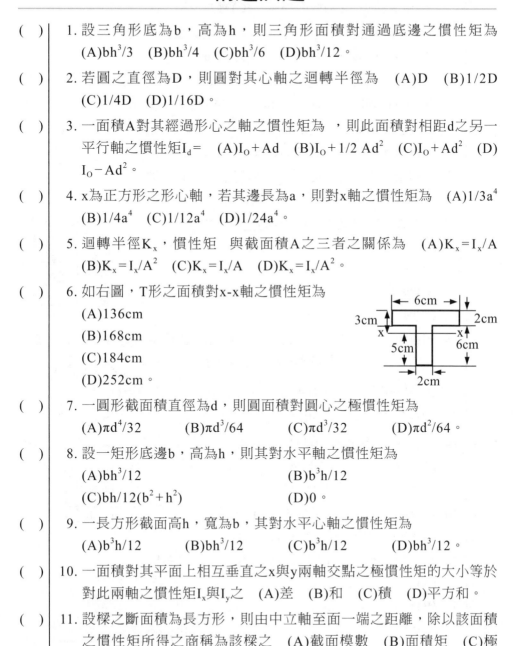

( )　7. 一圓形截面積直徑為d，則圓面積對圓心之極慣性矩為
(A)$\pi d^4/32$　　　(B)$\pi d^3/64$　　　(C)$\pi d^3/32$　　　(D)$\pi d^2/64$。

( )　8. 設一矩形底邊b，高為h，則其對水平軸之慣性矩為
(A)$bh^3/12$　　　　　　　　(B)$b^3h/12$
(C)$bh/12(b^2+h^2)$　　　　　(D)0。

( )　9. 一長方形截面高h，寬為b，其對水平心軸之慣性矩為
(A)$b^3h/12$　　　(B)$bh^3/12$　　　(C)$b^3h/12$　　　(D)$bh^3/12$。

( )　10. 一面積對其平面上相互垂直之x與y兩軸交點之極慣性矩的大小等於
對此兩軸之慣性矩I_x與I_y之　(A)差　(B)和　(C)積　(D)平方和。

( )　11. 設樑之斷面積為長方形，則由中立軸至面一端之距離，除以該面積
之慣性矩所得之商稱為該樑之　(A)截面模數　(B)面積矩　(C)極
慣性矩　(D)迴轉半徑。

( )　12. 由中立軸至一方的邊端之距離，除以該平面的慣性矩，稱為
　　　　(A)極慣性矩　(B)截面係數　(C)彎曲力矩　(D)迴轉半徑。

( )　13. 設x、y為正方形之形心軸，若其邊長為a，則對x軸之慣性矩為
　　　　(A)$a^4/4$　(B)$a^4/6$　(C)$a^4/12$　(D)$a^4/36$。

( )　14. 若一矩形斷面樑其尺寸為20cm×30cm，則其對底邊之截面係數等
　　　　於　(A)$3000cm^3$　(B)$300cm^3$　(C)$4000cm^3$　(D)$3000cm^3$。

( )　15. 一圓直徑40cm，則圓面積對以直徑為軸之迴轉半徑為　(A)40cm
　　　　(B)30cm　(C)20cm　(D)10cm。

( )　16. 一矩形面積為$4×6cm^2$，則其對形心X軸之慣性矩為　(A)$24cm^4$
　　　　(B)$36cm^4$　(C)$48cm^4$　(D)$72cm^4$。

( )　17. 如右圖，斜線部份面積對x軸之慣性矩為
　　　　(A)21.33
　　　　(B)69.33
　　　　(C)29.33
　　　　(D)61.33。

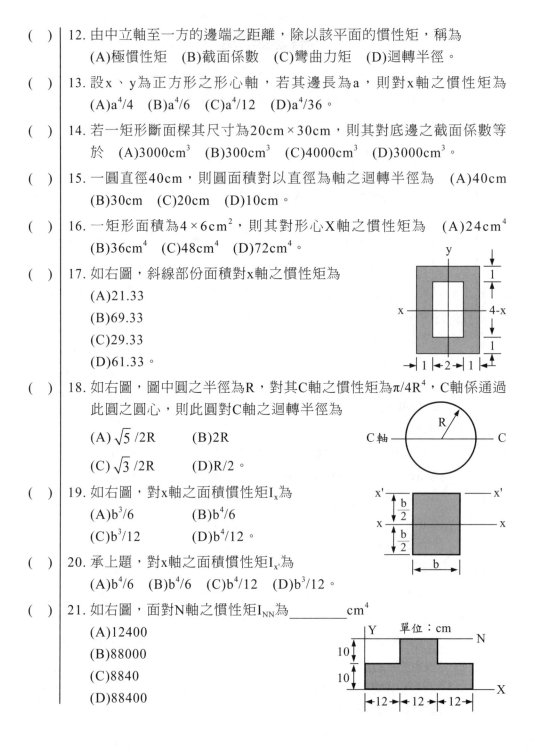

( )　18. 如右圖，圖中圓之半徑為R，對其C軸之慣性矩為$\pi/4R^4$，C軸係通過
　　　　此圓之圓心，則此圓對C軸之迴轉半徑為
　　　　(A)$\sqrt{5}/2R$　　(B)2R
　　　　(C)$\sqrt{3}/2R$　　(D)R/2。

( )　19. 如右圖，對x軸之面積慣性矩I_x為
　　　　(A)$b^3/6$　　　(B)$b^4/6$
　　　　(C)$b^3/12$　　(D)$b^4/12$。

( )　20. 承上題，對x'軸之面積慣性矩$I_{x'}$為
　　　　(A)$b^4/6$　(B)$b^4/6$　(C)$b^4/12$　(D)$b^3/12$。

( )　21. 如右圖，面對N軸之慣性矩I_{NN}為_____cm^4
　　　　(A)12400
　　　　(B)88000
　　　　(C)8840
　　　　(D)88400

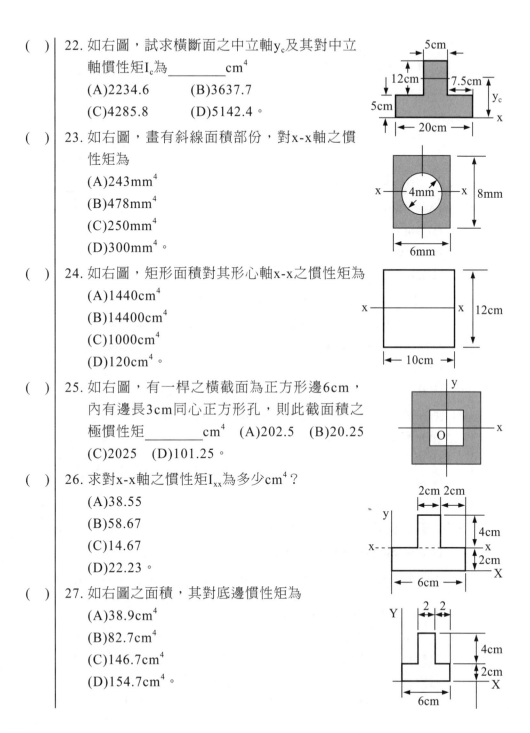

(　)　22. 如右圖，試求橫斷面之中立軸y_c及其對中立
軸慣性矩I_c為_____cm^4
(A)2234.6　　(B)3637.7
(C)4285.8　　(D)5142.4。

(　)　23. 如右圖，畫有斜線面積部份，對x-x軸之慣
性矩為
(A)243mm^4
(B)478mm^4
(C)250mm^4
(D)300mm^4。

(　)　24. 如右圖，矩形面積對其形心軸x-x之慣性矩為
(A)1440cm^4
(B)14400cm^4
(C)1000cm^4
(D)120cm^4。

(　)　25. 如右圖，有一桿之橫截面為正方形邊6cm，
內有邊長3cm同心正方形孔，則此截面積之
極慣性矩_____cm^4　(A)202.5　(B)20.25
(C)2025　(D)101.25。

(　)　26. 求對x-x軸之慣性矩I_{xx}為多少cm^4？
(A)38.55
(B)58.67
(C)14.67
(D)22.23。

(　)　27. 如右圖之面積，其對底邊慣性矩為
(A)38.9cm^4
(B)82.7cm^4
(C)146.7cm^4
(D)154.7cm^4。

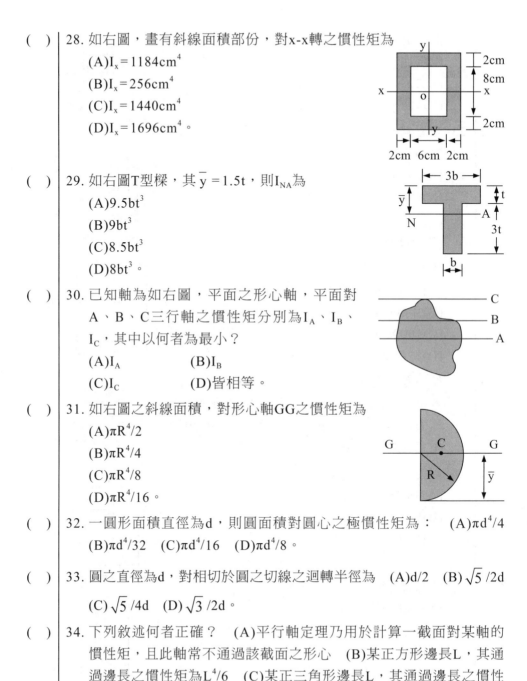

( ) 28. 如右圖，畫有斜線面積部份，對x-x轉之慣性矩為
(A)$I_x = 1184\text{cm}^4$
(B)$I_x = 256\text{cm}^4$
(C)$I_x = 1440\text{cm}^4$
(D)$I_x = 1696\text{cm}^4$。

( ) 29. 如右圖T型樑，其 $\bar{y} = 1.5t$，則I_{NA}為
(A)$9.5bt^3$
(B)$9bt^3$
(C)$8.5bt^3$
(D)$8bt^3$。

( ) 30. 已知軸為如右圖，平面之形心軸，平面對
A、B、C三行軸之慣性矩分別為I_A、I_B、
I_C，其中以何者為最小？
(A)I_A　　　　　(B)I_B
(C)I_C　　　　　(D)皆相等。

( ) 31. 如右圖之斜線面積，對形心軸GG之慣性矩為
(A)$\pi R^4/2$
(B)$\pi R^4/4$
(C)$\pi R^4/8$
(D)$\pi R^4/16$。

( ) 32. 一圓形面積直徑為d，則圓面積對圓心之極慣性矩為：　(A)$\pi d^4/4$
(B)$\pi d^4/32$　(C)$\pi d^4/16$　(D)$\pi d^4/8$。

( ) 33. 圓之直徑為d，對相切於圓之切線之迴轉半徑為　(A)d/2　(B)$\sqrt{5}$/2d
(C)$\sqrt{5}$/4d　(D)$\sqrt{3}$/2d。

( ) 34. 下列敘述何者正確？　(A)平行軸定理乃用於計算一截面對某軸的
慣性矩，且此軸常不通過該截面之形心　(B)某正方形邊長L，其通
過邊長之慣性矩為$L^4/6$　(C)某正三角形邊長L，其通過邊長之慣性
矩為$L^4/3$　(D)某正五邊形邊長L，其通過邊長之慣性矩為$L^4/12$。

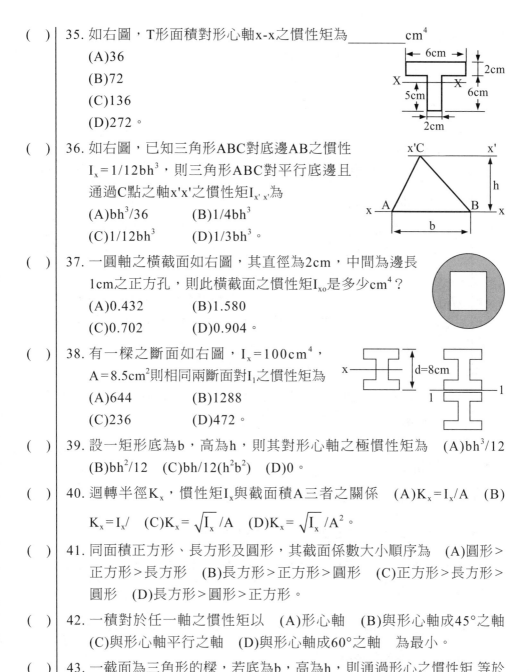

( )　35. 如右圖，T形面積對形心軸x-x之慣性矩為_____cm^4

(A)36

(B)72

(C)136

(D)272。

( )　36. 如右圖，已知三角形ABC對底邊AB之慣性 $I_x = 1/12bh^3$，則三角形ABC對平行底邊且 通過C點之軸x'x'之慣性矩$I_{x'x'}$為

(A)$bh^3/36$　　　(B)$1/4bh^3$

(C)$1/12bh^3$　　(D)$1/3bh^3$。

( )　37. 一圓軸之橫截面如右圖，其直徑為2cm，中間為邊長 1cm之正方孔，則此橫截面之慣性矩I_{xo}是多少cm^4？

(A)0.432　　　(B)1.580

(C)0.702　　　(D)0.904。

( )　38. 有一樑之斷面如右圖，$I_x = 100cm^4$， $A = 8.5cm^2$則相同兩斷面對I_1之慣性矩為

(A)644　　　(B)1288

(C)236　　　(D)472。

( )　39. 設一矩形底為b，高為h，則其對形心軸之極慣性矩為　(A)$bh^3/12$ (B)$bh^2/12$　(C)$bh/12(h^2b^2)$　(D)0。

( )　40. 迴轉半徑K_x，慣性矩I_x與截面積A三者之關係　(A)$K_x = I_x/A$　(B) $K_x = I_x/$　(C)$K_x = \sqrt{I_x}/A$　(D)$K_x = \sqrt{I_x}/A^2$。

( )　41. 同面積正方形、長方形及圓形，其截面係數大小順序為　(A)圓形> 正方形>長方形　(B)長方形>正方形>圓形　(C)正方形>長方形> 圓形　(D)長方形>圓形>正方形。

( )　42. 一積對於任一軸之慣性矩以　(A)形心軸　(B)與形心軸成45°之軸 (C)與形心軸平行之軸　(D)與形心軸成60°之軸　為最小。

( )　43. 一截面為三角形的樑，若底為b，高為h，則通過形心之慣性矩 等於 (A)$bh^3/12$　(B)$bh^3/24$　(C)$bh^3/36$　(D)$bh^3/3$。

( )   44. 圓形斷面，半徑為r，則其對形心軸之慣性矩為

(A)$\pi r^4/64$ (B)$\pi r^4/32$ (C)$\pi r^4/64$ (D)$\pi r^4/4$。

( )   45. 一圓形直徑d，則其對形心軸之迴轉半徑為

(A)d (B)d/2 (C)d/4 (D)d/8。

( )   46. 如右圖所示面積100cm^2，對a軸之慣性矩為1,300cm^4，此面積之形心位於O點，試求其對b軸之慣性矩及迴轉半徑各為多少？

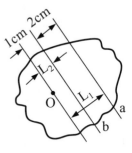

(A)400cm^4，$\sqrt{5}$ cm

(B)1000cm^4，$\sqrt{8}$ cm

(C)400cm^4，4cm

(D)1000cm^4，4cm。

( )   47. 已知一平面之面積為15平方公分，其對過形心之某軸的迴轉半徑為2公分，則其該軸線之慣性矩為   (A)30   (B)7.5   (C)250   (D)60   cm^4。

( )   48. 一圓形截面直徑d，則圓面積對圓心之極慣性矩為   (A)$\pi d^4/32$ (B)$\pi d^3/64$ (C)$\pi d^3/32$ (D)$\pi d^2/64$。

( )   49. 一面積對其平面上相互垂直之x與y兩軸交點之極慣性矩的大小等於對此兩軸之慣性矩I_x與I_y之   (A)差   (B)和   (C)積   (D)平方和。

解答與解析

1. **D** 2. **C** 3. **C** 4. **C** 5. **C**

6. **A** $I_x = \dfrac{1}{3} \times 2 \times 5^3 + \dfrac{1}{3} \times 6 \times 3^3 - \dfrac{1}{3} \times 4 \times 1^3 = 136$ (cm^4)

7. **A** 8. **A** 9. **D** 10. **B** 11. **A** 12. **B** 13. **C** 14. **A**

15. **D** 16. **D**

17. **D** $I_x = \dfrac{1}{12} \times 4 \times (6)^3 - \dfrac{1}{12} \times 2 \times 4^3 = 61.33$

18. **D** 19. **D** 20. **A**

21. **B**　$I_{NN}=\dfrac{1}{3}\times36\times20^3-\dfrac{1}{3}\times24\times10^3=88000\ (cm^4)$

22. **B**

23. **A**　$I_x=\dfrac{1}{12}\times6\times8^3-\dfrac{\pi}{4}\times(2)^4=243mm^4$

24. **A**

25. **D**　$\dfrac{1}{12}(6\times6^3-3\times3^3)=101.25\ (cm^4)$

26. **B**　$I_{xx}=\dfrac{1}{3}\times6\times2^3+\dfrac{1}{3}\times2\times4^3=58.67(cm^4)$

27. **D**

28. **A**　$I_x=\dfrac{1}{12}(10\times12^3-6\times8^3)=1184(cm^4)$

29. **C**　　30. **A**　　31. **C**　　32. **B**　　33. **C**　　34. **A**　　35. **C**　　36. **B**

37. **C**　　38. **D**　　39. **C**　　40. **C**　　41. **B**　　42. **A**　　43. **C**　　44. **D**

45. **C**　　46. **A**　　47. **D**　　48. **A**　　49. **B**

第六章　靜力平衡

> **課前叮嚀**
> 本章屬於靜力學之單元，其中拉密定理與代數法求解合力為必考焦點。

6-1 靜力平衡與力矩

一、靜力平衡
一元件在靜力平衡時：

1. **外力之合力為零**：

$$\sum_i F_i = 0 \qquad (i = x,\ y,\ z)$$

2. **元件上任一點之合力矩為零**：

$$\sum_i M_{oi} = 0 \qquad (i = x,\ y,\ z)$$

二、外力與反力（External Forces and Reactive Forces (Reactions)）
1. **外力**：外力是作用於元件外的力與力矩。
2. **反力與負荷**：

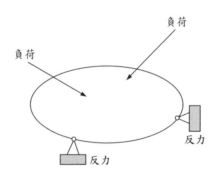

作用於元件支撐點（Supports）或連結點（Connections）的外力特稱為反力。其它的外力稱為負荷（Loading）。

三、內力（Internal Forces）

1. 定義：

於物體內部維持其結合的力與力矩稱為內力。

2. 自由體圖（Free Body Diagram）：

將元件中所關心的部份獨立割出，以方便表示靜力平衡，此圖示稱為自由體圖。

若自由體圖分割元件之接觸面，則此面上將有外力作用。

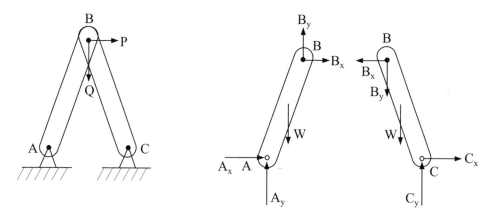

若自由體圖將元件切割，則在切割面上有內力作用。

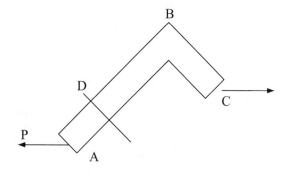

由D分割成自由體，F、V為作用於斷面的內力；M為彎矩。

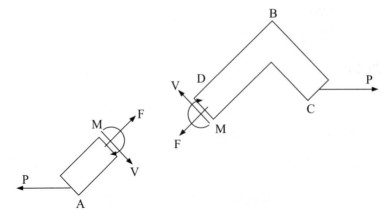

3. 直角坐標上之內力的標示：

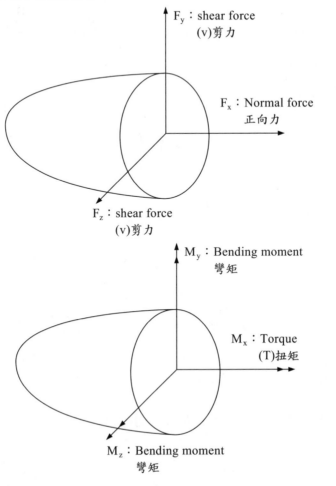

F_y：shear force
(v)剪力

F_x：Normal force
正向力

F_z：shear force
(v)剪力

M_y：Bending moment
彎矩

M_x：Torque
(T)扭矩

M_z：Bending moment
彎矩

倚靠無摩擦牆壁靜止的梯子：

如下圖，我們把梯子所受的作用力都標明出來。假設梯子的長度為L。

其所受靜力為零。

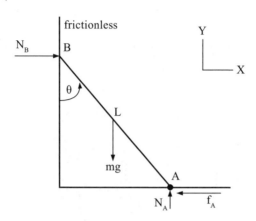

梯子在X、Y方向上所受的力分別為：

X：$N_b - f_a = 0$ ； Y：$N_A - mg = 0$

其實，以上兩個方程式的意義是：

不管摩擦力f的大小為何，牆壁施與梯子的力F恆等於摩擦力。

接下來，我們可以檢查靜力矩是否為零？

要計算力矩，先選定參考的原點。然而原點的選定可以是任意的，不論選擇為何，都會得到零力矩的結果。就讓我們選取A點作為原點，則：

逆時針的力矩為：$mg \times \dfrac{L}{2} \sin\theta$

順時針的力矩為：$N_B L \cos\theta$

靜力矩為零的條件，事實上是給定了牆壁施力F的大小（也就是摩擦力的大小）：

$$N_B = \frac{1}{2} mg \tan\theta = f_A$$

由於靜摩擦力是有最大值的——最大靜摩擦力，所以摩擦力f不可以大於
最大靜摩擦力：

$$f_s = mg\mu_s \geq \frac{1}{2} mg\tan\theta \Rightarrow \mu_s \geq \frac{1}{2}\tan\theta \qquad \theta \leq \tan^{-1}(2\mu_s)$$

這裡μ_s表示最大靜摩擦係數。所以，梯子以靠著牆壁的角度θ，只有在小
於某特定值時，才有可能達到平衡。

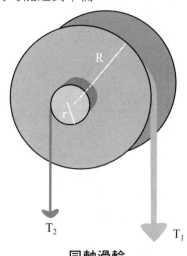

同軸滑輪

上圖的同軸滑輪達成平衡時，其物理條件是什麼？

回答此問題前，讓我們來看看作用於此同軸滑輪的力矩（torque）為何？

張力T_1作用於半徑為R的滑輪，且其力矩為順時針，力矩的大小為：

$$\tau_1 = RT_1$$

張力T_2作用於半徑為r的滑輪，且其力矩為逆時針，力矩的大小為：

$$\tau_2 = rT_2$$

當滑輪達成平衡時，力矩的總和為零！也就是說，順時針的力矩大小減
去逆時針的力矩大小為零：

$$\tau_1 - \tau_2 = 0 \Rightarrow T_1 = \frac{r}{R}T_2$$

【例】
一重量W之細竿傾斜靠於牆上，細竿與牆及地
面之靜摩擦係數均為 μ ，試求可達成平衡之最
小傾斜角度 θ ？

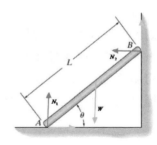

解 依靜力平衡可列出聯立方程式：$\begin{cases} N_2 = \mu N_1 \\ W = N_1 + \mu N_2 = (1 + \mu^2)N_1 \end{cases}$

依力矩平衡以A為支點可得：$W\dfrac{L}{2}\cos\theta = N_2 L \sin\theta + \mu N_2 L \cos\theta$

$$\frac{W}{2} = N_2 \tan\theta + \mu N_2$$

$$\frac{\dfrac{W}{2} - \mu N_2}{N_2} = \tan\theta$$

$$\frac{\dfrac{(1+\mu^2)N_1}{2} - \mu^2 N_1}{\mu N_1} = \tan\theta = \frac{\dfrac{1-\mu^2}{2}}{\mu} = \frac{1-\mu^2}{2\mu}$$

$$\theta = \tan^{-1}\frac{1-\mu^2}{2\mu}$$

【例】
一質量為m之物體吊在一掛勾上且距支點A
距離為D，且 $3h \leq D \leq 7h$ ，試求桿件BC的作
用力並表示為d的函數？

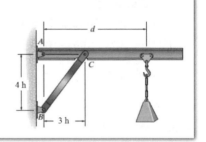

解 依力矩平衡 $F_{BC} \times \dfrac{4}{5} \times 3 = d \times mg \Rightarrow F_{BC} = \dfrac{5}{12}dmg$

【例】
繩AB及AC綁著一球D，球D質量為W，今施
一水平力F使系統達成平衡，(1)若AB及AC無
掛載限制，求F之最小值為何？(2)若AB及AC
掛載限制均為W，求F之最小值為何？

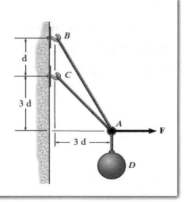

解 (1)F有最小值時，AC之張力為0，AB之鉛直分力為W，AB之水平分力

為 $\dfrac{3}{4}$W，故知 $F = \dfrac{3}{4}$W

(2)F有最小值時，AB之張力為W，AB之鉛直分力為 $\dfrac{4}{5}$W，AB之水平

分力為 $\dfrac{3}{5}$W，AC之鉛直分力為 $\dfrac{1}{5}$W，AC之水平分力為 $\dfrac{1}{5}$W，故知

$F = \dfrac{3}{5}W + \dfrac{1}{5}W = \dfrac{4}{5}W$

6-2 拉密定理與代數法

一、拉密定理

其可以由正弦定理進行證明。把三個力（向量）根據向量的三角形法則聯
結成為一個封閉的三角形：

依正弦定理：

$$\frac{A}{\sin(\pi - \alpha)} = \frac{B}{\sin(\pi - \beta)} = \frac{C}{\sin(\pi - \gamma)}$$

$$\frac{A}{\sin\alpha} = \frac{B}{\sin\beta} = \frac{C}{\sin\gamma}$$

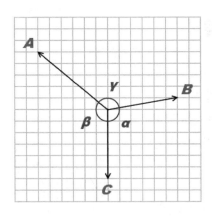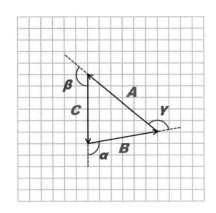

二、代數法

設P、Q為已知兩力，兩力之夾角為 θ ，則合力R之大小與水平方向夾角 α 為

$$R = \sqrt{(P+Q\cos\theta)^2 + (Q\sin\theta)^2} = \sqrt{P^2 + 2PQ\cos\theta + Q^2\cos^2\theta + Q^2\sin^2\theta}$$

$$= \sqrt{P^2 + Q^2 + 2PQ\cos\theta}$$

$$A = \tan^{-1}\frac{Q\sin\theta}{P+Q\cos\theta}$$

$$R = \sqrt{(P+Q\cos\theta)^2 + (Q\sin\theta)^2} = \sqrt{P^2 + 2PQ\cos\theta + Q^2\cos^2\theta + Q^2\sin^2\theta}$$

$$= \sqrt{P^2 + Q^2 + 2PQ\cos\theta}$$

$$\alpha = \tan^{-1}\frac{Q\sin\theta}{P+Q\cos\theta}$$

【數學公式 $\sin^2\theta + \cos^2\theta = 1$ 】

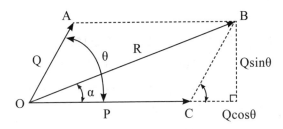

精選試題

( )　1. 二分力分別為60kg及80kg，夾角為90°，則合力大小為　(A)92.7kg
(B)85.3kg　(C)100kg　(D)170.6kg。

( )　2. 如右圖所示，已知小球　半徑15cm，重300kg大球O_2半徑20cm，重
500kg設摩擦力不計，試求D點反力R_D為若干kg？
(A)300　　　　　(B)500
(C)424.2　　　　(D)800 kg。

( )　3. 承如上題條件，試求C點反力R_C為若干kg？
(A)300　　　　　(B)500
(C)424.2　　　　(D)800　kg。

( )　4. 承如題2.條件，試求B點接觸力R_B為若干kg？
(A)300　　　　　(B)500
(C)424.2　　　　(D)800　kg。

( )　5. 如右圖所示之F力，將其分解成二個分力，
一為沿AB，一為沿AC，試求沿AB之分力
F_{AB}大小為若干？　(A)600kg　(B)900kg
(C)1200kg　(D)1250kg。

( )　6. 如右圖所示之平面共點力系，
其合力於x軸之分力大小為
(A)80kg
(B)120kg
(C)140kg
(D)160kg。

( )　7. 如有二力大小皆為10kg，二力夾角成120°，則合力R之大小為
(A)5kg　　　　(B)10kg　　　　(C)15kg　　　　(D)20kg。

( )　8. 物體重100kg置於仰角30°之光滑斜面上，若欲以一水平推力維持物
體平衡，則推力之大小約為
(A)50.74　　　(B)57.74　　　(C)75.74　　　(D)115.74　kg。

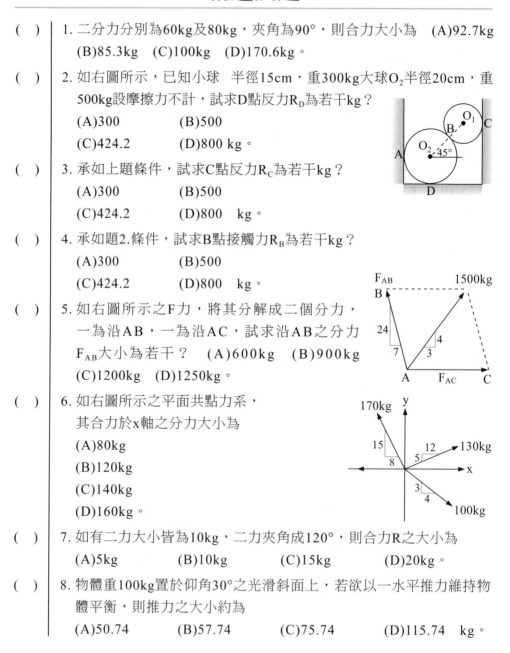

( ) 9. 如右圖所示：圓柱重1500kg，試問
P力若干方能拉起圓柱？

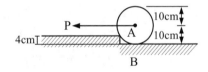

(A)2000kg　　(B)2500 kg
(C)4000kg　　(D)5000kg。

( ) 10. 承如上題條件，試求A點所能支承之反力應為
(A)2000kg　(B)2500kg　(C)4000kg　(D)5000kg。

( ) 11. 如右圖所示，將1000kg之力分解成兩分力，
一為沿AB之分力F_1，一為垂直AB之分力F_2則
F_1之大小為

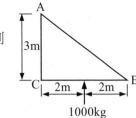

(A)600kg　　(B)800kg
(C)1000kg　　(D)1200kg。

( ) 12. 下列對合力與分力之敘述中，何者為不正確？　(A)平面上之力，
常將一力分解成兩個互相垂直之分力　(B)求合力之圖解法，常用
平行四邊形法及三角形法　(C)力系以合力代之，並不會改變力之
內效應　(D)除非有限制，一力之分力有無限多個。

( ) 13. 吾人分析力學之問題，常把一個系統分割出一個或一群個體，使其
與其他部分分離，並把所分割出的個體所受的各個外力與相鄰個體
間之內力也表示出來，此種圖稱為　(A)分解圖　(B)三視圖　(C)
合成圖　(D)自由體圖。

( ) 14. 若光滑平面上剛體受向東10N之力，則物體欲保持平衡時，則須施
加　(A)向東10N之力　(B)向西10N之力　(C)向南10N之力　(D)向
北10N之力。

( ) 15. 如右圖所示之三平面共點力，
其合力R值之大小為

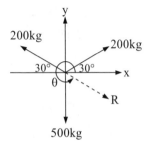

(A)200kg　　(B)300kg
(C)400kg　　(D)500kg。

( ) 16. 承如上題條件，合力R之作用方向θ為
(A)90°　(B)180°　(C)270°　(D)300°。

( ) 17. 如右圖所示；球重W＝200kg，問R_A接觸力為
若干kg？　(A)75kg　(B)125kg　(C)150kg
(D)250kg。

( )　18. 承如上題條件，求B點接觸力R_B為若干kg？

(A)75kg　　　　(B)125kg　　　　(C)150kg　　　　(D)250kg。

( )　19. 一力之分解，若無任何條件之限制，最多可產生　(A)一個分力　(B)二個分力　(C)三個分力　(D)無限多個分力。

( )　20. 一力之水平力為力之0.5倍，則力之垂直分力為力之　(A)0.5倍　(B)0.66倍　(C)0.707倍　(D)0.866倍。

( )　21. 如右圖所示，F1＝2600kg，F2＝4200kg，試求此二力之合力F等於多少？

(A)4500kg

(B)4000kg

(C)3500kg

(D)3000kg。

( )　22. 當一物體受共平面非平行之三力作用而保持平衡時，則其必要條件為　(A)三作用線必交於一點　(B)三力大小相等　(C)三力方向相同　(D)一力之作用線穿過其他二力之作用線。

( )　23. 以下有關力系之敘述何者不正確？　(A)在空間任意二個力必有一合力　(B)一個力僅可分解為垂直及水平兩分力　(C)一平衡力系之合力為零　(D)共點力系不一定平衡。

( )　24. 在右圖所示中，作用於光滑斜面之反力數目有幾個？

(A)一個　　　　(B)二個

(C)三個　　　　(D)零個。

( )　25. 二力同時作用於一點，其合力最小時，二力所夾之角度為　(A)0°　(B)90°　(C)120°　(D)180°。

( )　26. 在二維座標系統分析共平面共點非平行力系時，可用靜力平衡方程式有　(A)一個　(B)二個　(C)三個　(D)四個。

( )　27. 如右圖所示，F1及F2作用於A點，其水平之總合力值為

(A)10kg

(B)20kg

(C)30kg

(D)40kg。

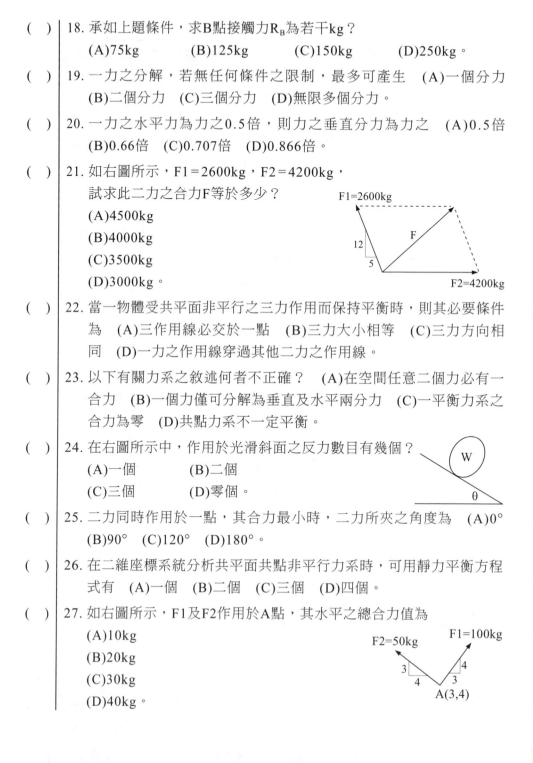

( )　28. 如右圖所示繩索之分離體圖，其作用物體之反力
　　　　數為
　　　　(A)一個　　　　(B)二個
　　　　(C)三個　　　　(D)零個。

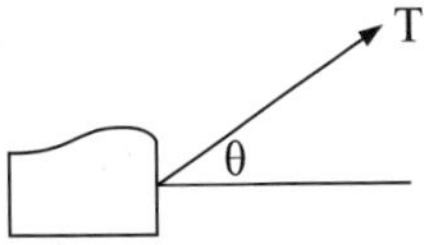

( )　29. 如右圖所示，為一共點力系，試求此力系之合力
　　　　在x軸之分力F_x及y軸之分力F_y為
　　　　(A)$F_x=21.2N$，$F_y=20.9N$
　　　　(B)$F_x=70N$，$F_y=60N$
　　　　(C)$F_x=70.7N$，$F_y=81.8N$
　　　　(D)$F_x=14.04N$，$F_y=-5.02N$。

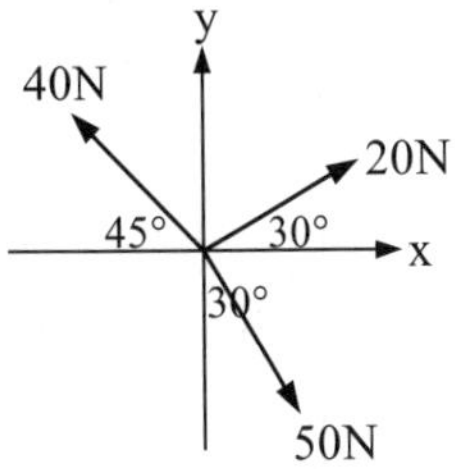

( )　30. 如右圖所示；試求此力系之合力大小為
　　　　(A)52.1kg
　　　　(B)113.8kg
　　　　(C)104.5kg
　　　　(D)146.6kg。

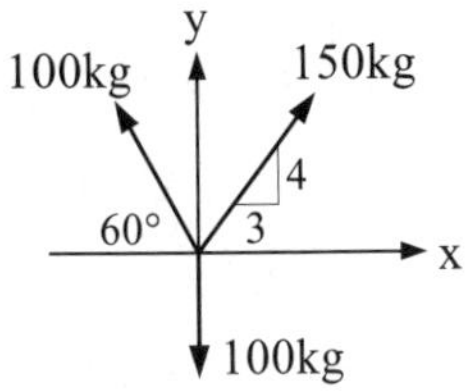

( )　31. 有三力共平面保持平衡，其中一力為10kg向東，另一力10kg向
　　　　北，則第三力之大小及方向為下列何者？　(A)$10\sqrt{2}$kg向東北
　　　　(B)$10\sqrt{2}$kg向西北　(C)$10\sqrt{2}$kg向西南　(D)$10\sqrt{2}$kg向東南。

( )　32. 當一物體受共平面非平行之三力作用而保持平衡時，其必要條件為
　　　　(A)三力作用線交於一點　(B)三力大小相等　(C)一力之作用線穿
　　　　過其他二力之作用線　(D)三力之方向相同。

( )　33. 右圖所示之鉸支承，因支承反力及方向尚未明確，
　　　　故一般先行假設其反力數目有幾個？
　　　　(A)一個　(B)二個　(C)三個　(D)零個。

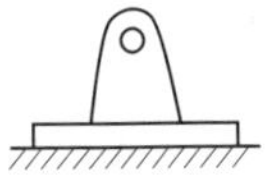

( )　34. 如右圖所示，求繩索AC所受之張力為
　　　　(A)25kg　　　　(B)30kg
　　　　(C)60kg　　　　(D)100kg。

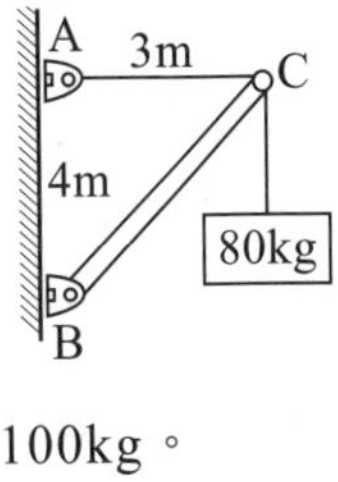

( )　35. 承如上題條件，求BC桿件所受軸壓力為
　　　　(A)25kg　　　(B)30kg　　　(C)60kg　　　(D)100kg。

( )　36. 如右圖所示，其下列有關之敘述何者不正確？
(A)各繩之張力各為500kg
(B)各繩之力可形成一力之閉合三角形
(C)各繩之力可用共平面共點力系之平衡求得
(D)各繩之力可用拉密定理求得。

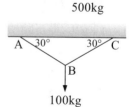

( )　37. 如右圖所示，求繩索BC所受之張力為
(A)25kg　　　(B)50kg
(C)75kg　　　(D)100kg。

( )　38. 如右圖所示，球W＝50kg，由一繩支持並靠於光滑牆
上，試問繩索之張力約為
(A)15kg　(B)25kg　(C)34.6kg　(D)43.3kg。

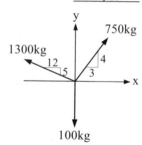

( )　39. 承如上題條件，則牆壁對該球之反力為
(A)15kg　(B)25kg　(C)33kg　(D)45kg。

( )　40. 如右圖所示之三力，求其合力之大小為？
(A)2150kg
(B)1950kg
(C)1250kg
(D)1000kg。

( )　41. 結構中之某一構件，受同平面之大小相等、方向相反的二力作用，
此二力構件平衡時，二作用力之作用線必　(A)垂直　(B)夾角
30°　(C)夾角60°　(D)共線。

( )　42. 二力大小相同，而且互相垂直之二力，其合力之方向必為　(A)平
行於其中一力　(B)與其中一力夾30°角　(C)與其中一力夾45°角
(D)合力為零，故無方向。

( )　43. 如右圖所示；其四力分別為：$F_1＝200kg$、
$F_2＝100kg$、$F_3＝200kg$、$F_4＝100kg$，則$\vec{F_1}+\vec{F_2}$之
水平合力為若干kg？
(A)141.4kg　　　(B)86.6kg
(C)54.8kg　　　(D)228kg。

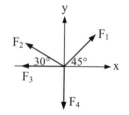

( ) 44. 如右圖所示，一半徑6cm，重20kg之球，以4cm之繩懸吊之，
不考慮摩擦力，試求牆壁對該球之反力大小？
(A)15kg (B)25kg
(C)33kg (D)45kg。

( ) 45. 承如上題條件，則繩之張力應為若干？
(A)15kg (B)25kg (C)33kg (D)45kg。

解答與解析

1. **C** $F = \sqrt{(60)^2 + (80)^2} = 100$ (kg)

2. **D** 3. **A** 4. **C** 5. **D** 6. **B** 7. **B** 8. **B**

9. **A** $1500 \times 8 = P \times 6 \Rightarrow P = 2000$ (kg)

10. **B** $R_A \times \dfrac{4}{5} = 2000 \Rightarrow R_A = 2500$ (kg)

11. **A** 12. **C** 13. **D** 14. **B** 15. **B** 16. **C**

17. **C** $R_B \times \dfrac{4}{5} = 200$ (kg)

$R_B = 250$ (kg)

$R_A = R_B \times \dfrac{3}{5} = 150$ (kg)

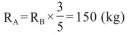

18. **D** 19. **D** 20. **D** 21. **B** 22. **A** 23. **B** 24. **A** 25. **D**

26. **B** 27. **B** 28. **A** 29. **D** 30. **B** 31. **C** 32. **A** 33. **B**

34. **C** $T_{BC} \times \dfrac{4}{5} = 80$

$T_{BC} = 100$

$T_{AC} = T_{BC} \times \dfrac{3}{5} = 60$ (kg)

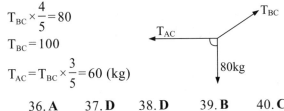

35. **D** 36. **A** 37. **D** 38. **D** 39. **B** 40. **C** 41. **D** 42. **C**

43. **C** 44. **A** 45. **B**

第七章　牛頓運動定律

依據出題頻率區分，屬：**A** 頻率高

課前叮嚀

牛頓認為自然界中物體的運動（Motion），小至於空氣裡的灰塵粒子、桌面滾動的圓球，大到宇宙間星體的運行，都可以由 3 個簡單的定律來闡明。那就是牛頓的三大運動定律。

7-1 牛頓三大運動定律

一、牛頓第一運動定律

當物體不受外力作用，或所受合力為零時，原先靜止者恆靜止，原先運動者恆作等速度運動。這定律又稱為慣性定律。

二、牛頓第二運動定律

物體受外力作用，會沿合力方向產生一加速度，此加速度的大小與外力成正比，與物體質量成反比。

設以 $\vec{F}$ 代表物體所受的淨力，m 為物體的質量，$\vec{a}$ 為加速度，則

$$\vec{a} = \frac{\vec{F}}{m} \quad \text{或寫成} \quad \vec{F} = m\vec{a}$$

力單位牛頓　$1\ Nt = 1kg \times 1m/s^2 = 1kg \cdot m/s^2$

1牛頓是使質量為1kg的物體，產生1m/ 的加速度所需要的力。

三、牛頓第二運動定律的應用

【例】
質量50公斤的圓仔站在電梯內的磅秤上,試回答下列問題:
(1)電梯以4.9公尺/秒^{2}加速度上升時,磅秤讀數多少公斤重?
(2)電梯以4.9公尺/秒^{2}加速度下降時,磅秤讀數多少公斤重?

解 (1)設W為重力恆向下,N為磅秤的正向力恆向上,
　　依牛頓第二運動定律可列式
　　N$-50\times9.8=50\times4.9 \Rightarrow$ N$=735$(N)$=75$(kgw)
　　(2)$50\times9.8-$N$=50\times4.9 \Rightarrow$ N$=245$(N)$=25$(kgw)

如右圖中,電梯內的人腳下放置一個磅秤,當電梯向上加速
或下向加速時,磅秤上的指數也會跟著改變,此時磅秤上的
數字我們稱之為「視重」,事實上,它就等於人與磅秤間的
正向力。

【例】
右圖的滑輪系統(阿特午機)中,兩木塊之質量分別為
M、m(M>m),若不計一切摩擦及繩的質量時,則
(1)木塊的加速度量值為何?
(2)連接兩木塊之細繩張力為何?

解 (1)$a=\dfrac{(M-m)g}{M+m}$

　　(2)$Mg-T=M\dfrac{(M-m)g}{M+m} \Rightarrow T=\dfrac{2mMg}{M+m}$

【例】

如右圖所示，求A與B之速度與加速度
關係？

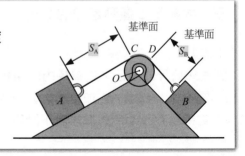

$\boxed{\text{解}}$ $s_A + s_B = 1$　　　$v_A + v_B = 0$　　　$a_A + a_B = 0$

【例】

如右圖所示，求A與B之速度與加速度關係？

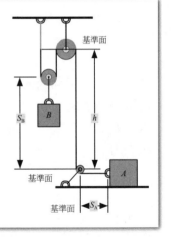

$\boxed{\text{解}}$ $2(h - s_B) + h + s_A = 1$　　　$-2v_B + v_A = 0$　　　$-2a_B + a_A = 0$

三、牛頓第三運動定律

當兩物體交互作用時，彼此互以力作用於對方，兩者大小相等，方向相反，同時生滅，但作用在不同的物體上。這定律又稱為作用力－反作用力定律。

7-2 生活中的力

一、重力

1. **重力與質量成正比，且須滿足牛頓第二運動定律。**

⇨ 重力＝質量×重力加速度

$$W = m \times g$$

2. **重力加速度**：常以g表示

(1)距地心愈遠，g值愈小。

(2)南北極距地心較近，g約9.83m/s²；赤道距地心較遠，g約9.78m/s²。

3. **萬有引力定律**：　　　$F = \dfrac{GMm}{r^2}$　（$G = 6.67 \times 10^{-11}\,N \cdot m^2/kg^2$）

萬有引力常數很小，故一般物體之萬有引力很微弱，只有質量甚大時才感覺得出來。

二、彈力

虎克定律：

$$F = kx \begin{cases} F：外力 \\ k：彈力常數 \\ x：形變量 \end{cases}$$

三、解析步驟

下面的程序用以解決剛體一般平面運動之動力問題的方法。

1. **自由體圖**：

建立x、y慣性座標系統並畫出物體的自由體圖，確定質心加速度a_G及物體角加速度α的方向，這些向量較適合畫在座標系統上，但並非畫在自由體圖上。計算I_G的慣性矩，找出問題中的未知數。若決定使用旋轉運動方程式$\Sigma(M_k)_P$，則考慮畫出動力圖，以便於當寫出$\Sigma(M_k)_P$之各項力矩和時，藉以找出$m(a_G)_x$、$m(a_G)_y$及$I_G\alpha$之假想力矩。

2. **運動方程式**：

應用上面二個式子F=ma, M=Iα所列出之三個運動方程式。

3. **運動學：**

若運動方程式無法完全求出所要的解答時，可利用運動學關係式。特別地，若物體的運動受到支撐物之限制時，可由a_G得到額外的方程式，該式表示物體上任意兩點A及B之間，加速度的關係。

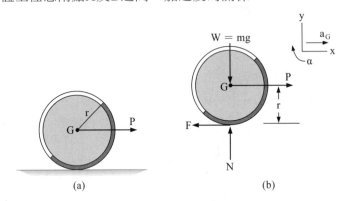

(a)　　　　　　　　　　(b)

4. **滾動摩擦問題：**

在平面動力學的問題中，有一類的問題特別值得說明，即輪子、圓柱或類似形狀的物體在粗糙表面上滾動。因為物體受外力作用，無法確知物體是純滾動或是在滾動時有滑動現象產生。例如，試考慮上圖(a)中均質的圓盤，其質量為m且承受一已知的水平力P，根據上述之程序，圓盤之自由體圖如上圖(b)所示，由於a_G指向右方及α為順時針方向，故可得：

$\Sigma F_x = m(a_G)_x$　　　　　　　　　$P - F = ma_G$

$\Sigma F_y = m(a_G)_y$　　　　　　　　　$N - mg = 0$

$\Sigma M_G = \Sigma (M_k)_G$　　　　　　　$Fr = I_G \alpha$

因為這三個方程式包含四個未知數，即F、N、α及a_G，故必須找出第四個方程式。

5. **無滑動：**

若摩擦力F大到足以使圓盤只產生滾動而不滑動，則a_G與α之運動學方程式為：$a_G = \alpha r$

聯立求解：

$\Sigma F_x = m(a_G)_x$　　　　　　　　　$P - F = ma_G$

$\Sigma F_y = m(a_G)_y$　　　　　　　　　$N - mg = 0$

$\Sigma M_G = \Sigma (M_k)_G$　　　　　　　$Fr = I_G \alpha$

即可求出四個未知數。當答案求得之後必須驗證有無滑動產生。當無滑動產生時$F \leq \mu_k N$，式中μ_s為靜摩擦係數。若不等式成立則問題已確立為無滑動現象。然而$F > \mu_k N$，因為當滾動時圓盤產生滑動，故此問題是須重作。

6. **滑動：**

在滑動的例子中，α及a_G是彼此獨立的，故$a_G = \alpha r$無法再使用，利用動摩擦係數，找出摩擦力的大小與正向力之間的關係。即：

$$F = \mu_k N$$

$$\Sigma F_x = m(a_G)_x \qquad\qquad P - F = ma_G$$

$$\Sigma F_y = m(a_G)_y \qquad\qquad N - mg = 0$$

$$\Sigma M_G = \Sigma(M_k)_G \qquad\qquad Fr = I_G \alpha$$

$F = \mu_k$可用來解此類的問題。無論何時用到$a_G = \alpha r$或$F = \mu_k N$，一個很重要的觀念應牢記在心，即向量的方向性應一致。在$a_G = \alpha r$中，因為滾動的關係，當α為順時針方向時，a_G的方向必須朝右。另外，在$F = \mu_k N$中，F必須指向左方以防止圓盤向右之滑動，如上頁圖(b)所示。在另一方面，若未使用這些式子求解，則可任意假設這些向量的方向，經計算後若這些向量為負值，則向量的方向與原來假設的方向相反。

【例】
一質量為m(kg)迴轉半徑為k_G的輪子，沿斜面向下滾動，求斜面之最小靜摩擦係數及此時輪子的角加速度？

解　$\mu mg\cos\theta R = I\alpha = mk_G^2\alpha$

$mg\sin\theta - \mu mg\cos\theta = mR\alpha$

$g\sin\theta - \dfrac{k_G^2\alpha}{R} = R\alpha$

$g\sin\theta = \dfrac{(k_G^2 + R^2)\alpha}{R} \Rightarrow \alpha = \dfrac{Rg\sin\theta}{k_G^2 + R^2}$

$\mu mg\cos\theta R = I\alpha = mk_G^2\dfrac{Rg\sin\theta}{k_G^2 + R^2} \Rightarrow \mu = \dfrac{k_G^2\tan\theta}{k_G^2 + R^2}$

精選試題

( ) 1. 施力於原來靜止的50公斤物體，2秒後增為20公尺/秒，則施力
(A)1000　　　(B)500　　　(C)250　　　(D)150。

( ) 2. 2kg之物體以水平力20nt作用，經5秒後停止施力，則加速度
(A)5　　　(B)10　　　(C)15　　　(D)20　m/s^2。

( ) 3. 承上題，10秒內位移　(A)300　(B)325　(C)350　(D)375　m。

( ) 4. 物體若不受外力作用時，則此物體　(A)必定靜止　(B)必定只作等
速率運動　(C)必定只作私速度運動　(D)必定靜止或等速度運動。

( ) 5. 物體如無外力作用，則靜者恒靜，動者則沿直線作等速直線運動，
此現象稱為　(A)自由落體　(B)慣性定律　(C)反作用定律　(D)力
之可傳性。

( ) 6. 牛頓第二定律為　(A)物體動量之變化對時間之比，與作用力成反
比例且其變化之發生方向與作用力相同　(B)物體如不受外力作用
時，應不變其靜止或以等速沿一直線運動之狀態　(C)凡一物體受
一作用時，必有一反作用力，方向相反，大小相同　(D)物體受力
時，於力之作用方向生一定之加速度，其加速度之大小與作用力大
小成正比例。

( ) 7. 牛頓運動定僅適用於其運動速度之大小遠小於_____m/sec。
(A)3×10^8　(B)3×10^9　(C)3×10^{10}　(D)3×10^{12}。

( ) 8. 已知北極之重力加速度值約為$9.83m/s^2$，赤道之重力加速度值約
為$9.78m/s^2$，80kg的人，在赤道與在北極差　(A)1　(B)2　(C)3
(D)4　牛頓。

( ) 9. 設重量24公斤物體，以每秒30公尺之速度運動，若以3.5公斤之力
阻止其運動，經過多少秒後，此物體始能靜止？　(A)6秒　(B)15
秒　(C)21秒　(D)35秒。

( ) 10. 地球之重力加速度為$9.8m/s^2$，月球之重力加速度為地球的$\frac{1}{6}$，在月
球1kgw的物體相當於　(A)9.8　(B)4.9　(C)1　(D)2　(N)。

( ) 11. 承上題，其質量為　(A)1　(B)2　(C)6　(D)12　kg。

( ) 12. 承10.題，若此物在地球上，重量為　(A)58.8　(B)48.5　(C)32.3 (D)24.1　(N)。

( ) 13. 一均質圓棒長4公尺，重6公斤，以一端為中心，棒長為半徑，並以每分鐘50轉之速率旋轉，則其離心力約為　(A)6.70kg　(B)3.37kg (C)67.06kg　(D)33.57kg。

( ) 14. 長4公尺，重9.8公斤之長棒，以一端為中心，作每秒2弧度之角速度水平迴轉時，其離心力為　(A)8公斤　(B)16公斤　(C)32公斤 (D)78.5公斤。

( ) 15. 某物體之重量為19.6牛頓，測得重力加速度為9.8公尺/秒^2，若此物體受20.0牛頓之力作用，所產生之加速度等於　(A)10公尺/秒^2 (B)10.8公尺/秒^2　(C)10.9公尺/秒^2　(D)11公尺/秒^2。

( ) 16. 如右圖，二物之重量分別為W_1及W_2，設$W_1 > W_2$，則繩之張力為
(A)$W_1 - W_2/W_1 + W_2$ 　(B)$W_1 + W_2/W_1 - W_2$
(C)$2W_1W_2/W_1 - W_2$ 　(D)$2W_1W_2/W_1 + W_2$。

( ) 17. 設有二物體A及B，A為10公斤，B重為20公斤，將A、B二物體以繞過光滑圓柱體之柔軟繩子連結起來，則A物體之加速度為_____m/sec^2　(A)4.87　(B)4.32　(C)3.96　(D)3.26。

( ) 18. 如右圖，將質量m及M之物體，連結於繩之兩端，m＝30g，M＝40g，m在水平面上無摩擦移動，而M自滑輪A下垂，求兩物體運動之加速度？
(A)490cm/sec^2 　(B)560cm/sec^2
(C)980cm/sec^2 　(D)1130cm/sec^2。

( ) 19. 如右圖，設W_1＝49g，W_2＝98g由一細繩相連，繩不伸長，W_1在光滑水平面上移動，倘若此系統原先之速度V_0＝2m/s滑車重量不計，略去一切阻力，當W_2從原來位置下降10m時，試求W_2之速度(m/s)　(A)11.4　(B)134.67　(C)11.2 (D)11.6。

( )　20. 一個重量為100公斤之物體以每秒40公尺之速度向前運動，遭到100公斤之抵抗阻力，如果連續作用20公尺之距離，則此物體最後之速度約減少每秒多少公尺？　(A)34.8　(B)5.2　(C)15　(D)15.5。

( )　21. 設重量為98公斤之物體，以每秒30公尺之速度運動，若以F公斤之阻止其運動，經10秒後停止，問F為多少（阻力與運動在同一直線上）？　(A)60kg　(B)50kg　(C)45kg　(D)30kg。

( )　22. 一軟繩兩端分別懸掛10kg與15kg重之物體而繞於一個無摩擦力之定滑輪上，則運動時物體之加速度大小為_____m/sec^2　(A)1.96　(B)3.27　(C)4.21　(D)5.88。

( )　23. 一定力F作用於m_1的A質點，加速度為a_1，作用於m_2的B質點，加速度為a_2，今將A、B合在一起，加速度為

(A)$a_1 + a_2$　(B)$\dfrac{a_1 + a_2}{2}$　(C)$\dfrac{m_1 a_1 + m_2 a_2}{m_1 m_2}$　(D)$\dfrac{m_1 a_1}{m_1 + m_2}$。

( )　24. 人以264N的力上拉一24kg之物體，則其上升加速度　(A)1.2　(B)2.4　(C)3.6　(D)4.8　m/s^2。

( )　25. 如右圖，一行星以橢圓軌道繞太陽運行，試問此行星在軌道哪個位置所受的太陽引力最大？　(A)甲　(B)乙　(C)丙　(D)丁。

( )　26. 如右圖，坡度為30°之無摩擦斜面上，一金屬塊重$W_2 = 80$kg，W_2繫一繩，繩通過無摩擦之滑輪P，另一端繫另一塊重W_1，設繩重不計，為使W_2不往下滑，則W_1至少需多少kg？　(A)68　(B)60　(C)50　(D)40。

( )　27. 一滑輪系統如右圖，試求繩子張力

(A)38.23kg　　(B)49.23kg

(C)59.23kg　　(D)69.23kg。

( )　28. 如右圖，若W＝120kg，若不考慮摩擦則F須多少，始能拉動？

(A)50kg　　　(B)60kg

(C)90kg　　　(D)120kg。

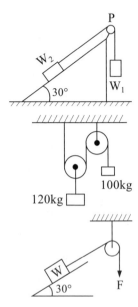

( )　29. 以16N及12N互相垂直的兩力，同時作用於一質量為2kg之物體於水平面上，若不考慮摩擦力，則此物體之加速度為　(A)20m/s²　(B)1.5m/s²　(C)10m/s²　(D)56m/s²。

( )　30. 一碗之內壁為半徑R之半球面，如右圖，一重W之小球自碗邊自由滑下，設碗壁光滑無摩擦，故小球不滾動，當球滑到碗底之瞬時，小球作用在碗壁上之壓力為　(A)0W　(B)3W　(C)2W　(D)5W。

( )　31. 如右圖，為一滑輪系統，$W_A = 40kg$，$W_B = 30kg$，假定B物向下移動，則A物之加速度a，繩子張力T為
(A)a = 1.225m/sec²，T = 22.5kg
(B)a = 1.732m/sec²，T = 27kg
(C)a = 1.532m/sec²，T = 24.5kg
(D)a = 1.932m/sec²，T = 30kg。

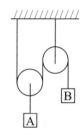

( )　32. 一人體重80kg，在一升降機內，站立於一體重計上，若昇降機重1000kg，而拉動升降機之纜繩張力為810kg，則體重計顯示之體重為_____kg。　(A)40　(B)60　(C)80　(D)100。

( )　33. 如右圖，設$W_A = 10kg$，B重20kg，兩物體自斜面因重力而向下滑，A與斜面間之摩擦係數為$\mu_A = 0.2$，B與斜面間之摩擦係數為$\mu_B = 0.3$，求當運動時，A作用於B之作用力若干？
(A)0.33kg　(B)0.43kg　(C)0.53kg　(D)0.63kg。

( )　34. 如右圖，物體重300kg與平面間之摩擦係數為0.25，則其加速度為_____m/sec²
(A)0.69　　　(B)0.79
(C)0.89　　　(D)2。

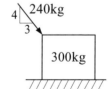

( )　35. 滑車之作用原理與下列何種作用原理相同？
(A)斜面　(B)槓桿　(C)螺紋　(D)摩擦輪。

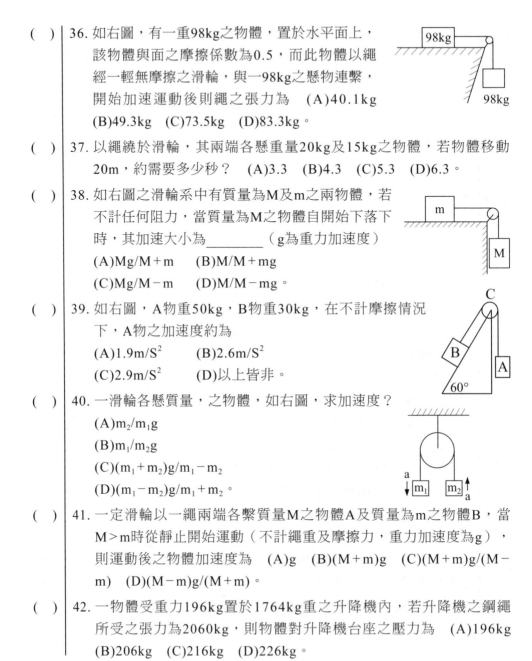

( ) 36. 如右圖，有一重98kg之物體，置於水平面上，
該物體與面之摩擦係數為0.5，而此物體以繩
經一輕無摩擦之滑輪，與一98kg之懸物連繫，
開始加速運動後則繩之張力為　(A)40.1kg
(B)49.3kg　(C)73.5kg　(D)83.3kg。

( ) 37. 以繩繞於滑輪，其兩端各懸重量20kg及15kg之物體，若物體移動
20m，約需要多少秒？　(A)3.3　(B)4.3　(C)5.3　(D)6.3。

( ) 38. 如右圖之滑輪系中有質量為M及m之兩物體，若
不計任何阻力，當質量為M之物體自開始下落下
時，其加速大小為_____（g為重力加速度）
(A)Mg/M+m　　(B)M/M+mg
(C)Mg/M−m　　(D)M/M−mg。

( ) 39. 如右圖，A物重50kg，B物重30kg，在不計摩擦情況
下，A物之加速度約為
(A)1.9m/S^2　　　(B)2.6m/S^2
(C)2.9m/S^2　　　(D)以上皆非。

( ) 40. 一滑輪各懸質量，之物體，如右圖，求加速度？
(A)m_2/m_1g
(B)m_1/m_2g
(C)$(m_1+m_2)g/m_1-m_2$
(D)$(m_1-m_2)g/m_1+m_2$。

( ) 41. 一定滑輪以一繩兩端各繫質量M之物體A及質量為m之物體B，當
M＞m時從靜止開始運動（不計繩重及摩擦力，重力加速度為g），
則運動後之物體加速度為　(A)g　(B)(M+m)g　(C)(M+m)g/(M−
m)　(D)(M−m)g/(M+m)。

( ) 42. 一物體受重力196kg置於1764kg重之升降機內，若升降機之鋼繩
所受之張力為2060kg，則物體對升降機台座之壓力為　(A)196kg
(B)206kg　(C)216kg　(D)226kg。

( ) 43. 一作用力作用在質量2公斤的靜止物體上，2秒後該物體之速度為10公尺/秒，則此作用力大小為： (A)10牛頓 (B)10公斤重 (C)5牛頓 (D)5公斤重。

( ) 44. 下列何者不是功的單位： (A)牛頓·米 (B)焦耳 (C)仟瓦小時 (D)馬力。

( ) 45. 在水平光滑面上的物體，受向右之定力F_1，測得加速度a_1，受向左之定力F_2，得加速度a_2，若兩定力同時作用，物體作 (A)等速直線運動 (B)等加速運動 (C)拋物線運動 (D)變速率曲線運動。

( ) 46. 承上題，在t秒後物體之速度

(A)$|a_1 + a_2| \cdot t$ (B)$|a_1 - a_2| \cdot t$ (C)0 (D)$\dfrac{1}{2}(a_1 + a_2)$。

( ) 47. 以繩繞於滑輪，繩之兩端各懸吊3kg及2kg重之物體，由靜止釋放2秒後，物體約移動多少公尺？（取最接近者，且忽略滑輪之摩擦） (A)4 (B)6 (C)8 (D)10。

( ) 48. 下列哪些為力的單位？ (A)kgw (B)kg·m/s (C)kg·m/s^2 (D)kg·m^2/s^2 (E)gw。（多選題）

解答與解析

1. **B**　　2. **B**　　3. **D**　　4. **D**　　5. **B**　　6. **D**　　7. **A**

8. **D**　$80 \cdot (9.83 - 9.78) = 4(n)$

9. **C**　　10. **A**　　11. **C**　　12. **A**　　13. **D**　　14. **A**　　15. **A**

16. **D**　$\begin{cases} T - W_1 = \dfrac{-W_1}{g} a \cdots\cdots\cdots(1) \\ T - W_2 = \dfrac{W_2}{g} a \cdots\cdots\cdots(2) \end{cases}$

由(1)(2)可知　$T = \dfrac{2W_1 W_2}{W_1 + W_2}$

17. **D**

18. **B** $T - 40 \times 9.81 = -40a$ ....(1)

$T = 30a$ ....(2)

由(1)(2)可得

$a = 5.6 \text{m/s}^2 = 560 \text{cm/s}^2$

19. **D**

20. **B** 先求物體之加速度$-100 \times 9.8 = 100 \times a \Rightarrow a = -9.8(\text{m/s}^2)$

代入公式：$v_2^2 = 40^2 + 2 \times (-9.8) \times 20 \Rightarrow v_2 = 34.8(\text{m/s})$

故速度減少5.2(m/s)

21. **D** 22. **A** 23. **D**

24. **A** $264 - 24 \times 9.8 = 24 \times a \Rightarrow a = 1.2(\text{m/s}^2)$

25. **C** 26. **D**

27. **D** $\begin{cases} T - 100 \times 9.81 = -100a \ldots\ldots\ldots\ldots(1) \\ 2T - 120 \times 9.81 = 120 \times \dfrac{a}{2} \ldots\ldots\ldots(2) \end{cases}$

由(1)(2)可得

$T = 679\text{N} = 69.23 \ (\text{kg})$

28. **B** 29. **C** 30. **B** 31. **A** 32. **B** 33. **C** 34. **A** 35. **B**

36. **C** 37. **C** 38. **A** 39. **C** 40. **D** 41. **D** 42. **B** 43. **A**

44. **D** 45. **B** 46. **B** 47. **A** 48. **ACE**

第八章　功與能

依據出題頻率區分，屬：**A** 頻率高

> **課前叮嚀**
> 本章為動力學之單元，主要是做功能產生能量之變化，高普考機械力學偏愛此章考題。

8-1　剛體之動能

考慮下圖所示之剛體，代表一厚板在慣性x-y參考平面上運動。物體上第i質點的質量為dm，與任意點P之距離為r。若在圖示之瞬間質點的速度v_i，則此質點的動能為$T_i = 1/2\, dm\, v_i^2$。物體上其他各質點的動能可用相同的式子表示，將各結果積分，則整個物體的動能為

$$T = \frac{1}{2}\int_m dm\, v_i^2$$

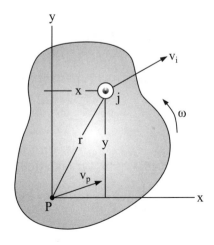

將v_i以P點速度v_P取代，此方程式可寫成另一型式。若物體角速度為ω，則從上圖得：

$$v_i = v_P + v_{i/P} = (v_P)_x i + (v_P)_y j + \omega k \times (xi + yj) = [(v_P)_x - \omega y]i + [(v_P)_y - \omega x]j$$

v_i大小的平方為

$$v_i \cdot v_i = [(v_P)_x - \omega y]^2 + [(v_P)_y - \omega x]^2 = v_P^2 - 2(v_P)_x \omega y + 2(v_P)_y \omega x + \omega^2 r^2$$

代入動能方程式可得：

$$T = \frac{1}{2}[(\textstyle\int_m dm)v_P^2 - (v_P)_x \omega(\textstyle\int_m y dm) + (v_P)_y \omega(\textstyle\int_m x dm) + \frac{1}{2}(\textstyle\int_m r^2 dm)$$

等號右邊第一個積分項代表物體的總質量，又因而$\bar{x}m = \int x dm$且$\bar{y}m = \int y dm$，故第二及三積分項代表物體質量中心G相對P點的位置。最後的積分項代表物體繞著z軸且通過P點轉動的慣性矩I_P，因此：

$$T = \frac{1}{2}mv_P^2 - (v_P)_x \omega\bar{y}m + (v_P)_y \omega\bar{x}m + \frac{1}{2}I_P\omega^2$$

若P點與質心G重合，則$\bar{x} = \bar{y} = 0$，此方程式可簡化如下：

$$T = \frac{1}{2}mv_G^2 + \frac{1}{2}I_G\omega^2$$

此處I_G為物體繞著垂直運動平面且通過質心的軸的慣性矩。等號右邊兩項必為正值，因速度都為平方。此外，亦可證明此項的單位為長度乘以力，常用的單位為$m \cdot N$或$ft \cdot lb$。回顧在SI單位中能量單位為焦耳（J），而1 J = 1m·N。

一、平移

當一質量為m的剛體作直線或曲線平移（translation）運動時，因 $\omega = 0$，故由轉動造成的動能為零。由$T = \frac{1}{2}mv_G^2 + \frac{1}{2}I_G\omega^2$知物體的動能為：

$$T = \frac{1}{2}mv_G^2$$

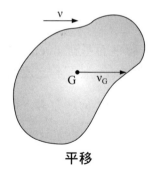

平移

式中v_G為所考慮的瞬間物體平移速度的大小，如上圖。

二、繞固定軸旋轉

如下圖所示，當一剛體繞通過O點的固定軸旋轉（about a fixed axis），此物體同時具有$U_F = \int_s F\cos\theta ds$所定義的平移和轉動的動能，即：

$$T = \frac{1}{2}mv_G^2 + \frac{1}{2}I_G\omega^2$$

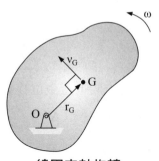

繞固定軸旋轉

若以$v_G = r_G\omega$，物體動能可寫成$T = \frac{1}{2}(mr_G^2 + I_G)\omega^2$。依平行軸定理，括弧內的兩項即是物體繞著垂直運動平面且通過O點的軸的慣性矩I_O，因此：

$$T = \frac{1}{2}I_O\omega^2$$

由推導過程知上式可用來取代$T = \frac{1}{2}mv_G^2 + \frac{1}{2}I_G\omega^2$，因該式同時計算物體質心的平移動能與繞質心轉動的轉動動能。

三、一般平面運動

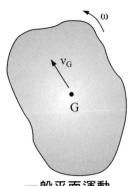

一般平面運動

如右圖所示,當一剛體作一般平面運動(general plane motion)時,其角速度為 ω,且質心之速度為 v_G,因此,其動能如 $T = \frac{1}{2}mv_G^2 + \frac{1}{2}I_G\omega^2$ 所定義,即:

$$T = \frac{1}{2}mv_G^2 + \frac{1}{2}I_G\omega^2$$

在此可以發現,物體的總動能為其平移動能 $\frac{1}{2}mv_G^2$ 與其轉動動能 $\frac{1}{2}I_G\omega^2$ 的純量和。

因能量為一純量,故由多個剛體連接的系統,其總動能為各動件動能的和。依各種運動型態,各物體的動能可應用 $T = \frac{1}{2}mv_G^2 + \frac{1}{2}I_G\omega^2$ 或上述各種變化式子求出。

8-2 力所做的功

施力於物體上,使物體在力的方向上產生位移,稱為對物體作功。定義作功W為力($\vec{F}$)乘以在力方向上的位移($\Delta\vec{S}$)。

一、功的特性

1. 功為純量,沒有方向性,但有正、負號。
2. SI制的單位:力為牛頓,位移為公尺,功為焦耳。
3. 舉例說明不作功的情形:
   (1) $\vec{F} = 0$ ⇨ 等速度運動的物體雖然有位移,但合力對物體不作功。
   (2) $\Delta\vec{S} = 0$ ⇨ 提重物站立時,因為沒有位移,所以舉物之力對物體不作功。
   (3) $\vec{F} \perp \Delta\vec{S}$ ⇨ 等速率圓周運動的物體,其向心力和位移垂直,所以向心力對物體不作功。

二、重量所作的功

只有在物體的質心G有一垂直位移Δy時，物體的
重量才有作功。如下圖所示，當位移向上時，所
作的為負功，因重量與位移的方向相反。

$U_w = -W\Delta y$

同樣的，若位移向下（$-\Delta y$）所作的功則為正。
在此考慮高度變化不大，由重力新造成的W可視為常數。

三、彈簧力所作的功

若一線彈性之彈簧與一物體固定在一起，當彈簧由s的位置被拉伸至s_2或壓
縮至s_1的位置時，作用在物體的彈簧力$F_s = ks$有作功。在兩種情況中，彈簧
均作負功，因物體的位移總與彈簧力相反力如下圖。其作功為：

$$U_s = -\left(\frac{1}{2}ks_2^2 - \frac{1}{2}ks_1^2\right)$$

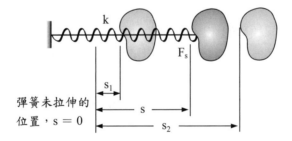

其中$|s_2| > |s_1|$。

四、不作功的力

有些外力在物體有位移時並不作功。
這些力可能是作用在物體的固定點
上，或者是作用力的方向與位移相互
垂直。例如物體轉動時，支撐銷上的
反作用力，在固定表面上運動時，作
用在運動件的正向力，以及當物體的

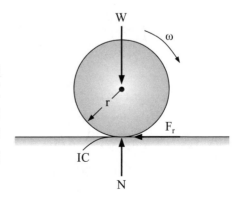

重心在水平面上移動時,其重量不作功;在一粗糙面上滾動而無滑動時,作用在物體的滾動摩擦阻力F_r也不作用。如右圖。這是因為在任意瞬間dt,F_r所作用的點的速度為零(瞬心,IC),故作用在這點的力作功為零。換句話說,在此瞬間此點在力作用方向沒有位移。

五、力偶所做的功

記得力偶是由一對大小相等方向相反之非共線力所組成的。當物體受到一力偶作用而作一般平面運動,只有當物體有轉動時,力偶才作功。為了證明此點,考慮圖(a)的物體,受到大小為M=Fr力偶作用。物體的任一微分位移量可視為平移與轉動。當物體平移,在力作用線上的位移分量為ds_t。圖(b)上可清楚的看出由其中一力所作的「正」功與另一力所作的「負」功相抵消。現在再考慮圖(c),物體繞著與力偶平面垂直且通過O點的軸轉動了dθ角。如示,各力在其作用方向的位移$ds_θ = (r/2)dθ$,其所作的總功為:

$$dU_M = F\left(\frac{r}{2}d\theta\right) + F\left(\frac{r}{2}d\theta\right) = (Fr)d\theta = Md\theta$$

在此,dθ的作用線與M的作用線平行。既然M和dθ均垂直於運動平面,這是一般平面運動所必然的。此外,當M與dθ在同方向時,所作的功為正,若反向則為負功。

當物體在平面上轉動了有限角θ,由$θ_1$至$θ_2$,以弧度測量,力偶所作的功為:$U_M = \int_{\theta_1}^{\theta_2} Md\theta$

平移

旋轉

(a)   (b)   (c)

若力偶力矩M的大小為常數,則:$U_M = M(\theta_2 - \theta_1)$

若M與相同,則所作的功為正。

8-3　力學能守恆

1. 動能和位能合稱為力學能。
2. 系統的外力總和為零，且系統內沒有摩擦力作用時，則系統的力學能保持不變，稱為力學能守恆。
3. 力學能守恆的例子：
   (1) 如右圖為單擺的裝置（不考慮空氣阻力），小球自A擺至B，位能逐漸減少，並轉成動能；自B擺至C，動能逐漸減少，並轉成位能，但動能和位能的總和不變。
   (2) 如下圖，$\vec{F} \cdot \triangle \vec{S}$ 為兩個向量的內積 $\vec{F} \cdot \triangle \vec{S} = \left|\vec{F}\right|\left|\triangle \vec{S}\right| \cos \theta$（105中油）

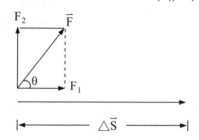

8-4　能量守恆

當作用在一剛體上的力系僅由保守力構成時，可用能量守恆（conservation of energy）定理來解題，不然就用功能原理來求解。能量守恆定理通常較易於應用，因保守力所做的功與路徑無關，而僅與物體的初位置與末位置有關。所做的功可用物體的位能差來表示。這些位能是由任意選定的參考點或基準點量得。

一、重力位能

因為物體的總重可視為集中在重心上，故其重力位能可視物體的質心位於基準面之上下的高度求得。y_G以向上為正，物體的重力位能可寫成：

$$V_g = W y_G$$

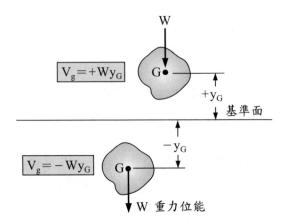

當y_G為正,此處之重力位能為正,因物體回到基準時,重量會做正功,如上圖。同樣的,若物體位於準面之下($-y_G$),重力位能為負,因當物體回至基準時,重量會做負功。

二、彈力位能

彈性彈簧的彈力也是一保守力。當彈簧由位置(未變形s=0)被壓縮或拉伸至末位置s,彈簧傳給附屬的物體的彈力位能(elastic potential energy)為:

$$V_e = +\frac{1}{2}ks^2$$

彈簧未拉伸的
位置,s = 0

彈力位能

在變形的位置上,當彈回到原始未變形位置時,作用在物體的彈簧力總有做正功的力(見上圖)。

三、能量守恆

一般而言,當一物體同時受重力與彈力作用時,其總位能函數V可表示成代數和:$V = V_g + V_e$

式中V的值是視物體與 $V_g = Wy_G$ 及 $V_e = +\dfrac{1}{2}ks^2$ 中選定的基準面的相對位置而定。

瞭解了保守力所做的功可用其位能來表示,即 $(\Sigma U_{1\,2})_{cons} = V_1 - V_2$,剛體的功能原理可重寫成:

$$T_1 + V_1 + (\Sigma U_{1\,2})_{noncons} = T_2 + V_2$$

式中 $(\Sigma U_{1\,2})_{noncons}$ 表示非保守力,如摩擦力所作的功。若此項為零,則:

$$T_1 + V_1 = T_2 + V_2$$

此式是物體的機械能守恆方程式。其說明了:當物體由其一位置到另一位置,動能與位能之和保持定值。此式方可應用在光滑之系統、銷接的剛體、不可拉伸的繩索相接的物體、嚙合的物體。這些情況中,作用在接觸點上的力在分析過程中會相互抵消。因這些力總以大小相等、方向相反之力成對出現,當系統有位移時,每對力之位移均相等。

四、解析步驟

能量守恆方程式是用來解決包含速度、位移及保守力系的問題。在應用時建議採用下列步驟。

1. 位能:

畫出物體在路徑的初位置與末位置圖。若物體的重心G有垂直位移,則確定一個水平基準以計算重力位能 V_g。雖然基準的位置可以任意取,但最好是將基準定在重心G的初位置或是末位置上,因為在基準面上 $V_g = 0$。關於物體重心距基準的高度y,任何連結彈簧的拉伸或壓縮等數據,均可從圖上的幾何關係求得。記得位能 $V = V_g + V_e$。此處 $V_g = Wy_G$ 由基準往上為正,y_G 均為正。

2. **動能：**

　　動能項T_1及T_2由$T = \frac{1}{2}mv^2_G + \frac{1}{2}I_G\omega^2$或本章動能中導出本式的其他形式來計算。在這方面，速度的運動圖可能有助於求出v_G與ω，或建立兩者間之關係。

3. **能量守恆：**

　　應用能量守恆方程式$T_1 + V_1 = T_2 + V_2$。特別注意的是，此方程式只能解保守力系的問題。如質點運動力學－保守力與位能所述，摩擦力或其他拖曳阻力等與速度或加速度有關的為非保守力。這些力所作的功會轉換成熱能，使接觸表面溫度上升。能量就會消散在環境中而無法回復。因此，涉及到摩擦力的問題，可用$T_1 + V_1 + (\Sigma U_{1\,2})_{noncons} = T_2 + V_2$形成功能原理，或運動方程式來求解。

精選試題

( )　1. 2公斤的物體，受到10牛頓的水平推力作用，而在桌面上作加速度為3公尺/秒²的加速度運動，若此物體移動了8公尺，摩擦力為 (A)2 (B)4 (C)6 (D)8　牛頓。

( )　2. 承上題，水平推力作功為 (A)20 (B)40 (C)60 (D)80 (J)。

( )　3. 承1.，摩擦力作功為 (A)16 (B)32 (C)−16 (D) −32 (J)。

( )　4. 承1.，合力作功為 (A)12 (B)24 (C)36 (D)48 (J)。

( )　5. 下列何者為功之使用單位 (A)焦耳（joule） (B)牛頓 (C)瓦特（Watt） (D)馬力（HP）。

( )　6. 兩物體A、若其動能相同，速度比$V_A : V_B = 1 : 2$，則其質量比$M_A : M_B =$ (A)1：2 (B)2：1 (C)1：4 (D)4：1。

( )　7. 兩物體動能相同 (A)較重之物體動量較大 (B)較輕之物體動量較大 (C)兩物動量相同 (D)動量平方與質量成正比例。

( )　8. 下列有關功的敘述，何者錯誤？ (A)功有大小之分 (B)功有正負之分 (C)功無方向可言 (D)功的單位係由力及速度單位導出。

( )　9. 如右圖滑輪組，若不計摩擦損失，則機械利益為

(A)4

(B)5

(C)6

(D)8。

( )　10. 汽車以100公制馬力及60km/hr等速行駛，則引擎施於汽車之向前推力為　(A)450kg　(B)500kg　(C)460kg　(D)75kg。

( )　11. 有一10kg之重錘，自高出木樁頂端2m處自由落下，可將木樁擊入土中0.2公尺，則木樁打入土中所受之平均阻力為

(A)120kg　　　(B)100kg　　　(C)110kg　　　(D)80kg。

( )　12. 欲將一50kg之物體以機器升高25m，需作功1500kg-m，則此機器效率為　(A)75%　(B)80%　(C)83.3%　(D)90%。

( )　13. 196kg重之物體，靜止於一光滑水平面上，若施以60kg之水平力，使作水平直線運動，則該力在4sec內所作之功為　(A)2880kg-m (B)1440kg-m　(C)720kg-m　(D)360kg-m。

( )　14. 物體的運動速度變成兩倍時，其動能變原來之

(A)2倍　　　　(B)3倍　　　　(C)4倍　　　　(D)5倍。

( )　15. 平移之物體重量98kg，速度10m/sec其動為_____kg-m。

(A)400　　　　(B)480　　　　(C)500　　　　(D)980。

( )　16. 某一引擎傳動轉速為200rpm，傳送50HP之動力，試問此時傳動軸之扭力約為　(A)500kgf-m　(B)240kgf-m　(C)210kgf-m　(D)179kgf-m。

( )　17. 如右圖之滑輪系統，若滑輪之摩擦力，輪重及繩重不計，且繩索當為軟性，則欲將100kg物體吊起之作用力F大小為何？　(A)15kg　(B)25kg　(C)35kg　(D)45kg。

( )　18. 有一彈力數k為20公斤/公尺未受力前之長度為30公分，當此彈簧壓縮5公分後此時彈簧所儲存的能量　(A)2.5公尺－公斤 (B)0.25公尺－公斤　(C)2.5公分－公斤　(D)250公尺－公斤。

( )　19. 某人體重為63公斤，於30分鐘內攀登一高120公尺之山頂，試求此人之功率為若干馬力？　(A)0.034　(B)0.028　(C)0.056　(D)0.064。

( )　20. 一水平力持續作用於一量為9.8 kg之物體（摩擦不計），使其沿力的方向移4m，且又使此量獲得40cm/sec之等加速度，則　(A)此物體作功0.16kg-cm　(B)此物體作功0.16kg-cm　(C)此物體之能量1.6kg-cm　(D)此物體之能量增加1.6kg-cm。

( )　21. 欲將10kg的物體以機器升高10m，需作功1200焦耳，則此機器的效率為　(A)68.2%　(B)70.3%　(C)72.4%　(D)81.7%。

( )　22. 起重機在60秒間，以等速度將5.1公頓重量的物體升高10公尺，則其功率為　(A)4.5瓦　(B)6.5瓦　(C)7.5瓦　(D)8.5瓦。

( )　23. 一軸轉速為450rpm，扭矩1200N-m，則此軸傳送率_____馬力。
(A)75.8　(B)56.7　(C)68.2　(D)45.6。

( )　24. 如右圖，在開始時此系統為不動者，其後因兩物體之重量不等而發生運動，當此二物體移動到S之距離時，此系統之位能與開始時之位能相為
(A)WS　　　　(B)W−S　　　　(C)WS/2　　　　(D)−WS/2。

( )　25. 下列機件中何者可用來儲存能量？
(A)齒輪　　　　(B)鍵　　　　(C)凸輪　　　　(D)彈簧。

( )　26. 下列那一種不可視為能量？　(A)功　(B)動能　(C)轉動慣量　(D)熱。

( )　27. 某人提重10kg之物體，於水平面上行走20m，則其所作之功為
_____kg-m　(A)2　(B)20　(C)100　(D)0。

( )　28. 一物體重量為W，自地面H高處自由落下，若到地面之速度為 gH，此時物體之動能為（該處重力加速度為g）　(A)$\sqrt{W}$ H　(B)WH
(C)2WgH　(D)$\sqrt{2}$ WgH。

( )　29. 某人10kg之物體，於水平面上行走10m，則其所作之功為　(A)0
(B)100kg-m　(C)200kg-m　(D)300kg-m。

( )　30. 一皮帶輪轉速為300rpm，直徑20cm，皮帶緊邊張力為200kg，鬆邊張力為50kg，則此皮帶輪傳送多少公制馬力？　(A)3.15　(B)6.30
(C)9.45　(D)12.60。

( )　31. 一人用8kg重之錘打鐵，錘自由落下，擊至鍛件上之速度為10m/sec，作用時間為0.001秒，設錘打擊後不反跳，則錘對鍛件撞擊之平均力量約為　(A)80000kg　(B)9320kg　(C)8160kg　(D)3900kg。

( )　32. 一個重1公斤,速率為10公尺/秒之小球A向靜止之小球B作正向碰撞,撞後小球A之反跳速率為5公尺/秒。若小球B重5公斤,則小球B之前進速率為　(A)10公尺/秒　(B)5公尺/秒　(C)3公尺/秒　(D)1公尺/秒。

( )　33. 假設兩質量已知的球,各以已知之速度做正面完全彈性碰撞,欲求碰撞後各球之速度,那兩定律可以被直接使用來解此題?　(A)能量不滅定律與動量不滅原理　(B)牛頓第一運動定律與角動量守恆原理　(C)簡諧運動與自由落體之分析　(D)向心力與離心力原理。

( )　34. 一個500公克的物體,以每秒6公尺的速率前進,物體的動能為　(A)6　(B)7　(C)8　(D)9　(J)。

( )　35. 承上題,當物體的動能為16J時,速率為　(A)6　(B)7　(C)8　(D)9　(m/s)。

( )　36. 重1kg之球,自5m高之樓上落下,若e=0.2,則球落地後反彈之高度為　(A)5m　(B)2.5m　(C)0.2m　(D)0.25m。

( )　37. 一飛機以300公尺/秒之速度飛行中,撞到空中飛行之鳥,該鳥之質量為1公斤,當鳥衝入飛機之後,即隨飛機運動,設若作用時間為0.0015秒,則其衝力約為　(A)2×10^5牛頓　(B)2×10^6牛頓　(C)2×10^7牛頓　(D)2×10^4牛頓。

( )　38. 以每秒400m之速度,重40000kg之大砲發射650kf之砲彈,則大砲之後退速度為　(A)65m/sec　(B)6.5m/sec　(C)26m/sec　(D)2.6m/sec。

( )　39. 質量為200克之棒球以20m/sec之速度飛來,打擊手將它反向擊出得30m/sec之速度球之衝量為_____kg·m/sec　(A)2　(B)10　(C)2000　(D)200。

( )　40. 設一皮球重1kg,其恢復係數為0.5,自高處8m自由落地,則其第一次反跳高度為　(A)1m　(B)2m　(C)3m　(D)4m。

( )　41. 一球質量0.05kg,原為靜止,如一棒將之由地面擊出後,球的瞬時速度為60m/sec,則此球受到之衝量大小為　(A)1kg-m/s　(B)2kg-m/s　(C)3kg-m/s　(D)4kg-m/s。

( )　42. 有一子彈重35公克，水平射入一重20公克之木塊如右圖，二者一齊上升至θ＝60°才又下落，則子彈原來之速度為　(A)8m/sec　(B)11m/sec　(C)17m/sec　(D)21m/sec。

( )　43. 在彈性限度範圍內，彈簧所受的外力與產生的變形成　(A)反比　(B)平方成反比　(C)正比　(D)平方成正比。

( )　44. 如右圖所示，某物體重100kg置於水平面上物體與平面間之摩擦係數0.3，今以一與水平成30°之P力拉之，使物體等速移動20m，所作之功為若干kg-m？　(A)311　(B)411　(C)511　(D)611。

( )　45. 物體置於水平面上，物重100kg，物體與平面摩擦係數為0.3，用繩在水平方向等速拖行50m，則此人對物作功為多少kg-m？　(A)5000kg-m　(B)15000kg-m　(C)150kg-m　(D)1500kg-m。

( )　46. 以力矩20kg-m作用於一可以旋轉之輪軸，歷時10秒，此輪由靜止狀態加速至120rpm，則作功為多少kg-m？　(A)100π kg-m　(B)200π kg-m　(C)300π kg-m　(D)400π kg-m。

( )　47. 迴轉軸轉速200rpm，須傳達50馬力之動力，此時作用在軸上之扭矩約為　(A)210kg-m　(B)187kg-m　(C)179kg-m　(D)163kg-m。

( )　48. 質量為5kg之物體，當速度為4m/sec，動能為若干焦耳？　(A)4.08　(B)9.8　(C)40　(D)98。

( )　49. 一物體重5kg，初速度25m/sec變為30m/sec之末速，試求其動能增加若干kg-m？　(A)700　(B)600　(C)200　(D)70。

( )　50. 彈簧拉長1cm時需要12kg的外力，若將其拉長10cm，則儲存於彈簧內之位能為若干kg-m？　(A)120　(B)200　(C)400　(D)600。

( )　51. 一重100kg之物體，由距地面10m升至20m，則位能增加　(A)510kg-m　(B)1000kg-m　(C)2000kg-m　(D)9800kg-m。

( )　52. 右圖中物體自A點落下可將彈簧壓縮至C點，若彈簧原長在B點，則物體在何處具有最大重力位能？　(A)A　(B)B　(C)C　(D)以上皆非。

( ) 53. 承上題，物體在何處具有最大彈力位能？
(A)A　　　　(B)B　　　　(C)C　　　　(D)以上皆非。

( ) 54. 今以重量510kg之氣力鎚自240cm之高處落下，鍛打鐵材，使厚20cm之鐵材鍛薄為17.5cm時，則試求作用於鐵材之力為若干？
(A)494.7kg　(B)4947kg　(C)49470kg　(D)494700kg。

( ) 55. 平行於運動的方向以7kg之力使質量為2kg的物體，作無摩擦水平方向的運動，試求經歷3秒後，該力對物體所做的功為若干？
(A)52kg-m　(B)15.75kg-m　(C)104kg-m　(D)1080kg-m。

( ) 56. 一把手直徑40cm，沿切線方向受10kg之力作用，轉動5轉方將此閥關閉，則關閉此閥所作之功多少kg-m？
(A)5π　　　　(B)10π　　　(C)20π　　　(D)40π。

( ) 57. 重75kg之物體自3m高處落下，撞擊一彈簧之頂面，設此彈簧之彈簧常數K＝400kg/cm，試求此彈簧之縮短量為若干？
(A)1.08kg-m　(B)10.8kg-m　(C)4.9cm　(D)9.8cm。

( ) 58. 物體重15kg，置於彈簧力常數K＝10kg/cm彈簧之前端，用手使彈簧壓縮5cm，當手釋放後，物體的速度每秒多少公尺？
(A)128m/sec　(B)64m/sec　(C)32m/sec　(D)1.28m/sec。

( ) 59. 若有一能量，可使196kg之物體以30m/sec之速度運動，則此能量可使100kg之物體升高多少公尺？
(A)90　　　　(B)300　　　(C)9000　　　(D)3000。

( ) 60. 輪帶緊邊之張力為800kg，鬆邊張力為350kg之滑輪直徑為2m，若滑輪之速率為240rpm，則其傳送之功率為
(A)151　　　(B)141　　　(C)161　　　(D)171　馬力。

( ) 61. 一物體質量為0.2kg，自長度2m之斜面滑下，斜面與水平成30°角，若斜面完全光滑，則物體達斜面底之速度為
(A)2.24m/sec　(B)3.14m/sec　(C)4.43m/sec　(D)5.14m/sec。

( ) 62. 一人提一重10kg之水桶走上一長50m傾斜30°之斜坡，則此人對水桶作功為　(A)0kg-m　(B)250kg-m　(C)430kg-m　(D)500kg-m。

( )　63. 轉軸之迴轉數為1800r.p.m.傳達動力300HP，則施轉軸之扭轉力矩為若干？　(A)99kg-m　(B)109kg-m　(C)119.4kg-m　(D)129kg-m。

( )　64. 有一飛輪半徑為1m，今以一繩圍繞其邊緣，在繩子之一端施以平穩之拉力5kg，此輪裝於一無摩擦之軸承上，軸承之軸為一穿過輪中心之水平軸。軸之慣性矩為5kg-m，試問繩拉長10m後，其角速度為：　(A)6rad/sec　(B)8rad/sec　(C)10rad/sec　(D)14rad/sec。

( )　65. 把30kg之物體以一定力40kg平行於斜面推之，使其沿斜面上行25m，斜面之斜角為37°，斜面與物體間之摩擦係數為0.2，則下列何者為非？　(A)此力作功1000kg-m　(B)物體增加之動能430kg-m　(C)物體增加之位能為450kg-m　(D)克服摩擦力之功為100kg-m。

( )　66. 下列何者為非？　(A)功率常以「馬力」表示　(B)力與位移方向相反者作負力　(C)一物體在地球表面自由下落，則物體上位能與動能之和不變　(D)功能大小與作功所經過之時間有關。

( )　67. 物體重量W，自距地面h高處落下，到達面之速度為 $\sqrt{2}\,gh$，此時物體之動能為：　(A)Wh　(B)2Wh　(C)$\sqrt{W}\,h$　(D)W$\sqrt{2}\,gh$。

( )　68. 一物體重98kg，速度由10c/sec增加到20m/sec時，試求其動能之增量為何？　(A)1000kg-m　(B)1200kg-m　(C)1500kg-m　(D)1800kg-m。

( )　69. 以重量500kg之機械鎚自2.4m之高處落下鍛打鐵材，使得20cm鍛薄為17.5cm，則作用於鐵材力為若干？
　　　(A)48500　　　　(B)48050　　　　(C)48000　　　　(D)49000。

( )　70. 重量為W之物體，由一與水平成θ角之斜面滑下，若摩擦係數為f，滑行之距離為S，則克服摩擦力之功為：　(A)fWS×cosθ　(B)fWS×sinθ　(C)fWS×tanθ　(D)fWS×cotθ。

( )　71. 下列敘述何者為真？　(A)彈簧位能等於彈簧常數乘以其位移的平方　(B)動能是向量　(C)物體所減少的動能不等於物體所作之功　(D)外力對物體所作之功等於物體所增加之動能。

( ) 72. 有一閥之把手，如右圖所示，以10公斤之轉動之，
轉動10轉才將閥關閉，則關閉此閥所作之功為多
少公尺－公斤？　(A)125.6　(B)200　(C)251.2
(D)1200。

( ) 73. 彈簧之力常數K為20kg/m，力前之長度為30cm，當將此彈簧
壓縮5cm後，此時彈簧所儲存之能量為若干？　(A)0.025kg-m
(B)0.5kg-m　(C)5kg-m　(D)25kg-m。

( ) 74. 彎道R為1m，物體重為0.5kg，滑至底面時之速度v_2=3m/sec，試
求曲道之摩擦力所作之功為何？　(A)0.17kg-m　(B)0.27kg-m
(C)0.37kg-m　(D)0.47kg-m。

( ) 75. 一皮帶輪轉速300rpm時，可傳送6.6π馬力，若皮帶鬆邊與緊邊張力
差為90公斤試求該輪之直徑為多少？　(A)1.1m　(B)1m　(C)2m
(D)0.55m。

( ) 76. 起重機能於每秒內，自一深12m之船艙內，吊起1ton之礦砂，
若起重機之效率為85%，試求其輸出功與輸入馬力各為若干？
(A)12000，1800　(B)17000，1800　(C)12000，188　(D)17000，
188　馬力。

( ) 77. 質量200克之網球自高處落下，當落下20m後速度為15m/sec，則
此球因受空氣摩擦而損失之量為　(A)16.7爾格　(B)1670爾格
(C)1.67爾格　(D)16.7焦耳。

( ) 78. 重20公斤之鐵球在一半圓形曲面，由右側高20c滾下，若摩擦
損失40kg-cm之能量，則球滾上左側最大之高度h為　(A)20cm
(B)18cm　(C)16cm　(D)14cm。

( ) 79. 芭蕾舞者作旋轉動作時將張開的雙手縮身體，其旋轉速度即快速增
加，此乃因慣性矩（moment of inertia）　(A)變大　(B)變小　(C)
不變　(D)無關。

( ) 80. 以仰角60°初動能1000焦耳，一球拋出，該球達到最高點之動能為
(A)250 焦耳　(B)500 焦耳　(C)750 焦耳　(D)0 焦耳。

解答與解析

1. **B** $10-3 \times 2 = 4$ (N)

2. **D** $10 \times 8 = 80$ (J)

3. **D**　　4. **D**　　5. **A**　　6. **D**　　7. **D**　　8. **D**

9. **A** 機械利益 $= \dfrac{W}{F} = 4$

10. **A**

11. **C** $10 \times (2+0.2) = F \times 0.2 \Rightarrow F = 110$kg

12. **C**　　13. **B**　　14. **C**　　15. **C**

16. **D** $50 = \dfrac{T \times 200}{63000} \Rightarrow T = 15750 \ \ell$b-in $= 180$ kgf-m

17. **B**

18. **C** $\dfrac{1}{2}kx^2 = \dfrac{1}{2} \times 20 \times 10^{-2} \times 5^2 = 2.5$cm-kg

19. **C**　　20. **D**

21. **D** $\dfrac{10 \times 9.81 \times 10}{1200} = 0.817 = 81.7\%$

22. **D**　　23. **A**　　24. **D**　　25. **D**　　26. **C**　　27. **D**　　28. **B**　　29. **A**

30. **B**　　31. **C**　　32. **B**　　33. **A**　　34. **D**　　35. **C**　　36. **C**　　37. **A**

38. **B** 動量守恆：$650 \times 400 = 40000 \times V \Rightarrow V = 6.5$m/s

39. **B**

40. **B** $V_1 = \sqrt{2gh_1} = 12.53 \Rightarrow e = \dfrac{V_2}{12.53} = 0.5 \Rightarrow V_2 = 6.265$ (m/s)

　　$V_2 = \sqrt{2gh_2} \Rightarrow h_2 = 2$ (m)

41. **C**　　42. **B**　　43. **C**　　44. **C**　　45. **D**　　46. **D**　　47. **C**　　48. **C**

49. **D**　　50. **D**　　51. **B**　　52. **A**　　53. **C**　　54. **C**　　55. **D**　　56. **C**

57. **B**　　58. **D**　　59. **A**　　60. **A**　　61. **C**　　62. **B**　　63. **C**　　64. **D**

65. **D**　　66. **D**　　67. **A**　　68. **C**　　69. **A**　　70. **A**　　71. **D**　　72. **A**

73. **A**　　74. **B**　　75. **A**　　76. **C**　　77. **D**　　78. **B**　　79. **B**　　80. **A**

第九章　應力

依據出題頻率區分，屬：**A** 頻率高

> **課前叮嚀**
> 本章為材料力學之基礎，應力應變之關係及曲線圖，Hook 定律與 Poisson 此
> 為必考焦點。

9-1　定義

單位面積的內力。

1. **單位**：力/面積
2. **SI制**：常用 N/m^2 (Pa)、MPa、GPa
3. **英制**：常用 $psi=lb/in^2$；$1\ Ksi=10^3psi$

9-2　正應力（Normal Stress；σ）

1. **正應力**：單位面積的正向力（Normal Forces）

$$\sigma = \frac{P}{A}$$

2. **張應力**（Tensile Stress）**與壓應力**（Compressive Stress）：

　張應力：$\sigma > 0$　　　　　　　　壓應力：$\sigma < 0$

3. **承載應力**（Bearing Stress）：
　　垂直壓於平面之作用力所產生的平均正應力。

【例1】　荷重（dead loading）產生的承載應力

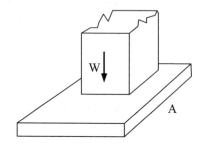

$$\sigma = \frac{W}{A}$$

【例2】　固定銷（pin）產生的承載應力

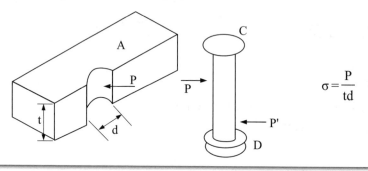

$$\sigma = \frac{P}{td}$$

9-3　剪應力（Shearing Stress , Shear Stress；τ）

1. **定義**：單位面積的剪力（shearing force）。

$$\tau = \frac{V}{A}$$

2. **剪力的形式**：

　(1)單剪應力（single shearing stress）

$$\tau = \frac{V}{A} = \frac{P}{A}$$

【例】　鉚釘的單剪應力

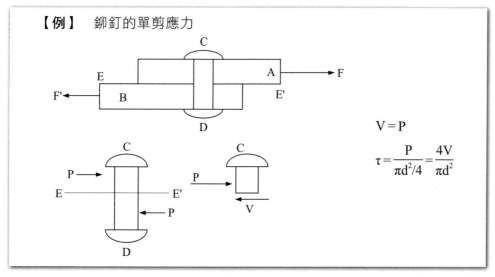

$$V = P$$

$$\tau = \frac{P}{\pi d^2/4} = \frac{4V}{\pi d^2}$$

(2)雙剪應力（double shearing stress）

　　平行受力面的剪應力：

$$\tau = \frac{V}{A} = \frac{P}{2A}$$

【例】　鉚釘的雙剪應力

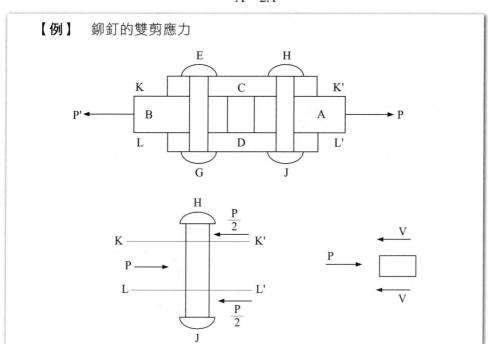

$$V = P/2$$

$$\tau = \frac{P}{2 \cdot \pi d^2/4} = \frac{4V}{\pi d^2}$$

(3)衝孔剪應力（tearing stress）

$$\tau = \frac{V}{A} = \frac{V}{\pi dT}$$

【例1】　剪床剪切時的撕裂剪應力

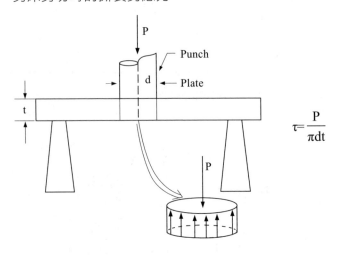

$$\tau = \frac{P}{\pi dt}$$

【例2】　鉚釘產生的撕裂剪應力

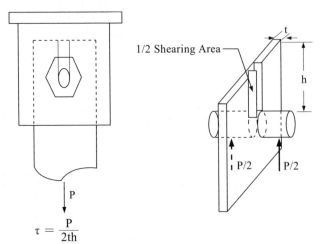

$$\tau = \frac{P}{2th}$$

【例3】

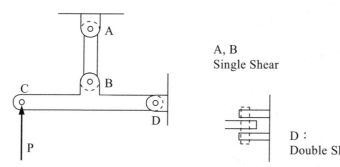

A, B
Single Shear

D：
Double Shear

如上圖的元件組合，連桿AB為彈性體厚度t寬度W；CD為剛體，BC距離為L_1，BD距離為L_2，$L_1+L_2=L$。A點與B點以單剪力固定，銷A與B直徑為d；D點以雙剪力固定，銷D直徑為d_d。

試分別求A點受一向上力P與向下力P時，銷A、B及D的剪應力，元件AB的最大應力，以及B點的承載應力與撕裂應力。

解 力P向上作用於C：

$$F_{BA}=\frac{PL}{L_2}；元件AB受壓力。$$

$$F_D=\frac{PL_1}{L_2}$$

銷A的剪應力：$\tau_A=\dfrac{F_{BA}}{\frac{1}{4}\pi d^2}$

銷B的剪應力：$\tau_B=\dfrac{F_{BA}}{\frac{1}{4}\pi d^2}$

銷D的剪應力：$\tau_D=\dfrac{F_D}{2\cdot\frac{1}{4}\pi d_d^2}$

元件AB的最大壓力為：$\sigma_B=\dfrac{F_{BA}}{wt}$ 　　　　$\sigma_{B_{Bearing}}=\dfrac{F_{BA}}{dt}$

B點的承載應力為：B點的撕裂應力很小可以不計。

力P向下作用於C：

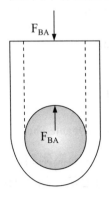

$$F_{BA} = \frac{PL}{L_2} \; ; 元件AB受張力。$$

$$F_D = \frac{PL_1}{L_2}$$

銷A的剪應力：$\tau_A = \dfrac{F_{BA}}{\dfrac{1}{4}\pi d^2}$

銷B的剪應力：$\tau_B = \dfrac{F_{BA}}{\dfrac{1}{4}\pi d^2}$

銷D的剪應力：$\tau_D = \dfrac{F_D}{2 \cdot \dfrac{1}{4}\pi d_d^2}$

元件AB的最大張力：$\sigma_B = \dfrac{F_{BA}}{(w-d)t}$

B點之承載應力：$\sigma_{B_{Bearing}} = \dfrac{F_{BA}}{dt}$

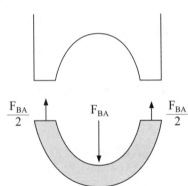

撕裂剪應力：$\sigma_{B_{Tearing}} = \dfrac{F_{BA}}{2 \cdot \dfrac{1}{2}(w^2 - d^2)^{\frac{1}{2}} \cdot t}$

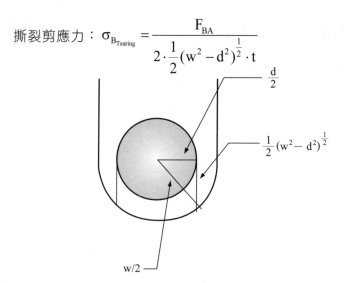

$\dfrac{d}{2}$

$\dfrac{1}{2}(w^2 - d^2)^{\frac{1}{2}}$

w/2

3. 剪應力的對稱性：

元件上受剪力作用的一點

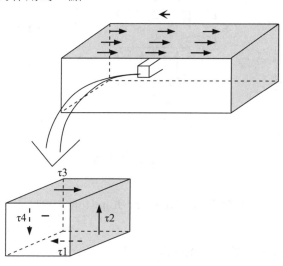

靜力平衡：

$\Sigma \tau = 0$

$\therefore \tau_1 = \tau_3$; $\tau_2 = \tau_4$

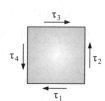

9-4 應力分佈

1. Saint-Venant's Principle：
除靠近負荷作用點附近外，應力分佈與負荷形式無關。

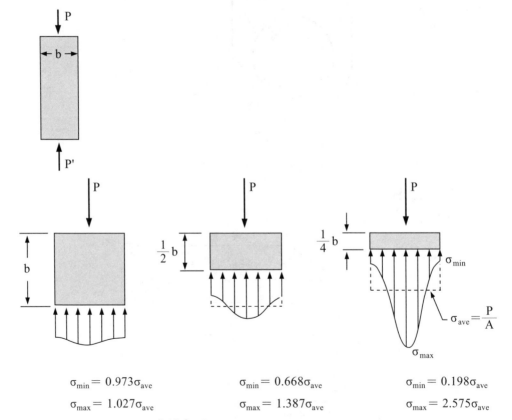

$$\sigma_{min} = 0.973\sigma_{ave}$$
$$\sigma_{max} = 1.027\sigma_{ave}$$

$$\sigma_{min} = 0.668\sigma_{ave}$$
$$\sigma_{max} = 1.387\sigma_{ave}$$

$$\sigma_{min} = 0.198\sigma_{ave}$$
$$\sigma_{max} = 2.575\sigma_{ave}$$

資料來源：Beer and Johnston, 1992

2. 應力集中（Stress Concentration）：
(1)在元件幾何形狀急劇變化處，其邊緣應力變大，呈不均勻分佈。

(2)應力集中現象與桿件尺寸或材料無關，而是與其幾何參數有關。

(3)應力集中因子$k = \dfrac{\sigma_{max}}{\sigma_{avg}} = \dfrac{圓內角，缺口，孔之最大應力}{最小剖面積之平均應力}$。

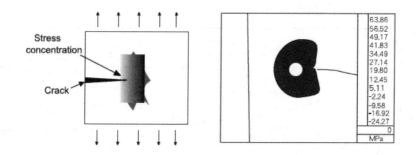

(4)防止應力集中的方法：

①在結構上移除部分材料

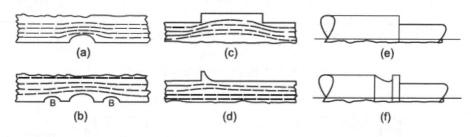

(a) (b) (c) (d) (e) (f)

②使用橢圓形內圓角

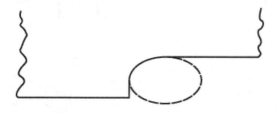

③設計上盡量防止幾何形狀劇烈改變

(5)應力集中因子曲線圖

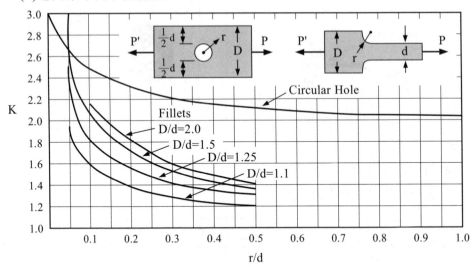

資料來源：Beer and Johnston, 1992

Stress concentration factor

資料來源：Beer and Johnston, 1992

(6)單軸向負荷在傾斜截面所產生的應力

如圖所示，斜面與鉛直面夾角為θ：

①正交應力　$\sigma_\theta = \dfrac{P}{A}\cos^2\theta$

②剪應力　$\tau_\theta = \dfrac{P}{A}\sin\theta\cos\theta = \dfrac{P}{2A}\sin2\theta$

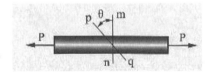

(7)雙軸向應力在傾斜截面所產生的應力

如圖所示，斜面與鉛直面夾角為θ：

①正交應力　$\sigma_\theta = \dfrac{\sigma_x + \sigma_y}{2} + \dfrac{\sigma_x - \sigma_y}{2}\cos 2\theta = \sigma_x\cos^2\theta + \sigma_y\sin^2\theta$

②剪應力　$\tau_\theta = (\sigma_x - \sigma_y)\sin\theta\cos\theta = \dfrac{\sigma_x - \sigma_y}{2}\sin 2\theta$

當θ＝45°時，雙軸向應力所產生的剪應力
有最大值。

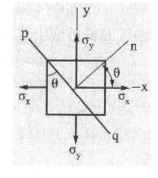

9-5　安全係數F. S.（Safety Factor or Factor of Safety）

$$\text{F.S.} = \frac{\sigma_c}{\sigma_a}$$

其中　σ_c：臨界應力critical stress為抗拉（壓）強度或降伏強度，依規範
　　　而定。

　　　σ_a：容許應力allowable stress。

9-6　應變（Strain）

一、正應變（Normal Strain）

元件受力後，長度的改變率。

1. 工程應變ε（Engineering Strain）：

工程應變為平均應變。

$$\varepsilon_{(avg)} = \frac{\delta}{L_o}$$

其中　δ：受力後長度改變量　　　L_o：原長度

2. **真應變**（True Strain）：

$$\varepsilon_t = \int_{L_o}^{L} \frac{dx}{x} = \ln\left(\frac{L}{L_o}\right) = \ln\left(\frac{L+\delta}{L_o}\right) = \ln\left(1+\varepsilon_{avg}\right) \cong \varepsilon_{avg}$$

二、剪應變（Shear Strain）

垂直線受力後夾角的改變。

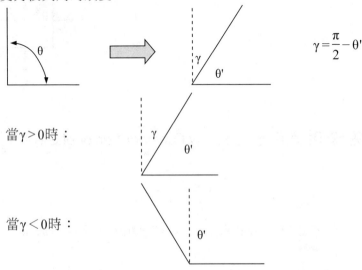

$$\gamma = \frac{\pi}{2} - \theta'$$

當 $\gamma > 0$ 時：

當 $\gamma < 0$ 時：

9-7 工程材料的機械性質

一、延性材料（Ductile Material）的應力應變曲線

1. 延性材料之抗壓與抗拉強度差不多，不分開考慮。

2. 延性材料之安全係數：$FS = \dfrac{降伏應力}{容許應力}$。

3. 延性材料之應力應變圖：

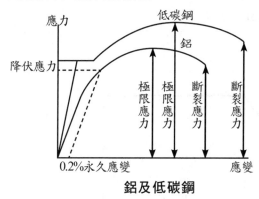

鋁及低碳鋼

二、脆性材料（Brittle Material）的應力應變曲線

1. 脆性材料的特點：

    (1)抗壓強度遠遠大於抗拉強度

    (2)受到拉力與壓力的狀況需要分開討論

2. 脆性材料之安全係數：$FS = \dfrac{\text{極限應力}}{\text{應力集中因子k} \times \text{容許應力}}$。

3. 脆性材料之應力應變圖：

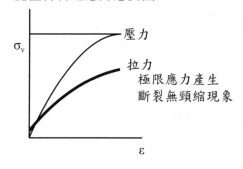

鑄鐵

三、理想化的應力應變曲線
1. 彈塑性體（Elastoplastic material）：

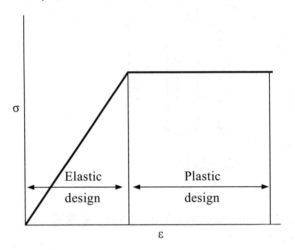

2. 雙直線應力應變曲線（Bilinear stress－strain curve）：

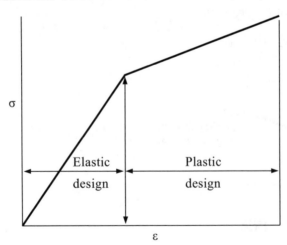

四、彈性變形與塑性變形（Elastic Deformation and Plastic Deformation）

1. 彈性變形歷程：

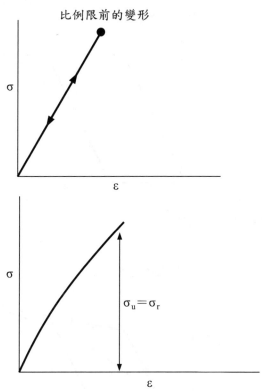

比例限前的變形

2. 塑性變形歷程：

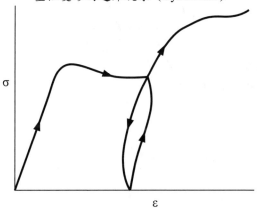

塑性變形的遲滯現象（hysteresis）

3. **降伏點前的變形：**

理想化的塑性變形歷程：

彈塑性體的塑性變形

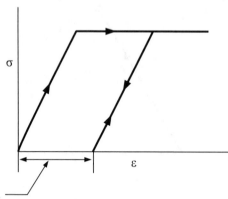

殘留應變
Residual strain ——

雙直線型的塑性變形

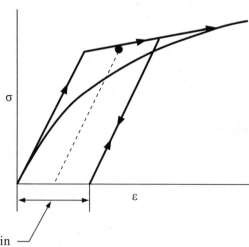

殘留應變
Residual strain ——

五、比例限下的應力應變關係

1. Hook定律：

大多數工程材料應力－應變圖，在彈性範圍內其應力與應變呈線性關係，稱為虎克定律。

$$\sigma = E\varepsilon \qquad\qquad \tau = G\gamma$$

E：彈性係數（Modulus of Elasticity；Young's modulus）

G：剪彈性係數（Shear Modulus of Elasticity）

2. Poisson比：

十八世紀法國科學家S. D. Poisson發現彈性範圍內側應變與正應變比值為常數，稱為蒲松比，其最大可能值為0.5，故$0 \leq \nu \leq 0.5$。

$$\nu = -\frac{側向正應變}{窗力方向正應變}$$

3. E與G的關係：

$$G = \frac{E}{2(1+\nu)}$$

精選試題

第1～50題

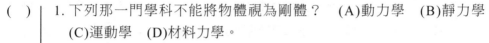

(　)　1. 下列那一門學科不能將物體視為剛體？　(A)動力學　(B)靜力學　(C)運動學　(D)材料力學。

(　)　2. 一般材料，其蒲松氏比（Poisson's ratio）ν之值為　(A)$0 \leq \nu \leq 1$　(B)$0 \leq \nu \leq 2$　(C)$\nu > 1$　(D)$0 \leq \nu \leq 0.5$。

(　)　3. 以下何者不為結構桿件之斷面內力？　(A)反力　(B)彎矩　(C)剪力　(D)扭矩。

( )　4. 已知一材料受力變形之應力與應變關係如右圖所
　　　示，試問那一段變形符合虎克定律（Hooker's
　　　Law）？　(A)OA　(B)BC　(C)CD　(D)DE。

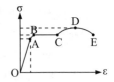

( )　5. 下列有關應力與應變之敘述，何者錯誤？
　　　(A)側向應變除以軸向應變之比值稱為蒲松比
　　　(B)虎克定律為材料於其彈性限度之內，應力與應變成正比例之關係
　　　(C)當材料經過長時間承受載重作用，產生非彈性應變，稱為潛變
　　　(D)應變除以應力之值稱為彈性模數。

( )　6. 如右圖所示，一實體鋼桿長60cm，兩端固定，距
　　　底面45cm處承受10t之載重，則B點之反作用力為
　　　(A)2.5t　(B)5t　(C)7.5t　(D)10t。

( )　7. 當溫度降低時，熱應力為
　　　(A)張應力　(B)壓應力　(C)剪應力　(D)彎曲應力。

( )　8. 當材料承受互相正交之三軸向拉應力均為σ，設材料蒲松比為ν，彈
　　　性係數為E，則任一軸向應變ε值皆為
　　　(A)$\dfrac{\sigma}{E}(1+2\nu)$　　(B)$\dfrac{\sigma}{E}(1-2\nu)$　　(C)$\dfrac{\sigma}{E}(1+3\nu)$　　(D)$\dfrac{\sigma}{E}(1-3\nu)$。

( )　9. 一邊長為30cm之方形柱，承受4500kg之軸向載重，則其所受之壓應力
　　　之大小為　(A)5kg/cm^2　(B)10kg/cm^2　(C)15kg/cm^2　(D)20kg/cm^2。

( )　10. 在一般鋼結構拉伸試驗中，若應力無明顯增加，但應變持續增加，
　　　此時之應力稱為　(A)降伏應力　(B)比例限度　(C)極限應力　(D)
　　　破壞應力。

( )　11. 在彈性限度內，均質等向性材料橫向應變與縱向應變比之絕對值，
　　　稱為蒲松比，其最大值不會超過　(A)0.1　(B)0.3　(C)0.5　(D)0。

( )　12. 一扁平鋼構件，在長方向受6000kg之軸向張力作用，此構件
　　　尺寸為4cm×1.5cm×300cm，其單位應力為　(A)4000kg/cm^2
　　　(B)2000kg/cm^2　(C)1500kg/cm^2　(D)1000kg/cm^2。

( )　13. 長3公尺，斷面為1cm^{2}圓形鋼桿，當承受為7000kg之拉力作用時，
　　　若鋼之E＝2.1×10^{6}kg/cm^2，則此鋼桿之軸向變形為　(A)伸長1cm
　　　(B)縮短1cm　(C)伸長2cm　(D)伸長0.1cm。

( )　14. 一混凝土圓柱試體之直徑15cm，高30cm，彈性係數為2.5×10^5kg/cm^2，而蒲松比為0.3，若此試體受壓縮載重13250kg，則直徑應增加 (A)0.0027cm　(B)0.0045cm　(C)0.00135cm　(D)0.009cm。

( )　15. 物體受外力作用，外形及內部質點相對位置不發生變化者，稱為 (A)可變體　(B)彈性體　(C)塑性體　(D)剛體。

( )　16. 一空心之圓筒，承受2500kg之軸向拉力作用，若外徑為4cm，內徑為2cm，則拉應力為　(A)265　(B)324　(C)416　(D)534　kg/cm^2。

( )　17. 蒲松比之定義為 (A)$\dfrac{側向應變}{軸向應變}$　(B)$\dfrac{側向應力}{軸向應力}$　(C)$\dfrac{軸向應變}{側向應變}$　(D)$\dfrac{軸向應力}{側向應力}$。

( )　18. 單位Kpa相當於　(A)kg/cm^2　(B)t/m^2　(C)lb/in^2　(D)kN/m^2。

( )　19. 一圓柱受62800kg壓縮負荷，若極限強度為8000kg/cm^2，安全係數取10，欲安全承受此負荷，則圓柱之最小直徑為 (A)10cm　(B)1cm　(C)0.78cm　(D)7.85cm。

( )　20. 一正方形拉桿，須承受9000kg之拉力，若此桿材料之容許拉應力不能超過1000kg/cm^2，試求此桿件之邊長為若干？ (A)9　(B)3　(C)4.5　(D)1.5cm。

( )　21. 在靜力學研討的範圍內為了方便，均將受力的物體或結構假設成為 (A)可變形體　(B)塑性體　(C)剛體　(D)彈性體。

( )　22. 依虎克定律，對桿件作拉伸試驗時，在彈性限度內桿之伸長量 (A)與面積成正比，與桿長成反比　(B)與桿長成反比，與外力成正比 (C)與彈性係數成正比，與反力成反比　(D)與桿長及拉力成正比。

( )　23. 延性材料之容許應力須低於　(A)降伏應力　(B)極限應力　(C)破壞應力　(D)塑性應力。

( )　24. 設材料雙軸向拉應力均為σ，蒲松比為ν，彈性係數為E，則其軸向應變為　(A)$\dfrac{\sigma}{E}(1-v)$　(B)$\dfrac{\sigma}{E}(1-2v)$　(C)$\dfrac{\sigma}{E}(1+v)$　(D)$\dfrac{\sigma}{E}(1+2v)$。

( )　25. 一般材料之蒲松比ν（Poisson's ratio）之值為 (A)$v>0.5$　(B)$v\geq 1$　(C)$v\leq 1$　(D)$v\leq 0.5$。

( )　26. 某材料之彈性係數E＝2×10^6 kg/cm²，蒲松比v為0.1，試求體積彈性係
數E_v為　(A)8.3×10^5　(B)2×10^5　(C)8.3×10^6　(D)2×10^6　kg/cm²。

( )　27. 材料受外力作用而發生變形，當外力除去時，材料之變形依舊，不
能恢復之性質稱為　(A)塑性　(B)剛性　(C)韌性　(D)彈性。

( )　28. 材料受力在比例限度以內時，其應力與應變之比值稱為　(A)蒲松
比　(B)慣性矩　(C)應變能　(D)彈性模數。

( )　29. 工作應力就是屈伏點應力除以　(A)彈簧常數　(B)彈簧指數　(C)應
力集中因素　(D)安全因數。

( )　30. 長2m，直徑4cm之圓形鋼棒，受10t拉力，若楊氏係數E＝2.0×10^6 kg/cm²，
則伸長量為

　　　(A)$\dfrac{1}{4\pi}$　　　　(B)$\dfrac{1}{8\pi}$　　　　(C)$\dfrac{1}{16\pi}$　　　　(D)$\dfrac{1}{32\pi}$　cm。

( )　31. 一圓柱試體長30cm，直徑為15cm，當受20000kg之軸向壓力作用
後，長度縮短0.03cm，直徑增加0.0045cm，則此試體之蒲松比為
(A)0.1　(B)0.2　(C)0.3　(D)0.4。

( )　32. 在應力－應變圖中之斜直線，如其斜率越大（陡峭），則材料之彈
性係數　(A)越小　(B)越大　(C)相同　(D)無關。

( )　33. 如右圖所示為一長為L，截面積為A之
桿件，與P力作用下伸長δ，則單位應

　　　力之定義為　(A)$\delta = \dfrac{PE}{AL}$　(B)$\delta = \dfrac{PA}{EL}$　(C)$\delta = \dfrac{PL}{AE}$　(D)$\delta = \dfrac{EL}{AP}$。

( )　34. 承上題，單位應變之定義為　(A)$\dfrac{\delta}{L}$　(B)$\dfrac{P}{L}$　(C)$\dfrac{P}{A}$　(D)$\dfrac{L}{\delta}$。

( )　35. 在右圖元素受力後，若v為蒲松比，則其在x方向之應變為

　　　(A)$\dfrac{\sigma_x}{E} + v\dfrac{\sigma_y}{E}$　　　(B)$\dfrac{\sigma_y}{E} + v\dfrac{\sigma_x}{E}$

　　　(C)$\dfrac{\sigma_x}{E} - v\dfrac{\sigma_y}{E}$　　　(D)$\dfrac{\sigma_y}{E} - v\dfrac{\sigma_x}{E}$。

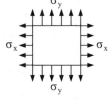

( )　36. 材料之彈性係數愈大者　(A)材料愈易變形
(B)材料愈不易變形　(C)與變形無關　(D)材料愈重。

( ) 37. 下列那一門學科係指內效應而言？ (A)靜力學 (B)材料力學 (C)運動學 (D)動力學。

( ) 38. 如右圖所示之鋼板，厚為1cm，板端受8t的拉力，若鋼板之彈性係數為$2 \times 10^6 kg/cm^2$，則自由端之伸長量為 (A)6mm (B)8mm (C)9mm (D)12mm。

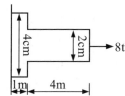

( ) 39. 一黃銅桿長1m，兩端固定於60°C降至20°C時，若銅之E_B為$1.05 \times 10^6 kg/cm^2$，銅之膨脹係數α為$190 \times 10^{-7} cm/°C$，試求桿所生之應力為 (A)897kg/cm² (B)789kg/cm² (C)798kg/cm² (D)879kg/cm²。

( ) 40. 材料在彈性限度內，則其橫向應變與縱向應變之比稱為 (A)彈性模式 (B)剛性模式 (C)蒲松氏比 (D)安全因數。

( ) 41. 下列有關彈性係數E之敘述，何者為錯誤？ (A)E之單位與應力之單位相同 (B)一般拉伸與壓縮之彈性係數相同 (C)E值為常數，不因材料之種類而改變 (D)彈性係數E又稱楊氏係數。

( ) 42. 物體所生之應力在彈性限度內應力之增減與應變之增減成正比例，稱為 (A)牛頓定律 (B)虎克定律 (C)楊氏定律 (D)彈塑性定律。

( ) 43. 當外力作用於材料時，材料會發生變形，而外力除去後，材料之變形可以恢復之性質，稱為 (A)彈性 (B)塑性 (C)剛性 (D)韌性。

( ) 44. 均質等向性之彈性體，如右圖所示，則此物體六個面都承受大小相同之均佈壓應力已知此物體在x方向之長度改變量為$-1.2 \times 10^{-3} cm$，若此彈性體之楊氏模數$E = 2.0 \times 10^6 kg/cm^2$，蒲松比v = 0.29，則此物體之體積改變量為多少？
(A)-1.5×10^{-3} (B)-0.9×10^{-3}
(C)-0.6×10^{-3} (D)-0.3×10^{-3}。

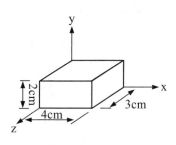

( ) 45. 一圓鐵棒受25t之拉力作用，若其容許拉應力為1t/cm²，則此棒之直徑至少需要多大？ (A)4.52cm (B)5.64cm (C)6.65cm (D)7.55cm。

( ) 46. 如右圖所示，鋼桿橫斷面積為15cm²，鋁桿
橫斷面積20cm²，若材料本身重量不計，
P_1=4500kg，P_2=7200kg，若鋼桿之彈性係
數為2.1×10^6kg/cm²，鋁桿之彈性係數為
0.7×10^6kg/cm²，則其總應變量為
(A)0.084cm   (B)0.094cm
(C)0.132cm   (D)0.172cm。

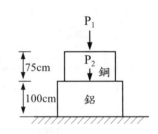

( ) 47. 材料在設計時，因考慮破壞應力大於容許應力，故破壞應力與容許
應力之比值稱為 (A)校正因數 (B)彈性因數 (C)塑性比 (D)安
全因數。

( ) 48. 長1m，斷面積1cm²的鋼棒受2000kg的拉力，若楊氏模數為
2×10^6kg/cm²，則伸長量為 (A)0.01cm (B)0.1cm (C)1cm (D)
以上皆非。

( ) 49. 材料受力在比例限度以內時，其應力與應變比值稱為 (A)蒲松比
(B)慣性矩 (C)應變能 (D)彈性模數。

( ) 50. 材料之應力－應變圖中，其彈性變化曲線之斜率，稱為 (A)應變
能 (B)剛性係數 (C)彈性係數 (D)極限強度。

解答與解析

1. **D**   2. **D**   3. **A**   4. **A**   5. **D**

6. **A** $\begin{cases} R_A + R_B = 10t \quad\dots\dots(1) \\ \dfrac{R_A}{R_B} = \dfrac{45}{15} \quad\dots\dots\dots(2) \end{cases}$ 由(1)(2)可得$R_B = 2.5t$

7. **A**   8. **B**   9. **A**   10. **A**   11. **C**

12. **D** $\dfrac{6000}{4 \times 1.5} = 1000$ (kg-cm²)

13. **A**   14. **C**   15. **D**   16. **A**   17. **A**   18. **D**

19. **A** $\dfrac{62800}{\dfrac{\pi}{4}d^2} = \dfrac{8000}{10} \Rightarrow d = 10$cm

20.**B**　　21.**C**　　22.**D**　　23.**A**　　24.**A**　　25.**D**

26.**A**　　27.**A**　　28.**D**　　29.**D**

30.**A**　$\delta = \dfrac{PL}{EA} = \dfrac{10 \times 10^3 \times 200}{2 \times 10^6 \times \dfrac{\pi}{4}(4)^2} = \dfrac{1}{4\pi}$ (cm)

31.**C**　　32.**B**　　33.**C**　　34.**A**　　35.**C**　　36.**B**　　37.**B**　　38.**C**

39.**C**　　40.**C**　　41.**C**　　42.**B**　　43.**A**　　44.**B**　　45.**B**　　46.**B**

47.**D**　　48.**B**　　49.**D**　　50.**C**

第51～100題

( )　51. 一電線之單位應變為0.0002，總應變量為0.4cm，則此電線之長度
　　　　應為　(A)20m　(B)2000m　(C)2m　(D)200m。

( )　52. 有一圓柱混凝土之直徑為20cm，其極限應力為5000kg/cm²，此此
　　　　材料之容許應力為250kg/cm²，則此材料之安全因數應為　(A)10
　　　　(B)20　(C)30　(D)40。

( )　53. 討論物體受力後之內力及變形相互間之關係的科學為　(A)靜力學
　　　　(B)動力學　(C)材料力學　(D)剛體力學。

( )　54. 一桿兩端固定，桿之膨脹係數為 α，彈性係數為E，斷面積為A，
　　　　溫度之變化為ΔT，試熱應變量δ_T為　(A)αAE(ΔT)　(B)αLE(ΔT)
　　　　(C)αL(ΔT)　(D)αLAE(ΔT)。

( )　55. 一桿長3m，兩端固定，若桿之彈性係數為2×10^4kg/cm²，桿之膨
　　　　脹係數 α 為0.0015cm/°C，斷面積為5cm²，若溫度升高15°C，
　　　　試求桿端支承反力為　(A)1550kg　(B)2050kg　(C)2250kg
　　　　(D)2750kg。

( )　56. 材料之彈性係數E，蒲松比μ，體積彈性係數E_v，三者之關係為

　　　　(A)$E_v = \dfrac{E}{3(2-\mu)}$　　　　　　　　(B)$E_v = \dfrac{E}{2(1+\mu)}$

　　　　(C)$E_v = \dfrac{E}{3(1-2\mu)}$　　　　　　　(D)$E_v = \dfrac{2E}{3(1-2\mu)}$。

( )　57. 有一圓柱如右圖，直徑15cm，高度30cm，頂部受一向下壓力40t（噸），則此圓柱體內之軸向應力為 (A)56.6kg/cm² (B)177.8kg/cm² (C)848.8kg/cm² (D)226.4kg/cm²。

( )　58. 承上題，若圓柱體之彈性模數E＝2×10^6 kg/cm²，則圓柱之縮短量為 (A)0.044mm (B)0.034mm (C)0.03mm (D)0.025mm。

( )　59. 材料於彈性限度內，自一方受拉力，該方向之應變為0.001，蒲松數 m＝4，其體積應變為 (A)0.001 (B)0.0005 (C)0.0015 (D)0.003。

( )　60. 一般結構用之鋼材，其彈性係數E約為 (A)0.7×10^6 (B)1×10^6 (C)1.5×10^6 (D)2×10^6 kg/cm²。

( )　61. 一混凝土圓柱試體，高30cm，直徑為15cm，經壓力試驗後，量測得其高度縮短0.03cm，直徑增加0.003cm，試求此混凝土之蒲松比為若干？ (A)0.2 (B)0.25 (C)0.3 (D)0.15。

( )　62. 當材料雙軸向拉應力均為6，若v為蒲松比，彈性模數為E，則其軸向應變e為

(A)$\dfrac{\sigma}{E}(1-2v)$　　(B)$\dfrac{\sigma}{E}(1+2v)$　　(C)$\dfrac{\sigma}{E}(1-v)$　　(D)$\dfrac{\sigma}{E}(1+v)$。

( )　63. 材料在承受荷重所取之安全係數n之大小必大於 (A)0 (B)0.5 (C)1 (D)2。

( )　64. 如右圖所示，一長30cm之空心鋼柱內填混凝土，鋼柱之外徑為20cm，內徑為10cm，上面護以鋼板，鋼板之重量忽略不計，其上受載重P為20000kg，若鋼之楊氏係數為2.1×10^6 kg/cm²，混凝土之楊氏係數為0.21×10^6 kg/cm²，則鋼柱承受之負荷為若干？

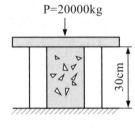

(A)19354kg　　(B)18360kg　　(C)645kg　　(D)1640kg。

( )　65. 承上題之條件，此物體之長度變化量δ為
(A)0.174×10^{-3}　　　　　　(B)0.91×10^{-3}
(C)9.099×10^{-3}　　　　　　(D)1.174×10^{-3}　　cm。

( )　66. 一黃銅桿之兩端固定，當溫度為20°C時，其長為2m，當溫度上升至40°C時，則桿內應力為（黃銅之彈性係數E＝1.05×10^6 kg/cm^2，熱膨脹係數α為0.184×10^{-4} cm/°C　(A)386kg/cm^2　(B)38.6kg/cm^2　(C)3860kg/cm^2　(D)193kg/cm^2。

( )　67. 如右圖所示之應力－應變圖中，下列之敘述何者為正確？　(A)A點為比例界限　(B)B點為極限應力　(C)C點至D點為頸縮現象　(D)D點至E點為應變硬化現象。

( )　68. 一均勻棒長L＝100cm，受力伸長0.01cm，則此棒應變為　(A)10^4　(B)10^2　(C)10^{-2}　(D)10^{-4}。

( )　69. 一直徑15mm之軟鋼棒受7.3ton之拉力而斷裂，則其破壞拉應力為　(A)2130　(B)3130　(C)4130　(D)5130　kg/cm^2。

( )　70. 如右圖之桿件承受四個軸向外力作用，設桿件截面積為4cm^2，楊性係數E＝2000kN/cm^2，則桿件BC段之軸向變形量為
(A)伸長0.375cm
(B)縮短0.20cm
(C)伸長0.15cm
(D)縮短0.10cm。

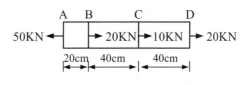

( )　71. 材料之蒲松比最小值為　(A)0　(B)0.5　(C)1　(D)2。

( )　72. 一長度為1m之桿件，因受軸向拉力作用而軸向伸長2mm，試求其軸向張應變為若干？　(A)0.02　(B)0.05　(C)0.005　(D)0.002。

( )　73. 如右圖所示，一鋼桿兩端固定，距A端20cm處受一10t之軸力，則A點之反力為　(A)2.5t　(B)5t　(C)7.5t　(D)10t。

( )　74. 承上題，則B點之反力為　(A)2.5t　(B)5t　(C)7.5t　(D)10t。

( )　75. 材料同時自各方受拉力或壓力均相同時，其體積應變等於長度應變之　(A)1　(B)0.5　(C)2　(D)3　倍。

( )　76. 脆性材料的容許應力是以安全因數除脆性材料之什麼應力而得？
(A)比例限度　(B)彈性限度　(C)降伏應力　(D)極限應力。

( )　77. 如右圖所示，一等斷面桿兩端皆固定，於距
離底部1/3高度之截面mn上，作向下作用力
600 kg，則底部支承反力為　(A)300kg
(B)200kg　(C)400kg　(D)250kg。

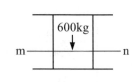

( )　78. 一棒長為150cm，其橫截面為矩形，長為7.5cm，寬為5cm，受軸
向拉力90000kg後之軸向伸長量為0.2cm，則此棒之彈性係數為多
少？　(A)1.8×10^6kg/cm　(B)1.8×10^6kg/cm^2　(C)1.8×10^5kg/cm
(D)1.8×10^5kg/cm^2。

( )　79. 有一截面積為60cm^2，長30cm之均勻鋼棒，承受一軸向拉力
60000kg之作用設蒲松比為0.2，彈性模數E$=2.0 \times 10^6$kg/cm^2，則側
向應變為　(A)0.0002　(B)0.002　(C)$-$0.0001　(D)$-$0.0002。

( )　80. 一圓金屬棒，橫截面面積為12cm^2，長度為4m，拉伸後，長度伸長
0.1cm，則所生之應變為　(A)0.00010　(B)0.00015　(C)0.00020
(D)0.00025。

( )　81. 如右圖所示，某構件承受4個外力作用，設桿件截面積為5cm^2，楊
性係數E$=20000$KN/cm^2，則該桿件之總變形量為
(A)伸長0.031cm
(B)縮短0.031cm
(C)伸長0.189cm
(D)縮短0.189cm。

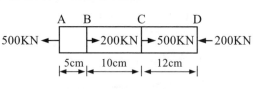

( )　82. 承上題，則該桿件之BC段變形量為　(A)伸長0.02cm　(B)縮短
0.03cm　(C)伸長0.03cm　(D)縮短0.02cm。

( )　83. 有一鋼棒長20cm，直徑為2cm，今受張力作用後軸向伸長0.025cm，
橫向同時縮收0.0005cm，則其蒲松比為若干？　(A)0.1　(B)0.2
(C)0.3　(D)0.4。

( )　84. 在彈性限度內，橫向應變對於縱向應變之絕對比值，隨材料之種
類而有一定之值，此值稱為　(A)彈性比　(B)塑性比　(C)蒲松比
(D)體積比。

( )　85. 一混凝土橋腳受負荷150000kg，其橫斷面為邊長50cm之正方
形，試計算橋腳內產生之壓應力為若干？　(A)150000kg/cm^2
(B)3000kg/cm^2　(C)60kg/cm^2　(D)50kg/cm^2。

( )　86. 彈性係數E之單位為　(A)cm/cm　(B)kg　(C)cm　(D)kg/cm^2。

( )　87. 材料受力在比例限度以內時，其應力之增減與應變之增減成正比例，稱為　(A)牛頓定律　(B)楊氏定律　(C)莫耳定律　(D)虎克定律。

( )　88. 軟鋼之應力－應變圖，在比例限度內若 $\dfrac{應變\varepsilon}{應力\sigma}$ 值愈小，則表示軟鋼材料之　(A)彈性係數愈大　(B)彈性係數愈小　(C)彈性限度愈大　(D)彈性限度愈小。

( )　89. 依構件之力學特性而言，繩索可承受　(A)拉力及壓力　(B)拉力及彎矩　(C)壓力及彎矩　(D)僅可承受拉力。

( )　90. 如右圖所示，桿件在彈性限度以內受軸向拉力P作用，產生軸向應變為0.001，若蒲松比μ為0.3，其體積應變為　(A)4×10^{-4}　(B)4.5×10^{-4}　(C)1.2×10^{-4}　(D)4×10^{-4}。

( )　91. 有一吊車上之吊索，其斷面積為5cm^2，吊索之極限強度為36kN/cm^2，設安全係數為3，則此吊車吊起重物之最大容許重量為　(A)12KN　(B)60KN　(C)108KN　(D)120KN。

( )　92. 均勻棒降伏強度4000kg/cm^2，斷面積為20cm^2，安全係數2，則容許拉力為　(A)10000kg　(B)20000kg　(C)40000kg　(D)160000kg。

( )　93. 當材料三互相垂直方向各受均勻分佈之應力σ時，則任一方向之應變，其值皆為
(A)$\dfrac{\sigma}{E}(1-2v)$　(B)$\dfrac{\sigma}{E}(1+2v)$　(C)$\dfrac{\sigma}{E}(1-v)$　(D)$\dfrac{\sigma}{E}(1+v)$。

( )　94. 已知某材料之截面積A，長度L，彈性模數E，若此材料承受拉力P，且伸長量為δ，則
(A)$\delta=\dfrac{PE}{AL}$　(B)$\delta=\dfrac{PA}{EL}$　(C)$\delta=\dfrac{PL}{AE}$　(D)$\delta=\dfrac{EL}{AP}$。

( )　95. 邊長1cm之立方體塊置於光滑平面上，此鋼材料之E＝2.0×10^6kg/cm^2，若於垂直方向施加100t之力於鋼塊上，則鋼塊於垂直方向之邊長縮短量為多少mm？　(A)0.1　(B)0.2　(C)0.3　(D)0.5。

( )　96. 承上題，此鋼塊之蒲松比為0.25，則鋼塊之體積變化量為多少？　(A)0.020　(B)0.025　(C)0.030　(D)0.035。

( )　97. 右圖之應力－應變圖中，在何種範圍內材料具
　　　　有完全彈性？
　　　　(A)OA　　　　　(B)BC
　　　　(C)CD　　　　　(D)DE。

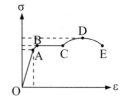

( )　98. 下列有關比例限度之敘述，何者為錯誤？　(A)
　　　　各種材料之比例限度均相等　　(B)在比例限度以下，應力與應變成
　　　　正比之關係　(C)材料之比例限度小於其降伏強度　(D)在比例限度
　　　　以下，當受力物體之外力去除後，該物體可以恢復原狀。

( )　99. 軟鋼之拉力試驗中之應力－應變曲線，下列之敘述何者為正確？
　　　　(A)比例限度內應力與應變成正比　　(B)曲線之最高點為降伏應力點
　　　　(C)斷裂點之應力較極限應力高　　(D)頸縮發生在降伏應力點。

( )　100. 一金屬桿，長為200cm，橫斷面積為40cm²，兩端受一軸向拉力
　　　　20000kg，其彈性模數為$10 \times 10^5 \, kg/cm^2$，試求此桿之總變形量為若
　　　　干？　(A)0.01　(B)0.1　(C)0.15　(D)0.2　cm。

解答與解析

51. **A**　　52. **B**　　53. **C**　　54. **C**　　55. **C**　　56. **C**　　57. **D**

58. **B**　　59. **B**　　60. **D**　　61. **A**　　62. **C**　　63. **C**

64. **A**　設鋼柱與混凝土均縮短x(cm)，可得

$$2.1 \times 10^6 \times 75\pi \times \frac{x}{30} + 0.21 \times 10^6 \times 25\pi \times \frac{x}{30} = 20000$$

　　由式中觀察知鋼柱與混凝土受力比為$10 \times 3 : 1 \times 1 = 30 : 1$，

　　故可得鋼柱受力為$20000 \times \dfrac{30}{30+1} = 19355(kg)$。

65. **D**　　66. **A**　　67. **A**　　68. **D**　　69. **C**

70. **C**　由圖觀察知，BC段受30kN之張力，$\delta = \dfrac{PL}{EA} = \dfrac{30 \times 40}{2000 \times 4} = 0.15(cm)$，故知
　　其伸長0.15cm。

71. **A**　　72. **D**　　73. **C**　　74. **A**　　75. **D**　　76. **D**

77. **C**　　78. **B**　　79. **C**　　80. **D**

81. **A** (1)以桿件AC來看：$\delta = \dfrac{PL}{EA} = \dfrac{500 \times 15}{20000 \times 5} = 0.075(cm)$

   (2)以桿件BD來看：$\delta = \dfrac{PL}{EA} = \dfrac{200 \times 22}{20000 \times 5} = -0.044(cm)$，

   故知總變形量伸長$0.075 - 0.044 = 0.031(cm)$。

82. **C**　　83. **B**　　84. **C**　　85. **C**　　86. **D**　　87. **D**

88. **A** $\dfrac{\varepsilon}{\sigma} = \dfrac{1}{E}$，故知其值愈小，彈性係數愈大。

89. **D**　　90. **A**

91. **B** $FS = 3 = \dfrac{36 \times 5}{容許重量} \Rightarrow$ 容許重量$=60(kN)$。

92. **C**　　93. **A**　　94. **C**　　95. **D**　　96. **B**

97. **A**　　98. **A**　　99. **A**　　100.　　**B**

第101～149題

( )101. 應力與應變成正比之最大應力值，稱為　(A)降伏強度　(B)比例限度　(C)極限強度　(D)容許剪應力。

( )102. 下列何者非材料力學之假設？　(A)非剛體　(B)彈性體　(C)塑性體　(D)剛體。

( )103. 如右圖所示一桿兩端固定，桿之膨脹係數為 $0.0015/°C$，$E = 20000kg/cm^2$，$A = 5cm^2$，若溫度升高$15°C$，則支承反力為
(A)1550　　　(B)2050
(C)2250　　　(D)3250kg。

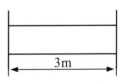

( )104. 如右圖所示，兩支$1.6\,cm$螺栓，連接兩鈑，所受的外力$P = 2512kg$，則每支螺栓內之剪應力為
(A)1256　　　(B)1250
(C)625　　　　(D)312.5　kg/cm^2。

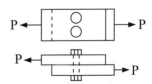

( ) 105. 某材料之剪力模數G為$0.75 \times 10^6 \text{kg/cm}^2$，承受剪應力為$1500\text{kg/}$ cm^2時，所產生之剪應變多少？ (A)0.001弧度 (B)0.002弧度 (C)0.003弧度 (D)0.004弧度。

( ) 106. 一矩形斷面桿，兩端受5000kg之拉力，若斷面為10cm×12cm，則與中心軸線成30°之斜面上之垂直拉應力為 (A)31.25 (B)30.74 (C)32.47 (D)33.47 kg/cm²。

( ) 107. 有一雙軸向應力，在x方向為σ_x，在y方向為σ_y，若與中心軸成θ之斜面上之正交應力σ_N與剪應力τ之敘述，下列何者為正確？ (A)當$\theta=0°$時，則$\sigma_N=\sigma_x=\tau$最大值 (B)當$\theta=90°$時，則$\sigma_N=\sigma_y=\tau$最大值 (C)當$\theta=45°$時，且$\sigma_x=\sigma_y$，則$\sigma_N=0$ (D)當$\theta=45°$時，τ為最小值。

( ) 108. 若材料之應力為σ，剛性係數為G，受剪面積為A，楊氏係數為E，體積彈性係數為E_v，則材料之抗剪剛度為 (A)EA (B)E_vA (C)GA (D)σA。

( ) 109. 截面積為A，承受軸向拉力P之水平桿件，如右圖所示，關於傾斜面m-n上之正向應力σ_θ，下列敘述何者為錯誤？（拉力為正，壓力為負） (A)在$\theta=0°$，有最大正向應力$\sigma_{max}=\dfrac{P}{A}$ (B)在$\theta=45°$，$\sigma_\theta=\dfrac{P}{2A}$ (C)在$\theta=-45°$，$\sigma_\theta=-\dfrac{P}{2A}$ (D)在$\theta=60°$，$\sigma_\theta=\dfrac{P}{4A}$。

( ) 110. 同上題之條件，關於傾斜面m-n上剪應力τ_θ之大小，下列敘述何者為錯誤？ (A)$\theta=0°$，τ_θ之大小為零 (B)在$\theta=45°$，τ_θ之大小為$\dfrac{P}{2A}$ (C)最大剪應力τ_{max}之大小為$\dfrac{P}{A}$ (D)$\theta=-30°$，τ_θ之大小為$\dfrac{\sqrt{3}P}{4A}$。

( ) 111. 如右圖所示之平面應力元素，求最大剪應力為
(A)3000 (B)4000
(C)5000 (D)6000 kg/cm²。

$\sigma_y=2000\text{kg/cm}^2$
σ_x ← $\sigma_x=10000\text{kg/cm}^2$
σ_y

( ) 112. 有一材料之容許剪應力t為500kg/cm²，並產生剪應變0.004弧度，若此材料蒲松比v為0.3，則材料之彈性係數E應為若干kg/cm²？
(A)3.25×10^5 (B)1.625×10^5 (C)0.875×10^5 (D)1.5×10^5 kg/cm²。

( )113. 有一斷面積2cm×4cm，長100cm之鋼桿，受軸向拉力作用，已知鋼桿之容許張應力為1260kg/cm²，容許剪應力為560kg/cm²，容許伸長量為0.075cm，彈性係數E＝2×10⁶kg/cm²，試求其拉力最大值
(A)8960kg　　(B)1200kg　　(C)1591kg　　(D)795kg。

( )114. 如右圖所示之應力受力狀況，問桿件之最大剪應力τ_{max}為若干kg/cm²？
(A)100kg/cm²　(B)150kg/cm²
(C)250kg/cm²　(D)500kg/cm²。

( )115. 設一彈性材料之彈性係數（Modulus of Elasticity）為700t/cm²，剛性係數（Modulus of Rigidity）為280t/cm²，則此材料之蒲松比（Poisson's Ratio）為　(A)0.34　(B)0.25　(C)0.50　(D)0.45。

( )116. 有一構件如右圖所示，兩端承受拉力800kg，構件之剪力彈性模數（剛性模數）G為0.8×10⁶kg/cm²，則該構件之剪應變為
(A)1弧度　　(B)0.5弧度　　(C)10⁻⁵弧度　　(D)10⁻⁶弧度。

( )117. 一桿承受壓力，則最大剪應力發生於作用力與截面成
(A)0°　(B)30°　(C)45°　(D)90°　之斜截面上。

( )118. 體積彈性係數E_v、彈性係數E及蒲松比v之關係為　(A)$E_v = \dfrac{E}{3(1-2v)}$
(B)$E_v = \dfrac{E}{(1-2v)}$　(C)$E_v = \dfrac{2E}{3(1-2v)}$　(D)$E_v = \dfrac{2E}{(1-2v)}$。

( )119. 截面正方形之柱，每邊長30cm承受27t之拉力，誘生之最大剪應力為　(A)15　(B)21.1　(C)30　(D)42.4　kg/cm²。

( )120. 如右圖所示之螺栓接合剖面圖，三根直徑d＝1.2cm之螺栓，若P＝9000kg，則螺栓所受之平均剪應力約為
(A)1327kg/cm²　(B)663kg/cm²　　(C)1990kg/cm²　(D)398kg/cm²。

( )121. 一矩形斷面之桿件，兩端受800kg之壓力，若斷面為2cm×2cm，則在桿中之最大剪應力為　(A)50　(B)100　(C)150　(D)200　kg/cm²。

( )122. 如右圖所示，其斷面積為4cm×4cm，僅承受9000kg之軸向拉力若在傾斜面pq與截面mn夾角 θ＝30°，試求傾斜面上之正向應力約為　(A)141　(B)244　(C)382　(D)422　kg/cm²。

( ) 123. 一圓桿受一軸向拉力作用，則與軸向力成45°之斜面上之正交應力 σ_N 與剪應力 τ 之關係為　(A)$\sigma_N=\tau$　(B)$2\sigma_N=\tau$　(C)$\sigma_N=2\tau$　(D)$\sigma_N=\sqrt{2}\,\tau$。

( ) 124. 如右圖所示，兩支1.6cm螺栓，連接兩鈑，所受的外力P＝2512kg，則每支螺栓內之剪應力為
(A)1256　　　(B)1250
(C)625　　　(D)312.5　kg/cm²。

( ) 125. 如右圖所示，若P＝10000kg，螺栓之容許剪應力為600kg/cm²，則此螺栓所需直徑約為多少？
(A)2.86cm　(B)3.26cm　(C)4.06cm　(D)4.36cm。

( ) 126. 受雙軸向應力之材料，若主應力 $s_x=3000kg/cm^2$，$s_y=4000kg/cm^2$，則其最大剪應力為　(A)3500　(B)2000　(C)1500　(D)500　kg/cm²。

( ) 127. 如右圖所示，一鋁桿長50cm，截面積12cm²，接於黃銅桿上，其長為75cm，截面積9cm²，已知鋁的彈性係數為 7×10^5 kg/cm²，黃銅彈性係數為 10.5×10^5 kg/cm²，則二桿之總應變為　(A)0.11cm　(B)0.06cm　(C)0.05cm　(D)0.01cm。

( ) 128. 承上題，則鋁桿內之最大剪應力為　(A)375　(B)500　(C)562.5　(D)750　kg/cm²。

( ) 129. 材料僅受軸向力P之作用，若其截面積為A，則所生之最大剪應力為
(A)$\dfrac{P}{A}$　　　(B)$\dfrac{P}{2A}$　　　(C)$\dfrac{2P}{A}$　　　(D)$\dfrac{3P}{2A}$。

( ) 130. 下列之敘述何者有誤？　(A)材料抗剪剛度愈大，材料愈易受剪力作用而變形　(B)材料在彈性界限內，剪應力與剪應變成正比　(C)材料受剪力作用時，若各邊長度不變時，其材料之體積不變　(D)剛性係數之單位與彈性係數相同。

( ) 131. 剪應力單位為　(A)剪力／面積　(B)強度　(C)剪力／長度　(D)弧長。

( ) 132. 下列何者為剪力模數G（Shear modulus）之單位？　(A)kg-cm　(B)kg/cm²　(C)cm/kg　(D)kg/cm。

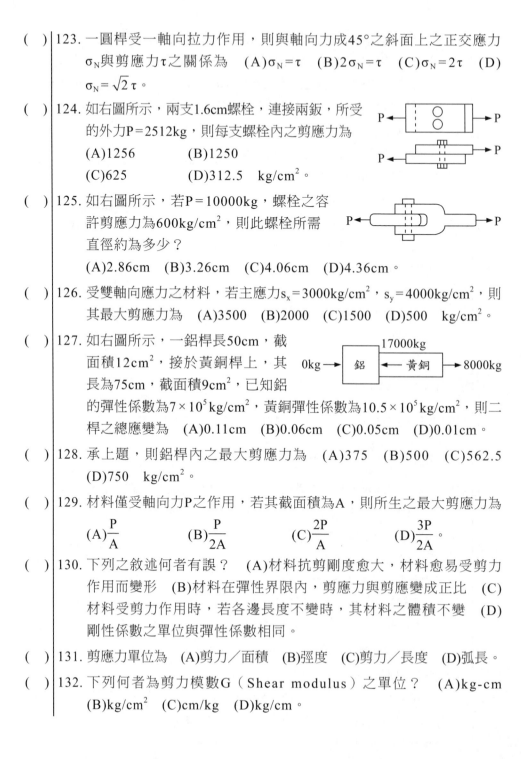

( ) 133. 如右圖所示之螺栓接合剖面圖，若
P＝12t，螺栓之直徑為3cm，則螺栓
之剪應力為 (A)663 (B)680
(C)820 (D)849 kg/cm^2。

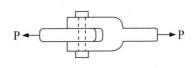

( ) 134. 如右圖所示，一2cm直徑之圓軸把手，由
一4cm×1/2cm之鍵所接合，若鍵之允許
剪應力為840kg/cm^2，試求P之最大值應為
(A)35kg (B)70kg (C)105kg (D)140kg。

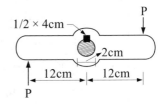

( ) 135. 材料性質中，彈性係數E、蒲松比 v 與剛性模式G三者間之關係式為

(A)$E=\dfrac{G}{2(1+v)}$ (B)$G=\dfrac{E}{2(1+v)}$ (C)$E=\dfrac{G}{2(1-v)}$ (D)$G=\dfrac{E}{2(1-v)}$。

( ) 136. 一正方形斷面（10cm×10cm）承受剪力600kg，則其斷面最大剪應
力為 (A)6kg/cm^2 (B)7kg/cm^2 (C)8kg/cm^2 (D)9kg/cm^2。

( ) 137. 如右圖所示，其材料之極限剪應力為2700kg/cm^2，今
欲在此板上穿一圓孔，板厚為1.6cm，所穿之孔徑為
1.5cm，則沖頭打入之力應為多少kg？ (A)20358
(B)12723 (C)14693 (D)30714 kg。

( ) 138. 若一材料受單軸向力P之作用，則在 (A)0° (B)30° (C)45°
(D)60°之截面上，剪應力為最大。

( ) 139. 某材料受剪力作用後產生0.002弧度之剪應變，若其剪應力為500kg/
cm^2，其材料之剛性係數G應為 (A)$0.5×10^6$kg/cm^2 (B)$1×10^5$kg/
cm^2 (C)$2×10^5$kg/cm^2 (D)$2.5×10^5$kg/cm^2。

( ) 140. 一軟鋼材料承受剪力，如其剪力彈性係數為800000kg/cm^2，剪應力
為4000kg/cm^2，則其剪應變為 (A)1/100 (B)1/200 (C)1/300
(D)1/10 弧度。

( ) 141. 一平面應力元素如右圖所示，其最大
剪力值為 (A)2kg/cm^2 (B)4kg/cm^2 (C)6kg/cm^2 (D)8kg/cm^2。

( ) 142. 有一拉力試桿，所受之拉力為12560，若量取此桿之橫斷面直徑為
2cm，則其最大剪應力為 (A)2000 (B)1000 (C)500 (D)4000
kg/cm^2。

( )143. 一低碳鋼製成之鋼板厚為1.5cm，其極限剪力強度為3000kg/cm²，今欲在此板中鑿一直徑為2.0cm之洞，試求鑿洞時所需之外力為 (A)1000kg (B)7065kg (C)14130kg (D)28260kg。

( )144. 蒲松比ν＝0.5，其代表的材料力學的性質，下列何者為真？ (A)受力後體積不變 (B)受力後體積可變為一半 (C)受力後體積可增為2倍 (D)受力後體積可增為1.5倍。

( )145. 一矩形斷面桿件兩端受力5000kg之拉力，若其斷面為10cm×12cm，則與軸線成30°之斜面上，如右圖所示之垂直拉應力為 (A)31.25kg/cm² (B)30.74kg/cm² (C)32.47kg/cm² (D)33.47kg/cm²。

( )146. 一般而言材料之彈性係數E、體積彈性係數E_V及剛性模式G大小之關係應為 (A)$E_V>E>G$ (B)$E>G>E_V$ (C)$E>E_V>G$ (D)$G>E>E_V$。

( )147. 如右圖所示之平面應力元素，產生最大剪應力為 (A)50 (B)70.7 (C)86.6 (D)100 kg/cm²。

( )148. 承上題，產生最大剪應力之斜面角度為 (A)30° (B)45° (C)60° (D)90°。

( )149. 如右圖所示之螺栓柱，受其雙剪作用，極限應力$\tau_u=3500kg/cm^2$，若外力P＝140t，安全係數n＝5，則此螺栓之直徑至少須為

(A)$20\sqrt{\dfrac{2}{\pi}}$ cm (B)$\dfrac{20}{\sqrt{\pi}}$ cm (C)40cm (D)200cm。

解答與解析

101.**B**　102.**D**　103.**C**

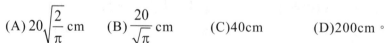

104.**C**　$\tau=\dfrac{2512}{2\times\dfrac{1}{4}\times\pi\times1.6^2}=\dfrac{2512}{4.0192}=625(kg/cm^2)$

105.**B**   106.**A**   107.**A**   108.**C**   109.**C**   110.**C**

111.**D**　當時θ＝45°，雙軸向應力所產生的剪應力有最大值，

$$\tau_{45°}=\frac{\sigma_x-\sigma_y}{2}\sin2\theta=\frac{-10000-2000}{2}\sin90°=-6000(kg/cm^2)$$

　　故知剪應力之最大值為6000(kg/cm²)。

112.**A**   113.**A**   114.**C**   115.**B**   116.**C**

117.**C**   118.**A**   119.**A**   120.**A**   121.**B**

122.**D**　斜面與鉛直面夾角為θ＝30°，

　　正交應力$\sigma_{30°}=\frac{P}{A}\cos^2\theta=\frac{9000}{4\times4}\times\cos^230°=422(kg/cm^2)$。

123.**A**   124.**C**   125.**B**   126.**D**

127.**D**　已知應變公式為$\delta=\frac{PL}{EA}$，可得兩桿之總應變：

$$\delta=-\frac{9000\times50}{7\times10^5\times12}+\frac{8000\times75}{10.5\times10^5\times9}=-0.054+0.064=0.01(cm)$$

128.**A**

129.**B**　單軸向負荷在傾斜截面所產生的剪應力為：

$$\tau_\theta=\frac{P}{A}\sin\theta\cos\theta=\frac{P}{2A}\sin2\theta，其最大值為\frac{P}{2A}。$$

130.**A**   131.**A**   132.**B**   133.**D**   134.**B**   135.**B**   136.**D**   137.**A**

138.**C**   139.**D**   140.**B**

141.**A**　單軸向負荷在傾斜截面所產生的最大剪應力為：

$$\frac{P}{2A}=\frac{1}{2}\times4=2(kg/cm^2)$$

142.**A**   143.**D**   144.**A**   145.**A**   146.**C**

147.**D**　$\tau_{45°}=\frac{\sigma_x-\sigma_y}{2}\sin2\theta=\frac{100-(-100)}{2}\sin90°=100(kg/cm^2)$

　　故知剪應力之最大值為100(kg/cm²)。

148.**B**　當θ＝45°時，雙軸向應力所產生的剪應力有最大值。

149.**B**

第三部分　最新試題彙編

107年　桃園大眾捷運公司（機械概論）

( )　1. 三連桿所組成的連桿組，不能稱為機構的原因是　(A)三桿不能承
受大負載　(B)缺少一固定之連桿　(C)幾乎沒有機械利益　(D)各
桿之間不能作相對運動。

( )　2. 單式輪系中之惰輪其作用在於：　(A)改變輪系值大小　(B)改變從
動輪轉向　(C)改變轉速　(D)以上皆是。

( )　3. 繩索、鏈條、皮帶等屬於：　(A)剛性傳動機構　(B)流體傳動機構
(C)撓性傳動機構　(D)軟性傳動機構。

( )　4. 以下關於蝸桿蝸輪組之敘述何者有誤：　(A)可提供高減速比　(B)具有
自鎖效果　(C)通常以蝸輪作為主動件　(D)常見於電梯用之減速機。

( )　5. 右圖衍架中BD構件所承受之力為
(A)500N
(B)250N
(C)0N
(D)400N。

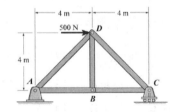

( )　6. 關於板金之回彈現象何者正確：　(A)選用降伏強度高之材質可減小
回彈　(B)彎曲半徑相同情況下，材料越厚回彈量越大　(C)可用局
部壓縮法改善回彈現象　(D)以上皆是。

( )　7. 關於鉚接之敘述何者錯誤：　(A)鉚接所結合之板材必須材質相同
(B)鉚接過程無熱應力產生，故不會導致板材之熱變形　(C)鉚接之
氣密性較焊接為差　(D)鉚接常見之方式有搭接與對接。

( )　8. 以「視點」→「投影面」→「物體」之關係而投影視圖的圖法，稱
為　(A)第一角法　(B)第二角法　(C)第三角法　(D)第四角法。

( )　9. 有關材料試驗之故述，何者不正確？　(A)拉伸試驗可用以求得材
料之彈性模數（Modulus of elasticity）　(B)用砂紙研磨金相試片

時，要沿同一方向研磨　(C)碳鋼之金相觀察實驗所常甲的NitaL腐蝕液，是以硝酸和酒精調配而成　(D)洛氏硬度試驗之數值，可直接由洛氏硬度試驗機上讀取。

( )　10. 要攻M12×1.5的公制螺紋，鑽孔時應使用那一尺寸的鑽頭？　(A)10　(B)10.5　(C)11　(D)12。

( )　11. 何者是有關斜角滾珠軸承（angular contact ball bearing）的錯誤認知？　(A)可同時承受徑向與軸向負荷　(B)接觸角愈小，能承受軸向推力負荷的能力就愈大　(C)單個軸承只能承受單方向軸向推力　(D)要承受雙方向軸向推力，可將兩個單列軸承配對使用。

( )　12. 當繪製一個機械物體時，含最少虛線且最能表達該物體外型特徵的視圖，應選擇作為下列哪個視圖？　(A)前視圖　(B)上視圖　(C)左側視圖　(D)右側視圖。

( )　13. 萬向接頭（Universal Coupling）係在主動件與從動件斜交時常用之聯結器，在汽車傳動機構或工廠機械上常見2個接頭成對使用，其原因為何？　(A)確保主動件與從動件具相同轉速　(B)增加主動件與從動件之轉速比　(C)降低主動件與從動件之振動與噪音　(D)可增加主動件與從動件間額外之扭力。

( )　14. 有一圓盤離合器，若其摩擦係數為0.2，圓盤外徑120mm、內徑40mm，假設均勻磨耗，欲傳動扭矩12N－m時，則所需之軸向推力為多少N？　(A)250　(B)500　(C)750　(D)1000。

( )　15. 有關氣、油壓傳動的敘述，下列何者錯誤？　(A)氣壓不必有迴路系統　(B)油壓傳動之正確性較高　(C)氣壓傳動之速度較快　(D)油壓較容易過負載而損及機件。

( )　16. 如圖所示，若α＝45°，β＝30°，試求在平衡狀態時，Q力與BC繩之比值為　(A)0.732　(B)1　(C)0.707　(D)1.366。

( )　17. 有一長度為L之懸臂樑承受均布負荷，若左端為固定端，則樑上最大彎矩發生在何處？　(A)固定端　(B)距左端0.5L處　(C)距左端0.25L處　(D)自由端。

( )　18. 一樑承受均布載重時，下列何者正確？　(A)樑內部只受到正交應力而無剪應力　(B)樑內部只受到剪應力而無正交應力　(C)樑內部同時受到正交應力與剪應力　(D)樑所受的剪應力在樑的上、下表面最大。

( )　19. 一質量0.2kg之球，以一繩繫之，作半徑0.2m之直立圓周運動，則其在最高點的切線速度最小需為多少m/sec才能保持圓周運動？　(A)0.8　(B)1　(C)1.2　(D)1.4。

( )　20. 分厘卡可加適當量測壓力的部位是　(A)棘輪停止器　(B)卡架　(C)襯筒　(D)外套筒。

( )　21. 鋸條規格「300×12.7×0.63－14T」，其中英文字母「T」代表　(A)齒數　(B)抗拉張力　(C)壓應力　(D)以上皆非。

( )　22. 以車床車削一實心圓桿之外徑，此桿之直徑為50mm，長度為500mm，切削長度為420mm，則下列何種夾持方式最適合？　(A)夾頭單邊夾持　(B)花盤夾持　(C)套軸夾持　(D)兩頂心間夾持。

( )　23. 一共軛嚙合之漸開線正齒輪對，除了壓力角相等外尚需滿足下列何種條件？　(A)周節相等　(B)節徑相等　(C)基圓相切　(D)齒根圓角相等。

( )　24. 下列有關壓力之敘述，何者有誤？　(A)壓力為接觸力　(B)SI單位系統中，壓力單位為MPa　(C)在靜止流體中之水壓，各方向之大小皆相同　(D)一大氣M之壓力約可將水柱提升760公分。

( )　25. 一螺距6mm以單螺紋導桿帶動之螺桿傳動機構，若螺桿轉速為200rpm，則其傳動套筒之線性速度為cm/sec。　(A)2　(B)5　(C)10　(D)20。

( )　26. 軸與滑動軸承之對偶種類為滑動對，請以其相對運動判斷「軸承內之滾珠或滾柱相對於其座圈」應為何種對偶：　(A)高對　(B)滑動對　(C)迴轉對　(D)螺旋對。

( )　27. 下列哪一項機構不屬於曲柄滑塊機構之應用例：　(A)引擎　(B)壓縮機　(C)電風扇的擺頭機構　(D)沖床。

( )　28. 一螺紋以我國公制螺紋規格表示法標註為：L－2N－M30×4－3B，針對此螺紋下列敘述何者錯誤？　(A)L表為左螺紋　(B)2N表雙線

螺紋　(C)M30x4表節距30mm，螺距4mm　(D)3B表裕度較大（鬆配合）之內螺紋。

( )　29. 運用摩擦力來傳送大動力或重負荷者，為下列哪一種「鍵」？　(A)滑鍵　(B)栓槽鍵　(C)錐形鍵　(D)甘迺迪鍵。

( )　30. 請問下列哪一項不是彈簧的主要功能？　(A)儲存能量　(B)減少摩擦、加快傳遞速度　(C)量測重量或力　(D)吸收振動、減緩衝擊。

( )　31. 在軸承磨耗時可以上下左右調整者，為何種徑向滑動軸承（軸頸軸承）？　(A)整體軸承　(B)對合軸承　(C)樞軸承　(D)四分套軸承（或四部軸承）。

( )　32. 汽車傳動系統常用的離合器，是：　(A)多盤式離合器　(B)確動離合器　(C)電磁離合器　(D)流體離合器。

( )　33. 在帶輪傳動帶之各種材質中，何者具有伸縮性小、強度大、耐用性高的特點？　(A)皮帶　(B)織物帶　(C)橡皮帶　(D)鋼皮帶。

( )　34. 汽車之無段變速機速率的傳動、精密磨床之砂輪心軸傳動等，常使用何種皮帶？　(A)確動皮帶　(B)V型皮帶　(C)圓型皮帶　(D)平皮帶。

( )　35. 常用於機車、腳踏車之動力傳送鏈條，是為下列種何？　(A)套環鏈　(B)滾子鏈　(C)栓接鏈　(D)塊狀鏈。

( )　36. 摩擦輪傳動是屬於下列哪一種對偶？　(A)螺旋對　(B)滑動對　(C)迴轉對　(D)高對。

( )　37. 請問下列何種摩擦輪，可傳達較大的馬力，多用於礦場的起重設備？　(A)變速傳動摩擦機構　(B)兩相等對數螺線摩擦輪　(C)凹槽摩擦輪　(D)橢圓摩擦輪。

( )　38. 一直線沿著一圓的圓周轉動時，直線上任何一點所形成的軌跡，是為：　(A)正擺線　(B)內擺線　(C)外擺線　(D)漸開線。

( )　39. 如右圖，由五輪構成之輪系，各輪英文編號後之數字為齒數，若A輪之轉速為900rpm，方向為順時針，則E輪的轉速及方向為何？　(A)300rpm，順時針　(B)300rpm，逆時針　(C)400rpm，順時針　(D)400rpm，逆時針。

( )　40. 下列何者為雙塊制動器的優點？　(A)可增加煞車制動作用，並可平衡煞車作用力　(B)能減少單位面積熱量　(C)可補救單塊制動器之煞車塊失效　(D)以上皆是。

( )　41. 用於汽車引擎上，控制氣閥的開啟或關閉的凸輪種類，是為：(A)平板凸輪　(B)反凸輪　(C)正面凸輪　(D)偏心凸輪。

( )　42. 用於防止機件做往復運動時流體洩漏，為下列哪一種密封裝置？(A)襯墊　(B)填料函　(C)油封　(D)O形環。

( )　43. 當溫度保持一定，一定質量理想氣體體積與氣壓成反比，是為下列哪種原理？　(A)查理定律　(B)給呂薩克定律　(C)波以耳定律(D)續流原理。

( )　44. 液壓功率與下列哪一項無關？(A)高度　(B)液體比重　(C)液體溫度　(D)液體流量。

( )　45. 下列有關內靴式制動器的敘述，哪一項是錯誤的？　(A)在制動鼓內側有兩個制動靴片，制動時向外擴張　(B)制動時，制動靴片與鼓內側面接觸，產生磨擦力　(C)其中一靴片為自鎖式，可減少制動所需施力　(D)具有剛性不易沾塵。

( )　46. 周轉輪系之主要功用或用途為何？　(A)常運用於時鐘的輪系　(B)提供最小空間即可達到所需減速比　(C)使用較少數目的齒輪，就可獲得極大的減速比　(D)提供極大的扭矩。

( )　47. 下列有關齒形的敘述何者，錯誤？（模數為每一齒所包含的節圓直徑長度，徑節等於單位節圓直徑上所包含的齒數）　(A)模數愈大，齒形愈大　(B)徑節愈大，齒形愈小（線）　(C)周節為為節圓圓弧上相鄰兩齒對應點的弧長　(D)周節愈大，齒形愈小。

( )　48. 兩嚙合之正齒輪，兩齒輪節圓相切的點，稱為？(A)接觸點（線）　(B)節點　(C)作用點　(D)切點。

( )　49. 鏈條的主要功用為何？　(A)起重　(B)輸送　(C)動力傳達　(D)以上皆是。

( )　50. 以規格化之V型皮帶，依傳送馬力之大小區分為六級，其尖角角度為何？　(A)35°　(B)40°　(C)45°　(D)50°。

解答與解析 （答案標示為#者，表官方公告更正該題答案）

1. **D** 三連桿所組成的連桿組因各桿之間不能作相對運動，故只能視為一機件。

2. **B** 單式輪系中之惰輪其作用在於改變從動輪轉向。

3. **C** 繩索、鏈條、皮帶等屬於撓性傳動機構。

4. **C** 以蝸桿為主動件；蝸輪為從動件，可獲得相當大的減速比。

5. **C** ACD組成的桿件為一呆鏈，BD桿件位於呆鏈中，故不受力。

6. **C** (A)板金（彎折）加工，一般回彈因子：
   (1)降伏強度越高，回彈量越大。
   (2)彎曲半徑越大，回彈量越大。
   (3)板厚均勻性越差的，一般回彈的變動越大。
   (4)模具彎折肩台的寬度越小，回彈量越大（肩台寬度宜大於板厚的八倍）
   (5)板厚越小，回彈量越大。
   (6)有退火的材料因為比較軟，所以回彈量比較小。
   (B)彎曲半徑相同情況下，材料越薄回彈量越大。

7. **A** 鉚接所結合之板材材質不一定相同。

8. **C** 以「視點」→「投影面」→「物體」之關係而投影視圖的圖法，稱為第三角法。

9. **B** 用砂紙研磨金相試片時，可沿不同方向研磨。

10. **B** $12-1.5=10.5(mm)$。

11. **B** (B)接觸角愈大，所能承受軸向推力愈大。

12. **A** 當繪製一個機械物體時，含最少虛線且最能表達該物體外型特徵的視圖，應選擇作為前視圖。

13. **A** 萬向接頭2個接頭成對使用，其原因為確保主動件與從動件具相同轉速。

14. **#** 依考試單位公告，本題送分
   均勻磨耗理論所受的力矩：
   $$T=\mu r_{av}F \Rightarrow 12=0.2(\frac{0.12+0.04}{4})F \Rightarrow F=1500(N)$$。

15. **D** (D)油壓機構較不容易過負載而損及機件。

16. **D** 依題意可列式 $T_{BC}\cos 30° + T_{BC}\sin 30° = Q$

　　　　$0.866T_{BC} + 0.5T_{BC} = Q$

　　　　$\dfrac{Q}{T_{BC}} = 1.366$ 。

17. **A** 懸臂樑剪力彎矩圖如圖所示，
最大彎矩發生於固定端。

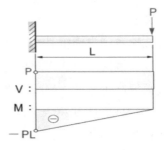

18. **C** 樑內部同時受到正交應力與剪應力。

19. **D** $0.2 \times 9.8 = 0.2 \times \dfrac{v^2}{0.2} \Rightarrow v = 1.4(m/s)$ 。

20. **A** 分厘卡可加適當量測壓力的部位是棘輪停止器。

21. **C** 其中英文字母「T」代表壓應力。

22. **D** 適用兩頂心間夾持。

23. **A** 採用漸開線設計齒形，必須具備下列三個嚙合件：
(1)相同的模數（或周節，或徑節）。
(2)相同的壓力角。
(3)免干涉之最大齒冠圓。

24. **D** 一大氣壓力約可將水柱提升1033.6公分。

25. **A** $V = \dfrac{0.6 \times 200}{60} = 2(cm/s)$ 。

26. **A** 此稱為高對。

27. **C** 電風扇的擺頭機構為旋轉機構。

28. **C** M30×4表公稱直徑30mm，螺距4mm。

29. **D** 運用摩擦力來傳送大動力或
重負荷者，為甘迺迪鍵。

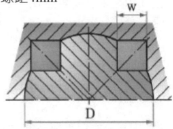

30. **B** 減少摩擦、加快傳遞速度非彈簧之功能。

31. **D** 在軸承磨耗時可以上下左右調整者，為四部軸承。

32. **A** 汽車傳動系統常用的離合器，是多盤式離合器。

33. **D** 在帶輪傳動帶之各種材質中，鋼皮帶具有伸縮性小、強度大、耐用性高的特點。

34. **A** 汽車之無段變速機速率的傳動、精密磨床之砂輪心軸傳動等，常使用確動皮帶。

35. **B** 常用於機車、腳踏車之動力傳送鏈條，是為滾子鏈。

36. **D** 摩擦輪傳動屬於高對。

37. **C** 凹槽型摩擦輪可傳送較大馬力。

38. **D** 一直線沿著一圓的圓周轉動時，直線上任何一點所形成的軌跡，是為漸開線。

39. **D** $\dfrac{N_E}{-900} = -\dfrac{20 \times 13}{39 \times 15} \Rightarrow N_E = -400(rpm)$。

40. **D** 雙塊制動器的優點：
(1)可增加煞車制動作用，並可平衡煞車作用力。
(2)能減少單位面積熱量。
(3)可補救單塊制動器之煞車塊失效。

41. **A** 用於汽車引擎上，控制氣閥的開啟或關閉的凸輪種類，是為平板凸輪。

42. **D** 用於防止機件做往復運動時流體洩漏，為O形環。

43. **D** 此題答案有誤。應為波以耳定律。

44. **C** 液壓功率與液體溫度無關。

45. **C** (C)內靴式制動器兩片靴片非自鎖。

46. **C** 周轉輪系使用較少數目的齒輪，就可獲得極大的減速比。

47. **D** (D)周節愈大，齒形愈大。

48. **B** 兩嚙合之正齒輪，兩齒輪節圓相切的點，稱為節點。

49. **D** 鏈條的主要功用為：
(1)起重。
(2)輸送。
(3)動力傳達。

50. **B** V型皮帶，依傳送馬力之大小區分為六級，其尖角角度為40度。

107年　中國鋼鐵員級（機械概論）

壹、單選題

(　) 1. 下圖(一)為外徑分厘卡規格，請讀出圖(二)數值：　(A)13.77mm
(B)13.50mm　(C)13.27mm　(D)12.85mm。

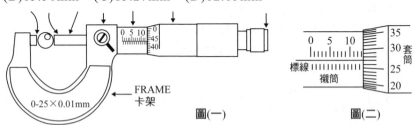

圖(一)　　　　　圖(二)

(　) 2. 使用右圖所示滑車組合進行吊掛，則工件重量W
與所需拉力F剛好平衡時，W：F比值為下列何
者：　(A)2：1　(B)4：1　(C)6：1　(D)5：1。

(　) 3. 下列何者屬於電阻焊接？
(A)SAW　(B)TIG　(C)FCAW　(D)RPW。

(　) 4. 依照我國國家標準，關於材料SN400之相關說明，下列何者正確？
(A)含碳量約0.4%　(B)抗拉強度400N/mm^2　(C)屬於一般結構用
鋼　(D)焊接性差。

(　) 5. 下列關於軸承的說明何者錯誤？　(A)可在機構中傳遞運動及動力
(B)可分為滾動軸承及滑動軸承　(C)一個軸承就可以承受徑向負荷
及軸向負荷　(D)國際統一的標準及規格，容易取得有互換性產品。

(　) 6. 下列關於正齒輪（spur gear）的說明何者錯誤？　(A)製作最為簡單
因此使用最廣泛　(B)傳動效率高　(C)沒有軸向推力的發生　(D)
強度比螺旋齒輪（helical gear）來得大。

(　) 7. 一物體進行直線運動，首先以2m/sec^{2}的等加速度從靜止開始運動
10秒後，接著以4m/sec^{2}的等加速度在同一方向繼續運動5秒，則整
個加速過程，物體移動的總距離為多少m？　(A)150m　(B)250m
(C)350m　(D)450m。

( )　8. 一傳動設備之旋轉週期為0.2sec，則其轉速為？　(A)200rpm　(B)150rpm　(C)120rpm　(D)300rpm。

( )　9. 鎖緊「動力機械」中的螺栓，應該使用何種扳手才最正確？　(A)梅花扳手　(B)活動扳手　(C)扭力矩扳手　(D)梅開扳手。

( )　10. 欲用於負荷大、空間狹小且偏轉不可過大之處所，則下列何種彈簧較適合使用？　(A)蝸旋扭轉彈簧　(B)錐形彈簧　(C)平板彈簧　(D)碟形彈簧。

( )　11. 有一機械使用直徑10mm的實心主軸，並以1500rpm迴轉，若其扭轉剪應力為20MPa，則其傳動為多少瓦特（Watt）？　(A)875瓦特　(B)735瓦特　(C)616瓦特　(D)427瓦特。

( )　12. 一平皮帶輪傳動裝置，其傳動軸相距1000mm，兩皮帶輪之外徑各為400mm及200mm，則以開口皮帶（Open Belt）方式傳動時，皮帶長度約為多少mm？　(A)1952mm　(B)2952mm　(C)3952mm　(D)4952mm。

( )　13. 使用螺桿為雙線螺紋的起重機，其螺距為40mm，手柄作用的力臂長度200mm，摩擦損失為20%，若在垂直於手柄方向施力20N，則能舉起最大重量約為多少N？　(A)251N　(B)351N　(C)451N　(D)651N。

( )　14. 如下圖所示，已知俯視圖和左側視圖，請選出正確的前視圖？

( )　15. 兩配合件，孔為 $\Phi 52^{+0.030}_{0}$，軸為 $\Phi 52^{+0.021}_{-0.002}$，則下列何者錯誤？　(A)最小干涉為0.021　(B)最大餘隙為0.032　(C)此配合為過度配合　(D)此配合為基孔制。

( )　16. 一個鋼管內徑為10mm，每分鐘流過之水量為60公升，若不計管內之摩擦損失，則管內流體之流速為多少m/sec？　(A)200m/sec　(B)85m/sec　(C)12.7m/sec　(D)0.8m/sec。

( )　17. 齒數分別為100與22、模數為1之兩內接囓合齒輪傳動組,其中心距離為多少mm?　(A)39mm　(B)61mm　(C)78mm　(D)156mm。

( )　18. 軸承之基本額定負荷(basic rating load)是指軸承之額定壽命為多少轉時所對應之負荷為多少?　(A)一萬　(B)十萬　(C)一百萬　(D)一千萬。

( )　19. 下列金屬的比重排列順序何者正確?　(A)鉛＞銅＞鋼＞鋁　(B)鉛＞鋼＞銅＞鋁　(C)銅＞鉛＞鋼＞鋁　(D)鋼＞鉛＞銅＞鋁。

( )　20. 大量生產的汽車引擎用連桿,採用何種製造方式?　(A)鑄造　(B)鍛造　(C)銑削　(D)線切割。

( )　21. 兩個傳動囓合的齒輪,下列何者不需相同?　(A)節徑　(B)模數　(C)壓力角　(D)周節。

( )　22. 下列何者不是影響細長樑或柱發生挫曲(Buckling)與否的相關參數?　(A)邊界條件　(B)楊氏係數　(C)幾何形狀　(D)降伏強度。

( )　23. 英文Lathe是何種工具機?　(A)車床　(B)銑床　(C)磨床　(D)刨床。

( )　24. 下圖(三)為使用量錶轉動360度量測圓軸,其上下左右數值如圖(四),請問兩支轉軸垂直方向的偏心量?　(A)0.26　(B)0.04　(C)0.13　(D)0.02。

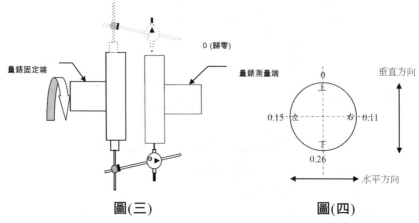

圖(三)　　　　　圖(四)

( )　25. 銼削何種材質之工件適用曲切齒銼刀?　(A)碳鋼　(B)青銅　(C)合金鋼　(D)鋁。

解答與解析　（答案標示為#者，表官方公告更正該題答案）

1. **C** $13+0.27=13.27(mm)$。

2. **B** 此滑車機械利益為4。故知$W:F=4:1$。

3. **D** 電阻焊種類如下：
   (1)電阻點焊法（RSW）。
   (2)電阻浮凸焊法（RPW）。
   (3)電阻縫焊法（RSEW）。
   (4)閃光焊法（FW）。
   (5)端壓焊法（UW）。
   (6)衝擊焊法（PEW）。

4. **B** 此代號表示抗拉強度為 $400(N/mm^2)$。

5. **A** 軸承不能傳遞運動。

6. **D** 螺旋齒輪有許多齒同時接觸，傳動均勻、可傳遞較大動力、噪聲小、可高速旋轉，故知螺旋齒輪強度較大。

7. **B** $S=\dfrac{1}{2}\times2\times10^2+20\times5+\dfrac{1}{2}\times4\times5^2=100+100+50=250(m)$。

8. **D** 一秒鐘5轉，一分鐘300轉即300(RPM)。

9. **C** 鎖緊「動力機械」中的螺栓，應該使用扭力矩扳手。

10. **D** 適用碟形彈簧。

11. **C** $P=FV=20\times10^6\times\dfrac{1}{4}\times\pi\times0.01^2\times\pi\times0.01\times\dfrac{1500}{60}=616(W)$。

12. **B** 開口皮帶帶長公式為$L=\dfrac{\pi}{2}(D+d)+2C+\dfrac{(D-d)^2}{4C}$。

    可推估其長度為$\dfrac{\pi}{2}(400+200)+2\times1000+\dfrac{(400-200)^2}{4\times1000}\approx2952(mm)$。

13. **A** $W\times2\times40=2\times3.14\times200\times20\times\dfrac{80}{100}$

    $W=251(N)$。

14. **A** 正確之前視圖為 。

15. **A** 最大干涉為0.021。

16. **C** $V = \dfrac{60 \times 0.001}{60} \times \dfrac{1}{\dfrac{1}{4} \times 3.14 \times 0.01^2} = 12.7(\text{m}/\text{s})$。

17. **A** $C = \dfrac{1}{2}(100 - 22) = 39(\text{mm})$。

18. **C** 軸承之基本額定負荷是指軸承之額定壽命為一百萬轉時所對應之負荷。

19. **A** 鉛＞銅＞鋼＞鋁。

20. **B** 大量生產的汽車引擎用連桿，採用鍛造。

21. **A** 節徑不需相同。

22. **D** 降伏強度不是影響細長樑或柱發生挫曲（Buckling）與否的相關參數。

23. **A** Lathe是指車床。

24. **C** 兩支轉軸垂直方向的偏心量 $= \dfrac{\text{b}' - \text{b}}{2} = \dfrac{0.26 - 0}{2} = 0.13$。

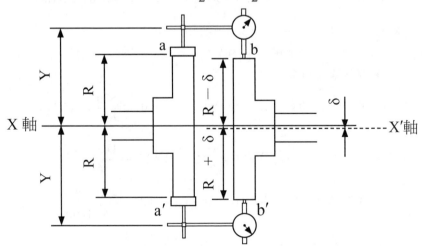

25. **D** 銼削鋁材質之工件適用曲切齒銼刀。

貳、複選題

( )　1. 有關庫倫實驗所得摩擦定律之敘述，下列何者正確？　(A)摩擦力之大小與接觸面積大小有關　(B)摩擦力與作用力之關係圖，在最大靜摩擦力發生之前，摩擦力與作用力成正比　(C)靜摩擦係數比動摩擦係數大　(D)摩擦力之方向與作用力之方向相反。

( )　2. 有關特殊加工與塑膠材料之敘述，下列何者正確？　(A)放電加工（EDM）與電化加工（ECM）之加工均需使用電解液　(B)電子束加工（EBM）之加工需在真空中進行　(C)磨料噴射加工（AJM）與超音波加工（USM）均適宜延性材料加工　(D)聚氯乙烯（PVC）與聚乙烯（PE）均為熱塑性之塑膠材料。

( )　3. 公差符號是以英文字母與阿拉伯數字所組成，下列敘述何者正確？　(A)英文字母小寫代表軸公差　(B)英文字母大寫代表孔公差　(C)數字表示公差等級的級數　(D)基軸制之公差配合為軸之公差下限尺寸為0。

( )　4. 有關力偶之敘述，下列選項何者不正確？　(A)力偶為一自由向量　(B)力偶單位與力矩單位不相同　(C)力偶可合併為單力　(D)力偶不能使物體移動，但可使物體轉動。

( )　5. 下列何者屬於積層製造（Additive Manufacturing）方式？　(A)電鍍　(B)車削　(C)3D列印　(D)放電加工。

( )　6. 下列關於自由度（Degree of freedom）的描述何者錯誤？　(A)剛體在空間中具有三個自由度　(B)自由度為描述物體運動的獨立座標數目　(C)彈性體具有無限多個自由度　(D)自由度公式若計算出負值，代表該機構不存在。

( )　7. 正齒輪的輪廓可以為？　(A)二次曲線　(B)正弦曲線　(C)漸開線　(D)擺線。

( )　8. 哪些製造方法屬於塑性加工？　(A)Casting　(B)Drawing　(C)Rolling　(D)Forging。

( )　9. 何者屬於材料的機械性質？　(A)比重　(B)楊氏係數　(C)抗拉強度　(D)硬度。

解答與解析 （答案標示為#者，表官方公告更正該題答案）

1. **BC**　(A)摩擦力大小與接觸面積無關。
(D)摩擦力之方向與運動之方向相反。

2. **BD**　(A)放電加工不需使用電解液。
(C)超音波加工利用高週波使其振動驅動磨料造成工件的切削。加工件不論是導體或絕緣體皆可，對超硬的材質亦可加工，可加工硬脆材料如陶瓷，不會玻璃有殘留應變的加工。代號：USM。

3. **ABC**　(D)基軸制之公差配合為軸之公差上限尺寸為0。

4. **BC**　(B)力偶單位與力矩單位相同。
(C)力偶不可合併為單力。

5. **AC**　電鍍及3D列印屬於積層製造。

6. **AD**　(A)剛體在空間中具有六個自由度。
(D)自由度最少為0。

7. **CD**　正齒輪的輪廓可以為漸開線或擺線。

8. **BCD**　CASTING（鑄造）非塑性加工。

9. **BCD**　比重為材料之物理性質。

NOTE

參、填充題

1. 圓形桿承受軸向拉力62.8kN，其桿內所生的張應力為200N／mm²，此圓形桿的直徑d＝_____mm。

2. 齒輪減速機之輸入軸齒輪齒數Z1＝30，輸出軸齒輪齒數Z2＝66，輸入扭矩T1＝15N－m，不考慮其他損失下，輸出扭矩T2＝_____N－m。

3. 將鋼材加熱至適當溫度以上，保持適當時間後使之急冷，以得到高硬度的麻田散鐵組織的熱處理作業稱為_____。

4. 彈簧受外力作用時，負荷與變形量之比值稱為_____。

5. 聯結器因構造及功能不同，可分為剛性聯結器及_____兩種。

6. 材料加工製作完畢後，如進行淬火＋回火作業，稱之為_____。

7. 已知車床橫向進刀刻度盤每轉一小格的切削深度為0.01mm，若有一工件直徑40mm，欲車削成直徑39.5mm，則進刀刻度盤需前進幾格？_____。

8. 有一圓盤摩擦離合器，其摩擦係數為0.1，圓盤外徑16cm，內徑10cm，若盤面承受均勻的壓力為20kPa，則所需之軸向推力為多少N？_____。

9. 分厘卡是利用螺旋原理進行量測，公制分厘卡螺距0.5mm，套筒等分100格，則量測精度可達多少mm？_____。

10. 一機器將重量40kg之物體升高20m時，需作功1000kg.m，則其機械效率為多少％？_____。

解答與解析

1. **20**　　$200 = \dfrac{62.8 \times 10^3}{\frac{1}{4} \times 3.14 \times d^2} \Rightarrow d = 20(mm)$。

2. **33**　　$\dfrac{15}{30} = \dfrac{T_2}{66} \Rightarrow T_2 = 33(N-m)$。

3. **淬火**　　此熱處理稱為淬火。

4. **彈簧常數**　　彈簧受外力作用時，負荷與變形量之比值稱為彈簧常數。

5. **撓性聯結器**　　聯結器因構造及功能不同，可分為剛性聯結器及撓性聯結器。

6. **調質**　　材料加工製作完畢後，如進行淬火+回火作業，稱之為調質。

7. **25格**　　$\dfrac{\frac{1}{2}(40-39.5)}{0.01} = 25(格)$。

8. **78πN**　　$20 \times 10^3 = \dfrac{F}{\frac{1}{4} \times \pi \times (0.16^2 - 0.1^2)} \Rightarrow F = 78\pi(N)$。

9. **0.005mm**　　精度為 $\dfrac{0.5}{100} = 0.005(mm)$。

10. **80%**　　$\dfrac{40 \times 20}{1000} = 80\%$。

肆、問題與計算題

一、國軍射擊比賽，兩門相同的大砲，甲砲以30°、乙砲以60°之仰角發射出相同的彈頭，若兩彈頭落地時間相同，則甲、乙兩門砲的初速的比值為多少？

解 $v_甲\sin 30° = v_乙\sin 60°$

$$\frac{v_甲}{v_乙} = \sqrt{3}$$

二、有一直徑10mm、長1.5m的實心圓軸，用來傳遞31400N－mm的扭矩，已知此軸材料之剪力彈性係數G＝40GPa，則此軸傳遞動力時承受的最大扭轉剪應力是多少？

解 最大扭轉剪應力公式為 $\tau_{max} = \dfrac{Tc}{J}$ ， $J = \dfrac{\pi d^4}{32}$

$$J = \frac{\pi d^4}{32} = \frac{3.14 \times 10^4}{32}$$

$$\tau_{max} = \frac{Tc}{J} = \frac{31400 \times 5 \times 32}{3.14 \times 10^4} = 160(N/mm^2)$$

三、如下圖所示,一直徑32mm的軸,長度為800mm,其降伏強度(Yield strength)Sy＝500MPa,軸兩端(A點與B點)視為簡單支撐(不提供彎曲力偏限)。請計算該靜力F之最大容許值為多少?考慮安全係數為2。(I＝πD4/64)

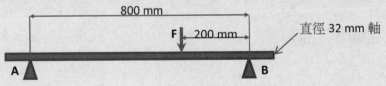

解 (1)先考慮靜力平衡

$$2F = 8F_A$$

$$F_A = \frac{F}{4}$$

$$F_B = F - F_A = \frac{3}{4}F$$

(2) $\sigma = \dfrac{Mc}{I}$

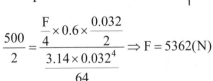

$$\frac{500}{2} = \frac{\frac{F}{4} \times 0.6 \times \frac{0.032}{2}}{\frac{3.14 \times 0.032^4}{64}} \Rightarrow F = 5362(N)$$

107年　台北大眾捷運公司（機械原理）

一、回答下列有關螺旋與螺旋連接件的問題：
　　(1)理論上，何種形狀之螺紋，其傳力效率最高？
　　(2)工具機之導螺桿（lead screw）及進給螺桿（feed screw）皆使用何種形狀之螺紋？
　　(3)若僅朝單一方向傳遞施力，以使用何種形狀之螺紋為宜？

解 (1)理論上，除滾珠螺紋外，方形螺紋之傳力效率最高。

　　(2)工具機之導螺桿(lead screw)及進給螺桿(feed screw)皆使用滾珠螺紋。

　　(3)若力之傳遞，僅係向一個方向者，以使用鋸齒形螺紋為宜。

二、軸之負荷較重而使用一個以上的鍵時，常使用何種切斷面之鍵？

解 可使用切線鍵，又稱魯氏或路易氏鍵，利用兩個斜鍵相擠壓以保持緊密而組成，通常均採用兩個切線鍵分別位於軸心成120度之軸外徑切線上，能承受大的陡震負載。

三、無論黏附於金屬表面或滲入油膏中，何種材料為固體潤滑劑中之最優良者？

解 二硫化鉬為固體潤滑劑最優良者，具有以下特性：

　　(1)低摩擦特性。　　　　　　　(2)高承載能力。

　　(3)良好的熱穩定性。　　　　　(4)強的化學穩定性。

　　(5)抗輻照性。　　　　　　　　(6)耐高真空性能。

四、列舉V形皮帶的6個優點。

解 (1)帶傳動中帶的截面形狀為等腰梯形。工作時帶的兩側面是工作面，與帶輪的環槽側面接觸，屬於楔面摩擦傳動。在相同的帶張緊程度下，V帶傳動的摩擦力要比平帶傳動約大70%，其承載能力因而比平帶傳動高。在一般的機械傳動中，V帶傳動現已取代了平帶傳動而成為常用的帶傳動裝置。

(2)使用年限較長。

(3)所佔空間較小。

(4)價格較低。

(5)容易拆卸。

(6)運轉時寧靜。

(7)保養容易。

(8)能吸收震動。

五、回答下列有關傳動相關裝置的問題：
　　(1)何種場合需使用盤形彈簧（disk spring）？
　　(2)板片彈簧材料中，何種之撓性疲勞極限最高？
　　(3)碟式剎車之剎車碟上鑽孔的主要目的為何？

解 (1)盤形彈簧的優點為負荷大、行程短、組合方便，適用於空間小、負荷大之精密重機械。

(2)彈簧在衝擊、振動或長期交應力下使用，所以要求彈簧鋼有高的抗拉強度、彈性極限、高的疲勞強度。在工藝上要求彈簧鋼有一定的淬透性、不易脫碳、表面質量好等。碳素彈簧鋼即含碳量WC在0.6%－0.9%範圍內的優質碳素結構鋼。合金彈簧鋼主要是硅錳系鋼種，它們的含碳量稍低，主要靠增加硅含量Wsi提高性能；另外還有硌、鎢、釩的合金彈簧鋼。

(3)劃線碟盤或打孔碟盤，主要目的是加強散熱，避免來令片軟化；新
　 的劃線碟盤或打孔碟盤，制動會比較「利」，因為線溝、洞口總還
　 有一些粗糙的邊緣，一段時間磨合之後，「利」的效果會遞減。

下圖為機車碟煞示意圖：

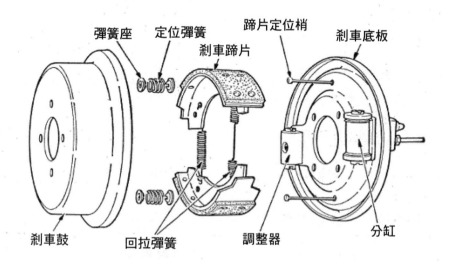

NOTE

107年　台灣電力公司（機械原理）

壹、填充題：

1. 帶式制動器的制動帶與動力輪之接觸角愈大，則制動力愈_____。（請以大、不變、小表示）

2. 一般公制圓錐銷的錐度比為_____。（請以最簡分數表示）

3. 如右圖所示，各彈簧常數分別為$K_1 = 5N/m$、$K_2 = 10N/m$，當質量$M = 2kg$時，系統之等效彈簧常數（Modulus of Elasticity）為_____N/m。（請以最簡分數表示）

4. 如右圖所示之單槽滑車，若不計繩索與滑輪重量且無摩擦損失前提下，施力F至少需大於_____才能將W緩慢等速吊起。

5. 無偏位之往復式曲柄滑塊機構，其衝程（Stroke）的距離是曲柄半徑的_____倍。

6. 由一機件之連續迴轉運動，直接使另一機件產生間歇迴轉運動之機構稱之為_____機構。

7. 雙線之蝸桿與50齒之蝸輪傳動，若蝸輪之周節為30mm，則蝸桿之導程為_____mm。

8. 有A、B、C三個完全相同的圓柱體重量皆為W，A、B兩圓柱體以軟繩繫住，且C圓柱體置於A、B兩圓柱體上而成靜平衡狀態，如右圖所示，所有接觸面皆無摩擦力，地面對A圓柱體的反作用力為_____。

9. 一桿長1.5m，其矩形斷面為：75mm×50mm，受軸向拉力900kN後之軸向伸長量為2mm，此桿之彈性係數為_____kN／mm²。

10. 一實心圓軸的長度為L，直徑為D，若軸的兩端分別承受大小相等，但方向相反的扭矩T，則圓軸內的最大剪應力為_____。（圓周率請以π表示）

11. 如右圖所示之懸臂梁（Cantilever Beam），其自由端之變位（Deflection）為_____。（請以最簡分數表示）

12. 平板是劃線和檢驗工作的基準平面，主要有鑄鐵平板和_____平板兩種。

13. 現有一件劃線工作，其內容包含：a.去除工作毛邊　b.以高度規劃線　c.定出基準面及工件表面塗奇異墨水　d.以刺衝打凹痕做記號。依工作步驟先後排列順序：_____。（請以abcd表示）

14. 有一板件之孔徑標註為Φ48±0.02mm，若欲改為基孔制，則正確的標註方式為_____。

15. 車床作業時，橫向刻度環每格進刀深度0.025mm，若工件直徑要減小0.5mm則刻度環還要再轉動_____格。

16. 以觀察者、投影面、物體之順序排列的一種正投影法為第_____角法。

17. 請繪出下圖三視圖之右側視圖_____。

18. 當繪製2D視圖時，若物體的斜面無法在主投影面上顯示出真實形狀，則必須使用_____視圖。

19. P類碳化鎢刀具，通常在刀柄端塗上_____色。

20. 熱處理中的_____，目的是消除淬火後鋼料內部的殘留應力。

解答與解析

1. **大**　　　　　　　接觸角愈大，制動力愈大。

2. $\dfrac{1}{50}$　　　　　　公制圓錐銷錐度比為$\dfrac{1}{50}$。

3. $\dfrac{20}{3}$　　　　　　$K = \dfrac{10 \times 20}{10 + 20} = \dfrac{20}{3}$ (N/m)。

4. $\dfrac{W}{2}$ **或0.5W**　　$F \geq \dfrac{W}{2}$。

5. **2或兩或二或貳**　　衝程為曲柄半徑的2倍。

6. **日內瓦**　　　　　此稱為日內瓦機構。

7. **60**　　　　　　周節表蝸輪每齒之距離，故得蝸桿的螺距為30mm，導程為60mm。

8. $\dfrac{3W}{2}$ **或1.5W**　　繪出A、C之自由體圖。

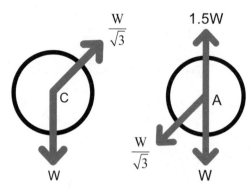

故得地面對A之反作用力為1.5W。

9. **180**　　$E = \dfrac{\dfrac{900}{75 \times 50}}{\dfrac{2}{1500}} = 180 (kN/mm^2)$。

10. $\dfrac{16T}{\pi d^3}$　　最大扭轉剪應力公式為 $\tau_{max}=\dfrac{Tc}{J}$，$\dfrac{}{32}$

$$\tau_{max}=\dfrac{Tc}{J}=\dfrac{T\dfrac{d}{2}}{\dfrac{\pi d^4}{32}}=\dfrac{16T}{\pi d^3}。$$

11. $\dfrac{PL^3}{3EI}$　　懸臂樑承受彎矩PL，其自由端的變位為 $\dfrac{PL^3}{3EI}$。

12. **花崗石或花崗岩**　　劃線平板可分為鑄鐵平板及花崗石平板。

13. **acbd**　　先後順序為acbd。

14. **Φ $47.98^{+0.04}_{0}$**　　基孔制之標註方式為 Φ $47.98^{+0.04}_{0}$。

15. **10**　　$\dfrac{0.25}{0.025}=10$ (格)。

16. **三**　　此稱為第三角法。

17. 　　右側視圖為 　　。

18. **輔助**　　必須使用輔助視圖。

19. **藍**　　P類碳化鎢刀具刀柄塗上藍色。

20. **回火**　　回火主要消除退火後之殘留應力。

貳、問題與計算題：

一、(1)鉗工工作時，在銼刀面塗上粉筆之目的為何？
　　(2)虎鉗之公稱尺寸以何為準？
　　(3)一般虎鉗之螺桿螺紋為何種螺紋？

解 (1)鐵屑會導致銼刀失去其切割能力，並可能會刮傷工件。可以用鋼刷用來清理銼刀。粉筆可以幫助防止鐵屑沾住。
　(2)虎鉗的公稱尺寸為鉗口寬度。
　(3)虎鉗的螺紋為梯形螺紋。

二、有一外接齒輪組，其中主動輪16齒、從動輪48齒，若模數為1mm／齒，試問：
　　(1)此齒輪機構為增速機構或是減速機構？
　　(2)兩齒輪的中心距為何（mm）？
　　(3)周節（circular pitch）是多少？（註：請以圓周率π表示）

解 (1)此為減速機構。

(2)$D_主 = MT_主 = 1 \times 16 = 16(mm)$

　　$D_從 = MT_從 = 1 \times 48 = 48(mm)$

　　$C = \dfrac{1}{2}(D_主 + D_從) = \dfrac{1}{2}(16 + 48) = 32(mm)$

(3) $P_C = \pi M = \pi(mm)$。

三、有一懸臂梁（Cantilever Beam）如右圖所示，其彈性模數為E及斷面慣性矩為I：
　　(1)請繪出剪力圖
　　(2)請繪出彎矩圖
　　(3)試求C點之彎矩
　　(4)試求A點之剪力

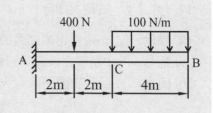

解 (1)(2)

　　剪力圖及彎矩圖如下圖所示：

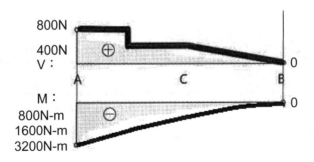

(3)C點之彎矩為800(N－m)。

(4)A點之剪力為800N。

四、如右圖所示雙滑件機構，連桿長為2m，
　　滑塊A之速度V_A為8m/s（→），$\theta=$
　　$60°$，試求：
　　(1)AB桿件之角速度（rad/s）為何？
　　(2)滑塊B之速度V_B（m/s）為何？（註：
　　　計算至小數點後第2位，以下四捨五
　　　入）

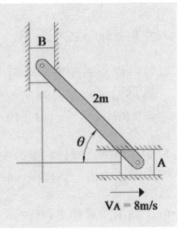

$V_A = 8m/s$

解 (1)(2)

$$\vec{v}_A = \vec{v}_B + \vec{v}_{A/B} \qquad \vec{v}_A = \vec{v}_B + \vec{\omega} \times \vec{r}_{A/B}$$

$$8\vec{i} = v_B\vec{j} + \omega\vec{k} \times (1\vec{i} - \sqrt{3}\vec{j})$$

$$0 = v_B + \omega$$

$$8 = \sqrt{3}\omega \Rightarrow \omega = 4.62\,rad/s$$

$$v_B = -4.62\,(m/s)。$$

107年　台灣電力公司（機械與電銲常識）

壹、填充題

1. 兩外接之正齒輪，其齒數分別為24與120，其模數（M）為4mm/齒，則其中心距離為_____mm。

2. 一孔 $\Phi 40^{+0.04}_{-0.01}$mm 與一軸 $\Phi 40^{-0.02}_{-0.03}$mm 配合，裕度（Allowance）為_____mm。

3. 螺距為5mm之三線螺紋，當螺桿轉動半圈時，螺帽移動_____mm。

4. 有一螺旋千斤頂，手柄半徑為250mm，螺桿導程為10mm，若機械損失為15%，當施力98N時，可升起質量_____公斤物體。（重力加速度 $=9.8$m/sec^2，$\pi = 3.14$）

5. 兩件機械之機械利益分別為M₁、M₂，機械效率為η₁、η₂，將這兩件機械串聯組合成一新機械，該新機械總利益（M）為_____。

6. 牛頓第二運動定律F＝m・a，其中a所代表的意義為_____。（以中文表示）

7. 在彈性限度內，線彈性體材料之應力與_____成正比，稱為虎克定律。（以中文表示）

8. 單位面積所受之剪力，稱為_____。（以中文表示）

9. 正齒輪齒數為8，模數為2mm/齒，則其節圓半徑為_____mm。

10. 平鍵12×10×30單圓端，其中10所代表的意義為_____。

解答與解析

1. **288**　$C = \dfrac{1}{2}(D_1 + D_2) = \dfrac{1}{2}(MT_1 + MT_2)$

$= \dfrac{M}{2}(T_1 + T_2) = \dfrac{4}{2}(24 + 120) = 288\text{(mm)}$。

2. **0.01**　裕度＝軸小－孔大＝－0.01－（－0.02）＝0.01(mm)。

3. **7.5**　$\dfrac{5 \times 3}{2} = 7.5\text{(mm)}$。

4. **1334.5**　$2 \times 3.14 \times 250 \times 98 \times 85\% = W \times 9.8 \times 10$

$W = 1334.5\text{(kg)}$。

5. **M1M2或M1×M2或M1·M2**　$M = M_1 \times M_2$。

6. **加速度或線加速度**　a代表加速度。

7. **應變**　彈性限度內應力與應變成正比。

8. **剪應力**　稱為剪應力。

9. **8**　$\dfrac{D}{8} = 2 \Rightarrow D = 16\text{(mm)}, R = 8\text{(mm)}$。

10. **高或高度**　方鍵、平鍵表示法：寬度(mm)×高度(mm)×長度(mm)，故10代表高度10mm。

貳、問題與計算題

一、如右圖所示之滑輪組，重量W為1000kgf，施加作用力F使重量W上升線速度為3cm／min，若不計繩索與滑輪組重量、摩擦力及損失，請回答下列問題：

(1)施加作用力F應為多少kgf？

(2)施加作用力F的線速度應為多少cm/min？

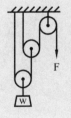

解 (1) $F = \dfrac{W}{4} = \dfrac{1000}{4} = 250\text{(kgf)}$。

(2) $V_F = 4V_W = 4 \times 3 = 12\text{(cm/min)}$。

二、如下圖為線性滑塊與煞車板之作用示意圖，煞車板以固定銷O為旋轉支點，且煞車板對線性滑塊施予固定煞車力F，而煞車板的面積為A；煞車板與線性滑塊之間摩擦係數為μ，作用過程都能產生均佈面壓力P。請利用煞車板自由體圖（Free body diagram）、受力狀況和已知的參數（F,A,μ,a,b），推導出：

(1)若線性滑塊向右移動時，煞車板與線性滑塊間之面壓力P以及固定銷O上之反作用力R_X和R_Y。

(2)若線性滑塊向左移動時，煞車板與線性滑塊間之面壓力P以及固定銷O上之反作用力R_X和R_Y。

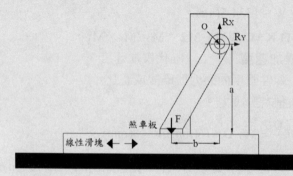

解 (1) $P = \dfrac{F}{A}$

$R_X = F$

$R_Y = -\mu F$。

(2) $P = \dfrac{F}{A}$

$R_X = F$

$R_Y = \mu F$。

107年　台灣電力公司(機械與起重常識)

壹、填充題

1. 有一英制螺紋標示為 $\frac{3}{4}$−13UNC，則該螺紋之螺距為_____mm。
   （1英吋為25.4mm，計算至小數點後第2位，以下四捨五入）

2. 如下圖所示，各齒輪之齒數分別為$T_A = 100$齒、$T_B = 60$齒、$T_C = 120$齒、$T_D = 25$齒，若A輪轉速為100rpm，則D輪轉速為_____rpm。

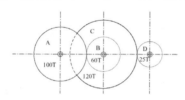

3. 如右圖所示，有一複式定滑輪其半徑分別為R＝60cm、r＝30cm，若在大輪施以25N之力，則小輪軸上最多可吊起_____公斤之重物。（重力加速度g＝10m/sec²）

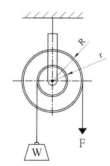

4. 如下圖所示，該系統之總彈簧常數K為_____。

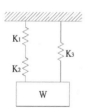

5. 使用量測範圍0～25mm之外徑測微器（Outside Micrometer）量測軸頸直徑後，其量具之距離刻度顯示如右圖，該次量測之直徑為_____mm。（以黑點標示之位置讀取數值）

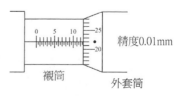

6. 有一方型鐵塊長5cm×寬2cm×高10cm，比重為7.8g/cm³，則該鐵塊之重量為_____g。

7. 公制推拔銷之錐度為每一公尺直徑相差_____cm。

8. 工業界常將一圓周分成三百六十等分，每一等分為1度，而1度等於_____分。

9. 有一工件欲於其上攻製M10×1.5之螺紋，採75%的接觸比，則攻螺紋前鑽孔的鑽頭直徑為_____mm。

10. 有一英製螺絲攻標示為$\frac{1}{4}$—18NPT HSS，該螺絲攻之材質為_____。（請寫中文名稱）

11. 有一鐵塊放置於平面上，其最大靜摩擦力與動摩擦力之大小關係為_____。

12. 拉伸試驗之荷重與伸長量圖中的最大荷重值，可用來計算_____強度。

13. 如下圖所示，懸臂樑自由端受1,000kgf之負荷，其斷面為10cm×6cm，若懸臂樑長度為200cm，則其彎曲應力為_____kgf/cm²。

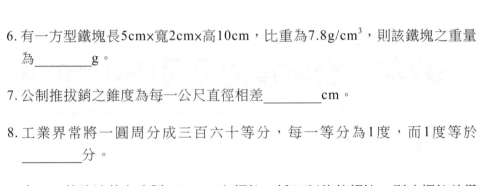

14. 如下圖所示，長4m之槓桿放於支點上，一端為質量500kg之物體，另一端則施以600N及300N，兩施力間距20cm，當槓桿達成平衡時，物體距離支點的距離（X）_____cm。（重力加速度g＝10m/sec²）

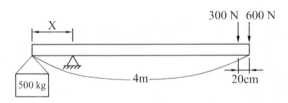

15. 如下圖所示，若吊掛物E以2.5m/sec等速度上升，則鋼索C＿＿＿＿＿以 m/sec之速度等速度下降、配重塊W以＿＿＿＿＿m/sec之速度等速度下降。

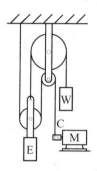

16. 有一對外接正齒輪，兩齒輪中心距離為60cm，轉速各為300rpm及 1,500rpm，則節線速度為＿＿＿＿＿m/s。（計算至小數點後第1位，以下四捨五入）

解答與解析

1. **1.95** $\dfrac{1}{13} \times 25.4 = 1.95\text{(mm)}$ 。

2. **800** $\dfrac{N_D}{100} = \dfrac{100 \times 120}{60 \times 25} \Rightarrow N_D = 800\text{(rpm)}$ 。

3. **5** $\dfrac{25 \times 2}{10} = 5\text{(kg)}$ 。

4. $\dfrac{K_1 \times K_2}{K_1 + K_2} + K_3$ 　K_1，K_2串聯再與K_3並聯。

   可得總彈簧常數 $K = \dfrac{K_1 K_2}{K_1 + K_2} + K_3$ 。

5. **12.72** $12.5 + 0.22 = 12.72\text{(mm)}$ 。

6. **780** $W = 5 \times 2 \times 10 \times 7.8 = 780\text{(g)}$ 。

7. **2** 公制推拔銷錐度為1：50，故知每公尺直徑差2cm。

8. **60** 1度＝60分。

9. **8.5**　　　　鑽孔直徑為 $10 - 1.5 = 8.5(mm)$。

10. **高速鋼**　　HSS表示材質為高速鋼。

11. **最大靜摩擦力＞動摩擦力**　　最大靜摩擦力大於動摩擦力。

12. **抗拉強度（極限強度）**　　最大荷重值代表抗拉強度。

13. **2000**　　　$\sigma_{max} = \dfrac{max}{-\times 6 \times 10} = \dfrac{200 \times 1000}{-\times 6 \times 10} = 2000(\mathrm{kgf}/\mathrm{cm})$。

14. **60**　　　依力矩平衡
$$500 \times 10 \times X = (400 - X) \times 600 + (380 - X) \times 300$$
$$X = 60(\mathrm{cm})。$$

15. **5、2.5**　　由圖滑輪組可知，若以地面為基準線
$$V_W = -V_E = 2.5 \,(\mathrm{m}/\mathrm{s}\downarrow)$$
$$V_C = -2V_E = 5 \,(\mathrm{m}/\mathrm{s}\downarrow)。$$

16. **5π或15.7**　由題意可知，大小齒輪半徑分別為50cm及10cm，可推算
節線速度為 $V = 2 \times \pi \times 0.5 \times \dfrac{300}{60} = 5\pi(\mathrm{m}/\mathrm{s})$。

貳、問題與計算題

一、如圖所示之單塊狀制動器，輪鼓轉軸之扭矩T＝1500N－cm、輪鼓直
徑30cm，制動器與輪鼓之摩擦係數 μ＝0.25，若利用制動器將順時針
旋轉之輪鼓完全制止不動，則
(1)制動器與輪鼓間之正壓力為
多少牛頓（N）？
(2)作用力F為多少牛頓（N）？
（忽略制動器連桿及其它零
件之重量影響）

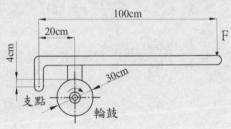

解 (1) $P = \dfrac{1500}{15 \times 0.25} = 400(N)$ 。

(2)順時針力矩等於逆時針力矩

$150 \times 4 + 100 \times F = 400 \times 20$

$F = 74(N)$ 。

二、如下圖所示，一重100kg之鐵塊放於平面上，靜摩擦係數為0.2，P之作用力需超過多少牛頓（N）才能推動該鐵塊？且當前述之作用力P作用時，平面對於鐵塊之正向力為多少牛頓（N）？

（重力加速度g＝10m/sec²，計算至小數點後第2位，以下四捨五入）

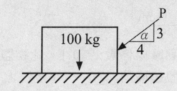

解 $\dfrac{4}{5}P = 0.2(100 \times 10 + \dfrac{3}{5}P)$

$4P = 1000 + 0.6P \Rightarrow 3.4P = 1000 \Rightarrow P = 294.12(N)$

此時地面之正向力為$1000 + 0.6 \times 294.12 = 1176.47(N)$。

107年 台灣電力公司（機械原理—第二次）

壹、填充題

1. 有一個螺旋千斤頂，導程為2mm，手柄長度為50mm，假設施以10公斤力在手把上迴轉，則可以頂升_____公斤。（摩擦係數不計，答案請以π表示）

2. 某節距（pitch）為3mm的三螺紋（triple thread），當旋轉兩圈時沿螺旋線前進的距離為_____cm。

3. 一物體與一水平面的動摩擦係數μ為0.1，此物體以20m/sec之初速度在平面上移動，則此物體在移動_____m後停止。（假設重力加速度為10m/sec²）

4. 如圖所示，有一8×6×20mm之平鍵裝於直徑100mm之軸上，若軸承受120N-m之扭矩，則此平鍵所受之壓應力為_____MPa。

5. 螺紋標註「$1\frac{1}{2}$-13UNF-2A-2N」中，「UNF」所代表的意思為_____。

6. 有一個連桿機構有N個連桿，則瞬心總數有_____個。

7. 一火車在車站自靜止狀態開車，以4m/sec²之加速度加速10秒後，即以定速行駛30秒，最後再以減加速度8m/sec²減速，直至下一站完全停止時，則此車共走了_____公尺。

8. 斜銷或稱推拔銷，其錐度公制為每公尺直徑相差_____cm。

9. 精度為0.01mm的游標卡尺，本尺一格為1mm，在量測工件時，本尺指示在分度5~6之間，而游尺分度的第5格對齊本尺的分度線，則讀值為_____mm。

10. 如圖所示，機械利益為_____。

11. 有一個圓棒工件，外徑為100mm，假設切削速度為10π m/min，求車削此圓棒的車床轉速應為_____rpm。

12. 萬向接頭之原動軸若以等角速旋轉，則從動軸作_____速旋轉。

13. 一鍊條之緊邊張力為7800N，平均速度為20m/min，其傳動功率為_____kW。

14. 手用螺絲攻之第一、二、三攻最大徑與節徑相同，惟前端_____不同。

15. 鋼絲繩規格如以6×24表示，則每股由_____根鋼絲所絞成。

16. 在液壓構件中，控制閥一般而言可分為壓力、方向及_____等3種控制功能。

17. 如圖所示，「M」的記號表示採_____加工方式修整。

18. 如以AWS做為銲條的製造標準，則E7018銲條中「1」代表涵義為_____。

19. CNS標準鋼鐵符號S45C表含碳量_____%的碳鋼。

20. 若內徑為100mm的管路，管內流速為50cm/sec，當管路內徑縮為50mm時，流速應為_____cm/sec。

解答與解析

1. **500π**　　　　　　$10 \times 2\pi \times 50 = W \times 2 \Rightarrow W = 500\pi (kg)$。

2. **1.8**　　　　　　$2 \times 3 \times 2 = 18(mm) = 1.8(cm)$。

3. **200**　　　　　　$F = m \times 10 \times 0.1 = ma \Rightarrow a = 1(m/s^2)$。
　　　　　　　　　　$0^2 = 20^2 - 2 \times 1 \times S \Rightarrow S = 200(m)$。

4. **40**

5. **細牙螺紋**　　　UNF代表的意思為細牙螺紋。

6. $\dfrac{N(N-1)}{2}$　　　$C_2^N = \dfrac{N(N-1)}{2}$

7. **1500**　　　　　$S = \dfrac{1}{2} \times 4 \times 10^2 + 40 \times 30 + 40 \times 5 - \dfrac{1}{2} \times 8 \times 5^2 = 1500(m)$。

8. **2**　　　　　　　斜銷錐度為1:50。

9. **5.05**

10. **7**　　　　　　此滑輪組機械利益為7。

11. **100**　　　　　$10\pi = \pi \times 0.1 \times N \Rightarrow N = 100(rpm)$。

12. **變角**　　　　　從動軸作變角速度運動。

13. **2.6**　　　　　$P = FV = 7800 \times \dfrac{20}{60} = 2600(W) = 2.6(kW)$。

14. **倒（去）角螺紋（牙）數**

15. **24**　　　　　　每股由24根鋼絲所構成。

16. **流量**　　　　　控制閥可控制壓力、方向及流量。

17. **切削**

18. **全（能）位置銲接**
　　　　　　　　　　1代表全位置銲接。

19. **0.45**　　　　　含碳量0.45%。

20. **200**　　　　　內徑縮為$\dfrac{1}{4}$，流速變4倍為200(cm/s)。

貳、問答與計算題

一、如圖所示，為一懸臂樑的受力情形，試求：
　　(1)A 點及 B 點的作用力為多少？
　　(2)試繪出剪力圖。
　　(3)試繪出彎矩圖。

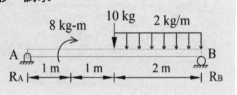

解 (1) $8+10\times2+4\times3=R_B\times4\Rightarrow R_B=10kg$
　　　　$4\times1+10\times2=8+R_A\times4\Rightarrow R_A=4kg$

　　(2)、(3)

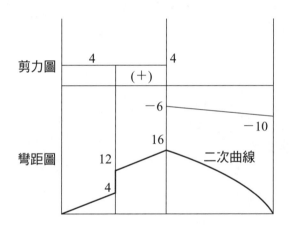

二、如圖所示之周轉輪系，假設輪 A 為順時針方向轉，轉速為 10rpm，旋臂 M 為逆時針方向轉，轉速為 5rpm，輪 A 的模數 M 為 2mm，節圓直徑為 72mm（輪 B 為 18 齒，輪 C 為 8 齒），試求：
　　(1)輪 A 有幾齒？
　　(2)輪 B 的轉速為多少 rpm，
　　　轉向為何？
　　(3)輪 C 的轉速為多少 rpm，
　　　轉向為何？

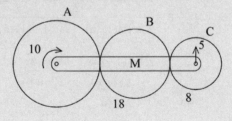

解 (1) $M_A = 2 = \dfrac{72}{T_A} \Rightarrow T_A = 36$(齒)

(2) $\dfrac{N_B - N_M}{N_A - N_M} = \dfrac{N_B - (-5)}{10 - (-5)} = -\dfrac{36}{18} \Rightarrow N_B = 35$(rpm，逆時針)

(3) $\dfrac{N_C - N_M}{N_A - N_M} = \dfrac{N_C - (-5)}{10 - (-5)} = -\dfrac{36}{8} \Rightarrow N_B = 62.5$(rpm，順時針)

三、有關重心、形心，試求：

(1)有一均質鐵絲彎成如圖所示之形狀，試求其鐵絲之重心座標 $\bar{x}$ 及 $\bar{y}$ 各為多少？

(2)如圖所示，有一 L 形面積，欲使形心恰巧落於形心座標 (a,a)，則 a 值為多少？

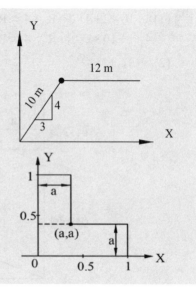

解 (1) $\bar{x} = \dfrac{3 \times 10 + 12 \times 12}{22} = \dfrac{174}{22} = \dfrac{87}{11}$

$\bar{y} = \dfrac{4 \times 10 + 8 \times 12}{22} = \dfrac{136}{22} = \dfrac{68}{11}$

(2) $\bar{x} = a = \dfrac{0.5a + a(1-a)\dfrac{a}{2}}{a + a(1-a)} = \dfrac{0.5 + (1-a)\dfrac{a}{2}}{1 + (1-a)}$

$\bar{x} = 2a = \dfrac{1 + (1-a)a}{1 + (1-a)} = \dfrac{1 + a - a^2}{2 - a}$

$4a - 2a^2 = 1 + a - a^2$

$a^2 - 3a + 1 = 0 \Rightarrow a = \dfrac{3 \pm \sqrt{9-4}}{2} = \dfrac{3 - \sqrt{5}}{2}$（取負）

107 年　台灣中油公司（機械常識）

壹、選擇題

( )　1. 螺栓與螺釘是機械常用的元件，試問螺旋是何種原理的應用？
(A)槓桿原理　(B)功的原理　(C)力矩原理　(D)斜面原理。

( )　2. 錐形壓縮彈簧在壓縮時，最初壓縮變形較大的是何種部位？
(A)小直徑先變形　(B)大直徑先變形　(C)大小直徑同時變形　(D)變形順序不一定。

( )　3. 英制螺紋規格「3/4"-16UNF」係代表何種意義？　(A)統一螺紋特細牙　(B)美國螺紋粗牙　(C)惠式螺紋特細牙　(D)統一螺紋細牙。

( )　4. 工作圖面上的中心線，是用來表示零件形狀之　(A)對齊　(B)對稱　(C)傾斜　(D)變形。

( )　5. 機械加工時，決定是否使用切削劑最主要的考量因素為何　(A)工件材質　(B)車削深度　(C)車床結構　(D)刀具材質。

( )　6. 目前機械繪圖廣泛運用電腦繪圖軟體進行製圖與設計，稱為電腦輔助製圖，簡稱　(A)CAS　(B)CAI　(C)CAD　(D)CAM。

( )　7. 有關線條的優先次序，下列敘述何者不正確　(A)中心線與虛線重疊時，則畫中心線　(B)實線與中心線重疊時，則畫實線　(C)實線與虛線重疊時，則畫實線　(D)虛線與尺度線重疊時，則畫虛線。

( )　8. 游標卡尺是一種多功能的量具，但它卻無法直接測量工件　(A)內徑　(B)深度　(C)錐度　(D)階級。

( )　9. 關於品質管制之代號，下列何者錯誤？　(A)品質管制QC　(B)統計品質管制PQC　(C)品質保證QA　(D)全面品質管制TQC。

( )　10. 欲傳遞兩長距離軸之動力，轉速比須正確，亦能適應惡劣的環境，則以下何者最適合？　(A)齒輪組　(B)皮帶輪組　(C)摩擦輪組　(D)鏈條輪組。

( )　11. 機器上需要高強度或耐衝擊的元件，如傳動軸、連桿、各種工具等，適宜用下列何種加工法成形？　(A)粉末冶金　(B)鑄造　(C)鍛造　(D)電積成形。

( )　12. 在MKS制中，力的絕對單位是N（牛頓），下列選項何者為1牛頓？　(A)$1kg\text{-}m/s^2$　(B)$1g\text{-}cm/s^2$　(C)$1kg\text{-}m\text{-}s$　(D)$1kg\text{-}m/s$。

( )　13. 微細製造技術之「1奈米」尺度，其大小為何？　(A)$1\times10^{-2}mm$　(B)$1\times10^{-3}mm$　(C)$1\times10^{-6}mm$　(D)$1\times10^{-9}mm$。

( )　14. 黃銅為下列何者之合金？　(A)銅-鋅合金　(B)銅-錫合金　(C)銅-鎳合金　(D)銅-銀合金。

( )　15. 螺紋上任意一點，螺旋旋轉一周，沿軸向所移動之距離稱為　(A)螺距　(B)導程　(C)節徑　(D)螺紋。

( )　16. 有關手工具之規格，下列何者有誤？　(A)活動扳手以全長表示　(B)鋼絲鉗以全長表示　(C)螺絲起子以全長表示　(D)開口扳手以開口大小表示。

( )　17. 機油之黏度通常用號數表示，在潤滑用機油中，關於黏度較大者之敘述，何者正確？　(A)號碼較小　(B)號碼較大　(C)比重較輕　(D)潤滑效果較差。

( )　18. V形（三角）皮帶的規格有　(A)A、B、C共三種　(B)A、B、C、D共四種　(C)A、B、C、D、E共五種　(D)M、A、B、C、D、E共六種。

( )　19. 手工鋸切時，鋸切速率每分鐘約幾次為宜？　(A)5～10次　(B)10～20次　(C)50～60次　(D)80～90次。

( )　20. 已知某物體的前視圖及俯視圖如圖所示，下列何者為正確之右側視圖？

(A)　(B)　(C)　(D)

( ) 21. 有關鋼鐵材料規格與說明，下列何者錯誤？　(A)S20C為中碳鋼 (B)SKD11為模具用鋼　(C)FC200為鑄鐵　(D)SCM420為鉻鉬鋼。

( ) 22. 工作圖在標註尺度時，若將尺度數字加上括弧，如（120），則表示該尺度為　(A)重要尺度　(B)主要尺度　(C)功能尺度　(D)參考尺度。

( ) 23. 有關製圖設備，鉛筆的筆心下列何者最軟　(A)H　(B)B　(C)HB (D)2B。

( ) 24. 一般常用的列印紙張為A4，尺寸規格為297mm×210mm，試問A2的尺寸規格為　(A)297×420mm　(B)594×420mm (C)594×297mm　(D)420×210mm。

( ) 25. 主動件作搖擺運動，直接使另一機件作間歇迴轉運動之機構為 (A)日內瓦機構　(B)比例運動機構　(C)棘輪機構　(D)間歇齒輪機構。

( ) 26. 有關螺紋「1/2"-13UNC-2A」，下列何者錯誤？　(A)外徑1/2吋 (B)統一螺紋粗牙　(C)每吋13牙　(D)雙線螺紋。

( ) 27. 如圖之齒輪系，若A軸為主動輪，轉速20rpm 順時針，則B軸轉速與轉向為何？　(A)4rpm 逆時針　(B)4rpm順時針　(C)10rpm逆時針 (D)10rpm順時針。

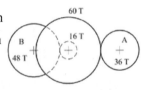

( ) 28. 簡支樑之危險截面位於何處？　(A)樑的中點　(B)樑的支點　(C)剪力最大處　(D)剪力由正變負或負變正之處。

( ) 29. 使用萬向接頭時常成對使用，也就在兩軸中間加裝一個中間軸，其主要目的為何？　(A)增加主動軸與從動軸的轉速比　(B)使主動軸與從動軸角速度相同　(C)減少震動和噪音　(D)減少主動軸與從動軸的角速度比。

( ) 30. 在幾何公差符號中，「○」表示下列哪一種幾何符號？　(A)圓柱度符號　(B)同心度符號　(C)真圓度符號　(D)輪廓度符號。

( ) 31. 兩機件之配合情況，下列敘述何者正確？　(A)ϕ30H7/p6屬於干涉配合　(B)ϕ30H7/js6屬於餘隙配合　(C)ϕ30H7/r6屬於餘隙配合 (D)ϕ30H7/d6屬於過渡配合。

( ) 32. 軸承承受負荷為平行軸向者，稱為　(A)四部軸承　(B)整體軸承　(C)徑向軸承　(D)止推軸承。

( ) 33. 碳化鎢外徑車刀之刀柄末端常以顏色區分用途，若末端漆上紅色漆，該車刀適宜切削何種材料？　(A)軟鋼　(B)鑄鐵　(C)不銹鋼　(D)合金鋼。

( ) 34. 某量具公司擬設計一公制分厘卡，其測軸螺距0.5mm，襯筒上無游標刻度，若分厘卡外套筒上等分成100格，該分厘卡精度為　(A)0.005mm　(B)0.01mm　(C)0.02mm　(D)0.05mm。

( ) 35. 數值控制機械之程式中，表示「準備機能」及「主軸轉速機能」的語碼代表字母分別為　(A)G及M　(B)M及S　(C)G及S　(D)F及M。

( ) 36. 圓柱形工作物之工作圖，如用細實線加畫對角線，表示該處為下列何者？　(A)不得加工面　(B)為熱處理面　(C)為凹面　(D)為平面。

( ) 37. 一孔徑標示ϕ6H7，下列那一種加工方式較適合？　(A)鑽孔　(B)攻牙　(C)鉸孔　(D)搪孔。

( ) 38. 某物體在1/50比例尺的圖面上，量得長度10cm，則該物體在1/100比例尺的圖面上，其長度為　(A)5cm　(B)0.1cm　(C)1cm　(D)10cm。

( ) 39. 砂輪機研磨車刀後，發現砂輪經使用後直徑變小，則砂輪會有何現象？　(A)轉速變小，切削速度變大　(B)轉速變小，切削速度不變　(C)轉速不變，切削速度變小　(D)轉速及切削速度均不變。

( ) 40. 有一圓在一直線上滾動時，圓周上任一點的軌跡，所形成的曲線稱之為　(A)拋物線　(B)正擺線　(C)螺旋線　(D)漸開線。

( ) 41. 磨床修整砂輪所使用的砂輪修整器，之所以能修整砂輪，主要是使用何種材質？　(A)高速鋼　(B)碳化鎢　(C)鑽石　(D)燒結氧化鋁。

( ) 42. 使用螺栓或螺絲釘時，常會搭配使用墊圈，試問墊圈並無以下何種功能？　(A)增加螺栓頭的摩擦面　(B)螺帽有較好之承面　(C)防止螺栓與螺帽鬆脫　(D)增加螺紋的機械效率。

( )　43. 碳化鎢刀具是由粉末冶金所製成，燒結的過程中是以何種材料為結合劑　(A)Co　(B)Mo　(C)Zn　(D)Hg。

( )　44. 沖床生產製品，常使用連續衝壓模具的沖頭或模孔，最常使用何種工具機加工　(A)雕模放電　(B)電子束　(C)線切割放電　(D)雷射。

( )　45. 牛頭鉋床在鉋削加工時，為使鉋刀在回程不刮傷工件，所應用的機構是　(A)棘輪　(B)油壓　(C)急回機構　(D)拍擊箱。

( )　46. 車刀與鉋刀的種類雷同，但兩者最主要的差別在前隙角的大小不同　(A)車刀前隙角較大　(B)鉋刀前隙角較大　(C)兩者相等　(D)無法比較。

( )　47. 數值控制機械為求傳動效率高且定位準確，所使用之傳動螺紋　(A)斜方螺紋　(B)梯形螺紋　(C)方形螺紋　(D)滾珠螺紋。

( )　48. 有關利用手工螺絲攻進行內螺紋的攻製，下列敘述何者正確？　(A)通孔內螺紋先以第三攻攻製　(B)盲孔內螺紋以第一攻攻製即可　(C)攻螺紋時螺絲攻須校正垂直度　(D)攻螺紋時需倒轉是為了潤滑。

( )　49. 有關鉸孔加工的敘述，何者錯誤？　(A)可獲得較佳的真圓度　(B)可獲得正確的孔徑尺寸　(C)可獲得較佳的表面粗糙度　(D)可獲得較佳的加工效率。

( )　50. 尺寸上限大於基本尺寸，尺寸下限也大於基本尺寸之公差，稱為　(A)單向公差　(B)雙向公差　(C)專用公差　(D)通用公差。

貳、填充題

1. 各式的皮帶傳動中，_____皮帶是同時具有鏈條與齒輪傳動的優點。

2. 鑄件之中空部分或其外型凹入部分，造模時難以順利製出時，可以利用一種嵌入件來達成，此嵌入件稱為_____。

3. 金屬塑性加工主要分為熱作與冷作，其主要的分別在於_____。

4. 一個M10×1.5之螺絲孔，螺紋取75%之接觸比，則攻螺紋前之鑽孔直徑應為_____mm。

5. 組合角尺是由直尺、直角規、角度儀與_____等四件組合,兩兩相互搭配,可作各種角度的畫線與量測,及求得圓桿中心的功能。

6. 精度0.02的游標卡尺,測量工件後顯示如圖,請問該游標卡尺顯示的讀數為_____mm。

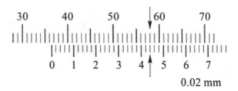

7. 在高速鋼種類中,18-4-1型的高速鋼,其中「18-4-1」依序分別代表哪三種何種合金元素的含量?_____。

8. 將一重80N的物體,以機械方式升高15m,須做功2000N-m,則機械效率為_____%。

9. 如圖,A物體重20N、B物體重10N,A物體與桌面摩擦係數μ=0.2,設g=10m/s^{2}則繩子的張力為_____N。

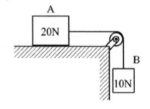

10. 運用尾座偏置法車削1:10的錐度,若錐度部份的長度為50mm,工件總長為200mm,則尾座偏置量為_____mm。

解答與解析 (答案標示為#者,表官方公告更正該題答案)

壹、選擇題

1. **D** 螺旋為斜面原理的應用。
2. **B** 錐形彈簧受力時大直徑先變形。
3. **D** 此代表統一螺紋細牙。
4. **B** 工作圖面上的中心線,是用來表示零件形狀之對稱。
5. **A** 機械加工時,決定是否使用切削劑最主要的考量因素為工件材質。
6. **C** 電腦輔助製圖,簡稱為CAD。

7.A (A)中心線與虛線重疊時，則畫虛線。

8.C 錐度需由計算後得知。

9.B 統計品質管制代號為SQC。

10.D 適合採用鏈條輪組。

11.C 適合採用鍛造。

12.**A** $1(kg \cdot m/s^2) = 1(N)$。

13.**C** $1(nm) = 10^{-9}(m) = 10^{-6}(mm)$。

14.**A** 黃銅為銅-鋅合金。

15.B 螺旋旋轉一周，沿軸向所移動之距離稱為導程。

16.C 螺絲起子規格大多以直徑口表示

Size	Torque test DIN 5263 Nm	Slotted screws Metric screws												Self tapping screws						Wood screws		
		Flat head		Oval head		Cheese head		Pan head				Set		Flat head		Oval head		Pan head		Flat head	Oval head	Round head
		ISO 2009	DIN 963	ISO 2010	DIN 964	ISO 1207	DIN 84	ISO 1580	DIN 85	DIN 920	DIN 921	ISO 4766 7435	DIN 417 427	ISO 1482	DIN 7972	ISO 1483	DIN 7973	ISO 1481	DIN 7971	DIN 97	DIN 95	DIN 96
		M	M	M	M	M	M	M	M	M	M	M	M	B	B	B	B	B	B	H	H	H
2 ×0.4	0.30											2.5 3	2.5 3							1.6		1.6
2.5×0.4	0.40	1.6	1.6	1.6	1.6		1.6 1.8	1.6			2.5	1.6	3.5	3.5								1.6	2
3 ×0.5 / 3.5×0.6	0.7 / 1.3	2 2.5	2 2.5	2 2.5	2 2.5		2 2.5	2 2.5		3/35 4	2 2.5	4	4	2.2	2.2	2.2	2.2	2.2	22	2 2.5	2 2.5	2.5
4 ×0.8	2.6	3 3.5	3	3 3.5	3		3	3	5	3 3.5	5 6	5 6	2.9	2.9	2.9	2.9	2.9	2.9	3 3.5	3 3.5	3 3.5
5.5 ×1	5.5	3.5	4	3.5	4	3.5	4	3.5	3.5	6	4			3.5	3.5 3.9	3.5	3.5 3.9	3.5	3.5 3.9	4 4.5	4 4.5	4 4.5
6.5×1.2	9.4	4 5	5	4 5	5	4	4				8	8	4.2 4.8	4.2 4.8	4.2 4.8	4.2			5	5	4 4.5
8 ×12	11.5			5	5	4 5	4 5	8	5						4.8	4.2 4.8	4.2 4.8	5.5	5.5			
8 ×1.6	20.5	6	6	6	6					10 12	10 12	5.5 6.3	5.5 6.3	5.5 6.3	5.5			6	6	6
10 ×1.6	25.6			6	6	6	6	10	6		14			6.3	5.5 6.3	5.5 6.3	7 8	7	
12 ×2	48.0	8	8	8	8	8	8	8			8		8			8			8	7-8
14×2.5	87.5	10	10	10	10	10	10	10		10		9.5		9.5			9.5		10		

一字螺絲起子規格表

⊕	✸	—⊖ DIN 5261 Nm	Metric screws			Self tapping screws			Wood screws			ANSI screws
			Flat head DIN 965	Oval head DIN 966	Pan head DIN 7985	Pan head DIN 7981	Flat head DIN 7982	Oval head DIN 7983	Pan head DIN 7995	Round head DIN 7996	Oval head DIN 7997	NO.
			M	M	M	B	B	B	H	H	H	
00	00	*	*	*	*	*	*	*	*	*	*	
0	0	1	1.6 2	1.6 2	1.6 1.8				2	2	2	0-1
1	1	3.5	2.5 3	2.5 3	2 3	2.2 2.9	2.2 2.9	2.2 2.9	2.5 3	2.5 3	2.5 3	2-4
2	2	8.2	3.5 5	3.5 5	3.5 5	3.5 4.8	3.5 4.8	3.5 4.8	3.5 5	3.5 5	3.5 5	5-10
3	3	19.5	6	6	6	5.5 6.3	5.5 6.3	5.5 6.3	5.5 7	5.5 7	5.5 7	12-16
4	4	38	8 10	8 10	8 10				8	8	8	18-...

十字螺絲起子規格表

17. **B**　機油黏度較大者號碼較大。

18. **D**　V形（三角）皮帶的規格有M、A、B、C、D、E共六種。

19. **C**　手工鋸切時，鋸切速率每分鐘約50~60次為宜。

20. **B**　正確之右側視圖為(B)。

21. **A**　(A)S20C為低碳鋼。

22. **D**　加括弧表示該尺度為參考尺度。

23. **D**　2B鉛筆的筆心最軟。

24. **B**　A2長寬各為A4的兩倍。

25. **C**　主動件作搖擺運動，直接使另一機件作間歇迴轉運動之機構為棘輪機構。

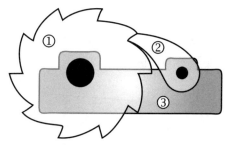

26. **D** (D)配合的鬆緊程度為2A級。

27. **B** $\dfrac{N_B}{20} = \dfrac{36 \times 16}{60 \times 48} \Rightarrow N_B = 4$(rpm，順時針)。

28. **D** 簡支樑之危險截面位於剪力由正變負或負變正之處。

29. **B** 兩軸中間加裝一個中間軸使主動軸與從動軸角速度相同。

30. **C** 「○」表示真圓度符號。

31. **A** ϕ 30H7/p6屬於干涉配合。

32. **D** 軸承承受負荷為平行軸向者稱為止推軸承。

33. **B** 塗上紅色者表示適合切削鑄鐵。

34. **A** 精度為 $\dfrac{0.5}{100} = 0.005$(mm)。

35. **C** 「準備機能」及「主軸轉速機能」的語碼代表字母分別為G及S。

36. **D** 表示該處為平面。

37. **C** 適合用作鉸孔。

38. **A** 比例尺大2倍，圖上尺寸變為 $\dfrac{1}{2}$。

39. **C** 轉速不變，切削速度變小。

40. **B** 有一圓在一直線上滾動時，圓周上任一點的軌跡稱為正擺線。

41. **C** 砂輪修整器使用的材質為鑽石。

42. **D** 墊圈的功能不包含增加螺紋的機械效率。

43. **A** 以鈷作為結合劑。

44. **C** 最常使用線切割放電。

45. **D** 為使鉋刀在回程不刮傷工件，所應用的機構是拍擊箱。

46. **A** 車刀前隙角較大。

47. **D**　使用之傳動螺紋為滾珠螺紋。

48. **C**　攻螺紋時螺絲攻須校正垂直度。

49. **D**　鉸孔加工與可獲得較佳的加工效率無關。

50. **A**　此稱為單向公差。

貳、填充題

1. **確動**　　　　確動或定時皮帶。

2. **砂心**　　　　此嵌入件稱為砂心。

3. **再結晶溫度**　主要區分為再結晶溫度。

4. **8.5**　　　　$10-1.5=8.5(mm)$。

5. **中心規**　　　組合角尺是由直尺、直角規、角度儀與中心規等四件組合。

6. **36.44**

7. **鎢鉻釩**　　　「18-4-1」依序分別代表鎢鉻釩合金元素的含量。

8. **60**　　　　$\eta = \dfrac{80 \times 15}{\dfrac{2000}{30}} = 60\%$。

9. **8**　　　　$10 - 20 \times 0.2 = \dfrac{20}{10} \times a \Rightarrow a = 2(m/s^2)$。

　　　　　　　$T = \dfrac{20}{10} \times 2 + 20 \times 0.2 = 8(N)$。

10. **10**　　　$S = \dfrac{TL}{2}$，S為尾座偏置量，T為錐度值，L為工件全長。

　　　　　　　$S = \dfrac{\dfrac{1}{10} \times 200}{2} = 10(mm)$

107 年　桃園大眾捷運公司（機械概論）

( )　1. 張應力 $\sigma=\dfrac{P}{A_t}=\dfrac{P}{(W-nd)\cdot t}$，若 W＝板塊寬度，n＝鉚釘數，d＝鉚釘直徑，請問 t＝？　(A)動作時間　(B)板厚　(C)鉚釘半徑　(D)長度。

( )　2. 以下何者非為避震器系統中，常用的彈簧種類？　(A)橫向穩定器　(B)扭桿彈簧　(C)空氣彈簧　(D)鏈條。

( )　3. 以下彈簧串連組合，其彈簧常數 K 為何？　(A)k_1+k_2　(B)$k_1\times k_2$　(C)$1/(k_1\times k_2)$　(D)$k_1\times k_2/(k_1+k_2)$。

( )　4. 以下何者非彈簧的用途？　(A)緩和衝突　(B)吸收能量　(C)降低壓力　(D)提供施力或旋轉。

( )　5. 彈簧受到外力作用後之變形量是什麼？　(A)撓區　(B)自由長度　(C)彎曲　(D)扭曲。

( )　6. 機件種類中，何者將兩個以上的機件連接起來？　(A)活動機件　(B)固定機件　(C)控制機件　(D)組合機件。

( )　7. 虎克定律 $\sigma=E\varepsilon$ 中，σ＝拉（或壓）應力，E＝常數，則 $\varepsilon=$？　(A)動力　(B)應變　(C)反作用力　(D)能量。

( )　8. 在機械中能支撐旋轉體或直線來回運動體的作用之功能機件為何？　(A)彈簧　(B)螺絲　(C)軸承　(D)鍊條。

( )　9. 繩子受到拉引之力所產生反作用力形式的力量稱為　(A)壓力　(B)動力　(C)張力　(D)彈力。

( )　10. 以下何者為機構與機械的正確陳述？　(A)機構僅能傳達運動，不一定作功，機械能傳達運動與力而作功　(B)機械僅能傳達運動，不一定作功，機構能傳達運動與力而作功　(C)機構與機構均僅能傳達運動，不一定作功　(D)機械與機構均能傳達運動與力而作功。

( )　11. 有兩個圓形之平面底邊，此圓形之底邊在俯視圖為一正圓，為圓柱之邊視圖，稱之為？　(A)俯視面　(B)圓柱面　(C)對稱面　(D)橫向面。

( )　12. 下列何者為動量的單位？　(A)J　(B)cm/s^2　(C)Kg·m/s　(D)Kg·m^2/s。

( )　13. 物體受力後之平衡狀態為何種力學？　(A)靜力學　(B)熱力學　(C)動力學　(D)運動學。

( )　14. 下列何者非向量？　(A)力矩　(C)力　(C)質量　(D)速度。

( )　15. 兩機件組合後之運動對，在低對種類下，何者並非其種類之一？　(A)滑動對　(B)運動對　(C)迴轉對　(D)螺旋對。

( )　16. 請問 ⌒ 符號是哪一種公差類別？　(A)位置公差　(B)形狀公差　(C)方向公差　(D)偏轉公差。

( )　17. 請問符號 ▱ 的意義為？　(A)真直度　(B)對稱度　(C)平行度　(D)正向度。

( )　18. 此符號 ⊕ 是哪一種幾何公差名稱？　(A)圓柱度　(B)同心度　(C)對稱度　(D)位置度。

( )　19. 請問 ⊕ ⊏ 是哪一種投影法？　(A)第一投影法　(B)第二投影法　(C)第三投影法　(D)第四投影法。

( )　20. 某一公差數值僅限於一定長度時，而該長度可在被管制形態內的任一部位，因此「0.2/100」表示意義為何？　(A)在該平面任一方向100單位長度內之平行度誤差不超過0.2單位　(B)在該平面任一方向0.2單位長度內之平行度誤差不超過100單位　(C)在該圓周任一方向100單位半徑內之平行度誤差不超過0.2單位　(D)在該圓周任一方向0.2單位半徑內之平行度誤差不超過100單位。

( )　21. 請問 ⊕ 哪一種公差標註名稱？　(A)正位度　(B)直圓度　(C)對稱度　(D)圓柱度。

( )　22. 下列何者為動能的單位？　(A)J　(B)cm/s^2　(C)Kg·m/s　(D)Kg·m^2/s。

( )　23. 用於多個基準形態，包括共同基準、基準系統，以管制彼此間的幾何配置關係為哪一種公差？　(A)形狀公差　(B)位置公差　(C)方向公差　(D)偏轉公差。

( )　24. 機械是一個或多個機構的組合體，除了能傳達力量與運動外，並能將輸入的各種物理量變成有效的功。請問此物理量是甚麼？　(A)重量　(B)熱量　(C)質量　(D)能量。

( )　25. 請問 下列何者機械之符號？
(A)鉚接　(B)焊接　(C)熱接　(D)橋接。

( )　26. 兩物體的接觸表面愈粗糙時，其間的摩擦力會愈大。但是，當接觸表面愈光滑時，其間的摩擦力是否會越來越小？　(A)不一定　(B)越來越小　(C)越來越大　(D)為定值。

( )　27. 5千瓦與5hp何者功率為大？　(A)5千瓦　(B)5hp　(C)相同　(D)無法比較。

( )　28. 右圖的彈簧組合，其彈簧常數K為何？
(A)$k_1 + k_2$　　　(B)$k_1 \times k_2$
(C)$1/(k_1 \times k_2)$　(D)$k_1 \times k_2/(k_1 + k_2)$。

( )　29. 上題彈簧組合之方式名稱為何？　(A)並聯　(B)串聯　(C)接聯　(D)關聯。

( )　30. 表示力對位移的累積的物理量，從一種物理系統到另一種物理系統的能量轉變，通過使物體朝向力的方向移動的力的作用下，能量的轉移，稱之為？　(A)功　(B)能　(C)動力　(D)機械力。

( )　31. 以下項目中，哪一項並非機件種類？　(A)動力機件　(B)固定機件　(C)控制機件　(D)連結機件。

( )　32. 下列靜摩擦力與動摩擦力敘述何者有誤？　(A)最大靜摩擦力和正向力成正比　(B)靜摩擦大於動摩擦力　(C)靜摩擦力是一個定值　(D)物體開始運動後，其動摩擦力為一定值。

( )　33. 如皮帶輪組、繩輪組、鏈輪組等，僅能傳送拉力，不能傳送推力，為以下何者中間連接物？　(A)鋼體　(B)撓性　(C)流體　(D)鍊條。

( )　34. 滑動對（平移往復運動）、迴轉對（迴轉運動）、螺旋對（平移與迴轉運動）等屬於下列哪一種類型？　(A)運動鍊-固定鍊　(B)運動鍊-無拘束鍊　(C)運動對-高對　(D)運動對-低對。

( )　35. 可以吸收車輪遇到凹凸路面所引起的震動種類，稱之為？　(A)穩定器　(B)扭桿彈簧　(C)避震器　(D)空氣彈簧。

( )　36. 請問哪一種投影法最為機械所常用？　(A)第一投影法　(B)第二投影法　(C)第三投影法　(D)第四投影法。

( )　37. 以下何者為位置公差之定義？　(A)表達機構轉動後之位置　(B)表達兩形態間的相關位置　(C)表達不同機件運動能量之位置　(D)表達機構相關位置偏轉。

( )　38. 下列何者非力的要素？　(A)方向　(B)大小　(C)旋轉　(D)作用點。

( )　39. 右圖衍架中，AB桿所承受之力為多少N？
　　　　(A)86.6N　　　　(B)100N
　　　　(C)173.2N　　　　(D)346.4N。

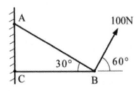

( )　40. 表示多根連桿結為一個剛體，彼此間無相對運動的機構符號為何者？　(A) 　(B) 　(C) 　(D) 。

( )　41. 何謂幾何形態外形和位置之所在的公差幾何？　(A)位置公差　(B)形態公差　(C)幾何公差　(D)外形公差。

( )　42. 請問 ═══ 符號的意義為？　(A)正向度　(B)對稱度　(C)平行度　(D)真直度。

( )　43. 下述哪一個不是投影法對應的視圖名稱？　(A)左視圖　(B)前視圖　(C)俯視圖　(D)上視圖。

( )　44. 機件A連續與機件B保持接觸，機件A的運動受到機件B形狀的限制，促使機件A必須在一定的通路之運動，則此A件與B件即稱之為　(A)接觸點　(B)運動對　(C)齒輪　(D)緩衝器。

( )　45. 下列哪一個不是變形體力學？　(A)動力學　(B)材料力學　(C)彈性力學　(D)黏彈性力學。

( )　46. 請問◎是位置公差符號的哪一種名稱？　(A)正位度　(B)同心度　(C)對稱度　(D)圓柱度。

( )　47. 下列何者為角動量的單位？　(A)rad/s² (B)cm/s² (C)rad/s (D)Kg·m²/s。

( )　48. Kg/m³是何種物理量？　(A)壓力　(B)質量密度　(C)轉動慣量　(D)角加速度。

( )　49. 利用熱力將材料永久性地接合在一起的方法是什麼？　(A)熔接　(B)融接　(C)橋接　(D)熱接。

( )　50. 請問下列何者並非鉚接的破壞力種類之一？　(A)張力破壞　(B)壓力破壞　(C)運動破壞　(D)邊緣破壞。

解答與解析 （答案標示為#者，表官方公告更正該題答案）

1. **B** 張應力為正向應力，故t代表板厚。

2. **D** 鏈條並非彈簧的一種。

3. **D** 彈簧串聯$K = \dfrac{K_1 K_2}{K_1 + K_2}$。

4. **C** 彈簧的功能非降低壓力。

5. **A** 彈簧受到外力作用後之變形量稱為撓曲。

6. **D** 機件種類中，組合機件是將兩個以上的機件連接起來。

7. **B** 代表應變。

8. **C** 用來支撐旋轉體或直線來回運動體的作用之功能機件為軸承。

9. **C** 繩子受到拉引之力所產生反作用力形式的力量稱為張力。

10. **A** 機構僅能傳達運動，不一定作功，機械能傳達運動與力而作功。

11. **B** 圓柱的邊視圖稱為圓柱面。

12. **C** 為動量的單位。

13. **A** 研究力平衡狀態稱為靜力學。

14. **C** 質量屬於純量。

15. **B** 運動對並非屬於低配對。

16. **B** ⌒為曲面輪廓度，屬於形狀公差。

17. **A**　此題答案有誤，應修正為真平度。

18. **D**　此符號為位置度。

19. **C**　此為第三投影法。

20. **A**　在該平面任一方向100單位長度內之平行度誤差不超過0.2單位。

21. **B**　有一個圓形符號代表真圓度。

22. **A**　動能的單位與能量單位相同。

23. **B**

24. **D**　機械能將輸入的能量轉變成有效的功。

25. **A**　此符號稱為鉚接。

26. **A**

27. **A**　1(hp)＝0.745(kW)，故知5kW能量較大。

28. **A**　此為彈簧並聯，$K＝K_1＋K_2$。

29. **A**　此為彈簧並聯，$K＝K_1＋K_2$。

30. **A**　表示力對位移的累積的物理量稱為作功。

31. **A**　動力機件應修正為動力機構。

32. **C**　(B)應修正為最大靜摩擦力大於動摩擦力。
　　　　(C)最大靜摩擦力和正向力成正比。

33. **B**　如皮帶輪組、繩輪組、鏈輪組等，僅能傳送拉力，不能傳送推力，為撓性中間連接物。

34. **D**　此為面接觸故為運動對—低對。

35. **C**　此稱為避震器。

36. **C**　第三投影法為機械最常用之投影法。

37. **B**　位置公差為表達 形態間的相關位置。

38. **C**　旋轉非力的要素。

39. **A** $\begin{cases} F_{AB}\cos 30° + F_{BC} = 100\cos 60° \\ F_{AB}\sin 30° = 100\sin 60° \end{cases}$

$\begin{cases} 0.866F_{AB} + F_{BC} = 50 \Rightarrow 150 + F_{BC} = 50 \Rightarrow F_{BC} = -100(N) \\ 0.5F_{AB} = 86.6 \Rightarrow F_{AB} = 173.2(N) \end{cases}$

此題官方公布的答案有誤，應為(C)。

40. **D** (D)表示多根趕建結合成一剛體。

41. **C** 幾何形態外形和位置之所在的公差稱為幾何公差。

42. **B** 此符號代表對稱度。

43. **D** 上視圖非視圖名稱。

44. **B** 機件A與機件B稱為運動對。

45. **A** 動力學非變形體力學。

46. **B** 此為位置公差之同心度。

47. **D** L=rmv，故知其單位為$kg \cdot m^2 / s$。

48. **B** 此單位代表密度。

49. **A** 此稱為熔接。

50. **C** 鉚接主要不受到運動破壞。

108 年　鐵路特考佐級（機械原理大意）

( )　1. 黏性阻尼力與下列何者成正比？　(A)質量　(B)位置　(C)速度　(D)加速度。

( )　2. 關於兩個嚙合漸開線齒輪的敘述何者有誤？　(A)中心距改變會影響壓力角　(B)中心距改變會影響轉速比　(C)中心距改變會影響接觸比　(D)中心距改變會影響模數。

( )　3. 軸承之負荷平行於軸向者，稱為？　(A)徑向軸承　(B)軸向軸承　(C)止推軸承　(D)平行軸承。

( )　4. 下列關於工程接頭之敘述何者為非？　(A)萬向接頭連接二旋轉軸時，常成對使用的原因是使主動軸和從動軸的轉速相同　(B)歐丹連結器之主動軸以等角速度旋轉時，從動軸以變角速度旋轉　(C)歐丹連結器主要應用於二轉軸中心線互相平行，但不在一直線上　(D)萬向接頭是球面連桿組。

( )　5. 驅動一6m長之機器手臂以每秒60度提起50N之重物，則馬達所需功率為多少？　(A)0.0314kW　(B)0.314kW　(C)3.14kW　(D)31.4kW。

( )　6. 一個步進馬達轉動導程為2mm的導螺桿，若導螺桿螺帽位移解析度的要求是0.01mm，則步進馬達的步進角需為多少？　(A)0.6度　(B)1.2度　(C)1.8度　(D)2.4度。

( )　7. 一個圓盤在一個地面上向右滾動，其對地接觸點之加速度方向為何？　(A)向右　(B)向左　(C)向上　(D)向下。

( )　8. 下列何種方法不能用來消除嚙合齒輪之間的干涉？　(A)增加小齒輪的齒數　(B)增加壓力角　(C)減少齒頂高　(D)增加接觸比。

( )　9. 彈簧1與彈簧2串聯後，再與彈簧3並聯，三個彈簧的彈簧常數都為10N/mm，總彈簧常數為何？　(A)6.67N/mm　(B)15N/mm　(C)30N/mm　(D)33.33N/mm。

( )　10. 欲以雙線蝸桿帶動一個50齒之蝸輪，若蝸桿之輸入扭矩為2N·m，則蝸輪之輸出扭矩為多少？　(A)0.04N·m　(B)0.08N·m (C)50N·m　(D)100N·m。

( )　11. 針對蝸桿蝸輪機構，下列何者為非？　(A)蝸桿及蝸輪都可以為動力輸入端　(B)蝸桿及蝸輪可傳遞極高的轉速比　(C)蝸桿與蝸輪所傳遞的轉速比與其節圓直徑比無關　(D)蝸桿的線數可以是一或二或三。

( )　12. 常用於汽車差速箱中，用以降低轉軸的位置，其所用的齒輪為？ (A)蝸桿蝸輪　(B)斜齒輪　(C)戟齒輪　(D)行星齒輪。

( )　13. 下列漸開線與擺線齒輪的比較，何者為非？　(A)漸開線齒輪較易製造　(B)擺線齒輪較不易干涉　(C)擺線齒輪摩擦損耗較大　(D)漸開線齒輪的壓力角為固定，擺線齒輪的壓力角會變化。

( )　14. 下列何者之轉速比最準確？　(A)皮帶輪系　(B)摩擦輪系　(C)鏈輪輪系　(D)齒輪輪系。

( )　15. 一軸承之長度為25mm，軸徑為40mm，能承受8kN之負荷，則軸承之容許壓力為何？　(A)0.8MPa　(B)8MPa　(C)80MPa (D)800MPa。

( )　16. 下列關於力量的敘述，何者有誤？　(A)物體受外力作用時，若體內各質點間之距離不會改變，則此物體謂之剛體　(B)力的三要素是大小、方向、作用時間　(C)作用於非剛體之力矩可視為固定向量　(D)作用於剛體之外力可視為滑動向量。

( )　17. 一小圓柱與一大圓柱內切，在不打滑的情形下，若大圓柱轉速為20rpm，小圓柱轉速為50rpm，小圓柱直徑為20cm，則兩圓柱的中心距離為多少？　(A)15cm　(B)20cm　(C)25cm　(D)30cm。

( )　18. 下列何種軸承對於非對準（misalignment）的調整能力最佳？ (A)單列深槽滾珠軸承　(B)雙列深槽滾珠軸承　(C)圓柱滾子軸承 (D)球型滾子軸承。

( )　19. 凸輪從動件之位移曲線，至少需滿足下列何者的連續性，以減少噪音及磨耗？　(A)位置　(B)速度　(C)加速度　(D)急跳度。

(　) 20. 一曲柄滑塊機構之曲柄長2cm，耦桿長7cm，滑塊偏置量3cm，則滑塊之衝程為多少？　(A)4cm　(B)4.5cm　(C)5cm　(D)5.5cm。

(　) 21. 有一對兩軸平行之外接螺旋齒輪，已知主動輪之螺旋方向為右旋，螺旋角為10度，則其被動輪之螺旋方向及螺旋角為多少度？　(A)右旋10度　(B)右旋80度　(C)左旋10度　(D)左旋80度。

(　) 22. 在正齒輪的外形中，下列那一個尺寸最大？　(A)齒根圓直徑　(B)齒冠圓直徑　(C)節圓直徑　(D)間隙圓直徑。

(　) 23. 已知一公制標準正齒輪的節圓直徑為50mm，齒數20齒，壓力角25度，請問其模數為多少？　(A)2.5　(B)2　(C)0.5　(D)0.4。

(　) 24. 一行星齒輪組中，環形齒輪有72齒，太陽齒輪有30齒。下列敘述何者正確？　(A)行星小齒輪齒數為21齒　(B)行星小齒輪齒數為42齒　(C)行星小齒輪齒數為51齒　(D)行星小齒輪齒數為102齒。

(　) 25. 下列關於螺旋齒輪的敘述，何者正確？　(A)螺旋齒輪的齒軸線與齒輪的軸線對齊　(B)兩螺旋齒輪配合時，必須同為右向螺旋或同為左向螺旋　(C)螺旋齒輪因為造型比正齒輪複雜，所以齒的磨耗比較嚴重　(D)螺旋齒輪能將動力傳輸方向做90度的轉變。

(　) 26. 皮帶輪最適合用在下列那一個場合？　(A)高轉速、低扭力　(B)高轉速、高扭力　(C)低轉速、低扭力　(D)低轉速、高扭力。

(　) 27. 下列有關正齒輪的敘述，何者錯誤？　(A)周節等於齒厚與齒間的和　(B)徑節為節圓直徑對齒數的比值　(C)齒冠為齒頂與節圓間的徑向距離　(D)間隙圓是與囓合齒輪之齒冠圓相切的圓。

(　) 28. 某正齒輪組由16齒的小齒輪與40齒的大齒輪組成。其徑節＝21/英吋，壓力角20度。下列敘述何者正確？　(A)模數為0.5mm　(B)中心距為28英吋　(C)周節為1.57英吋　(D)小齒輪基圓直徑為8英吋。

(　) 29. 某V形皮帶運轉於節徑30cm與50cm的皮帶輪上，其中心距為60cm試求小皮帶輪的包覆角（wrap angle）：　(A)199度　(B)190度　(C)170度　(D)161度。

(　) 30. 某機械裝置採用鏈條傳動設計，其輸入轉速為94rad/s，輸出轉速要求在24rad/s至25rad/s。若已知較小鏈輪的齒數為17齒，請問較大鏈輪的齒數為何？　(A)75齒　(B)65齒　(C)55齒　(D)45齒。

(　) 31. 已知一彈簧的彈簧常數為7200N/m，受到432N的力量拉伸後，長度為150mm。下列敘述何者正確？　(A)彈簧未受到拉伸時的自由長度為60mm　(B)彈簧從自由長度的狀態下，受到216N力量拉伸，長度會變為90mm　(C)彈簧從自由長度的狀態下，受到648N力量拉伸，長度會變為180mm　(D)理論上，彈簧受到216N力量拉伸後，再釋放力量，彈簧的長度會變為80mm。

(　) 32. 兩同心螺圈彈簧中，居外圈者彈簧常數為2400N/cm，內圈彈簧的彈簧率為1750N/cm。外圈彈簧較內圈彈簧長1/2cm。若受到外力總負荷8000N壓縮，以下敘述何者正確？　(A)外圈彈簧的負荷為4627N　(B)外圈彈簧的負荷為5134N　(C)內圈彈簧的負荷為3374N　(D)內圈彈簧的負荷為4627N。

(　) 33. 將彈簧1（彈簧常數為k_1）與彈簧2（彈簧常數為k_2）串聯，施加外力F。下列敘述何者正確？　(A)若$k_1>k_2$，則彈簧1的變形量大於彈簧2的變形量　(B)若$k_1>k_2$，則作用在彈簧1的分力大於作用在彈簧2的分力　(C)作用在彈簧1的分力與作用在彈簧2的分力會相同　(D)作用在彈簧1的分力小於F，且與k_1/k_2有關。

(　) 34. 在相同拉伸力作用下，兩個彈簧常數相同的彈簧並聯的變形量是串聯的變形量的幾倍？　(A)1/2　(B)1/4　(C)4　(D)2。

(　) 35. 螺旋壓縮彈簧受到一軸向負載而壓縮時，彈簧線主要受到的應力為何？　(A)壓應力　(B)張應力　(C)扭轉剪應力　(D)法線應力。

(　) 36. 若是如圖所示的四連桿機構符合Grashof定理，下列敘述何者正確？

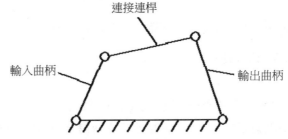

連接連桿

輸入曲柄

輸出曲柄

(A)最短連桿是固定連桿時，輸入和輸出曲柄都只能做往復振盪動作
(B)最短連桿是連接連桿時，輸入和輸出曲柄都可以做360度旋轉

(C)最短連桿是輸出曲柄時，連接桿件做往復振盪動作

(D)最短連桿是輸入曲柄時，驅動輸入曲柄作等速圓周旋轉，輸出曲柄將做變速圓周旋轉。

( )　37. 已知一軸的直徑為D，採用平行鍵（parallel keys）設計傳遞扭矩T。鍵之寬度為W、高度為H。若該鍵能承受的最大剪應力為s，則此平行鍵所需之最小鍵長L可表示為：　(A)2T/sDW　(B)T/sDW　(C)2T/sDH　(D)T/sDH。

( )　38. 下列有關鉚釘的敘述，何者正確？　(A)鉚釘屬於螺紋扣件　(B)鉚釘通常用鋼或鋁製成　(C)鉚釘可以重複使用　(D)鉚釘通常使用熔接方式接合。

( )　39. 如圖所示之六連桿機構有幾個自由度？

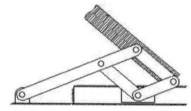

(A)4　(B)3　(C)2　(D)1。

( )　40. 下列有關瞬心的敘述，何者正確？　(A)瞬心指的是機構中任意兩個桿件在某一個共同點，且這個共同點在兩個桿件上的線速度為零　(B)四連桿機構總共有四個瞬心　(C)與固定桿件連接的旋轉接點是瞬心　(D)平面1個自由度的五連桿機構總共有一個瞬心。

解答與解析　（答案標示為#者，表官方公告更正該題答案）

1. **C** 黏性阻尼力與速度成正比。

2. **B**

3. **#** 依公告，本題答(B)或(C)或(B)(C)者均給分。

4. **B** (B)歐丹連結器之主動軸以等角速度旋轉時，從動軸亦以等角速度旋轉。

5. **B** $W = 50 \times 2\pi \times 6 \times \dfrac{60°}{360°} = 314(W) = 0.314(kW)$。

6. **C**

7. **C** 對地接觸點之加速度方向向上。

8. **D** 消除干涉之方法：(1)縮小齒冠圓；(2)齒腹內陷；(3)增加齒數；(4)加大中心距；(5)增加壓力角。
不包含增加接觸比。

9. **B** $\dfrac{1}{k'}=\dfrac{1}{10}+\dfrac{1}{10}+\dfrac{1}{5}$　∴k'=5(N/mm)
k"=5+10=15(N/mm)

10. **C** 輸出扭矩=2×25=50(N-m)。

11. **A** (C)動力輸出常以蝸桿為主動件；蝸輪為從動件。

12. **C** 戟齒輪外形類似蝸線斜齒輪，但是兩軸為不相交之定斜線。如下圖，用於汽車之差速機構，可增加汽車轉彎時之平穩性。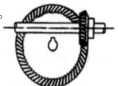

13. **C** 擺線齒形之優點是：無干涉現象；因壓力角隨時變化所引起效率的提升；齒面接觸較準確、潤滑效果好、摩擦少。其缺點是：不容易製造；兩齒輪中心距必須很準確；齒面強度較差。

14. **D** 齒輪輪系之轉速比最準確。

15. **B** $\sigma_{allow}=\dfrac{P}{A}=\dfrac{8000}{0.025\times0.04}=8(MPa)$。

16. **B** (B)力的三要素是大小、方向、作用點。

17. **A** 大圓柱與小圓柱半徑比為5：2。
小圓柱半徑10cm，大圓柱半徑25cm。
兩圓柱中心距15cm。

18. **D** 球型滾子軸承對於非對準（misalignment）的調整能力最佳。

19. **C** 至少需滿足加速度的連續性。

20. **B**　　21. **C**

22. **B** 齒冠圓直徑尺寸最大。

23. **A** $M=\dfrac{D}{T}=\dfrac{50}{20}=2.5(mm)$。

24. **#** 依公告，本題答(A)給分。

25. **D** (D)螺旋齒輪能將動力傳輸方向做90度的轉變如螺旋起重機。

26.**A** 皮帶輪最適合用在高轉速、低扭力。

27.**B** (B)徑節為齒數對節圓直徑的比值。

28.**C** 模數$=\dfrac{1}{\text{徑節}}\times 25.4=\dfrac{1}{2}\times 25.4=12.7\text{(mm)}$

中心距$=\dfrac{12.7}{2}(16+40)=355.6\text{(mm)}=14\text{(in)}$

29.**D** $\sin\alpha=\dfrac{25-15}{60}=\dfrac{1}{6}=0.1666\Rightarrow\alpha\approx 9.5°$

包覆角$=180°-2\times 9.5°=161°$。

30.**B** $\dfrac{24}{94}=\dfrac{17}{x}\Rightarrow x=66.6\approx 65(\text{齒})$。

31.**C** 432N伸長量$\dfrac{432}{7200}=0.06\text{(m)}=60\text{(mm)}$

彈簧原長90mm。

(C)彈簧從自由長度的狀態下,受到648N力量拉伸,長度會變為180mm。

32.**B**

33.**C** (C)兩彈簧串聯時作用在彈簧1的分力與作用在彈簧2的分力會相同。

34.**B** 兩個彈簧常數相同的彈簧並聯彈簧常數為2k。

兩個彈簧常數相同的彈簧串聯彈簧常數為$\dfrac{k}{2}$。

兩個彈簧常數相同的彈簧並聯的變形量是串聯的變形量的$\dfrac{1}{4}$倍。

35.**C** 彈簧線主要受到的應力為扭轉剪應力。

36.**C** 最短連桿是輸出曲柄時,連接桿件做往復振盪動作。

37.**#** 依公告,本題答(A)給分。

38.**B** (B)鉚釘通常用鋼或鋁製成。

39.**D** 此六連桿機構只有一個自由度。

40.**C** (C)與固定桿件連接的旋轉接點是瞬心。

108 年　台鐵營運人員（機械原理）

(　)　1. 下列何者不屬於品質管制5M？　(A)土地　(B)原料　(C)機器　(D)技術方法。

(　)　2. 下列何者為非切削性加工？　(A)搪孔　(B)衝孔　(C)拉孔　(D)鑽孔。

(　)　3. 易削鋼係指鋼中加入何種材料？　(A)鉛、鎳　(B)鎳、鉻　(C)鉻、硫　(D)鉛、硫。

(　)　4. 依據ISO碳化物刀片（cemented carbide）分類中，其中K類適於切削下列何者？　(A)鑄鐵　(B)不鏽鋼　(C)鋼　(D)輕合金。

(　)　5. 帶輪輪面製成何種形狀可防止平皮帶從帶輪脫落？　(A)中間凸出　(B)完全平滑　(C)中間凹下　(D)凹凸不平。

(　)　6. 兩齒輪傳動時若壓力角需為定值，則齒輪輪齒曲線應為　(A)螺旋線　(B)漸開線　(C)雙曲線　(D)拋物線。

(　)　7. 以1/4-20UNC之螺絲攻進行攻牙時，則攻螺紋鑽頭之直徑約為多少？　(A)5mm　(B)6.5mm　(C)7mm　(D)7.5mm。

(　)　8. 一對等三級塔輪由皮帶傳動，若主動軸之轉速為180rpm，從動軸之最低轉速為60rpm，則從動軸最高轉速為多少rpm？　(A)135　(B)270　(C)540　(D)1080。

(　)　9. 有關A4製圖紙規格之尺度大小為何？
(A)297×210mm　　　　(B)420×297mm
(C)841×594mm　　　　(D)1189×841mm。

(　)　10. 有關製圖時所使用的鉛筆，依軟硬次序排出為何？
(A)B，HB，F，H　　　　(B)B，H，HB，F
(C)B，F，H，HB　　　　(D)3H，H，HB，F。

( ) 11. 品質管制之主要目的，以下何者為非？ (A)提高產品的品質 (B)確保品質的一致性 (C)提昇顧客滿意度 (D)提高產品的售價。

( ) 12. 鑽孔前需先打中心衝，其尖端形狀為何？ (A)圓錐狀 (B)圓柱狀 (C)三角錐狀 (D)方錐狀。

( ) 13. 機械加工選用劃線工具最主要之考量因素為何？ (A)線條多寡 (B)精密度 (C)方便性 (D)價格。

( ) 14. 有些筆記型電腦的外殼是鎂合金製造，此材料屬於何種材料？ (A)鐵金屬材料 (B)有機質材料 (C)非鐵金屬材料 (D)無機質材料。

( ) 15. 依CNS規格，FC200係指何種材料？ (A)碳鋼 (B)灰鑄鐵 (C)合金鋼 (D)不鏽鋼。

( ) 16. 改變材料形狀的加工法為？ (A)鍛造 (B)鉸孔 (C)拋光法 (D)電鍍。

( ) 17. 一般工作母機之本體通常以何種方法製造？ (A)機製法 (B)鑄造法 (C)模型法 (D)粉末冶金法。

( ) 18. 一螺栓標註，$\frac{1}{2}$-16UNC-3A式中之16表示 (A)螺距 (B)螺栓長度 (C)每吋之牙數 (D)螺栓公稱直徑。

( ) 19. 欲將上下兩片各12mm厚之鋼板以貫穿螺栓及螺帽鎖緊，已知螺栓之規格為M12×1.75，螺帽厚度12mm，則螺栓長度最少應為多少mm？ (A)12 (B)16 (C)24 (D)36。

( ) 20. 若要將輪轂與軸連結成一體，使彼此間不發生相對迴轉運動，但允許軸與輪轂間有軸向的相對運動，則適合採用之機件為 (A)半圓鍵 (B)帶頭斜鍵 (C)栓槽鍵 (D)切線鍵。

( ) 21. 汽車使用渦電流電磁式制動器做為剎車輔助裝置，其作用是剎車時，將汽車動能轉換成渦電流，然後以下列何種方式處理？ (A)對電池充電 (B)使發電機發電 (C)轉變為熱散失 (D)轉變為彈簧能。

(　) 22. 測量工件使用的分厘卡，可保持適當量測壓力的部位為何？
(A)卡架　(B)外套筒　(C)襯筒　(D)棘輪停止器。

(　) 23. 鑽頭分為直柄與錐柄鑽頭，而錐柄鑽頭之直徑尺寸是多少以上？
(A)13mm　(B)12mm　(C)11mm　(D)10mm。

(　) 24. 攻製螺紋所使用的螺絲攻，其材料為何？　(A)低碳鋼　(B)中碳鋼
(C)高速鋼　(D)不銹鋼。

(　) 25. 車床加工過程中，所使用的頂心，其尖端圓錐角度為何？　(A)60
度　(B)45度　(C)70度　(D)以上皆非。

(　) 26. 在砂輪機研磨碳化物刀具所使用的綠色砂輪，其磨料代號為何？
(A)A　(B)WA　(C)C　(D)GC。

(　) 27. 鑄造作業所使用之模型中，消散模型於澆鑄前不必自鑄模中取出，
其最常使用之材料為何？　(A)木材　(B)金屬　(C)水銀　(D)聚苯
乙烯。

(　) 28. 引伸工作選用何種衝壓床較為理想？　(A)凸輪式　(B)曲柄式　(C)
螺桿式　(D)液壓式。

(　) 29. 下列何種焊接法焊件之接合需對接合部位施加壓力方能完成者？
(A)氣焊　(B)電阻焊　(C)軟焊　(D)硬焊。

(　) 30. 電焊機之設備原理為何？　(A)升高電壓降低電流　(B)升高電壓及
電流　(C)降低電壓升高電流　(D)降低電壓及電流。

(　) 31. 常用於數值控制機械螺桿上的螺紋形式為？　(A)方形螺紋　(B)V
形螺紋　(C)鋸齒形螺紋　(D)滾珠螺紋。

(　) 32. 三線螺紋之三條螺旋線在軸端相隔　(A)60°　(B)90°　(C)120°
(D)180°。

(　) 33. 速比需正確但兩軸距離較遠時，下述何者為最佳的傳動方式？
(A)鏈條　(B)繩子　(C)鋼索　(D)皮帶。

(　) 34. 三線螺紋每轉一周可前進8mm，則導程為多少mm？　(A)24
(B)16　(C)8　(D)4。

(　) 35. 量測工具中的正弦桿，是用來測量何種功能的精密量具？　(A)長
度　(B)角度　(C)偏心量　(D)垂直度。

( )　36. 有關塑性加工敘述，下列何者有誤？　(A)熱作改變材料形狀之能量比冷作低　(B)熱作比冷作更能使材料組織均勻化　(C)熱作之製品光度及精度比冷作製品佳　(D)冷作會產生殘留應力。

( )　37. 有關壓鑄法之敘述，下列何者正確？　(A)用於低熔點非鐵金屬之鑄造　(B)不適合於大量生產　(C)一般商業產品仍以鐵金屬為主　(D)壓鑄件表面較砂模鑄件表面光平，但尺寸較不精確。

( )　38. 當在面積大且厚度較薄的工件上劃線，應選用何種輔助工具保持工件的垂直？　(A)角尺　(B)千斤頂　(C)圓筒直角規　(D)角板及C形夾。

( )　39. 現代房屋所設置的鋁門窗，大多經過防蝕處理，於金屬表面形成一層氧化鋁保護層，此防蝕處理名稱為何？　(A)發藍處理　(B)無電電鍍　(C)滲鋁防蝕　(D)陽極處理。

( )　40. 一般常用公制分釐卡皆採用螺旋導程原理製成，其螺旋節距為何？　(A)0.25mm　(B)0.5mm　(C)1mm　(D)1.25mm。

( )　41. 下列何者屬於水溶性切削劑？　(A)調水油　(B)切削油　(C)硫氯化油　(D)礦物油。

( )　42. 下列何者不屬於螺絲之功能？　(A)結合機件　(B)調整機件位置　(C)儲藏能量　(D)傳達運動或輸送動力。

( )　43. 下列哪一種鍵只適於輕負荷之傳動？　(A)鞍形鍵　(B)栓槽鍵　(C)斜鍵　(D)方鍵。

( )　44. 無聲棘輪傳動是利用_____原理　(A)向心力　(B)離心力　(C)摩擦力　(D)彈簧力。

( )　45. 機工所使用的雙銼齒銼刀，其主切齒的主要功用為何？　(A)美觀　(B)礦光　(C)切削　(D)排屑。

( )　46. 斜鍵的斜度為何？　(A)1：100　(B)1：50　(C)1：16　(D)1：48。

( )　47. 安裝砂輪時，除檢查有無破損之外，也應進行何種試驗？　(A)抗拉試驗　(B)抗壓試驗　(C)平衡試驗　(D)抗彎試驗。

( ) 48. 研磨鑽頭越磨越短時，發現鑽頭中心靜點增大，其主要原因為何？
(A)鑽唇角度變小 (B)鑽唇角度增大 (C)鑽腹增厚 (D)直徑增大。

( ) 49. 何種圖面是用來表示工廠內有關機械、電器等設備的排列放置位置？ (A)配置圖 (B)組合圖 (C)基礎圖 (D)外形圖。

( ) 50. 繪製如右圖凸緣工件的剖視圖，正確畫法為何？

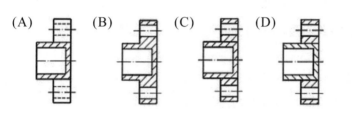

(A)　　　(B)　　　(C)　　　(D)

解答與解析 （答案標示為#者，表官方公告更正該題答案）

1. **A** 土地英文開頭非M。

2. **B** 沖孔為非切削加工。

3. **D** 易削鋼係指鋼中加入鉛、硫。

4. **A** 碳化物刀具K類塗紅色，適合切削鑄鐵、非鐵金屬及非金屬如大理石；P類塗藍色，適合切削鋼及鑄鋼；M類塗黃色，適合切削不銹鋼及合金鋼。

5. **A** 帶輪輪面製成中間凸出可防止平皮帶從帶輪脫落。

6. **B** 兩齒輪傳動時若壓力角需為定值，則齒輪輪齒曲線應為漸開線。

7. **A**

8. **C** $180^2 = 60 \times N \Rightarrow N = 540$(rpm)。

9. **A** A4的規格為297×210mm。

10. **A** 依軟硬次序排出為B、HB、F、H。

11. **D** 品質管制非提高產品的售價。

12. **A** 中心衝，其尖端形狀為圓錐狀。

13. **B** 選用劃線工具最主要之考量因素為精密度。

14. **C** 鎂合金屬於非鐵金屬材料。

15.**B**　FC200係指灰鑄鐵。

16.**A**　改變材料形狀的加工法為塑性加工。

17.**B**　一般工作母機之本體通常以鑄造法製造。

18.**C**　16代表每吋之牙數。

19.**D**　12＋12＋12＝36(mm)。

20.**C**　允許軸與輪轂間有軸向的相對運動，則適合採用栓槽鍵。

21.**C**　最後轉變為熱散失。

22.**D**　可保持適當量測壓力的部位為棘輪停止器。

23.**A**

24.**C**　螺絲攻材料為高速鋼。

25.**A**　車床頂心其尖端圓錐角度為60度。

26.**D**　綠色化矽（GC）。

27.**D**　消散式模型最常使用之材料為聚苯乙烯。

28.**D**　引伸工作選用液壓式衝壓床較為理想。

29.**B**　電阻銲需對接合部位施加壓力方能完成。

30.**C**　電銲機降低電壓升高電流。

31.**D**　數值控制機械螺桿為滾珠螺紋。

32.**C**

33.**A**　速比需正確但兩軸距離較遠時可使用鏈輪。

34.**C**　導程即為8mm。

35.**B**　量測工具中的正弦桿，是用來測量偏心量。

36.**C**　(C)熱作之製品光度及精度比冷作製品差。

37.**A**　熱室法：鋅、錫、鉛等低熔點合金。
　　　　冷室法：鋁、銅、鎂等較高熔點合金。

38.**D**　需使用角板及C形夾。

39.**D**　此稱為陽極氧化法。

40.**B**　公制分釐卡螺紋螺距為0.5mm。

41.**A**　調水油屬於水溶性切削劑。

42.**C**　螺絲不能用來儲存能量。

43. **A**　鞍形鍵只適於輕負荷之傳動。

44. **C**　無聲棘輪不使用驅動爪，而使用摩擦力來驅動，又稱為摩擦棘輪，運轉時安靜無聲。

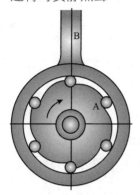

45. **C**　主切齒的主要功用為切削。

46. **A**　斜鍵的斜度為1：100。

47. **C**　安裝砂輪時，除檢查有無破損之外，也應進行平衡試驗。

48. **C**　其主要原因為鑽腹增厚。

49. **A**　配置圖是用來表示工廠內有關機械、電器等設備的排列放置位置。

50. **B**　正確的剖視圖為

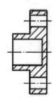

108 年　台鐵營運人員（機械原理概要）

( )　1. 公制三角螺紋的規格標示項目為　(A)外徑與節距　(B)外徑與牙數　(C)節徑與牙數　(D)節徑與節距。

( )　2. 公制圓錐銷的錐度為　(A)1/25　(B)1/50　(C)1/75　(D)1/100。

( )　3. 愛克姆螺紋之螺牙形狀為　(A)圓形　(B)方形　(C)三角形　(D)梯形。

( )　4. CNS係指下列何者？　(A)中華民國國家標準　(B)國際標準組織　(C)日本工業標準　(D)德國工業標準。

( )　5. 選用材料時，其考慮因素下列敍述何者有誤？　(A)不需考慮環保　(B)材料特性要符合使用條件　(C)價格要符合經濟原則　(D)要符合普通性。

( )　6. 下列何種材質的材料，其熔接性最佳？　(A)鑄鐵　(B)低碳鋼　(C)工具鋼　(D)不鏽鋼。

( )　7. 腳踏車的傳動鏈條是屬於：　(A)平環鏈　(B)滾子鏈　(C)鉤連鏈　(D)柱環鏈。

( )　8. 堡形螺帽常須配合開口銷使用，其目的是　(A)增加螺帽強度　(B)增加受力面積　(C)增加鎖緊力　(D)防止螺帽鬆動。

( )　9. 鉋刀進刀機構是一種運動機構？　(A)間歇　(B)簡諧　(C)直線　(D)垂直。

( )　10. 金屬模之特色，下列敍述何者為誤？　(A)適合高熔點之金屬　(B)生產速度高　(C)鑄模可重複使用　(D)產品精度較砂模高。

( )　11. 氣壓系統與油壓系統比較，氣壓系統之優點為　(A)輸出力量大　(B)可高速作動　(C)壓力不受限制　(D)控制容易且精確。

( )　12. 下列何者為表面層硬化法中之化學法？　(A)火焰硬化法　(B)滲碳法　(C)高週波硬化法　(D)電解熱淬火硬化法。

( )　13. 有關車床切削加工之敘述，下列何者正確？　(A)工件材質愈硬，選用的主軸轉速應愈高　(B)主軸轉速愈慢，機械動力愈小，適合輕切削　(C)切削時是否使用切削劑，進給量都應維持一定　(D)切削鑄鐵時，可以不使用切削劑。

( )　14. 一般卡車的傳動軸使用之接頭為　(A)套筒連接器　(B)萬向接頭　(C)歐丹連接器　(D)凸緣接頭。

( )　15. 工作深度為全齒高與齒間隙之差值，相當於兩倍之　(A)齒厚　(B)齒根高　(C)齒冠高　(D)齒間。

( )　16. 機件製造後，經量測而得之尺度，稱之為何？　(A)標稱尺度　(B)基本尺度　(C)實際尺度　(D)限界尺度。

( )　17. 刀具移動、工件旋轉進行切削的工作母機為何？　(A)鋸床　(B)車床　(C)鑽床　(D)銑床。

( )　18. 工件每一次旋轉，每一刀程或每一單位時間內，刀具對工件移動的距離，稱之為何？　(A)切削速度　(B)切削型式　(C)切削力　(D)進刀量。

( )　19. 欲獲得較均勻傳動狀況，則鏈輪之齒數不得少於　(A)20齒　(C)30齒　(B)25齒　(D)35齒。

( )　20. 公制梯形螺紋牙角是　(A)29°　(B)30°　(C)60°　(D)55°。

( )　21. 下列何者不屬於生產自動化技術之範疇？　(A)微影倉儲（Lithography）　(B)機器人（robot）　(C)自動倉儲（Automated warehouse）　(D)群組技術（Group technology）。

( )　22. 切削劑用來沖除切屑的功用者，稱之為何？　(A)潤滑作用　(B)清潔作用　(C)冷却作用　(D)補強作用。

( )　23. 電腦數值控制車床，簡稱為何？　(A)凹口車床　(B)CNC車床　(C)立式車床　(D)枱式車床。

( )　24. 車床所能車削之最大長度，稱之為何？　(A)旋徑　(B)床台全長　(C)穩定中心架　(D)兩頂心間距離。

( )　25. 車床由尾座向頭座方向車削者，稱之為何？　(A)右手車刀　(B)左手車刀　(C)雙向車刀　(D)中心綜合車刀。

( ) 26. 切削加工中，影響刀具壽命最主要的因素為 (A)刀鼻半徑 (B)進給速率 (C)切削速度 (D)切削深度。

( ) 27. 普通黃銅是銅與_____為主要成份之合金 (A)銻 (C)鎳 (B)鋅 (D)錫。

( ) 28. 何種磨輪通常用於粗磨削碳化刀具？ (A)GC (B)C (C)A (D)WA。

( ) 29. 螺紋上任意一點至相鄰牙之同位點沿軸線之距離，稱之為何？ (A)節徑 (B)節距 (C)導程 (D)導程角。

( ) 30. 錐體兩端直徑差與其長度之比值，稱之為何？ (A)切削度 (B)錐度 (C)尾座偏移度 (D)刀座偏轉度。

( ) 31. 利用鑽頭在工件上進行鑽削工作的簡單機器，稱之為何？ (A)車床 (B)銑床 (C)鑽床 (D)鉋床。

( ) 32. 薄金屬板之加工與成形，以何種加工方式最適宜？ (A)鑄造 (B)銑削 (C)衝壓 (D)粉末冶金。

( ) 33. 下列何者為連結機件？ (A)螺栓 (B)管子 (C)彈簧 (D)鏈條。

( ) 34. 在同一高度之斜面向上推物時，斜面愈長則愈 (A)省時省力 (B)費力省時 (C)省力費時 (D)費力費時。

( ) 35. 手弓鋸鋸條規格：300×12×0.64-18T，其中「18」代表 (A)鋸條厚度 (B)鋸條寬度 (C)鋸條長度 (D)鋸條齒數。

( ) 36. 下列有關金屬射出成型的敘述，何者正確？ (A)製品相對密度差 (B)所需完工處理步驟多 (C)容易自動化及無人化生產 (D)製品重量不受限。

( ) 37. Flexible manufacture system，簡稱FMS係指下列何種機械裝置？ (A)電腦整合系統 (B)電腦輔助設計 (C)群組技術系統 (D)彈性製造系統。

( ) 38. 生產台鐵公司之圓筒形不銹鋼便當盒，下列哪一種製造方法最適宜？ (A)滾軋 (B)擠製 (C)引伸 (D)彎曲。

( ) 39. 下列何者不屬光電半導體？ (A)二極體 (B)半導體雷射 (C)太陽能電池 (D)光複合元件。

( )　40. 傳動效率最高的螺紋為　(A)三角螺紋　(B)滾珠螺紋　(C)鋸齒螺紋　(D)梯形螺紋。

( )　41. 使用螺栓及螺帽連接機件，常在螺帽與承座間加一金屬薄片，此金屬薄片稱為：　(A)墊圈　(B)連結圈　(C)保持圈　(D)基柱圈。

( )　42. 具有儲存能量功能的機件是　(A)彈簧　(B)銷　(C)鍵　(D)軸承。

( )　43. 下列有關尺度計量的敘述，何種為誤？　(A)1條＝0.01mm　(B)1微米＝10^{-3}m　(C)1奈米＝10^{-9}m　(D)1原子＝10^{-10}m。

( )　44. 搪磨一內孔時，其搪磨頭如何作動？　(A)上下往復之螺旋運動　(B)在固定位置廻轉　(C)居定不動　(D)上下往後直線運動。

( )　45. 下列何者可以來表示車床的規格？　(A)車床重量　(B)車床廻轉速　(C)橫向進刀之最大距離　(D)最大旋徑。

( )　46. 下列何者，專為直徑大且長度短而設計的車床？　(A)臥式車床　(B)靠模車床　(C)凹口車床　(D)六角車床。

( )　47. 下列何種螺紋的製造方法，最適合應用於高硬度及高精度的螺紋製造？　(A)滾軋法　(B)螺絲模法　(C)銑製法　(D)輪磨法。

( )　48. 下列何種方法較適合於低熔點非鐵金屬之外螺紋的大量生產？　(A)車床之車削　(B)銑床之銑削　(C)壓鑄加工　(D)擠製加工。

( )　49. 負載輕但速度高的傳動適合採用　(A)鏈輪　(B)齒輪　(C)皮帶輪　(D)摩擦輪。

( )　50. 下列何者為不經接觸傳遞之力？　(A)流體推動　(B)磁力　(C)摩擦力　(D)鏈條拉力。

解答與解析　（答案標示為#者，表官方公告更正該題答案）

1. **A**　公制三角螺紋的規格標示項目為外徑與節距。
2. **B**　公制圓錐銷的錐度為1/50。
3. **D**　愛克姆螺紋之螺牙形狀為梯形。
4. **A**　CNS係指中華民國國家標準。
5. **A**　選用材料時需考慮環保。
6. **B**　低碳鋼熔接性最佳。

7. **A**　腳踏車的傳動鏈條是屬於滾子鏈。

8. **C**　其目的是防止螺帽鬆動。

9. **A**　鉋刀進刀機構是一種間歇運動機構。

10. **A**　金屬模適合低熔點之金屬。

11. **D**　氣壓系統之優點為可高速作動。

12. **A**　滲碳法為化學硬化法。

13. **B**

14. **C**　一般卡車的傳動軸使用之接頭為萬向接頭。

15. **B**　相當於兩倍之齒冠高。

16. **A**　機件製造後，經量測而得之尺度，稱之為實際尺度。

17. **B**　刀具移動、工件旋轉進行切削的工作母機為車床。

18. **C**　工件每一次旋轉，每一刀程或每一單位時間內，刀具對工件移動的距離，稱之為進刀量。

19. **D**　欲獲得較均勻傳動狀況，則鏈輪之齒數不得少於25齒。

20. **C**　梯形螺紋：螺牙角30度。

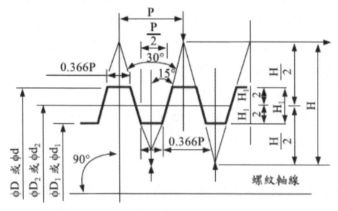

21. **C**　微影倉儲不屬於生產自動化技術。

22. **D**　切削劑用來沖除切屑的功用者，稱之為清潔作用。

23. **A**　電腦數值控制車床，簡稱為CNC車床。

24. **C**　車床所能車削之最大長度，稱之為兩頂心間距離。

25. **A**　車床由尾座向頭座方向車削者，稱之為右手車刀。

26. **D**　切削加工中，影響刀具壽命最主要的因素為切削速度。

27. **D** 黃銅為銅鋅合金。

28. **D** 天然磨料：鑽石（金鋼）（D）、石榴石、石英。

人造磨料：氧化鋁（A）、黑色碳化矽（C）、綠色化矽（GC）、
　　　　　氮化硼（B）。

碳化鎢刀具精磨用D磨輪，粗磨使用GC磨輪。

29. **B** 螺紋上任意一點至相鄰牙之同位點沿軸線之距離，稱之為節距。

30. **C** 錐體兩端直徑差與其長度之比值，稱之為錐度。

31. **D** 利用鑽頭在工件上進行鑽削工作的簡單機器，稱之為鑽床。

32. **C** 薄金屬板之加工與成形適合衝壓。

33. **A** 螺栓為連結機件。

34. **C** 同高度斜面愈長則省力費時。

35. **B** 18T代表鋸條齒數。

36. **C** 金屬射出成型容易自動化及無人化生產。

37. **A** FMS為彈性製造系統。

38. **D** 不鏽鋼便當盒適用引伸法製造。

39. **D** 二極體不屬於光電半導體。

40. **B** 傳動效率最高的螺紋為滾珠螺文。

41. **A** 此金屬薄片稱為墊圈。

42. **C** 彈簧有儲存能量的功能。

43. **A** 1微米＝$1(\mu m)＝10^{-6}(m)$

44. **C** 作上下往復之螺旋運動。

45. **C** 能作為車床規格有三：

車床規格 400×750	主軸最大旋徑	400mm
	二頂心間之最大距離	750mm
	床台的最大長度	六呎

46. **A** 凹口車床專為直徑大且長度短而設計的車床。

47. **C** 輪磨法適用於高硬度及高精度的螺紋製造。

48. **C** 題目提及低熔點，故適用壓鑄加工。

49. **A** 負載輕但速度高的傳動適合採用摩擦輪。

50. **B** 磁力為不經接觸傳遞之力。

108年　桃園大眾捷運公司（機械概論）

( )　1. 下列何者屬於傳統切削加工？　(A)拉削（Broaching）　(B)放電加工（EDM）　(C)雷射加工（LBM）　(D)鍛造（Forging）。

( )　2. 一般車床與鑽床上使用的錐度是　(A)MT　(B)NT　(C)JT　(D)B & S Taper。

( )　3. 一般車削鋼鐵材料的車刀，其前隙角約取　(A)16~24°　(B)28~36°　(C)2~6°　(D)8~10°。

( )　4. 能使軸與輪轂同步轉動，轉動同時允許軸與輪轂有軸向的相對運動者為　(A)方鍵（Square Key）　(B)栓槽鍵（Splines）　(C)平鍵（Flat Key）　(D)斜鍵（Taper Key）。

( )　5. 一般套筒（棘輪）扳手，使用時會產生咔喱咔喱聲響者，所用之棘輪是　(A)單爪棘輪　(B)雙動棘輪　(C)可逆棘輪　(D)無聲棘輪。

( )　6. 有一公制標準正齒輪，量得其外徑為88mm，齒數為20齒，則其齒冠高為多少mm？　(A)4　(B)4.4　(C)2　(D)2.2。

( )　7. 一個5kg的球，用相同的材質，將半徑增為2倍，則重量變為若干kg？　(A)10　(B)20　(C)40　(D)80。

( )　8. 100mm正弦桿，欲量測10mm長、斜角10°之工件，其塊規應墊高多少mm？　(A)98.481　(B)34.730　(C)17.365　(D)8.682。

( )　9. 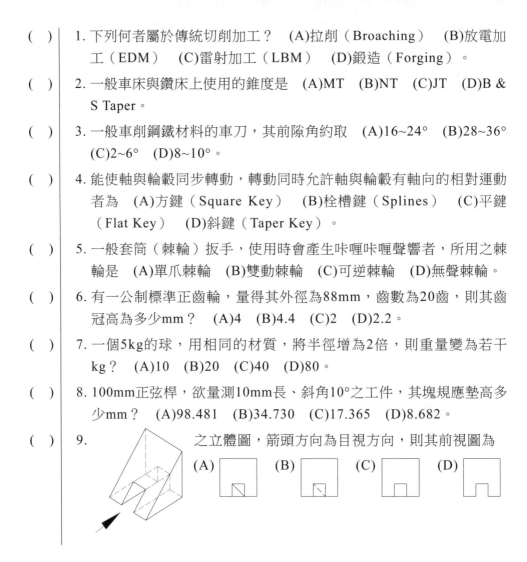 之立體圖，箭頭方向為目視方向，則其前視圖為

(A)　　(B)　　(C)　　(D)

（　）10. 一鋼球由20m的樓頂自由落下，到達地面時的速度為若干？（重力加速度以10m/s²計算）？　(A)5　(B)10　(C)15　(D)20。

（　）11. 如圖由三條繩索固定之100kg重物，則BC繩受力大小最接近多少kg？
(A)50
(B)90
(C)100
(D)125。

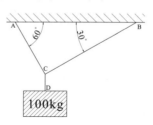

（　）12. 一般工地使用的氣銲，其可燃物（紅色氣筒）是　(A)氧氣　(B)氬氣　(C)乙炔　(D)氫氣。

（　）13. 嚙合之兩標準齒輪，模數為1，轉速比為1:3，若大齒輪之齒數為120，則小齒輪之外徑為　(A)32　(B)40　(C)42　(D)80。

（　）14. 開車越過山區，上山的路程是20km，下山的路程是30km，上山速率為8km/h，下山速率為20km/h，則平均速率為若干？　(A)12.5　(B)14　(C)15　(D)10。

（　）15. 一材料受壓力而產生20kPa之應力及0.0002之應變，則其楊氏係數為若干？　(A)100MPa　(B)1MPa　(C)40Pa　(D)1kPa。

（　）16. 有一帶制動器，已知緊邊張力為800N，鬆邊張力為300N，制動鼓輪直徑為200mm，則其制動轉矩為多少N-m？　(A)150　(B)100　(C)75　(D)50。

（　）17. 在NC的GM碼程式中，主軸正轉的指令為　(A)G03　(B)R03　(C)M03　(D)F03。

（　）18. 含碳量0.8%的高碳鋼，加熱至A1變態點以上時，其組織為　(A)麻田散鐵　(B)肥粒鐵　(C)沃斯田鐵　(D)波來鐵。

（　）19. CNS所規定之普通三角橡膠帶（三角皮帶），斷面最小者為　(A)Y　(B)Z　(C)A　(D)E。

（　）20. 一衝頭用於衝剪10×10，厚度0.5的鋁板（單位為mm），鋁材的抗剪強度為100MPa，則衝剪時衝床下壓的力最接近若干N？　(A)500　(B)1000　(C)2000　(D)5000。

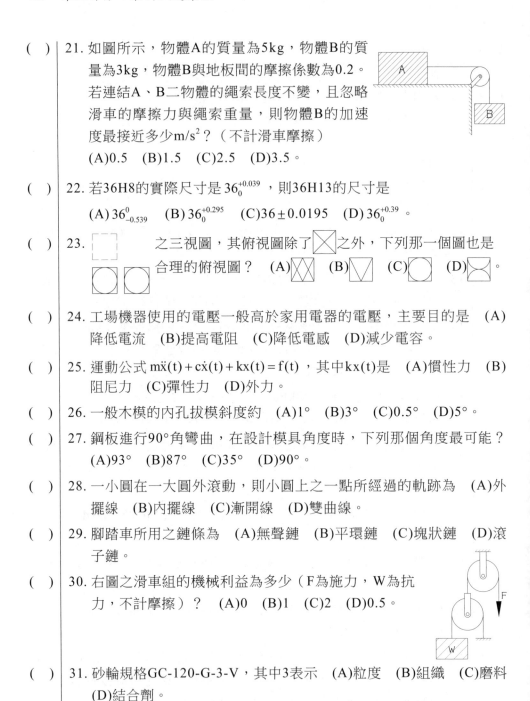

(　)　21. 如圖所示，物體A的質量為5kg，物體B的質量為3kg，物體B與地板間的摩擦係數為0.2。若連結A、B二物體的繩索長度不變，且忽略滑車的摩擦力與繩索重量，則物體B的加速度最接近多少m/s²？（不計滑車摩擦）

　　　　　(A)0.5　(B)1.5　(C)2.5　(D)3.5。

(　)　22. 若36H8的實際尺寸是$36_0^{+0.039}$，則36H13的尺寸是

　　　　　(A)$36_{-0.539}^{0}$　(B)$36_0^{+0.295}$　(C)36 ± 0.0195　(D)$36_0^{+0.39}$。

(　)　23. □　　　之三視圖，其俯視圖除了⊠之外，下列那一個圖也是合理的俯視圖？　(A)⊠　(B)⊠　(C)○　(D)⊠。

(　)　24. 工場機器使用的電壓一般高於家用電器的電壓，主要目的是　(A)降低電流　(B)提高電阻　(C)降低電感　(D)減少電容。

(　)　25. 運動公式 $m\ddot{x}(t)+c\dot{x}(t)+kx(t)=f(t)$，其中kx(t)是　(A)慣性力　(B)阻尼力　(C)彈性力　(D)外力。

(　)　26. 一般木模的內孔拔模斜度約　(A)1°　(B)3°　(C)0.5°　(D)5°。

(　)　27. 鋼板進行90°角彎曲，在設計模具角度時，下列那個角度最可能？

　　　　　(A)93°　(B)87°　(C)35°　(D)90°。

(　)　28. 一小圓在一大圓外滾動，則小圓上之一點所經過的軌跡為　(A)外擺線　(B)內擺線　(C)漸開線　(D)雙曲線。

(　)　29. 腳踏車所用之鏈條為　(A)無聲鏈　(B)平環鏈　(C)塊狀鏈　(D)滾子鏈。

(　)　30. 右圖之滑車組的機械利益為多少（F為施力，W為抗力，不計摩擦）？　(A)0　(B)1　(C)2　(D)0.5。

(　)　31. 砂輪規格GC-120-G-3-V，其中3表示　(A)粒度　(B)組織　(C)磨料　(D)結合劑。

( )　32. 軸承公稱號碼「6308」，其中「6」係代表？　(A)尺寸級序　(B)內徑代號　(C)接觸角記號　(D)軸承型式。

( )　33. 依CNS，A系列圖紙的A4，其較短之邊約為　(A)210mm　(B)297mm　(C)200mm　(D)300mm。

( )　34.　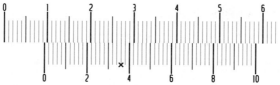 之立體圖，箭頭方向為目視方向，則其前視圖為 (A) (B) (C) (D) 。

( )　35. 右圖力系平衡，則A點支撐的垂直反力最接近若干kg？　(A)40　(B)60　(C)30　(D)20。

( )　36. 圖示游標卡尺，其游尺（下方刻度）與本尺（上方刻度）對齊之刻度為標記「×」處，則圖示之尺寸為　(A)27.36　(B)9.36　(C)27.28　(D)9.28。

( )　37. 擬以高速鋼鑽頭在鑄件上鑽一直徑為8mm的孔，若鑽削速度為25m/min，則鑽床主軸的迴轉速度約為多少rpm？　(A)2000　(B)600　(C)1000　(D)500。

( )　38. 皮帶的內側具有齒形，與具有相同齒形之皮帶輪配合運轉，故無滑動可得正確之轉速比，此皮帶稱為　(A)定時皮帶　(B)平皮帶　(C)三角皮帶　(D)梯形皮帶。

( )　39. 銑床由靜止以等角加速度起動，3s末轉速到達1800rpm，則角加速度最接近若干rad？　(A)60　(B)60π　(C)600　(D)20。

( )　40. 一圓棒直徑5mm長度20cm，卜易生比（Poisson's Ratio）為0.25，受拉力作用而伸長0.5cm，則其直徑縮小若干mm？　(A)0.125　(B)1.25　(C)0.3125　(D)0.03125。

( )　41. 標示1馬力1600rpm的馬達軸，其直徑20mm，則以4×4×20的方鍵帶動，鍵之剪應力為若干？　(A)1　(B)2　(C)5　(D)10。

( ) 42. 有一平板凸輪,已知其最大半徑為80mm,最小半徑為50mm,則其從動件之總升距為多少mm? (A)30 (B)50 (C)60 (D)80。

( ) 43. 下列何種材料屬於半導體材料? (A)氧化鐵 (B)氫氧化鉀 (C)氯化鈉 (D)砷化鎵。

( ) 44. 圖示均質材料,其單位為mm,求此面積對x軸（重心軸）的慣性矩最接近多少mm4? (A)106 (B)107 (C)108 (D)109。

( ) 45. 一般機車的碟式煞車,屬於那一種制動器? (A)圓周施力 (B)徑向施力 (C)斜向施力 (D)軸向施力。

( ) 46. 在NC的GM碼程式中,下列那二個指令不可在同一行? (A)M06 T01 (B)G00 M03 (C)M06 M03 (D)G90 G00。

( ) 47. 加速度$108km/h^2 = x m/s^2$,$x \approx$? (A)180 (B)1.8 (C)30 (D)0.008。

( ) 48. 一個表面均由平面組成的物品（無曲面）之前視圖,那一個有可能正確? (A) (B) (C) (D) 。

( ) 49. 下圖最有可能是下列何種圖? (A)Admittance Plot (B)Bode Phase Plot (C)Bode Magnitude Plot (D)Nyquist Plot。

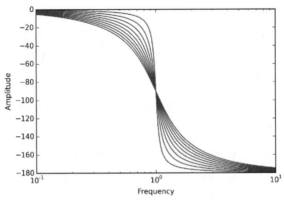

( ) 50. $y = 2x^2 + 2x - 5$在$x = -2$處的曲率半徑最接近? (A)11 (B)25 (C)40 (D)56。

解答與解析 （答案標示為#者，表官方公告更正該題答案）

1. **A** 拉削屬於傳統切削加工。

2. **A** 一般車床與鑽床上使用的錐度是莫氏錐度。

3. **D** 車刀前隙角約取8°。

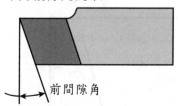

前間隙角

4. **B** 能使軸與輪轂同步轉動，轉動同時允許軸與輪轂有軸向的相對運動者為栓槽鍵。

5. **C** 此為可逆棘輪。

6. **A**

7. **C** 半徑變2倍，體積變8倍，重量變為40kg。

8. **C**

9. **D** 前視圖為 ⌐_⌐ 。

10. **D** $v_2^2 = 2 \times 10 \times 20 \Rightarrow v_2 = 20(m/s)$

11. **A** $\begin{cases} T_{AC}\cos 60° = T_{BC}\cos 30° \Rightarrow T_{AC} = \sqrt{3}T_{BC} \\ T_{AC}\sin 60° + T_{BC}\sin 30° = 100 \Rightarrow \dfrac{3}{2}T_{BC} + \dfrac{1}{2}T_{BC} = 100 \Rightarrow T_{BC} = 50(kg) \end{cases}$

12. **C** 一般工地使用的氣銲為氧乙炔銲，其可燃物為乙炔。

13. **C** 外徑即為齒冠圓直徑 $\dfrac{N+2}{P_d} = \dfrac{40+2}{1} = 42(mm)$ 。

14. **A** 平均速度 $= \dfrac{20+30}{2.5+1.5} = 12.5(km/hr)$ 。

15. **A** $20 \times 10^3 = E \times 2 \times 10^{-4} \Rightarrow E = 10^8(Pa) = 100(MPa)$

16. **D** 此題須代入半徑 $T = (800-300) \times 0.1 = 50$ (N-m)

17. **C**　CNC車床及銑床之M機能。M00：程式停止，M01：選擇性程式停止，M02：程式結束，M03：主軸正轉，M04：主軸反轉，M05：主軸停止，M30：程式結束，M98：呼叫副程式，M99：副程式結束。

18. **C**　如下圖所示，0.8%高碳鋼加熱至溫度以上會變為沃斯田鐵。

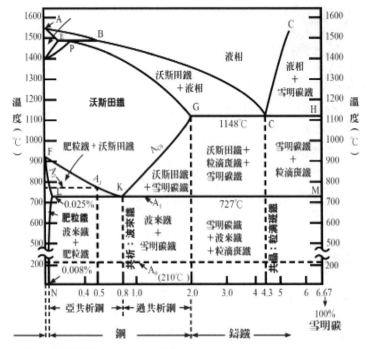

19. **A**　V型皮帶斷面積由小至大依序為M、A、B、C、D、E。

20. **C**

21. **C**　此題題目並未說明物體A與地板間有無摩擦？

22. **D**

23. **C**　⬡代表的是一圓球。

24. **A**　提高電壓是為了降低電流。

25. **C**　kx(t)代表的是一彈性力（如彈簧力）。

26. **B**

27. **B**　在設計模具角度時，需考慮回彈角故需小於彎曲角。

28. **A**　一小圓在一大圓外滾動，則小圓上之一點所經過的軌跡為外擺線。

29. **D** 腳踏車所使用的鏈條為滾子鏈。

30. **D** $F = 2W \Rightarrow M = \dfrac{W}{F} = 0.5$

31. **B** 砂輪規格：磨料（天然磨料、人造磨料）、粒度（磨料顆粒大小）、結合度（A~Z表示，A最軟、Z最硬。）、組織（0~14表示，0表示磨料占全部體積的62%，14表示磨料占全部體積的34%）、製法（即結合劑，分為黏土結合法【V、適用範圍廣】、水玻璃結合法【S、結合度較差】、蟲漆結合法【E、結合度差】、橡膠結合法【R、可製作極薄（0.5mm）之砂輪片】、樹脂結合法【B、具備高硬度、切斷用】、金屬結合法【M】）。

32. **D** 6代表軸承型式。

33. **A** 紙張的大小：A0＝1189×841mm；A2＝594×420mm；A3＝420×297mm；A4＝297×210mm；長邊為短邊的 $\sqrt{2}$ 倍。

34. **A** 前視圖為 ▯ 。

35. **D** $M_B = 0 \Rightarrow R_A \times 20 = 50(5 + \dfrac{10}{3}) = 50 \times \dfrac{25}{3} \Rightarrow R_A = 20.8(kg)$

36. **B**

37. **C** $N = \dfrac{25000}{8 \times 3.14} \approx 1000(rpm)$

38. **A** 此稱為定時皮帶。

39. **A** $\dfrac{1800}{60} \times 2\pi = 0 + 3\alpha \Rightarrow \alpha = 20\pi(rad/s^2)$

40. **D** $\dfrac{\dfrac{\Delta d}{5}}{\dfrac{0.5}{20}} = -0.25 \Rightarrow \Delta d = -0.03125(mm)$

41. **C**

42. **A** 從動件上升之最高位置與下降之最低位置的差距稱為總升距。
　　 L＝80－50＝30(mm)

43. **D** 砷化鎵為半導體材料。

44. **B** $I = 2\left[\dfrac{1}{12} \times 80 \times 24^3 + 80 \times 24 \times 48^2 + \dfrac{1}{12} \times 40 \times 36^3 + 40 \times 36 \times 18^2\right]$

$I = 2\left[92160 + 4423680 + 155520 + 466560\right] = 10275840 \approx 10^7 \,(\text{mm}^4)$

45. **D** 碟式剎車屬於軸向施力。

46. **C**

47. **D** $108\dfrac{\text{km}}{\text{hr}^2} = \dfrac{108000}{3600 \times 3600} \approx 0.008\dfrac{\text{m}}{\text{s}^2}$

48. **B** ⌐ 代表一個表面均由平面組成的物品（無曲面）。

49. **B** 如下圖所示，波德圖一般是由二張圖組合而成，一張幅頻圖表示頻率響應增益的分貝值對頻率的變化，另一張相頻圖則是頻率響應的相位對頻率的變化。

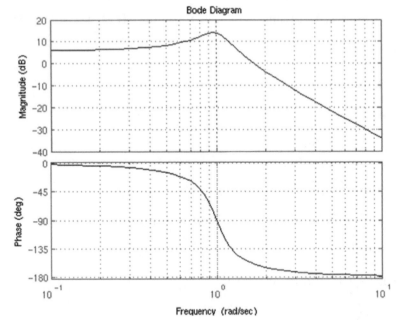

50. **D** 一曲線之曲率公式為 $k = \dfrac{|f''(x)|}{[1 + f'^2(x)]^{\frac{3}{2}}} = \dfrac{4}{[1 + (4x+2)^2]^{\frac{3}{2}}} = \dfrac{4}{225}$

$\rho = \dfrac{225}{4} = 56$

108年　台北大眾捷運公司（第一次機件原理）

( )　1. 以下有關機件的敘述何者正確？　(A)銷與鍵是屬於固定機件　(B)彈簧與連桿屬於傳動機件　(C)機件若視為抗力體，表示受力後體內形變與外力成正比　(D)以上皆非。

( )　2. 如圖所示之滑車組，若F＝80N，則可吊起重物W為
(A)300N
(B)400N
(C)480N
(D)720N。

( )　3. 一惠斯頓差動滑車，若以30公斤的作用力F吊起1200公斤之負載W，則固定軸上之大輪直徑D1與小輪直徑D_2比為
(A)0.95
(B)1
(C)1.05
(D)1.2。

( )　4. 下列關於間歇運動的敘述，何者錯誤？　(A)利用一個搖擺機構，有節奏的阻止與縱脫一個有齒的轉輪，使其產生間歇迴轉運動的機構，稱為擒縱器　(B)棘輪機構是由搖擺運動所產生的間歇運動　(C)日內瓦機構是由迴轉運動所產生的間歇運動　(D)無聲棘輪是藉著機件間的摩擦力做雙向傳動，常用於鑽床。

( )　5. 當主動件做一定方向之等速迴轉運動，而從動件做往復運動或正反方向之迴轉運動的機構，稱為　(A)棘輪機構　(B)日內瓦機構　(C)反向運動機構　(D)間歇運動機構。

( )　6. 套筒扳手是何種機構之應用？　(A)雙動棘輪機構　(B)無聲棘輪機構　(C)單爪棘輪機構　(D)多爪棘輪機構。

( )　7. 下列敘述何者為錯誤？　(A)CNS為我國國家工業標準名稱　(B)BS為德國國家工業標準名稱　(C)ISO為國際標準組織名稱　(D)ANS為美國國家工業標準名稱。

( )　8. 下列敘述何者為正確？　(A)滑車的作用原理與螺旋的作用原理相同　(B)滑車機構中，機械利益恆大於1　(C)滑車的機械利益和滑輪半徑大小有關　(D)滑車的使用，能改變作用力方向。

( )　9. 下述螺紋中，何者不是做為傳達動力使用？　(A)滾珠螺紋　(B)方螺紋　(C)梯形螺紋　(D)V形螺紋。

( )　10. 下列敘述何者為錯誤？　(A)愛克姆螺紋之螺牙形狀為梯形　(B)惠氏螺紋乃英國國家標準螺紋，其螺紋角為55°　(C)高壓管接頭所用之螺紋是錐形管螺紋　(D)國際公制標準螺紋其螺紋角為30°。

( )　11. 一般車床導螺桿，常使用之螺紋為　(A)方螺紋　(B)梯形螺紋　(C)V形螺紋　(D)滾珠螺紋。

( )　12. 一般汽車引擎或內燃機之汽缸蓋及齒輪箱蓋之鎖緊是利用　(A)基礎螺栓　(B)T型螺栓　(C)帶頭螺栓　(D)螺椿。

( )　13. 下列有關墊圈之敘述，何者錯誤？　(A)彈簧墊圈又稱為梅花墊圈　(B)齒鎖緊墊圈具有防震功能　(C)螺旋彈簧鎖緊墊圈之鋼線斷面為梯形　(D)普通墊圈又稱為平墊圈。

( )　14. 有一鍵2×2×10cm裝於直徑20cm之軸上，該軸承受400N-m之扭矩，則鍵承受之剪應力為　(A)4MPa　(B)3MPa　(C)2MPa　(D)1MPa。

( )　15. 如圖所示之彈簧組合，若K代表彈簧常數，且 $K_1 \times K_2 \times K_3 \times K_4 \times 20N/cm$ ，則總彈簧常數應為若干N/cm？　(A)4　(B)8　(C)25　(D)40。

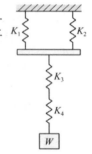

( )　16. 摩擦離合器及摩擦制動器所使用的彈簧為　(A)螺旋壓縮彈簧　(B)錐形彈簧　(C)圓盤形彈簧　(D)蝸旋扭轉彈簧。

( )　17. 下列有關聯結器的敘述，何者錯誤？　(A)歐丹聯結器使用於互相平行但不在同一中心線上的兩軸，且兩軸偏心距離不大　(B)歐丹聯結器所連接的兩軸轉速完全相同，其中間滑動件的二側凸緣相差45度　(C)萬向接頭常用於二軸中心線相交於一點，且二軸角度可做變更的情況　(D)萬向接頭之兩軸夾角不宜超過30度。

( )　18. 下列關於離合器的敘述，何者不正確？　(A)方爪離合器（Square-jaw Clutch）做連接時，兩軸必須停止迴轉　(B)乾流體離合器（Dry Fluid Clutch）是藉旋轉時的離心力作用來傳遞動力　(C)超越式離合器（Overrunning Clutch）可允許雙向傳達動力　(D)圓錐摩擦離合器（Cone Friction Clutch）是藉摩擦扭力來傳達動力。

( )　19. 下列何種皮帶並非依靠摩擦力來傳遞動力？　(A)V型皮帶　(B)平皮帶　(C)確動皮帶　(D)圓形皮帶。

( )　20. 二輪徑相同的開口皮帶機構中，若有效拉力為400N，總拉力為800N，則其緊邊張力與鬆邊張力之比值為多少？　(A)1.5　(B)1.75　(C)3　(D)3.5。

( )　21. 一對三級相等塔輪，主動軸轉速為100rpm，若從動軸最低轉速為50rpm，則從動軸最高轉速為？　(A)80rpm　(B)160rpm　(C)200rpm　(D)450rpm。

( )　22. 以下有關鏈條傳動的敘述中，何者有誤？　(A)鏈條繞掛時，應將緊邊置於上方，鬆邊置於下方　(B)傳動速率比應保持在1:7以內　(C)鏈條節距愈短，愈不適合高速傳動　(D)接觸角應在120°以上，兩軸心距離通常為鏈條節距的30～50倍左右。

( )　23. 一鏈條的鏈節長度為15mm，若與其搭配的鏈輪齒數為30齒，則鏈輪的節圓直徑約為多少mm？（sin 6°＝0.1045；cos 6°＝0.9945）(A)72　(B)120.2　(C)143.5　(D)287。

( )　24. 一鏈輪機構，輪A與輪B中心距離為600mm，二輪之齒數皆為40齒，其鏈條之節距為10mm，試求該傳動鏈條之鏈節數為若干？(A)100　(B)140　(C)160　(D)200。

( )　25. 二摩擦輪之軸互相平行且轉向相同，主動輪與被動輪之轉速比為
　　　　4：1，二軸心相距300mm，則主動輪之半徑為多少mm？　(A)400
　　　　(B)150　(C)100　(D)50。

( )　26. 若要增加摩擦輪的傳遞動力，在不變更摩擦輪尺寸，及不增加兩軸
　　　　之間壓力下，可將摩擦輪的週緣設計成　(A)凸緣　(B)凹槽　(C)
　　　　橢圓形　(D)拋物線。

( )　27. A、B兩外切正齒輪互相嚙合，兩軸中心距離為24cm，A輪為40
　　　　齒，模數為8，以每分鐘迴轉80次帶動B輪，則B輪的轉速為多少
　　　　rpm？　(A)120　(B)160　(C)200　(D)240。

( )　28. 齒輪機構的輪齒相接觸點之公法線恆通過　(A)基圓　(B)齒冠圓
　　　　(C)齒根圓　(D)節點。

( )　29. 下列有關輪系之敘述，何者不正確？　(A)輪系值大於1，表示末
　　　　輪轉速大於首輪轉速　(B)惰輪可改變末輪的轉向，但不改變輪系
　　　　值之絕對值　(C)二軸距離較遠時，可使用惰輪，避免使用大齒輪
　　　　(D)輪系值之絕對值若大於1時，可用於增加扭矩。

( )　30. 如圖所示之輪系，A輪齒數為25齒，B輪齒
　　　　數為40齒，內齒輪C之齒數為100齒，若
　　　　A輪轉速為順時針方向300rpm，則C輪之
　　　　轉向及轉速為多少rpm？　(A)順時針方向
　　　　40rpm　(B)逆時針方向40rpm　(C)逆時針
　　　　方向75rpm　(D)順時針方向75rpm。

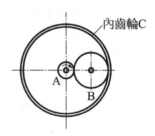

( )　31. 若兩對齒輪之模數相同，以回歸輪系設計傳動時，若傳動順
　　　　序為A→C→D→B，且T表齒數，則　(A)$T_a + T_b = T_c + T_d$　(B)
　　　　$T_a + T_c = T_b + T_d$　(C)$T_a + T_d = T_b + T_c$　(D)$T_a/T_c = T_d/T_b$。

( )　32. 當一輪系之首輪與末輪在同一軸線上時，此輪系稱為　(A)單式輪
　　　　系　(B)複式周轉輪系　(C)複式斜齒輪周轉輪系　(D)回歸輪系。

( )　33. 常使用在升降機、吊車或起重機的制動器為　(A)流體式制動器
　　　　(B)機械摩擦式制動器　(C)電磁式制動器　(D)圓盤式制動器。

( ) 34. 如圖示，橫座標表示凸輪以等角速率轉動之角度，縱座標表示從動件之位移，線段abcd表示凸輪運動時從動件之軌跡，則下列敘述何者正確？ (A)在ab段從動件為等速運動 (B)在bc段從動件為等速運動 (C)在cd段從動件為等減速運動 (D)在一循環中從動運動平穩無振動發生。

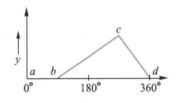

( ) 35. 下列何種凸輪不屬於確動凸輪？ (A)等寬凸輪 (B)圓柱形凸輪 (C)漸開線凸輪 (D)球形凸輪。

( ) 36. 螺旋對同時具有旋轉與直線之相對運動，故其自由度為 (A)1 (B)2 (C)3 (D)4。

( ) 37. 有一帶制動器，已知緊邊張力為600N，鬆邊張力為200N，制動鼓輪直徑為100mm，則其制動扭矩為多少N-m？ (A)80 (B)40 (C)30 (D)20。

( ) 38. 有一平鍵，其規格之標註為：12×8×50雙圓端，表示 (A)鍵寬8mm (B)鍵寬12mm (C)鍵高50mm (D)鍵長96mm。

( ) 39. 若一凸輪以等角速度，驅動其從動件做簡諧運動，則該從動件 (A)在行程的二端速度最大 (B)在行程的中心點加速度最大 (C)在行程的二端點會產生急跳 (D)在行程的中心點速度最大。

( ) 40. 如圖示之中國式絞盤滑車，搖臂長R=30公分，二鼓輪直徑分別為10公分及8公分，若機械效率為50%，則以50牛頓之力可升起若干牛頓之重物？ (A)1000 (B)1200 (C)1500 (D)3000。

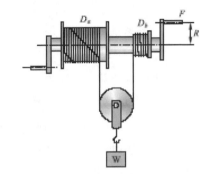

( ) 41. 如圖之差動滑車，定滑輪上之D_1＝8公分，
D_2＝6公分，機械效率70%，若施力50公斤，則
可拉起重物若干公斤？
(A)75　　　　(B)280
(C)300　　　　(D)320。

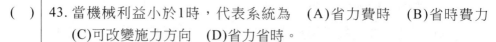

( ) 42. 棘輪如應用在千斤頂時，應使用　(A)回動爪棘輪
(B)起動棘輪　(C)多爪棘輪　(D)無聲棘輪。

( ) 43. 當機械利益小於1時，代表系統為　(A)省力費時　(B)省時費力
(C)可改變施力方向　(D)省力省時。

( ) 44. 工廠內大部分機械裝配用之螺栓、螺釘及螺帽等螺紋件，多為公制標
準中之　(A)一級配合　(B)二級配合　(C)三級配合　(D)四級配合。

( ) 45. 如圖所示，若W＝120kg，則F須出力若干才
可拉動？　(A)104kg　(B)60kg　(C)45kg
(D)30kg。

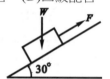

( ) 46. 螺桿直徑為D，螺旋之導程角為α，導程為L，則下列關係何者正確？
(A)$\cos \alpha = \dfrac{L}{\pi D}$　(B)$\tan \alpha = \dfrac{L}{\pi D}$　(C)$\cot \alpha = \dfrac{L}{\pi D}$　(D)$\sin \alpha = \dfrac{L}{\pi D}$。

( ) 47. 常用於連結二機件，其中一機件開孔而不具螺紋，另一機件則有內
螺紋與其配合，常用於薄件且不常拆卸處的螺栓是　(A)基礎螺栓
(B)T型螺栓　(C)帶頭螺栓　(D)螺椿。

( ) 48. 就滾動軸承與滑動軸承比較，以下敘述何者不是滾動軸承的優點？
(A)起動阻力小，潤滑容易　(B)產品互換性大　(C)適合高速轉動
(D)運轉時聲音小，具良好耐衝擊負載能力。

( ) 49. 有一圓軸，承受100N-m的扭矩，且轉速為600rpm，則此軸能傳遞
的功率為若干KW？　(A)6.28　(B)31.4　(C)60　(D)62.8。

( ) 50. 如圖所示之帶制動器，其中，鼓輪直徑為
40cm，a＝20cm，b＝50cm，若轉動時扭
矩為500N-cm，且F_1/F_2＝2，則停止轉動
需施力P為若干N？　(A)20　(B)10　(C)6
(D)25。

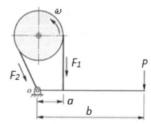

解答與解析　（答案標示為#者，表官方公告更正該題答案）

1. **D** (C) 機件若視為抗力體，表示受力後體內形變不受外力影響。

2. **C** 此滑車組機械利益為6，故可舉起重物480N。

3. **C**

4. **D** (D) 無聲棘輪是藉著機件間的摩擦力做單向傳動，常用於鑽床。

5. **C**

6. **D** 套筒扳手是多爪棘輪機構之應用。

7. **B** (B) BS為英國國家工業標準名稱。

8. **D** (B) 滑車機構中，機械利益不一定大於1。
(C) 滑車的機械利益和滑輪半徑大小無關。

9. **D** V形（三角形）螺紋不是作為傳達動力使用。

10. **D** 國際公制標準螺紋其螺紋角為60°。

11. **B** 一般車床導螺桿，常使用之螺紋為梯形螺紋。

12. **D** 一般汽車引擎或內燃機之汽缸蓋及齒輪箱蓋之鎖緊是利用螺椿。

13. **A** (A) 齒形墊圈又稱為梅花墊圈。

14. **C** 鍵承受之剪力為 $\dfrac{400}{0.1} = 4(kN)$ 。

鍵承受之剪應力為 $\dfrac{4}{0.02 \times 0.1} = 2(MPa)$ 。

15. **B** $\dfrac{1}{k'} = \dfrac{1}{40} + \dfrac{1}{20} + \dfrac{1}{20} = \dfrac{5}{40} \Rightarrow k' = 8(N/cm)$ 。

16. **C** 摩擦離合器及摩擦制動器所使用的彈簧為圓盤形彈簧。

17. **B** (B) 其中間滑動件的二側凸緣相差90度。

18. **C**

19. **C** 確動皮帶非靠摩擦力來傳達動力。

20. **C** $\begin{cases} T_2 - T_1 = 400 \\ T_2 + T_1 = 800 \end{cases} \Rightarrow T_2 = 600(N), T_1 = 200(N) \Rightarrow \dfrac{T_2}{T_1} = 3$

21. **C** $100^2 = 50 \times N \Rightarrow N = 200(rpm)$

22. **C** (C) 鏈條節距愈短，愈適合高速傳動。

23. **C** $\sin 6° = \dfrac{7.5}{D} = 0.1045 \Rightarrow D = 71.77(mm)$

24. **C** $\dfrac{600}{10} \times 2 + \dfrac{40 \times 2}{2} = 160$

25. **C** $\begin{cases} \dfrac{R_2}{R_1} = 4 \\ R_2 - R_1 = 300 \end{cases} \Rightarrow R_1 = 100(mm)$

26. **B** 可將摩擦輪的週緣設計成凹槽。

27. **B** $D_A = 32(cm) \ 、\ D_B = 16(cm)$

$\dfrac{N_B}{80} = \dfrac{32}{16} \Rightarrow N_B = 160(rpm)$

28. **D** 輪齒相接觸點之公法線恆通過節點。

29. **D** (D) 輪系值之絕對值若大於1時，會減少扭矩。

30. **C** $\dfrac{N_C}{300} = -\dfrac{25}{100} \Rightarrow N_C = -75(RPM)$

31. **B** 此為回歸輪系 $T_a + T_c = T_b + T_d$。

32. **D** 當一輪系之首輪與末輪在同一軸線上時，此輪系稱為回歸輪系。

33. **C** 常使用在升降機、吊車或起重機的制動器為電磁式制動器。

34. **B** bc、cd段均作等速運動。

35. **C** 漸開線凸輪不屬於確動凸輪。

36. **B** 螺旋對同時具有旋轉與直線之相對運動，故其自由度為2。
此題官方答案有誤，應選(B)。

37. **D** $0.05(600-200) = 20(N\text{-}m)$。

38. **B** 方鍵、平鍵表示法：寬度(mm)×高度(mm)×長度(mm)。

39. **D** 從動件作簡諧運動在行程的中心點速度最大。
簡諧運動

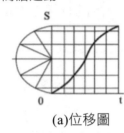 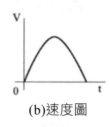 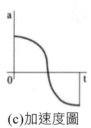

      (a)位移圖   (b)速度圖   (c)加速度圖

40. **C** 中國式絞盤機械利益

$$M = \frac{4R}{D-d} = \frac{4 \times 30}{10-8} \times 50\% = 30 = \frac{W}{50} \Rightarrow W = 1500(N)$$

41. **B** 惠斯登差動滑車機械利益

$$M = \frac{2D}{D-d} = \frac{2 \times 8}{8-6} \times 70\% = 5.6 = \frac{W}{50} \Rightarrow W = 280(N)$$

42. **B** 棘輪如應用在千斤頂時，應使用起重棘輪。

43. **B** 當機械利益小於1時，代表系統為費力省時。

44. **B** 此為二級配合。

45. **B** F需抵銷下滑力，$F = W \sin 30° = 120 \times 0.5 = 60(kg)$
此題需註明物體與斜面間無摩擦力

46. **B** $\tan \alpha = \dfrac{L}{\pi D}$

47. **C** 帶頭螺栓形狀與貫穿螺栓相同，不需與螺帽配合，一機件鑽孔；另
一機件攻螺紋，即可使用。

48. **D** (D) 滑動軸承運轉時聲音小，具良好耐衝擊負載能力。

49. **A** $W = \dfrac{600 \times 2\pi \times 100}{60} = 2\pi(kW)$

50. **A** $500 = (F_1 - F_2) \times 20$

$\dfrac{F_1}{F_2} = 2$

$F_1 = 50(N)$ ，$F_2 = 25(N)$

$F_1 \times 20 = 1000 = P \times 50 \Rightarrow P = 20(N)$

108年　台北大眾捷運公司(第二次機件原理)

( )　1. 一軸轉速300rpm，以下何者正確？　(A)角速度為5π(rad/sec)　(B)角速度為20π(rad/sec)　(C)週期為0.5sec　(D)週期為0.2sec。

( )　2. 下列有關對偶之敘述，何者正確？　(A)兩皮帶輪的傳動是屬於低對　(B)螺桿與螺帽間之運動屬於高對　(C)摩擦輪傳動屬於滑動對　(D)以上皆非。

( )　3. 螺紋標註符號「L-2NM10×1-6G/5g」所代表的意義，以下敘述何者錯誤？　(A)左螺紋　(B)螺紋外徑10mm　(C)導程1mm　(D)節徑公差6級。

( )　4. 下列何者具有V形螺紋的強度及方形螺紋的傳動效率？　(A)圓螺紋　(B)惠氏螺紋　(C)國際公制標準螺紋　(D)斜方螺紋。

( )　5. 如圖所示之斜面，P為水平力，若不考慮摩擦阻力，其機械利益為　(A)5/3　(B)3/5　(C)4/3　(D)3/4。

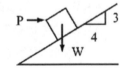

( )　6. 螺旋起重機之槓桿長200cm，欲以20kg之力舉起6280kg之重物，則該起重機之　(A)導程為2cm　(B)導程為6cm　(C)機械利益為628　(D)機械利益為314。

( )　7. 一台螺旋起重機的螺桿為雙螺紋（double thread），其螺紋螺距為10mm，手柄作用的力臂長度為250mm，摩擦損失為25%。若在垂直於手柄方向施力60N，則能舉起的最大重量約為多少N？　(A)3500　(B)4600　(C)5800　(D)7000。

( )　8. 下列有關螺紋的敘述何者為非？　(A)尖V形螺紋為連接用螺紋，常用於機件之永久接合　(B)圓螺紋適用於燈泡、橡皮管等之連接　(C)螺紋是槓桿原理的應用　(D)傳達運動或輸送動力以方形螺紋為最佳。

( )　9. 下列何種螺釘可用於結合軟金屬、塑膠材料及薄板，且螺釘前端具有斜度者？　(A)機螺釘　(B)帽螺釘　(C)木螺釘　(D)自攻螺釘。

( )　10. 下列有關鍵的敘述，何者不正確？　(A)切線鍵是由兩個斜度相同的斜鍵組合而成，具有耐衝擊負荷之功能　(B)斜鍵之斜度，通常公制為1：100，鍵較厚一端可做成鈎頭狀，主要是用於方便拆卸　(C)半圓鍵寬度約為軸徑之1/4，裝配時一半高度埋於鍵座，一半高度嵌於鍵槽，具有自動調心功能　(D)鞍形鍵依靠摩擦力來傳送動力，故僅適合小負荷之傳動。

( )　11. 平鍵12×8×30單圓端，其中8代表鍵的　(A)長度　(B)寬度　(C)高度　(D)軸之直徑。

( )　12. 推拔銷的錐度為每公尺直徑相差　(A)1mm　(B)2mm　(C)1cm　(D)2cm。

( )　13. 一套筒聯軸器，傳動軸直徑為50mm，轉速為120rpm，傳動馬力為2πkW，則轉軸的扭矩為多少N-m？　(A)500　(B)600　(C)800　(D)1000

( )　14. 下列有關於彈簧的敘述，何者錯誤？　(A)電腦鍵盤上常使用的彈簧是螺旋壓縮彈簧　(B)葉片彈簧設計時，每片彈簧板都做成三角形或梯形，以確保彈簧每一切面之彎曲應力均相等　(C)彈簧床常使用的是錐形彈簧　(D)螺旋彈簧如在二端磨平，主要目的是為承受均勻的拉力。

( )　15. 一螺旋彈簧之線圈外徑為20mm，內徑為16mm，其彈簧指數為　(A)18　(B)9　(C)4　(D)2。

( )　16. 下列何者不是止推軸承的零件？　(A)固定座圈　(B)迴轉座圈　(C)襯套　(D)保持器。

( )　17. 編號6202之滾動軸承，其內徑為　(A)10mm　(B)12mm　(C)15mm　(D)17mm。

( )　18. 下列有關聯結器的敘述，何者錯誤？　(A)凸緣聯結器連接的兩軸必須對正，再以螺栓鎖緊凸緣　(B)筒形聯結器是以徑向銷或固定螺釘將套筒與轉軸固定　(C)賽勒氏錐形聯結器的外側為錐形的分裂筒，以內側錐形之圓環套緊軸，藉摩擦力來傳達動力　(D)分筒聯結器是由二個半圓筒對合而成，再以螺栓鎖固與軸產生連接作用。

( )　19. 在直角迴轉皮帶裝置中,增設一導輪是為了 (A)增加皮帶的有效拉力 (B)增加速率 (C)延長帶圈壽命 (D)引導皮帶移動。

( )　20. 一皮帶輪傳動裝置,輪徑分別為900mm及600mm,軸心距離為1500mm,若分別使用交叉皮帶與開口皮帶傳動,則二者所需的帶長相差多少mm? (A)420 (B)390 (C)360 (D)330。

( )　21. 如圖所示,A、B、C、D為四帶輪組,動力由輪A漸次傳到輪D。已知A輪直徑25cm,B輪直徑60cm,C輪直徑15cm,D輪直徑75cm,當A輪的轉速為1800rpm時,則D輪的轉速為多少rpm? (A)120 (B)150 (C)180 (D)210。

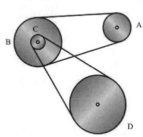

( )　22. 一V型皮帶傳動裝置,傳遞2kW的功率,皮帶速度5m/sec,且緊邊張力為鬆邊張力之1.8倍,假設傳動無滑動現象,則緊邊張力為多少N? (A)250 (B)500 (C)750 (D)900。

( )　23. 一鏈輪機構,輪A與輪B中心距離為600mm,二輪之齒數皆為60齒,其鏈條之節距為5mm,試求該傳動鏈條之鏈條節數為若干? (A)150 (B)250 (C)300 (D)350。

( )　24. 一自行車前後鏈輪之齒數分別為50齒及15齒,前鏈輪每分鐘75轉,輪胎直徑為60公分,則此自行車每小時可前進若干公里? (A)9.42 (B)18.85 (C)28.27 (D)37.7。

( )　25. 有一兩軸線相交成90°之外切圓錐形摩擦輪機構,已知主動輪之頂角為120°,轉數為500rpm,試求從動輪之轉數為多少rpm? (A)288 (B)433 (C)577 (D)866。

( )　26. 二摩擦輪傳遞的馬力大小與 (A)摩擦輪之間的摩擦力成反比 (B)摩擦輪之間之正壓力成反比 (C)摩擦輪轉速成反比 (D)摩擦輪直徑成正比。

( )　27. 以下有關橢圓形摩擦輪的敘述,何者錯誤? (A)二橢圓輪之大小相等 (B)接觸點恆在連心線上變動 (C)最大角速比與最小角速比互為倒數 (D)二橢圓輪之迴轉速度必相等。

( )　28. 下列何者不是可變速摩擦輪？　(A)圓盤與滾子　(B)伊氏錐形摩擦輪　(C)球面與圓柱　(D)圓錐形摩擦輪。

( )　29. 二軸互相平行，若欲傳動高負荷及高轉速之動力，且使傳動軸無軸向推力時，應使用下列何種齒輪？　(A)螺旋齒輪　(B)人字齒輪　(C)蝸桿與蝸輪　(D)戟齒輪。

( )　30. 下列有關漸開線齒輪與擺線齒輪的敘述何者正確？　(A)漸開線齒輪的齒型是由節圓所構成，其壓力角為定值　(B)擺線齒輪不易潤滑，故輪齒間容易磨損　(C)擺線齒輪互換的基本條件是齒數相等　(D)漸開線齒輪中心距的些微改變不會影響角速比，傳動效率較低。

( )　31. 二互相嚙合的外接正齒輪，模數為2mm，轉速比為3：1，二軸中心距離為100mm，則二齒輪的齒數相差多少？　(A)25齒　(B)50齒　(C)75齒　(D)100齒。

( )　32. 某輪系之首輪迴轉一轉，末輪迴轉24轉，且迴轉方向相同，齒輪齒數不小於12，不大於75，若採用複式輪系，則此輪系之齒輪組合可為以下何者？

(A)$\frac{48}{12} \times \frac{72}{12}$　(B)$\frac{12}{48} \times \frac{12}{72}$　(C)$\frac{15}{72} \times \frac{15}{72}$　(D)$\frac{72}{12} \times \frac{12}{48}$。

( )　33. 如圖所示之斜齒輪周轉輪系，若輪7順時針40rpm，輪2逆時針16rpm，則輪1轉速為若干？　(A)4rpm、順時針　(B)4rpm、逆時針　(C)8rpm、順時針　(D)8rpm、逆時針。

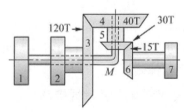

( )　34. 以下有關制動器的敘述，何者錯誤？　(A)差動式帶制動器之制動帶一端與制動桿支點相連接，故制動時較省力　(B)雙塊制動器的機構設計可減輕制動塊加於軸與軸承之壓力　(C)鼓式制動器有自動煞緊作用，煞車力較大，但散熱能力較差　(D)電磁式制動器僅能減緩運動機件的速度，無法將其完全停止。

( )　35. 制動器的制動容量是依據何者而設計　(A)正壓力　(B)摩擦力　(C)制動力矩　(D)散熱能力。

( )　36. 如圖中所示的凸輪為
(A)端面凸輪
(B)等徑凸輪
(C)板形槽凸輪
(D)倒置凸輪。

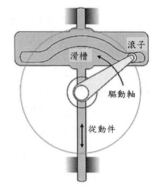

( )　37. 下列何種機構屬於急回機構？　(A)平行曲柄機構　(B)雙搖桿機構　(C)迴轉滑塊曲柄機構　(D)固定滑塊曲柄機構。

( )　38. 如圖所示之滑車組，重物W為800N，若摩擦損失30%，則施力F為多少N？
(A)72　(B)143　(C)286　(D)429。

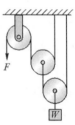

( )　39. 一起重機輪系，如圖所示，捲筒直徑D＝160mm，手柄半徑R＝160mm，重物W＝1600N，若機械效率為40%，則施力F應為　(A)20　(B)50　(C)125　(D)167。

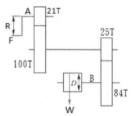

( )　40. 在棘輪機構中，欲使搖桿不論向前或向後擺動，均能帶動棘輪沿同一方向轉動，最常採用　(A)可逆棘輪　(B)起重棘輪　(C)單爪棘輪　(D)雙動棘輪。

( )　41. 應用於扳鉗及鑽床之棘輪機構為　(A)單爪棘輪　(B)多爪棘輪　(C)雙動棘輪　(D)無聲棘輪。

( )　42. 對於具有六槽之日內瓦機構，下列敘述何者錯誤？　(A)其為一種間歇迴轉運動機構　(B)常應用於工具機的分度裝置　(C)可使從動輪每次轉動60O　(D)由往復運動方式來驅動。

( )　43. 英制螺紋「1/2-12UNF-1A-2-LH」，以下何者錯誤？　(A)外徑0.5 吋　(B)每吋12牙，統一標準螺紋粗牙　(C)外螺紋1級配合　(D)雙線左旋螺紋。

( )　44. 下列敘述何者為錯誤？　(A)複式螺旋是由二旋轉方向相反之螺旋組成　(B)差動螺旋是由二種導程不同，但旋轉方向相同之螺旋組成　(C)複式螺旋每轉一周，所移動之軸向距離為兩螺旋導程之和 (D)差動螺旋之二螺旋導程越接近，機械利益越小。

( )　45. 以下有關螺帽的敘述何者錯誤？　(A)蓋頭螺帽的特性可防止水或油的洩漏或滲入　(B)機械用途上，六角螺帽使用最多　(C)蝶形螺帽用於常需鬆緊或需拆卸之處　(D)堡形螺帽用於接觸面為凹陷球面之處，螺帽容易對準中心。

( )　46. 若D為一標準螺栓之公稱尺寸，則重級螺帽的厚度T為　(A)3D/4 (B)2D/3　(C)D　(D)7D/8。

( )　47. 有一塊狀制動機構如圖所示，其中a＝10cm，b＝40cm，c＝5cm，摩擦輪鼓直徑30cm順時針方向旋轉，若需1200N-cm制動扭矩方可完成剎車，若施力槓桿端作用力P＝88N，則塊狀制動器與輪鼓間摩擦係數至少需要若干？　(A)0.2　(B)0.3　(C)0.4　(D)0.5。

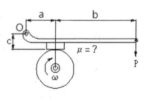

( )　48. 一板形凸輪推動滾子從動件做往復直線運動，關於壓力角之敘述，下列何者錯誤？　(A)壓力角愈小，則有效推動從動件上升之作用力就愈大　(B)壓力角愈小，則從動件受到之側壓力就愈小　(C)在相同總升程與升角情況，若周緣傾斜角增大時，則壓力角減小 (D)在相同總升程與升角情況，若基圓增大，則壓力角增大。

( )　49. 如圖示之起重滑車，機械效率為60%，施力80kg可吊起重物若干？
(A)144kg　　　(B)240kg
(C)344kg　　　(D)44kg。

( )　50. 如棘輪有改變轉向之必要時，應使用　(A)雙動棘輪　(B)回動爪棘輪　(C)摩擦棘輪　(D)雙爪棘輪。

解答與解析（答案標示為#者，表官方公告更正該題答案）

1. **D** $\omega = \dfrac{300 \times 2\pi}{60} = 10\pi(\text{rad}/\text{s})$，$T = \dfrac{2\pi}{10\pi} = 0.2(\text{s})$

2. **D** (A)兩皮帶輪的傳動是屬於高對。

   (B)三度空間機構具有六種低配對，其型式分別為：球配對（spherical pair）、面配對（plane pair）、圓柱配對（cylindrical pair）、迴轉配對（revolute pair）、稜柱配對（prismatic pair）及螺旋配對（screw pair）。

3. **C** (C)代表螺距為1mm。

4. **D** 斜方螺紋具有V形螺紋的強度及方形螺紋的傳動效率。

   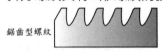
   鋸齒型螺紋

5. **C** $M = \dfrac{W}{F} = \dfrac{W}{\dfrac{4}{3}W} = \dfrac{3}{4}$

6. **D** $M = \dfrac{W}{F} = \dfrac{6280}{20} = 314$

7. **A** $2\pi \times 250 \times 60 \times 75\% = W \times 10 \times 2 \Rightarrow W \approx 3532.5(\text{N})$

8. **C** (C)螺紋是斜面原理的應用。

9. **D** 自攻螺釘可用於結合軟金屬、塑膠材料及薄板，且螺釘前端具有斜度者。

10. **C** (C)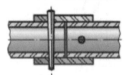

11. **C** 8代表鍵的高度。

12. **D** 推拔銷之斜度通常取每一吋長直徑之增加量為1/4吋，其公制錐度1：50，英制錐度1：48，每公尺直徑相差2cm。

13. **A**

14. **D** (D)壓縮彈簧之兩端磨平是為增加接觸面。

15. **B**　彈簧指數＝D/d＝平均直徑/線徑＝18/2＝9。

16. **C**　襯套不是止推軸承的零件。

17. **C**　滾動軸承之內徑號碼：

1. 00表示內徑為10mm。

2. 01表示內徑為12mm。

3. 02表示內徑為15mm。

4. 03表示內徑為17mm。

5. 內徑號碼04～96者，將號碼乘以5即得內徑。

18. **C**

19. **D**　增設一導輪是為了引導皮帶移動。

20. **C**　$\Delta L = \dfrac{(D+d)^2 - (D-d)^2}{4C} = \dfrac{4Dd}{4C} = \dfrac{Dd}{C} = \dfrac{900 \times 600}{1500} = 360(mm)$

21. **B**　$\dfrac{N_D}{1800} = \dfrac{25 \times 15}{60 \times 75} \Rightarrow N_D = 150(rpm)$

22. **D**　設鬆邊張力為F，$(1.8F - F) \times 5 = 2000 \Rightarrow F = 500(N), 1.8F = 900(N)$。

23. **C**

24. **C**　腳踏車結構圖如下圖所示，由踏板帶動前齒輪再帶動後齒輪，後輪跟隨著旋轉，故腳踏車前進的距離為後輪圓周長乘以轉動圈數。

$75 \times \dfrac{50}{15} \times \pi \times 0.6 \times \dfrac{60}{1000} = 28.26(km)$

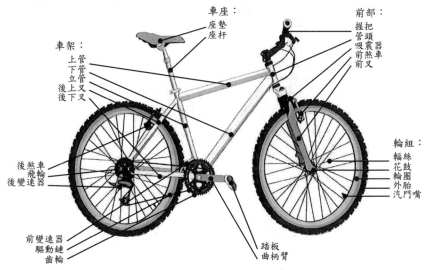

25. **D** $\dfrac{N_B}{500} = \dfrac{\sin 60°}{\sin 30°} \Rightarrow N_B = 866(\text{rpm})$

26. **D** 二摩擦輪傳遞的馬力大小與摩擦輪直徑成正比。

27. **D** 橢圓形摩擦輪是由兩個大小相等之橢圓形輪子組成。此種摩擦輪之速比不固定，其傳動中之最大角速比與最小角速比互成倒數。兩軸心分別位於焦點上。

28. **D** 圓錐形摩擦輪速比不能改變。

29. **B** 二軸互相平行，若欲傳動高負荷及高轉速之動力，且使傳動軸無軸向推力時，應使用下列人字齒輪。

30. **D**

31. **B** 兩齒輪半徑分別為75mm、25mm；直徑分別為150mm、50mm，模數為2，齒數分別為75齒、25齒；相差50齒。

32. **A** 速比為24，故選(A)。

33. **D**　34. **A**

35. **D** 制動器的制動容量是依據散熱能力而設計。

36. **D** 此稱為反凸輪（倒置凸輪）。

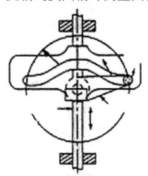

37. **C** 迴轉滑塊曲柄機構屬於急回機構。

38. **C** 此滑車機械利益為4，摩擦損失30%

可得 $\dfrac{800}{F} = 4 \times 0.7 \Rightarrow F = 286(\text{N})$ 。

39. **C**　先求出輪系值 $e = \dfrac{21 \times 25}{100 \times 84} = \dfrac{1}{16}$

$$\frac{1600}{F} = \frac{320}{160 \times \dfrac{1}{16}} \times 0.4 = 12.8 \Rightarrow F = 125(N)$$

40. **D**　此為雙動棘輪。

41. **D**　此為無聲棘輪。

42. **D**　(D)由迴轉運動方式來驅動。

43. **B**　(B)UNC：粗牙；UNF：細牙；UNEF：特細牙。

44. **D**

45. **D**　(D)堡形螺帽較一般螺帽高，與開口銷 配合使用，可防止螺帽鬆脫。

46. **C**

47. **A**　利用順時針力矩等於逆時針力矩。

$$88 \times 50 = 80 \times 5 + \frac{80}{\mu} \times 10 \Rightarrow \mu = 0.2$$

48. **D**　(D)在相同總升程與升角情況，若基圓增大，則壓力角減小。

49. **A**　$\dfrac{W}{80} = 3 \times 0.6 \Rightarrow W = 144(kg)$

50. **B**　如棘輪有改變轉向之必要時，應使用回動爪棘輪。

108年　台中大眾捷運公司（機件原理）

( )　1. 機構分析時，會將機件視為連桿，而各連桿之連接則以規定的符號
表示，下列何種符號表示三個機件連接在一起，而且皆可繞同一個
樞紐分別旋轉？
(A) 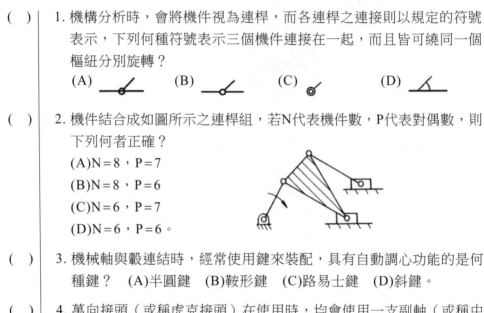　(B)　(C)　(D)

( )　2. 機件結合成如圖所示之連桿組，若N代表機件數，P代表對偶數，則
下列何者正確？
(A)N＝8，P＝7
(B)N＝8，P＝6
(C)N＝6，P＝7
(D)N＝6，P＝6。

( )　3. 機械軸與轂連結時，經常使用鍵來裝配，具有自動調心功能的是何
種鍵？　(A)半圓鍵　(B)鞍形鍵　(C)路易士鍵　(D)斜鍵。

( )　4. 萬向接頭（或稱虎克接頭）在使用時，均會使用一支副軸（或稱中
間軸），其主要功用為何？　(A)增加萬向接頭的強度　(B)簡化萬
向接頭的裝配程序　(C)增加從動軸角速度變化的範圍　(D)使從動
軸的角速度能與主動軸的角速度相同。

( )　5. 下列各種傳動系統中，何者最適合傳遞於兩軸距離較大且轉速比需
正確之動力？　(A)皮帶輪系　(B)鏈輪系　(C)摩擦輪系　(D)齒輪
系。

( )　6. 機械式手錶，其秒針與分針之轉速比為？　(A)360:1　(B)60:1
(C)24:1　(D)12:1。

( )　7. 鍵常用於機械軸與轂的連接處，下列何種鍵在機械上使用最多？
(A)滑鍵　(B)方鍵　(C)平鍵　(D)栓槽鍵。

( ) 8. 關於皮帶輪傳動之優點，下列敘述何者不正確？ (A)傳動速比正確 (B)可用於距離較遠之二軸間傳動 (C)裝置簡單成本低廉 (D)超負載時輪與帶之間會打滑，設備不易損壞。

( ) 9. 阿基米德曾表示適當的槓桿可以撐起地球；如圖所示是利用第幾種槓桿，要將重物撐起？
(A)第四種槓桿
(B)第三種槓桿
(C)第二種槓桿
(D)第一種槓桿。

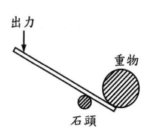

( ) 10. 一對皮帶輪傳動如圖所示，A為主動輪，直徑為300mm，轉速為3000rpm逆時針轉動，B為從動輪，直徑為900mm，則B之轉速及轉動方向為？

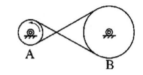

(A)1000rpm、逆時針　　　　(B)1000rpm、順時針
(C)9000rpm、逆時針　　　　(D)9000rpm、順時針。

( ) 11. 機械應用上使用彈簧元件，下列何者不是其主要功用？ (A)吸收振動衝擊力 (B)減低摩擦係數，增加傳遞速率 (C)產生作用力，維持機件接觸 (D)力量調整或功率之指示。

( ) 12. 將凸輪傳動的運動與時間關係作分析，發現從動件的加速度圖為水平線時，則此從動件是作何種運動？ (A)保持靜止 (B)等速運動 (C)等加速度運動 (D)簡諧運動。

( ) 13. 銷常被運用於機件之間的結合，下列何者屬於徑向鎖緊銷？
(A)T形銷 (B)斜銷 (C)定位銷 (D)彈簧銷。

( ) 14. 使用摩擦輪作為傳動系統，最大的困擾是傳動功率不大，增加摩擦輪功率最有效的方法，下列何者正確？ (A)增加轉速 (B)增大正壓力 (C)增加摩擦係數 (D)增大直徑。

( )　15. 二個彈簧組成一個量測系統，如圖所示，若彈
簧常數分別為$K_1=2N/mm$，$K_2=4N/mm$，則此
系統之總彈簧常數為？
(A)4/3N/mm　　(B)3/4N/mm
(C)6N/mm　　(D)8N/mm。

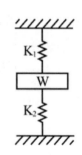

( )　16. 如圖所示之動滑車系統，若W代表要吊升之物
體重量，F為垂直向上的施力，在不計摩擦力
影響的情況下，此動滑車之機械利益為？
(A)1　　　　(B)2
(C)4　　　　(D)8。

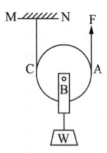

( )　17. 有一周轉輪系如圖所示，以A齒輪的軸心為共轉中心，C為旋臂，D
齒輪分別與A齒輪及B齒輪嚙合，各齒輪之齒數分別為A齒輪90
齒、D齒輪20齒、B齒輪30齒，若N_A（A齒輪之轉速）為逆時針
3rpm，N_C（C旋臂之轉速）為順
時針5rpm，則B齒輪之轉速為？
(A)逆時針25rpm
(B)逆時針22rpm
(C)逆時針19rpm
(D)逆時針16rpm。

( )　18. 製作一個周節為6.28mm的正齒輪，已知齒數為30齒，外徑車削
加工預留量為3mm，則胚料應準備的外徑尺寸為？　(A)67mm
(B)64mm　(C)61mm　(D)58mm。

( )　19. 兩內接圓柱摩擦輪作直接接觸傳動，已知大輪直徑為小輪直徑的
三倍，而兩輪軸心相距120mm，則大的摩擦輪直徑為多少mm？
(A)360mm　(B)180mm　(C)90mm　(D)45mm。

( )　20. 組立人員在組裝一對漸開線標準正齒輪時，因兩軸距的尺寸公差或因避免干涉現象而使兩軸中心距離稍微變大，造成的結果下列敘述何者正確？　(A)基圓直徑變大　(B)齒根圓直徑變小　(C)齒頂圓直徑變大　(D)節圓直徑變大。

( )　21. 車床上使用以減速之回歸輪系如圖所示，A、B、C、D四個齒輪均使用相同的模數，若A齒輪的齒數T_A＝40、B齒輪的齒數T_B＝72、D齒輪的齒數T_D＝28，則C齒輪的齒數T_C應該為？

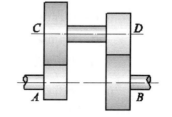

(A)18　　　　(B)24
(C)36　　　　(D)60。

( )　22. 如圖所示為節距12mm的雙線螺旋起重機，具有25cm長的操作手柄。若機械效率為60%，當荷重為785牛頓時，抬升負荷所需施力最少應該為何？

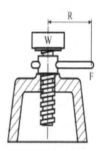

(A)10牛頓　　(B)20牛頓
(C)30牛頓　　(D)40牛頓。

( )　23. 兩個擺線齒輪互相嚙合傳動，當主動輪的齒頂與從動輪的哪個部分接觸時便會發生干涉現象？　(A)無干涉現象　(B)基圓與齒根圓之間　(C)節圓與基圓之間　(D)基圓與齒冠圓之間。

( )　24. 如圖所示之滑車組，若不考慮各處的摩擦影響，施力F須多少牛頓，才可以吊起1000牛頓的重物W？

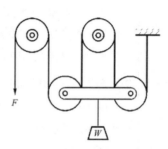

(A)250牛頓　　(B)500牛頓
(C)475牛頓　　(D)750牛頓。

( )　25. 由A、B、C三輪所組成的周轉輪系如圖所示,若A、C齒輪為同軸
　　　　　心且環形內齒輪C固定不動,m為旋臂,各齒輪之齒數分別為A輪
　　　　　20齒、B輪40齒、C輪100齒,若A輪轉
　　　　　速12rpm順時針,則B齒輪之轉速為?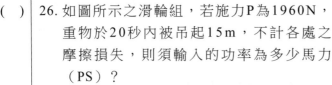
　　　　　(A)13rpm順時針
　　　　　(B)13rpm逆時針
　　　　　(C)3rpm順時針
　　　　　(D)3rpm逆時針。

( )　26. 如圖所示之滑輪組,若施力P為1960N,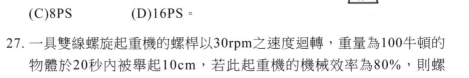
　　　　　重物於20秒內被吊起15m,不計各處之
　　　　　摩擦損失,則須輸入的功率為多少馬力
　　　　　(PS)?
　　　　　(A)2PS　　　　　(B)4PS
　　　　　(C)8PS　　　　　(D)16PS。

( )　27. 一具雙線螺旋起重機的螺桿以30rpm之速度迴轉,重量為100牛頓的
　　　　　物體於20秒內被舉起10cm,若此起重機的機械效率為80%,則螺
　　　　　旋的節距為多少mm?
　　　　　(A)10mm　　　　　(B)8mm
　　　　　(C)5mm　　　　　(D)4mm。

( )　28. 有關機械的敘述,下列何者不正確?
　　　　　(A)機械由若干機構組成,除了傳達運動外,還可做功
　　　　　(B)機件是構成機械之最基本元素,常視為一剛體
　　　　　(C)軸承屬於一種機械
　　　　　(D)機構與機械的最大差異在於機械有能量的轉換和輸出,而機構
　　　　　　　以傳遞可預期的運動為主。

( )　29. 有關各種機件間之對偶(運動對)關係之敘述,下列何者不正確?
　　　　　(A)火車車輪與鐵軌間之傳動,其對偶屬於力鎖高對
　　　　　(B)螺栓與螺帽之配合,其對偶屬於自鎖低對
　　　　　(C)平板凸輪與從動件間為低對
　　　　　(D)滾珠軸承的鋼珠與外座環組成之運動對為高對。

( )　30. 如圖所示一單線螺紋，其螺紋的各部分名稱何者標註錯誤？
(A)螺紋角　(B)螺旋角　(C)節圓直徑　(D)螺距。

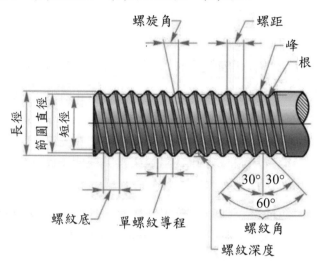

( )　31. 有一螺旋千斤頂，其螺桿為雙螺紋，螺距為5mm，手柄作用之力
臂為200mm，已知此千斤頂之機械利益為24π，則其機械效率為多
少%？　(A)40　(B)50　(C)60　(D)75。

( )　32. 關於鎖緊裝置的敘述，下列何者不正確？　(A)堡形螺帽配合開口
銷屬於摩擦鎖緊裝置　(B)彈簧鎖緊墊圈屬於摩擦鎖緊裝置　(C)彈
簧線鎖緊屬於確閉鎖緊裝置　(D)鎖緊螺帽屬於摩擦鎖緊裝置。

( )　33. 一直徑40mm之軸上設有一5mm×5mm×40mm方鍵，若此鍵所受之
剪應力為10MPa，則此軸承受之扭轉力矩為多少N-m？　(A)30.0
(B)35.0　(C)40.0　(D)45.0。

( )　34. 一螺旋壓縮彈簧，不受力時其自由長度為40mm，如在線性範圍
內，以10牛頓力壓縮，其長度成為20mm，則此彈簧的彈簧常數為
多少N/mm？　(A)0.5　(B)1.0　(C)1.5　(D)2.0。

( )　35. 一圓盤離合器，圓外徑為10cm，內徑為6cm，若盤面承受均勻的壓
力為6kPa，其摩擦係數為0.2，求此離合器傳遞之扭力矩為若干？
(A)24.1N-cm　(B)28.5N-cm　(C)32.1N-cm　(D)37.7N-cm。

( )　36. 下列何種皮帶傳動並非依靠摩擦力來傳達動力，同時具有鏈條傳動與齒輪傳動的優點？　(A)V型皮帶　(B)圓皮帶　(C)平皮帶　(D)確動皮帶。

( )　37. 下列何種鏈條於傳動時產生最小的噪音與陡震，適用於高速動力傳動？　(A)鉤節鏈　(B)滾子鏈　(C)塊狀鏈　(D)倒齒鏈。

( )　38. 下列有關摩擦輪傳動之敘述，何者正確？　(A)主動輪常由較從動輪硬的材質構成，可使傳動系統有較長使用壽命　(B)摩擦輪傳動之功率與主動輪和從動輪接觸處之正壓力成正比　(C)外切圓柱形摩擦輪兩輪每分鐘之轉速與其半徑成正比　(D)適合傳動大扭矩大馬力負載。

( )　39. 一組內接正齒輪模數皆為2mm，大齒輪齒數100齒，小齒輪齒數20齒，求齒輪中心距為多少mm？　(A)80　(B)90　(C)100　(D)120。

( )　40. 下列有關齒輪傳動之敘述，何者正確？　(A)擺線齒輪之優點為中心線略為改變仍能保有良好運轉　(B)減少壓力角可消除漸開線齒輪干涉現象　(C)漸開線齒輪之齒形曲線係由節圓而得　(D)擺線齒輪嚙合條件之一，其一齒之齒面與另一嚙合齒之齒腹需由同一滾圓所滾出之擺線。

( )　41. 如圖所示之輪系，齒輪A、B、C及D之齒數分別為20齒、50齒、10齒及40齒，若主動輪A轉速200rpm順時針方向迴轉，則此輪系之輪系值e為多少及D輪之轉速ND為多少rpm？
(A)e＝－0.1；N_D＝20逆時針　　　(B)e＝＋0.1；N_D＝20順時針
(C)e＝－10；N_D＝2000逆時針　　(D)e＝＋10；N_D＝2000順時針。

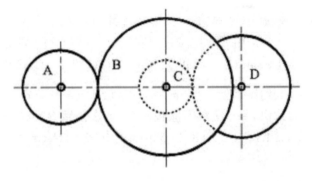

( )　42. 下列有關鼓式制動器（drumbrake）及碟式制動器（diskbrake）的敘述，何者正確？　(A)鼓式制動器又稱為圓盤制動器　(B)碟式制動器又稱為內靴式制動器　(C)鼓式制動器作動時會產生自動鎖緊作用　(D)碟式制動器散熱能力較差。

( )　43. 下列有關凸輪的敘述何者不正確？　(A)凸輪從動件運動方向與接觸點公法線所夾角度稱為壓力角　(B)凸輪之周緣傾斜角愈小其壓力角愈大　(C)在總升程相同條件下，基圓直徑愈大壓力角愈小　(D)凸輪壓力角愈大時，凸輪對從動件之側推力愈小。

( )　44. 下列何者四連桿機構運動中沒有死點存在？　(A)曲柄搖桿機構　(B)曲柄滑塊機構　(C)雙搖桿機構　(D)雙曲柄機構。

( )　45. 鑷子在使用時，其施力點位於支點和抗力點中間，下列有關鑷子之敘述何者正確？　(A)屬於第一類槓桿　(B)屬於第二類槓桿　(C)機械利益小於1　(D)機械效率大於1。

( )　46. 有關日內瓦輪機構的敘述，下列何者不正確？　(A)日內瓦機構是一種間歇運動機構　(B)為一種分度裝置上常用的機構　(C)日內瓦機構之從動件如有六個等角間隔之徑向槽，則主動件每轉一圈，可使從動件轉動六分之一圈　(D)日內瓦機構常應用於鐘錶內以控制指針準確指出時間。

( )　47. 日本國家標準之英文代號為？
(A)NF　(B)JIS　(C)BS　(D)DIN。

( )　48. 下列有關對偶（運動對）之敘述，何者是錯誤的？　(A)高對為兩機件間成點或線接觸者　(B)低對為兩機件間成面接觸者　(C)平板凸輪與從動件間為低對　(D)鳩尾座與鳩尾槽間為低對。

( )　49. 關於標註為「L-2N M16×1-5g6g」的螺紋，下列敘述何者錯誤？
(A)16表示螺紋外徑16mm　(B)L表示左螺紋　(C)5g表示內螺紋內徑的公差等級　(D)6g表示外螺紋外徑的公差等級。

( )　50. 機械利益大於1者，是表示？　(A)省力又省時　(B)省力但費時　(C)費力但省時　(D)費力又費時。

解答與解析 （答案標示為#者，表官方公告更正該題答案）

1. **B** ⎯⎯○⎯╱⎯ 表示三個機件連接在一起，而且皆可繞同一個樞紐分別旋轉。

2. **C** 機件數6個（包含一個地桿），對偶數7個。

3. **A** 半圓鍵具有自動調心的功能。

4. **D** 使從動軸的角速度能與主動軸的角速度相同。

5. **B** 兩軸距離較大且轉速比需正確需使用鏈輪。

6. **B** 1分＝60秒，故秒針與分針之轉速比為60:1。

7. **B** 方鍵在機械上使用最多。

8. **A** (A)定時皮帶轉速比才正確。

9. **D** 第一類槓桿的施力點、抗力點分別在支點的兩邊。例如，鐵撬、剪刀、蹺蹺板、天平、尖嘴鉗。故此圖表是第一類槓桿。

10. **B** $\dfrac{N_B}{3000}=\dfrac{300}{900}\Rightarrow N_B=1000$（rpm，順時針）
    交叉皮帶兩輪轉向相反。

11. **B** 減低摩擦係數，增加傳遞速率非彈簧之功能。

12. **C** 將凸輪傳動的運動與時間關係作分析，發現從動件的加速度圖為水平線時，則此從動件是作等速運動。

13. **D** 徑向鎖緊銷：又可分成槽銷與彈簧銷兩種，其中槽銷有分A～F等六型，而彈簧銷有分開槽管子式與蝸捲式兩種。

14. **C** 增加摩擦係數為增加傳動功率最有效之方法。

15. **C** 此接法相當於彈簧並聯，故總彈簧常數 $K=K_1+K_2=6$（N/mm）

16. **B** $A=\dfrac{W}{F}=\dfrac{2F}{F}=2$

17. **C** $\dfrac{N_B-N_m}{N_A-N_m}=\dfrac{N_B-5}{-3-5}=\dfrac{90}{30}\Rightarrow N_B=-19$（rpm）$=19$（rpm，逆時針）

18. **A**　$6.28 = 3.14 \times M \Rightarrow M = 2$，$P_d = 0.5$

齒冠圓直徑 $= \dfrac{N+2}{P_d} = \dfrac{30+2}{0.5} = 64$（mm）

再加上外徑車削加工預留量3mm為67mm

19. **A**　$R_大 - R_小 = 120 = R_大 - \dfrac{1}{3}R_大 \Rightarrow R_大 = 180$（mm）$\Rightarrow D_大 = 360$（mm）

20. **D**　會造成節圓直徑變大。

21. **D**　$40 + T_C = 72 + 28 \Rightarrow T_C = 60$

22. **B**　$F \times 2 \times 3.14 \times 25 \times 60\% = 2 \times 1.2 \times 785 \Rightarrow F = 20$（N）

23. **A**　擺線齒輪不會產生干涉現象。

24. **A**　此滑車組機些利益為4，故知 $4 = \dfrac{1000}{F} \Rightarrow F = 250$（N）

25. **D**　先觀察A齒輪及C齒輪

$\dfrac{N_C - N_m}{N_A - N_m} = \dfrac{0 - N_m}{12 - N_m} = -\dfrac{20}{100} \Rightarrow -N_m = -2.4 + 0.2N_m \Rightarrow N_m = 2$（rpm）

再觀察A齒輪及B齒輪

$\dfrac{N_B - N_m}{N_A - N_m} = \dfrac{N_B - 2}{12 - 2} = -\dfrac{20}{40} \Rightarrow N_B = -3$（rpm）$= 3$（rpm，逆時針）

26. **C**　27. **C**

28. **C**　(C)軸承屬於一種機構。

29. **C**　(C)平板凸輪與從動件間為高對。

30. **B**　圖中螺旋角錯誤應改成導程角。

31. **C**　$2 \times \pi \times 200 \times \eta = 2 \times 5 \times 24\pi \Rightarrow \eta = 0.6$

32. **A**　如圖所示，堡形螺帽與開口銷配合並非依靠摩擦力。

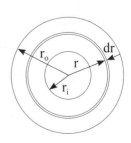

33. **C**

34. **A**　$K = \dfrac{10}{40-20} = 0.5$（N/mm）

35. **A**　所受的力矩：

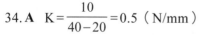

$T = \mu P \int r\,dA = 2\pi u P \int_{r_i}^{r_o} r^2\,dr = \dfrac{2}{3}\pi\mu P(r_o^3 - r_i^3)$

$= \dfrac{2}{3} \times 3.14 \times 0.2 \times 6000(0.05^3 - 0.03^3)$

$= 2512(0.000125 - 0.000027) = 0.246$（N-m）

36. **D** 確動皮帶傳動並非依靠摩擦力來傳達動力。

37. **D** 倒齒鏈又稱為無聲鏈。

38. **B** 摩擦輪之基本馬力公式：$P = FV = f \times \dfrac{\pi DN}{60} \Rightarrow PS = \dfrac{P}{736}$

　　　故知摩擦輪傳動之功率與主動輪和從動輪接觸處之正壓力成正比。

39. **A** $C = \dfrac{1}{2}(D_大 - D_小) = \dfrac{M}{2}(T_大 - T_小) = \dfrac{2}{2}(100 - 20)$

　　　$C = \dfrac{2}{2}(100 - 20) = 80$（mm）

40. **D** (B)增加壓力角可消除漸開線齒輪干涉現象。

　　　(C)漸開線齒輪之齒形曲線係由基圓而得。

41. **B** $e = \dfrac{N_D}{200} = \dfrac{20 \times 10}{50 \times 40} = \dfrac{1}{10} \Rightarrow N_D = 20$（rpm，順時針）

42. **C** (A)鼓式制動器又稱為內靴式制動器。

　　　(B)碟式制動器又稱為圓盤制動器。

　　　(D)碟式制動器散熱能力較佳。

43. **D** (D)凸輪壓力角愈小時，凸輪對從動件之
　　　　側推力愈小。

　　　如圖所示，∠3稱為壓力角。

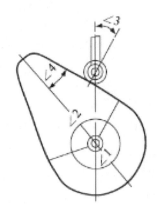

44. **D**

45. **C** 抗力臂長於施力臂的是「費力槓桿」，大部分剪刀、鑷子、筷子、
　　　釣魚竿、掃帚、筆等均為費力槓桿。鑷子屬於第三類槓桿,機械利
　　　益小於1。

46. **D** (D)齒輪機構常應用於鐘錶內以控制指針準確指出時間。

47. **B** 日本國家標準之英文代號為JIS。

48. **C** (C)平板凸輪與從動件間為高對。

49. **C** 5g6g表配合等級。

50. **B** 機械利益大於1者，是表示省力但費時。

108 年　台灣中油公司（機械常識）

壹、選擇題

( )　1. 下列何者是國際標準組織（ISO）品質管理標準？　(A)ISO5000　(B)ISO9000　(C)ISO14000　(D)ISO19000。

( )　2. 近代發展之奈米科技，所謂「一奈米」的大小量，下列何者正確？　(A)10^{-8}m　(B)100μm　(C)10^{-5}μm　(D)0.001μm。

( )　3. 機械製圖中標示一螺紋規格為「L-2N M14×1」，下列敘述何者正確？　(A)右旋雙線粗螺紋　(B)左旋雙線粗螺紋　(C)右旋雙線細螺紋　(D)左旋雙線細螺紋。

( )　4. 製圖學中的「等角投影圖」，其XYZ三軸線應相互成幾度？　(A)45°　(B)90°　(C)120°　(D)180°。

( )　5. 如何防護金屬材料「鋁合金」鏽蝕？最常用的加工方法是：　(A)陽極處理加工　(B)金屬熔射加工　(C)噴塗料加工　(D)電鍍加工。

( )　6. 機構學中針對公制齒輪之「模數」的定義，下列何者正確？　(A)節徑與齒數之乘積　(B)節徑與齒數之和　(C)節徑與周節之比　(D)節徑與齒數之比。

( )　7. 關於使用手工具的種類與應用，下列敘述何者正確？　(A)使用梅花扳手時，每隔30°就可以換角度繼續施力　(B)六角扳手應用於外六角頭螺栓或螺帽的裝卸工作　(C)活動扳手的施力方向應讓活動鉗口承受主要作用力　(D)開口扳手是用於內六角沉頭螺絲的鎖固與鬆退。

( )　8. 工作圖中標示Ø40G7／h6之孔與軸配合，下列敘述何者正確？　(A)過渡配合　(B)干涉配合　(C)基孔制　(D)基軸制。

(　)　9. 一般我們所說的電腦輔助製造的英文簡稱為下列何者？
(A)CNC　(B)CAM　(C)CAD　(D)CAS。

(　)　10. 有關於車削的速度，鋁材質通常比碳鋼材質的切削速度：
(A)快　(B)慢　(C)一樣　(D)無法比較。

(　)　11. 在力學裏，要完整敘述一個力，通常需要有哪三個要件？
(A)大小、方向、時間　(B)空間、方向、作用點　(C)大小、方向、作用點　(D)大小、方向、距離。

(　)　12. 有關機件、機構與機械之敘述，下列何者屬於機械？　(A)游標卡尺　(B)汽車　(C)鍋爐　(D)雨刷之連桿。

(　)　13. 在機械製圖中，根據CNS的規定，下列何者是使用虛線繪製的？
(A)割面線　(B)折斷線　(C)中心線　(D)隱藏線。

(　)　14. 應用於機械製圖之鉛筆，下列何者其筆心最軟？　(A)6B　(B)HB　(C)F　(D)6H。

(　)　15. 在區分冷作加工與熱作加工時，通常以下列何者為主？　(A)材料大小　(B)材料延展性　(C)材料軟硬度　(D)材料再結晶溫度。

(　)　16. 一般為了鑽孔時，方便鑽頭定位，通常會先用下列何者工具先行製作中心點？　(A)中心衝　(B)劃線針　(C)衝擊起子　(D)圓規。

(　)　17. 機構中的「萬向接頭」通常是成對使用於聯接兩旋轉軸，其目的為何？　(A)增加扭力　(B)使主動軸與從動軸角速度相同　(C)降低轉速　(D)增加轉速。

(　)　18. 有一帶頭鍵機件其斜邊水平長度180mm、斜邊大端高30mm、小端高20mm，則此帶頭鍵之斜度為何？　(A)1/3　(B)1/6　(C)1/9　(D)1/18。

(　)　19. 兩物體相互接觸而發生摩擦時，其摩擦力作用的方向必與接觸面：
(A)垂直　(B)傾斜30度　(C)平行　(D)傾斜45度。

(　)　20. 下列有關金屬銲接加工的敘述，何者正確？　(A)電弧銲接的電極可以為消耗性，也可以為非消耗性的類型　(B)石墨與鎢之熔點

高，可用為消耗性電極　(C)點銲接屬於電弧銲的一種，通電加熱但不必加壓　(D)硬銲又稱為錫銲，因其銲料中有高比例之錫成分。

( )　21. 通常機器上需要高強度或耐衝擊的機件，如汽車的傳動軸、連桿或各種工具等，適用下列哪類機械製造法加工成形？　(A)鍛造加工　(B)電積成形加工　(C)粉末冶金加工　(D)鑄造加工。

( )　22. 下列有關機械加工「氧乙炔氣銲」的敘述，何者正確？　(A)主要的自燃氣體為氧氣，可以使用其提供高溫能量　(B)銲接時唯一的操作方法，是將銲條置於火嘴進行方向的前面施作　(C)當乙炔量多於氧氣量時，產生的火焰呈藍色　(D)利用不同的火嘴構造，不僅可用於銲接，也可用於切割加工。

( )　23. 通常用壓力施加在可塑性的材料上，使材料通過一定形狀之模孔，而成為斷面形狀均一的長條狀製品，其製造加工法稱為：　(A)鍛造加工　(B)擠製加工　(C)抽製加工　(D)輥軋加工。

( )　24. 有關機械製造CNC車床「G碼」之加工，下列敘述何者不正確？　(A)G03順時針圓弧切削　(B)G40刀鼻半徑補正取消　(C)G42刀鼻半徑向右補正　(D)G41刀鼻半徑向左補正。

( )　25. 關於螺絲起子之使用方式，下列敘述何者不正確？　(A)拆卸一字形槽之螺絲釘可用十字形螺絲起子　(B)不可將一字形螺絲起子當成鏨子使用　(C)有些螺絲起子的刀桿斷面設計為方形，主要是為了配合其它扳手使用　(D)選錯螺絲起子號數，容易造成螺絲起子的損壞。

( )　26. 為了消除鑄件的殘留內應力及軟化材質，應該施以下列哪一項處理，以利之後切削加工？　(A)正常化　(B)淬火　(C)回火　(D)退火。

( )　27. 已知三個大小相等的同平面力，作用在同一點，且達成平衡，其任二力之夾角應為下列何者？　(A)120°　(B)90°　(C)180°　(D)45°。

( )　28. 在軸承製作時即以埋入石墨等潤滑材料,即使不添加潤滑劑也能正常運作之軸承為下列何者?　(A)多孔軸承　(B)滾柱軸承　(C)無油軸承　(D)滾珠軸承。

( )　29. 在使用割面線截切直立圓錐時,下列何者之截面會是橢圓形狀?

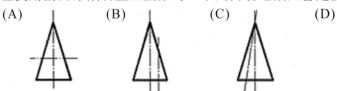

(A)　　　　(B)　　　　(C)　　　　(D)

( )　30. 根據虎克定律(Hooke's law),彈簧在彈性限度裏,其所受的外力與變形量的關係為何?　(A)平方成正比　(B)反比　(C)為一定值　(D)正比。

( )　31. 如下圖所示為外徑分厘卡,其所顯示之數值為下列何者?
(A)43.38mm　(B)40.42mm　(C)43.88mm　(D)43.88cm。

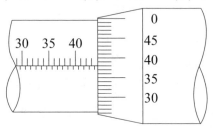

( )　32. 在操作車床工作時,車刀的進刀方向與主軸平行時,稱為:
(A)縱向進刀　(B)橫向進刀　(C)徑向進刀　(D)立體進刀。

( )　33. 在機構連桿裝置中,有嚴格的分類:能繞固定部分作迴轉運動者,稱為曲柄;而僅作擺動運動者,稱為:　(A)搖桿　(B)平桿　(C)頂桿　(D)連桿。

( )　34. 關於選用之手弓鋸條的敘述,下列何者正確?　(A)鋸切薄鋼板或厚度較薄的管材,應選用齒數為14T的鋸條　(B)鋸條的齒數是指每一英吋(25.4mm)含有的鋸齒數目　(C)鋸條規格為250×12.7×0.82×24T,其中0.82代表鋸條的齒距0.82mm　(D)鋸條的鋸齒數目規格通常有12、14、16、24齒等四種。

( )　35. 為了使汽車行駛在彎路上能順暢，通常因內外（左右）兩輪的轉數會稍有不同，而採用下列何項裝置？　(A)渦桿渦輪變速裝置　(B)回歸齒輪系裝置　(C)斜齒輪差速裝置　(D)正齒輪變速裝置。

( )　36. 機構中不需借助重力、彈簧力或其他外力的作用，而使從動件能回至原位的凸輪是：　(A)端面凸輪　(B)平板凸輪　(C)確動凸輪　(D)反凸輪。

( )　37. 一般使用之釘書機、開瓶器等，其機構原理皆為抗力點在施力點與支點中間的槓桿應用，其機械利益為何？　(A)可為任何值　(B)恆小於1　(C)恆等於1　(D)恆大於1。

( )　38. 有關機件「制動器」的許多種類中，因散熱性能良好，目前廣泛為小型汽車所使用之制動器，為下列何者？　(A)塊制動器　(B)鼓式油壓制動器　(C)碟式制動器　(D)帶制動器。

( )　39. 有一矩形機械工件之尺寸為80mm×60mm，若以1：2之比例畫於圖面上，則圖中矩形的面積為：　(A)1200mm^2　(B)2400mm^2　(C)4800mm^2　(D)9600mm^2。

( )　40. 機械加工有關「鋸切」加工之敘述，下列何者的敘述不正確？　(A)加工件夾持於距老虎鉗鉗口約5～10mm，以免加工件震動　(B)鋸條的長度是以兩端圓孔中心距離表示之　(C)安裝鋸條時，鋸齒的齒尖朝向鋸架後方　(D)鋸條為跳躍齒，其容屑空間較大，通常適合鋸切大斷面的軟金屬。

( )　41. 在使用平皮帶傳動時，若其接觸角小於下列何者，其傳動效果差？　(A)30°　(B)120°　(C)90°　(D)180°。

( )　42. 在鑄造的過程中，為了減少鑄件收縮時發生龜裂，一般會在鑄件的轉角處設計成下列何者形狀？　(A)直角　(B)圓角　(C)凸角　(D)倒角。

( )　43. 關於機械鉸孔和鑽孔之比較，下列何者敘述正確？　(A)鉸孔應低轉速、大進給　(B)鉸孔應中轉速、小進給　(C)鉸孔應低轉速、小進給　(D)鉸孔應低轉速、中進給。

( ) 44. 在機械製圖中，輪廓線、中心線、隱藏線三者，何者最粗？
(A)中心線 (B)三者一樣 (C)隱藏線 (D)輪廓線。

( ) 45. 如圖所示，當 $W=1000N$，則 T_1 與 T_2 之張力為
下列何者？（假設繩子與滑輪重量不計）
(A)$T_1=250N$，$T_2=500N$
(B)$T_1=500N$，$T_2=500N$
(C)$T_1=500N$，$T_2=250N$
(D)$T_1=200N$，$T_2=250N$。

( ) 46. 一般運用車床車削大平面，在計算迴轉數時，應該取何處為其直徑？ (A)平均值 (B)中間處 (C)最小處 (D)最大處。

( ) 47. 如果將螺旋彈簧的兩端磨平，其主要的承受力為下列何者？
(A)扭力 (B)壓力 (C)衝擊力 (D)剪力。

( ) 48. 關於銲接的敘述，下列何者不正確？ (A)應用於電路板銲接為軟銲 (B)硬銲的工作溫度高於軟銲 (C)在使用氧乙炔銲接時，點火時應先開啟熔接器之乙炔閥門 (D)使用氧乙炔銲接時，不會將銲件熔融。

( ) 49. 精密量測人類頭髮直徑時，最適合使用下列何種量具？ (A)量錶 (B)分厘卡 (C)游標卡 (D)座標量測器。

( ) 50. 關於厚薄規之使用方式，下列何者敘述正確？ (A)主要用以量測狹窄空間之長度 (B)為使用時方便彎曲，其材質為鋁 (C)厚薄規上的數字為量測處之公差 (D)可以重疊兩片進行量測。

貳、填充題

1. 相鄰兩螺紋的對應點在平行於軸線方向的距離，通常稱為_____。

2. 通常一般工廠設置的傳動機械，或常用的自行車、機車所使用之鏈條為何種鏈？其名稱為_____。

3.有一螺紋節距為4mm之單螺紋，當旋轉5圈整，則前進_____mm。

4.在汽車底盤常用到的球接頭固定螺帽，其螺帽外形常開數條槽孔以配合安裝開口銷，進而防止螺帽鬆脫，則此螺帽名稱為_____。

5.製造一公制分厘卡，其測軸螺距0.6mm，襯筒上無游標刻度，若分厘卡外套筒上等分成100格，該分厘卡精度為_____。

6.由一具有圓銷之圓盤機件作連續迴轉運動，直接使另一具有徑向槽溝之從動輪機件產生間歇迴轉運動之機構，稱為_____機構。

7.定滑輪的機械利益等於_____。

8.已知導程為L、螺距為P之三線螺紋，則L與P之關係為_____。

9.當二作用力同時作用於一點，其夾角為_____度時，合力為最大。

10.由連桿所組成的運動鏈，至少需要_____根方可成為拘束鏈。

解答與解析 （答案標示為#者，表官方公告更正該題答案）

壹、選擇題

1.**B**　　2.**D**　　3.**D**

4.**C**　「等角投影圖」，其XYZ三軸線應相互成120度。

5.**A**　陽極氧化法以鋁及鋁合金工件做為陽極，用硫酸、草酸、鉻酸為電解液，經處理後之表面產生氫氧化鋁之保護層，適用於鋁之著色處理的金屬塗層法。

6.**D**　模數為節圓直徑與齒數之比。

7.**A**　(A)使用梅花扳手時，每隔30°就可以換角度繼續施力。

(D)套筒扳手是用於內六角沉頭螺絲的鎖固與鬆退。

8.**D**　Ø40G7／h6軸小孔大故為餘隙配合【基軸制】。

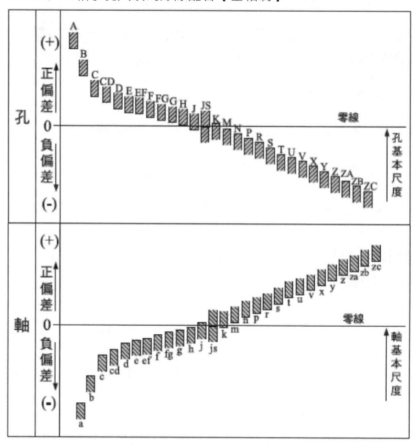

9.**B**　電腦輔助製造的英文簡稱為CAM。

10.**A**

11.**C**　力的三要素為大小、方向、作用點。

12.**B**　汽車屬於機械。

13. **D**　隱藏線使用虛線繪製。

種類	式樣	粗細	用途
實線	A ———————	粗	輪廓線
	B ———————	細	尺度線
	C 〜〜〜〜〜	細	不規則連續線
	D ——⩘——	細	折斷線
虛線	E ﹣﹣﹣﹣﹣﹣	中	隱藏線
鏈線	F —‧—‧—‧—	細	中心線、節線
	G ▬‧▬‧▬	粗	表面處理的範圍
	H	細、粗	割面線（兩端及轉角為粗線，其餘為細線）

14. **A**　筆心硬到軟如下圖所示，越軟筆心寫出的字體越黑；標準的書寫鉛筆是「HB」，讀卡機填塗用筆是「2B」。

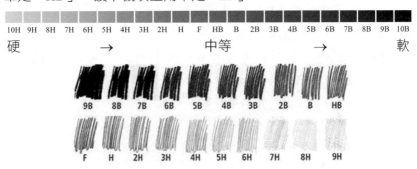

15. **D**　冷作與熱作主要以再結晶溫度來區分。

16. **A**　先以中心衝製作中心點。

17. **B**　使主動軸與從動軸角速度相同。

18. **D**　斜度 $= \dfrac{30-20}{180} = \dfrac{1}{18}$。

19. **C**　摩擦力作用的方向必與接觸面平行。

20.**A** (B)石墨與鎢之熔點高,可用為非消耗性電極。
　　　(C)點銲接屬於電弧銲的一種,通電加熱亦需加壓。
　　　(D)軟銲又稱為錫銲,因其銲料中有高比例之錫成分。

21.**A** 高強度或耐衝擊之機件由鍛造加工製成。

22.**D** (A)主要的自燃氣體為乙炔,可以使用其提供高溫能量。
　　　(C)乙炔與氧的混合比約為1:0.9。火焰有三個區域呈白色,火焰長
　　　　度為三者中最長,其硬質非鐵金屬作機件之表面硬化層者。
　　　標準火焰的氧與乙炔之混合比是1:1,火焰顏色呈無色。
　　　氧氣與乙炔比1.3:1。火焰內部呈光亮錐體,火焰長度為三者中最
　　　短,外圍層有藍色火焰。

23.**B** 此稱為擠製。

24.**A**

25.**A** 拆卸一字形槽之螺絲釘需用一字形螺絲起子。

26.**D** 熱處理(heat treatment):
　　　(1) 淬火:使材料變硬。
　　　(2) 退火:使材料變軟。
　　　(3) 回火:使材料韌性增強。
　　　(4) 正常化:使材料內部組織細緻正常。

27.**A** 任二力之夾角應為120°。

28.**C** 在軸承製作時即以埋入石墨等潤滑材料,即使不添加潤滑劑也能正
　　　常運作之軸承為多孔軸承【自潤軸承】。

29.**D**  此割面為橢圓形。

30.**D** 虎克定律外力與變形量成正比。

31.**C**

32.**A** 此稱為縱向進刀。

33.**A** 僅作擺動運動者,稱為搖桿。

34.**B**

35. **C** 斜齒輪差速裝置可使轉彎平穩。

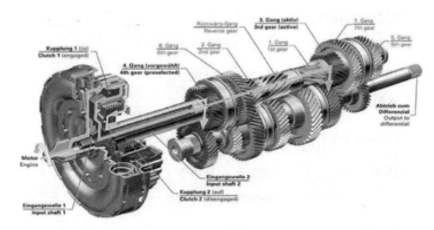

36. **C** 不須藉助外力即可使從動件始終與凸輪保持接觸者稱之確動凸輪，
凸輪與從動件間有兩點或兩點以上接觸。

37. **D** 此類槓桿機械利益恆大於1。

38. **C** 碟式制動器散熱性能良好，目前廣泛為小型汽車所使用。

39. **A** $40 \times 30 = 1200 (mm^2)$。

40. **C**

41. **B** 皮帶傳動接觸角小於120°傳動效果差。

42. **B** 43. **A**

44. **D** 輪廓線最粗。

45. **A** $T_2 = \dfrac{W}{2} = 500(N)$

$T_1 = \dfrac{T_2}{2} = 250(N)$

46. **D**

47. **B** 將螺旋彈簧的兩端磨平，其主要的承受力為壓力。

48. **D** (D)使用氧乙炔銲接時，會將銲件熔融。

49. **B** 50. **D**

貳、填充題

1. **螺距或節距或牙距**

2. **滾子鏈**　　　　　　自行車使用的是滾子鏈。

3. **20**　　　　　　　　$4 \times 5 = 20 \text{(mm)}$。

4. **堡形螺帽或有槽螺帽或冠形螺帽**

5. $\mathbf{0.006mm}$**或**$\dfrac{6}{1000}$　　$\dfrac{0.6}{100} = 0.006 \text{(mm)}$。

6. **日內瓦**　　　　　　此為日內瓦機構。

7. **1**　　　　　　　　　定滑輪只能改變力的方向，故機械利益為1。

8. $\mathbf{L = 3P}$

9. **0**　　　　　　　　　夾角為0°時，合力為兩力相加故最大。

10. **4**　　　　　　　　最少為四連桿機構自由度為1。

NOTE

108 年　台灣電力公司（機械原理）

壹、填充題

1. 一日內瓦機構的從動輪具有4個徑向槽，若原動輪持續作等角速度運動，則從動輪轉動與靜止的時間比為_____。

2. 一曲柄滑塊機構，若滑塊直線往復運動之衝程為30cm，則曲柄長度為_____cm。

3. 在合金彈簧鋼常用材料中有：A.磷青銅　B.琴鋼線　C.回火碳鋼，請將前述3種彈簧材料，依抗拉強度由高至低以英文字母排列_____。

4. 兩個外接齒輪，其齒數分別為40和160，模數均為3mm，則其中心距離為_____mm。

5. 已知鍊條與鏈輪的傳動中，鍊條的線速度為6公尺/分鐘，緊邊拉力為500牛頓，其傳送功率為_____瓦特（W）。

6. 設兩傳動帶輪，主動輪直徑為10cm，從動輪直徑為20cm，主動輪轉速為400rpm，帶輪與帶之間的滑動損失為10%，則從動輪轉速為_____rpm。

7. 使用萬向接頭時，兩軸中心線相交的角度一般在5度以下比較理想，最高不宜超過_____度。

8. 有一機器之機械效率為80%，今將100N之物體以機器升高40m，至少需作功_____N-m。

9. 三線螺紋之導程L＝3P，螺紋線端相隔_____度。

10. 若機件數有5個,則其瞬心數為_____個。

11. 一點作簡諧運動,其振幅為10吋,而最大速度為20吋／秒,則週期為_____秒。

12. 兩串聯彈簧,其彈簧常數分別為5kgf/cm及20kgf/cm,則其總彈簧常數為_____kgf/cm。

13. 一液壓管路中之壓力為30kgf/m²,流量為60m³/sec,則可傳送馬力數為_____HP。

14. 標準鋼管直徑在_____吋以下,用內徑表示其公稱直徑。

15. 一長度為10m的簡支樑,其中央承受一集中荷重100N,則其所發生的最大彎矩為_____N-m。

16. 設馬達的效率為80%,發電機效率為90%,則兩者之總機械效率為_____%。

17. 設計起重螺旋時,導程角與摩擦角的大小關係,導程角應_____於摩擦角(請以中文表示)。

18. 有一帶狀制動器,其緊邊張力為100N,鬆邊張力為30N,若鼓輪的直徑為200mm,角速度為1rad/sec,則制動器的制動功率為_____瓦特(W)。

19. 一螺旋彈簧之外徑為50mm,內徑為40mm,則其彈簧指數為_____。

20. 一物體重量為100N,摩擦係數為0.2,當有一10N的水平拉力作用於物體上時,則該物體承受的摩擦力為_____N。

解答與解析

1. **1:3** 從動輪轉動與靜止的時間比為1:3。

2. **15** 曲柄長度為 $\frac{30}{2} = 15(cm)$。

3. **BCA**

4. **300** $\dfrac{3}{2}(40+160)=300\text{(mm)}$。

5. **50** $P=FV=500\times\dfrac{6}{60}=50\text{(W)}$。

6. **180** $\dfrac{N_{從}}{400}=\dfrac{10}{20}(1-10\%)\Rightarrow N_{從}=180\text{(rpm)}$。

7. **30** 最高不宜超過30°。

8. **5000** $W=\dfrac{100\times40}{0.8}=5000\text{(J)}$。

9. **120**

10. **10** $C_2^{10}=45$。

11. **π或3.14** $T=\dfrac{2\pi\times10}{20}=\pi\text{(s)}$。

12. **4** $K'=\dfrac{5\times20}{5+20}=4\text{(kgf/cm)}$。

13. **24** 　　14. **12** 　　15. **250**

16. **72** $\eta=0.8\times0.9=0.72=72\%$。

17. **小**

18. **7** $P=(100-30)\times\dfrac{\pi\times0.2\times1}{2\pi}=7\text{(W)}$。

19. **9** 彈簧指數$=\dfrac{平均直徑}{線徑}=\dfrac{45}{5}=9$。

20. **10** 因拉力小於最大靜摩擦力，該物體承受的摩擦力為10N。

貳、問答與計算題

一、若物體 A 自 98m 高之塔頂自由落下,同時物體 B 自塔底以 49m/sec 之初速度垂直上拋(重力加速度 g=9.8m/sec^2),試問:
(1)兩物體經過多少秒會在空中交會?
(2)A 物體自塔頂落下至與 B 物體於空中交會時之落下距離為多少 m?
(3)B 物體自塔底上拋至與 A 物體於空中交會時之上升距離為多少 m?

解 設經過t秒相會

(1)$\dfrac{1}{2} \times 9.8t^2 + 49t - \dfrac{1}{2} \times 9.8t^2 = 98 \Rightarrow t = 2(s)$

(2)A 落下之距離為 $\dfrac{1}{2} \times 9.8 \times 2^2 = 19.6(m)$

(3)B 上升之距離為 $98 - 19.6 = 78.4(m)$

二、如圖所示,物體 W_1 重 200N,物體 W_2 重 50N,物體 W_2 由 AB 繩與直立牆面相連,繩重不計,各接觸面靜摩擦係數都是 0.2,欲使 W_1 物體開始向右滑動,試問:水平力 P 至少為多少 N?(計算至小數點後第 1 位,以下四捨五入)

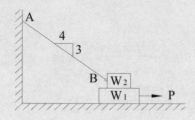

解 設繩AB之張力為T,可列出聯立方程式

$$\begin{cases} \dfrac{4}{5}T = (50 - \dfrac{3}{5}T) \times 0.2 \Rightarrow 0.8T = 10 - 0.12T \Rightarrow T \approx 10.87(N) \\ P = (50 - \dfrac{3}{5} \times 10.87)0.2 + (250 - \dfrac{3}{5} \times 10.87)0.2 = (300 - 13)0.2 = 57.4(N) \end{cases}$$

三、如圖所示，惠斯登差動吊車，定滑輪 1 與 2
　釘在一起，試問：（計算至小數點後第 1 位，
　以下四捨五入）

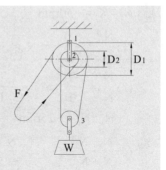

　(1)若不計摩擦損失，試證明機械利益

　　　$M_A = \dfrac{2D_1}{D_1 - D_2}$。

　(2)若 $D_1 = 24\text{cm}$，$D_2 = 20\text{cm}$，$W = 400\text{N}$，　所
　　需拉力 F 為多少 N？

解 (1)若將F處往下拉動，使1輪及2輪逆時針方向轉一圈，則重物W之右邊

　　鏈條上升 $\dfrac{\pi D_1}{2}$，而左邊鏈條下降 $\dfrac{\pi D_2}{2}$，實際上W上升之距離只有

　　$\dfrac{\pi D_1}{2} - \dfrac{\pi D_2}{2}$，由總功不滅原理，可得

　　$F \pi D_1 = W(\dfrac{\pi D_1 - \pi D_2}{2}) \Rightarrow M = \dfrac{W}{F} = \dfrac{2D_1}{D_1 - D_2}$

　(2) $M = \dfrac{400}{F} = \dfrac{48}{24 - 20} = 12 \Rightarrow F = \dfrac{100}{3}(N)$

四、一斜齒輪周轉輪系各齒輪之齒
　數如圖所示，斜齒輪 2、3 可
　於 S 軸上自由旋轉，P 固定於
　S 軸。短軸 A 固定於 P 上，斜
　齒輪 4 在短軸 A 上自由轉動與
　斜齒輪 2、3 嚙合。當齒輪 5
　轉速為 +50rpm（+ 為順時針，
　– 為逆時針）時，試問：

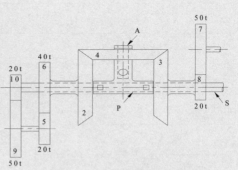

　(1)齒輪 10 之轉速與轉向為何？　(2)齒輪 2 之轉速與轉向為何？
　(3)齒輪 7 之轉速與轉向為何？　(4)齒輪 3 之轉速與轉向為何？

解 $N_5 = N_9 = +50\text{rpm}$

(1) $\dfrac{N_{10}}{N_9} = -\dfrac{T_9}{T_{10}} \Rightarrow N_{10} = -\dfrac{T_9}{T_{10}}N_9 = -\dfrac{50}{20} \times 50 = -125\text{rpm}$

(2) $\dfrac{N_6}{N_5} = -\dfrac{T_5}{T_6} \Rightarrow N_6 = -\dfrac{T_5}{T_6}N_5 = -\dfrac{20}{40} \times 50 = -25\text{rpm}$

$N_2 = N_6 = -25\text{rpm}$

(4) $\dfrac{N_3 - N_{10}}{N_2 - N_{10}} = -1 \Rightarrow \dfrac{N_3 - (-125)}{-25 - (-125)} = -1 \Rightarrow N_3 = -225\text{rpm}$

(3) $N_8 = N_3 = -225\text{rpm}$

$\dfrac{N_7}{N_8} = -\dfrac{T_8}{T_7} \Rightarrow N_7 = -\dfrac{T_8}{T_7}N_8 = -\dfrac{20}{50}(-225) = 90\text{rpm}$

NOTE

108 年　台灣電力公司（機械及電銲常識）

壹、填充題

1. 機械上常用的機構，至少需要由_____個連桿組成。

2. 鍵用於傳遞軸與機件間之轉矩，故需選用可承受壓力及_____力之材料。

3. 有一矩形試片寬度為2吋，厚度為0.25吋，作拉力試驗，當試片拉斷時，其拉力為24,000磅，試求其抗拉強度為_____lb/in^2。

4. 一皮帶輪300rpm時可傳送6π馬力（1PS＝750W），若皮帶鬆邊與緊邊張力之差為90公斤，則該輪之直徑為_____公尺。

5. 自行車之後輪係採用_____輪機構，以確保自行車向前踩時前進，向後踩時不會後退。

6. 水壓機的大活塞直徑是小活塞直徑的5倍，若以小活塞做為施力端，大活塞為抗力端，則此水壓機之機械利益為____。

7. 某人沿半徑為R公尺的圓形跑道行走2圈後回到出發點，則此人位移之大小為_____公尺。

8. 統一標準螺紋標示規格為$\frac{1}{2}$－10UNC，其中「UNC」代表的意義為_____。

9. 多孔軸承內之軸迴轉時，可將孔隙內之油吸出潤滑，軸停止轉動後，潤滑油再靠____作用而吸回孔隙內。

10. 彈簧常數分別為150kg/cm與100kg/cm之兩條拉伸彈簧串聯互勾後，共同承受150kg之負載，若不考慮彈簧本身重量的影響，則該組彈簧之總彈簧常數為_____kg/cm。

解答與解析

1. **4或四**

2. **剪**

3. **48000**   抗拉強度 $= \dfrac{24000}{2 \times 0.25} = 48000(\text{lb/in}^2)$

4. **1**

5. **棘或多爪棘**   自行車之後輪係採用棘輪機構。

6. **25** $M = \dfrac{W}{F} = \dfrac{A_大}{A_小} = 25$

7. **0**   此人之位移為0。

8. **粗牙**   統一標準螺紋：螺牙似V形，螺紋角60度，分UNC：粗牙；UNF：細牙；UNEF：特細牙。

9. **毛細或毛細管**   軸停止轉動後，潤滑油再靠毛細作用而吸回孔隙內。

10. **60** $K' = \dfrac{150 \times 100}{150 + 100} = 60(\text{kgf/cm})$。

貳、問答與計算題

一、如圖所示之輪系，A 輪轉速為 150rpm 順時針，T_A＝100 齒，T_B＝75 齒，T_C＝25 齒，則 C 輪之轉向及轉速（rpm）為多少？（須有完整計算過程）

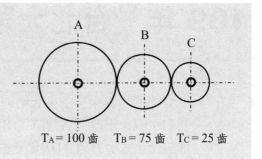

T_A＝100 齒　T_B＝75 齒　T_C＝25 齒

解 B輪為惰輪

$$\frac{N_C}{150}=\frac{100}{25}\Rightarrow N_C=600（rpm，順時針）$$

二、如圖所示，滑塊質量為 1 公斤，沿無摩擦力之光滑曲面下滑使彈簧壓縮，若重力加速度為 $10m/s^2$ 且無能量消耗，試求彈簧壓縮量為多少公分？（須有完整計算過程）

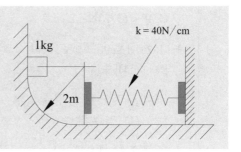

解 滑塊之重力位能轉為彈力位能

$$1\times10\times2=\frac{1}{2}\times4000\times x^2\Rightarrow x=0.1(m)=10(cm)$$

可得彈簧最大壓縮量為 10cm

109年　台北大眾捷運公司(機件原理)

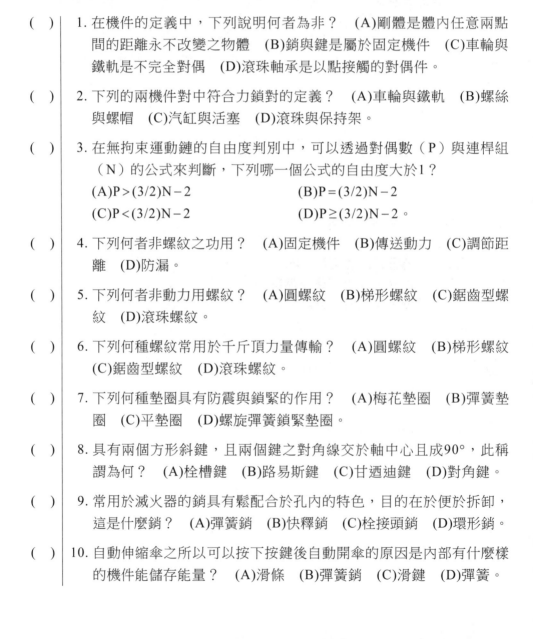

( )　1. 在機件的定義中，下列說明何者為非？　(A)剛體是體內任意兩點間的距離永不改變之物體　(B)銷與鍵是屬於固定機件　(C)車輪與鐵軌是不完全對偶　(D)滾珠軸承是以點接觸的對偶件。

( )　2. 下列的兩機件對中符合力鎖對的定義？　(A)車輪與鐵軌　(B)螺絲與螺帽　(C)汽缸與活塞　(D)滾珠與保持架。

( )　3. 在無拘束運動鏈的自由度判別中，可以透過對偶數（P）與連桿組（N）的公式來判斷，下列哪一個公式的自由度大於1？
(A)$P > (3/2)N - 2$　　　　　(B)$P = (3/2)N - 2$
(C)$P < (3/2)N - 2$　　　　　(D)$P \geq (3/2)N - 2$。

( )　4. 下列何者非螺紋之功用？　(A)固定機件　(B)傳送動力　(C)調節距離　(D)防漏。

( )　5. 下列何者非動力用螺紋？　(A)圓螺紋　(B)梯形螺紋　(C)鋸齒型螺紋　(D)滾珠螺紋。

( )　6. 下列何種螺紋常用於千斤頂力量傳輸？　(A)圓螺紋　(B)梯形螺紋　(C)鋸齒型螺紋　(D)滾珠螺紋。

( )　7. 下列何種墊圈具有防震與鎖緊的作用？　(A)梅花墊圈　(B)彈簧墊圈　(C)平墊圈　(D)螺旋彈簧鎖緊墊圈。

( )　8. 具有兩個方形斜鍵，且兩個鍵之對角線交於軸中心且成90°，此稱謂為何？　(A)栓槽鍵　(B)路易斯鍵　(C)甘迺迪鍵　(D)對角鍵。

( )　9. 常用於滅火器的銷具有鬆配合於孔內的特色，目的在於便於拆卸，這是什麼銷？　(A)彈簧銷　(B)快釋銷　(C)栓接頭銷　(D)環形銷。

( )　10. 自動伸縮傘之所以可以按下按鍵後自動開傘的原因是內部有什麼樣的機件能儲存能量？　(A)滑條　(B)彈簧銷　(C)滑鍵　(D)彈簧。

( )　11. 葉片彈簧的說明，下列何者有誤？　(A)又稱為扭片彈簧　(B)由數片長短不同的彈簧板組成　(C)多用於汽車或火車等車輛之底盤處用於避震　(D)每一片的彈簧板都做成三角形或梯形，目的是使整組的彈簧片每一切面的彎曲應用都相等。

( )　12. 常用於機械式鐘錶上的彈簧是何種彈簧？　(A)螺旋壓縮彈簧　(B)螺旋扭轉彈簧　(C)蝸旋扭轉彈簧　(D)錐形彈簧。

( )　13. 關於方螺紋與梯形螺紋的比較，下列何者為非？　(A)方螺紋傳達動力的效率高於梯形螺紋　(B)虎鉗之螺桿大多使用梯形螺紋　(C)梯形螺紋斷面呈現梯形，所以根部強度大　(D)梯形螺紋角度可以分為公制的30°與英制的29°。

( )　14. 關於機械利益的說明，下列何者為非？　(A)機械利益＝主動件輸入之力/從動件輸出之力　(B)機械利益又稱為力比　(C)機械利益大於1者，表示為該機械省力費時　(D)機械利益等於1者，表示為不省時也不省力，但可以改變施力的方向。

( )　15. 螺帽是配合螺栓或螺釘而使用的機件，如圖所示是屬於哪一種類的螺帽？　(A)堡形螺帽　(B)翼形螺帽　(C)環首螺帽　(D)指轉螺帽。

( )　16. 彈簧的材料會依據用途不同而所不同，以下材料對應之用途何者是不正確的？　(A)琴鋼線因抗拉強度大且韌性佳，是小型彈簧的最佳材料　(B)不鏽鋼常用於需抗腐蝕的應用　(C)矽錳鋼因耐衝擊與耐疲勞，是大型彈簧與葉片彈簧的材料　(D)橡皮彈簧因吸震能力佳，故常用於引擎的汽門彈簧用。

( )　17. 下列何者的功能是使鍵與鍵槽有緊密配合，並能承受振動而不致脫落，且為了方便拆卸，故將一端製成鉤頭的形狀。　(A)鞍鍵　(B)栓槽鍵　(C)帶頭斜鍵　(D)滑鍵。

( )　18. 兩傳動軸相交之銳角為30°，若欲傳達迴轉運動，則連接此兩軸宜採用　(A)離合器　(B)虎克接頭　(C)歐丹聯結器　(D)凸緣聯結器。

( )　19. 凸緣聯結器上之螺栓,當軸迴轉傳遞扭矩時受何力作用?
(A)剪力　(B)壓力　(C)摩擦力　(D)拉力。

( )　20. 何種聯結器不能聯結具有些微軸心偏差之兩旋轉軸?　(A)歐丹聯結器　(B)鏈條聯結器　(C)凸緣聯結器　(D)虎克接頭。

( )　21. 圓盤離合器傳遞兩軸之扭矩時依何種機制來傳達動力?　(A)棘爪　(B)旋轉軸切線方向摩擦力　(C)旋轉軸法線方向摩擦力　(D)梯牙螺紋。

( )　22. 軸承的功用是　(A)糾正軸之彎曲　(B)承受軸之扭轉力　(C)保持軸中心位置　(D)調整軸中心位置。

( )　23. 軸承之負荷平行於軸向者,稱為　(A)整體軸承　(B)徑向軸承　(C)止推軸承　(D)四部軸承。

( )　24. 大型發電機,蒸氣輪機之主軸承,為了在磨損時方便調整,通常採用　(A)四部軸承　(B)徑向軸承　(C)滾子軸承　(D)止推軸承。

( )　25. 一軸承標稱7210,其內徑為　(A)10mm　(B)50mm　(C)72mm　(D)35mm。

( )　26. 下列何者不屬於滑動軸承?　(A)多孔軸承　(B)對合軸承　(C)整體軸承　(D)自動對正軸承。

( )　27. 下列何者非滾珠軸承構成必要部分?　(A)內外座環　(B)鋼珠　(C)保持器　(D)襯套。

( )　28. 下列何種類型的V型皮帶有最小斷面積?
(A)A　(B)C　(C)E　(D)M。

( )　29. 為獲得較佳傳動效率,V型皮帶斷面夾角與帶輪輪槽夾角通常製作成　(A)皮帶夾角大於輪槽夾角　(B)皮帶夾角等於輪槽夾角　(C)皮帶夾角小於輪槽夾角　(D)皮帶夾角與輪槽夾角和傳動效率無關。

( )　30. 皮帶繞掛帶輪時有初張力T0,傳遞動力時皮帶上形成緊邊張力T1與鬆邊張力T2,有關皮帶張力大小選項中何者正確?
(A)T0 > T1 > T2　　　　　　(B)T1 > T0 > T2
(C)T1 > T2 > T0　　　　　　(D)T0 > T2 > T1。

( )　31. 兩皮帶輪外徑分別為80cm與40cm，兩輪中心相距200cm，求交叉帶之皮帶長為何？　(A)606cm　(B)596cm　(C)616cm　(D)610cm。

( )　32. 一鏈輪機構，主動輪齒數20齒，轉速700rpm，從動輪齒數35齒，求從動輪轉速為？　(A)420rpm　(B)300rpm　(C)400rpm　(D)370rpm。

( )　33. 一鏈輪機構，鏈輪緊邊張力為40kN，鏈條平均線速度為30 m/min，求鏈條傳遞之功率？　(A)20000kW　(B)20kW　(C)300J (D)120N-m/s。

( )　34. 選項中何種類型之傳動輪輪廓由兩相等對數螺線所形成？ (A)葉輪　(B)橢圓輪　(C)凹槽摩擦輪　(D)圓盤與滾子摩擦輪。

( )　35. 齒輪之齒型輪廓，為一直線沿一圓之周圍轉動時直線上任一點之軌跡所定義者，則通稱此齒輪為　(A)擺線齒輪　(B)漸開線齒輪 (C)切線齒輪　(D)螺旋線齒輪。

( )　36. 首末兩輪在同一中心軸之複式輪系，稱為　(A)回歸輪系　(B)周轉輪系　(C)太陽行星輪系　(D)三重滑車輪系。

( )　37. 在周轉輪系中，某輪之相對角速度，應為其絕對角速度與 (A)旋臂角速度之差　(B)末輪角速度之差　(C)首輪角速度之合 (D)旋臂切線速度之差。

( )　38. 一往復滑塊曲柄機構之曲柄長50公分，連桿長80公分，則滑塊之行程為何？　(A)30　(B)50　(C)100　(D)130cm。

( )　39. 對於歐丹聯結器的應用，下列描述何者正確？　(A)兩軸不互相平行但中心線交於一點　(B)主動軸和從動軸之角速度不相同　(C)兩軸相互平行且不在同一中心線上　(D)以上皆非。

( )　40. 如圖所示之滑輪組中，以100公斤之作用力可吊起多少公斤重物？
(A)50
(B)100
(C)200
(D)400公斤。

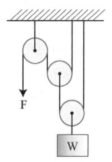

( )　41. 如圖所示之滑車組中，欲吊起W＝360公斤
之重物，則F需施多少公斤力？
(A)30
(B)60
(C)90
(D)120公斤。

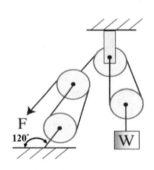

( )　42. 滑車的敘述，下列何者描述錯誤？　(A)動滑輪可省力　(B)定滑輪
機械利益等於1　(C)定滑輪是用於改變方向　(D)動滑輪機械利益
小於1。

( )　43. 如圖所示之滑車組中，若施力F為500公斤，且機
械損失40%，則可吊起重物W為多少公斤？
(A)400
(B)600
(C)900
(D)1500　公斤。

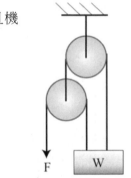

( )　44. 如圖所示之滑車組中，若施力F時，可將
重物W升起，若不計摩擦損失，其機械
利益為多少？
(A)0.25
(B)0.5
(C)2
(D)4。

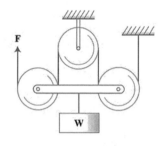

( )　45. 有關惠斯登（Weston）差動滑車的敘述，下列何者錯誤？
(A)採用兩個不同直徑的定滑輪　(B)採用兩條完整的鏈條連結
(C)此滑車之機械利益與動滑輪尺寸無關　(D)採用一個動滑輪。

( )　46. 下列何者機構可以產生間歇運動？　(A)棘輪機構　(B)帶輪機構 (C)虎克接頭　(D)歐丹聯結器。

( )　47. 若日內瓦機構的從動件有四個徑向槽，若主動輪等速轉360度，需要8秒，則在此期間，從動輪暫停多少秒？　(A)2　(B)4　(C)6 (D)8。

( )　48. 滑車為何種原理之應用？　(A)虎克定律　(B)槓桿　(C)斜面　(D)牛頓第三運動定律。

( )　49. 若有一滑車機構的機械利益為4，欲吊起100公斤之重物，若不計摩擦損失，則需出力多少公斤？　(A)0.04　(B)25　(C)50 (D)400。

( )　50. 為防止釣桿之捲線器和絞盤心軸產生逆轉現象，常使用下列哪種機構？　(A)雙動棘輪　(B)單爪棘輪　(C)多爪棘輪　(D)可逆棘輪。

解答與解析　（答案標示為#者，表官方公告更正該題答案）

1. **B** (B)銷與鍵是屬於連結機件。

2. **A**

3. **C** 機構自由度公式為$F=3(N-1)-2P>1 \Rightarrow 3N-4>2P \Rightarrow P<\dfrac{3}{2}N-2$。

4. **D** 蓋頭螺帽才有防漏的功能。

5. **A** 圓形螺紋螺牙角呈半圓形，適用於燈泡、橡皮管之連接。

6. **C** 鋸齒形（Buttress）螺紋常用於千斤頂力量傳輸。

7. **A** 本題公告為(A)，但實際上答案(A)(B)(D)均可。

8. **C**　9. **B**　10. **D**　11. **A**

12. **C** 常用於機械式鐘錶上的彈簧是蝸旋扭轉彈簧彈簧。

13. **B** 除滾珠螺紋外，方形螺紋之傳力效率最高，但製造上較為困難，製造費用亦高。愛克姆齒紋每邊有14：1之斜度角，其傳遞動力之效率，較之方齒者相差亦不太大，但製造費用較低。若力之傳遞，僅係向一個方向者，以使用鋸齒形螺紋為宜。

14. **A** (A)機械利益＝從動件輸出之力/主動件輸入之力。

15. **B** 圖示為翼形螺帽，用手即可裝卸，用於常需裝卸之處。

16. **D**　17. **C**

18. **B** 萬向聯軸器又稱虎克接頭或十字接頭，是依球體原理設計而成，以一十字形桿裝於二正交U形叉頭孔內，並裝入滾針軸承。通常用於兩軸不平行，即有角度偏差之結合，兩軸所夾的角度可任意變更，且角度愈大時轉速比變化愈大，故軸心交角不宜超過30度，一般在5度以下為宜。

19. **A**

20. **C** 凸緣聯結器屬於固定軸接頭，不能聯結具有些微軸心偏差之兩旋轉軸。

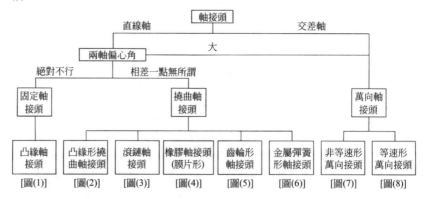

21. **B**

22. **C** (C)軸承的功用是保持軸中心位置。

23. **C** 軸承之負荷平行於軸向者，稱為止推軸承。

24. **A** 大型發電機，蒸氣輪機之主軸承，為了在磨損時方便調整，通常採用四部軸承。

25. **B**　$10 \times 5 = 50(mm)$。

26. **D**　滑動軸承的類型：

(1) 根據承受載荷的方向不同分為：徑向軸承、止推軸承。

(2) 根據潤滑膜的形成原理不同分為：無油軸承、多孔軸承。

(3) 徑向滑動軸承可分為：整體軸承、對合軸承、四部軸承。

(A)整體軸承：磨損後無法調整，傳動馬力在10HP以下。

(B)對合軸承：磨損後可作左右調整，用於汽車曲軸、車床主軸。

(C)四部軸承：磨損後可作上下左右調整，用於蒸汽機、發電機之主軸。

故知自動對正軸承屬於滾動軸承。

27. **D**　下圖為滾珠軸承機構圖，不包含襯套。

外座圈

鋼珠

內座圈

保持器

28. **D**　M型V帶斷面積最小。

29. **A**　(A)V型皮帶夾角大於輪槽夾角可增加側邊摩擦力；在相同的帶張緊程度下，V帶傳動的摩擦力要比平帶傳動約大70%，其承載能力因而比平帶傳動高。

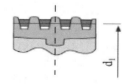

30. **B**

31. **A**　交叉帶帶長公式：$L = \dfrac{\pi}{2}(D+d) + 2C + \dfrac{(D+d)^2}{4C}$

$= \dfrac{3.14}{2}(80+40) + 400 + \dfrac{(80+40)^2}{800} = 188.4 + 400 + 18 = 606.4(cm)$。

32. **C**　$20 \times 700 = 35 \times N_{從} \Rightarrow N_{從} = 400(rpm)$。

33. **B**　$P = FV = 40 \times \dfrac{30}{60} = 20(kW)$。

34. **A** 兩輪周緣曲線為對數螺旋線者稱為葉輪，如單葉瓣輪、雙葉瓣輪、三葉瓣輪與四葉瓣輪。

35. **B**

36. **A** 首末兩輪在同一中心軸之複式輪系，稱為回歸輪系。

37. **A**

38. **C** 滑塊之行程為曲柄長之兩倍。

39. **C** 歐丹聯結器適用於兩軸相互平行且不在同一中心線上。

40. **D** 此滑車組機械利益為4，W＝4×100＝400(kg)。

41. **B** 此滑車組機械利益為6，$F=\dfrac{360}{6}=60(kg)$。

42. **D** (D)動滑輪機械利益大於1。

43. **C** $\dfrac{W}{500}=3\times 0.6\Rightarrow W=900(kg)$。

44. **D** 此滑車組機械利益為4。

45. **B**

46. **A** 棘輪機構為間歇運動裝置。

47. **C** $8\times\dfrac{3}{4}=6(s)$。

48. **B** 滑車為槓桿原理之應用。

49. **B** $\dfrac{100}{F}=4\Rightarrow F=25(kg)$。

50. **B**

109年　台北大眾捷運公司（機械概論）

一、影響刀口積屑之五種因素？

解 消除刀口積屑的方法有礪光刀口、加大斜角、增加轉速而加大隙角無效。

二、運動鏈依其運動性質可分為哪三種？

解 設N為機件數，P為對偶數，則機構可分為固定鏈、拘束鏈及無拘束鏈。

(1)固定鏈（呆鏈）：$P > \frac{3}{2}N - 2$，自由度 $=0$。

(2)拘束鏈：$P = \frac{3}{2}N - 2$，自由度 $=1$。

(3)無拘束鏈：$P < \frac{3}{2}N - 2$，自由度 >1。

三、回答有關 (1) 熱塑性及 (2) 熱硬性塑膠，其材料結構性質差異為何？

解 合成聚合物依其分子形狀可分鏈狀聚合物及網狀聚合物。

(1)鏈狀聚合物在高溫時分子較易運動，加熱時就軟化或熔化，冷卻後就變硬成形。因為具有可塑性，因此叫做【熱塑性】聚合物，可以回收再製造。例：合成纖維（如耐綸）、合成橡膠、聚乙烯（P.E.）、聚氯乙烯（P.V.C.）及寶特瓶用塑膠等，都是鏈狀聚合物。

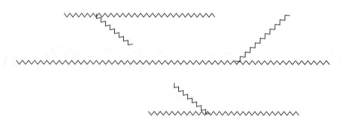

(2)網狀聚合物在高溫時分子不易自由運動，加熱時不易軟化亦不變形，這種聚合物又叫【熱固性聚合物】。這種聚合物可耐高溫，可惜不能回收再利用，而造成環境問題。

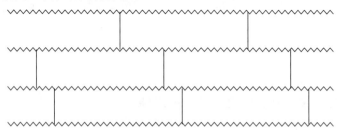

(3)熱塑性聚合物加熱就熔化，因此可收回重複使用，如寶特瓶、耐綸等；熱固性聚合物成形後不再因熱熔化，不能再收回利用，而造成垃圾問題，如廢輪胎。

四、螺旋之主要四種功用？

解 螺紋主要用在連結機件上，比如機器螺栓和螺釘。這種性質的螺紋，設計簡單，容易產生。時常用的形狀是V形，雖然有幾種微小的變化。螺紋的另一用途，是傳達動力，比如在千斤頂中，試看藉著一根普通螺絲所得到的機械利益有多大！由此也說明了螺紋的妙用無窮。

螺紋也傳達運動或是用來定位，比如車床上的導螺桿。最後，螺紋也有用作量測器具的，比如用在分釐卡裡。當所製作的螺紋形狀不同，自然受它的影響所達成的功用也不同。

五、銲接用合金之(1)軟銲合金、(2)硬銲合金最常用的合金材料為何？

解 軟銲為427°C以下之銲接；硬銲為427°C以上之銲接，軟銲使用之銲料為鉛錫合金；硬銲使用之銲料為黃銅。

109 年　桃園大眾捷運公司（機械概論）

( )　1. 下列何者適用於傳達高速動力之鏈條？　(A)倒齒鏈　(B)塊狀鏈　(C)柱環鏈　(D)滾子鏈。

( )　2. 在靜力學的研討範圍內，均將受力的物體或結構件假設成為　(A)彈性體　(B)塑性體　(C)剛體　(D)可變形體。

( )　3. 西班牙滑車之組合是　(A)定滑輪及動滑輪各一個　(B)定滑輪二個　(C)動滑輪兩個　(D)定滑輪二個及動滑輪一個。

( )　4. 一鏈輪傳動機構，兩軸中心距120cm，鏈節長2cm，兩鏈輪分別為40齒與24齒，求鏈條之節數若干？　(A)128　(B)154　(C)166　(D)182。

( )　5. 下列敘述何者錯誤？　(A)斜面之機械利益與斜角之餘割值有關　(B)螺旋為槓桿之應用　(C)斜面為單純之機件　(D)若斜面的高度固定則斜面愈長愈省力。

( )　6. 當凸輪之位移圖為水平線時，則從動件的運動型式為　(A)等速運動　(B)變形等速運動　(C)等加速運動　(D)靜止不動。

( )　7. 刀具斜角最主要的用途是　(A)引導與排屑　(B)提供足夠強度　(C)防止刀具與工件間之摩擦　(D)耐衝擊。

( )　8. 作斜向拋射時，若斜角與水平成45°，則最大高度H與最大水平射程R之關係為何？　(A)H＝R　(B)H＝2R　(C)R＝3H　(D)R＝4H。

( )　9. 有關量具的敘述，下列何者有誤？　(A)B級塊規用於檢驗量規、量具　(B)正弦桿可精密測機件角度或錐度　(C)光學平行鏡用於檢驗外徑分厘卡砧座與測軸之真平度　(D)螺絲分厘卡用於測量螺絲外徑。

( )　10. 有關切削加工之敘述，下列何者有誤？　(A)影響切削加工及切削性最主要者為刀具的材質　(B)工件的硬度太高易使刀具磨耗　(C)工件的延展性太高易使刀口產生積屑　(D)金屬之切削原理乃是晶粒受剪切作用。

( )　11. 下列敘述切削力何者有誤？　(A)以三次元車床的車削為例，切線分力佔切削力的最大　(B)切削性硬工件材質其切削時的切削力較大　(C)切邊角愈小可使切削力愈小　(D)車床作粗車削時儘量採用大進深，小進刀量方式。

( )　12. 要使一個工件完全軟化而得到最大延性的熱處理是　(A)完全退火　(B)製程退火　(C)球化退火　(D)均質化。

( )　13. 下列有關電弧銲接（電銲）的敘述，何者正確？　(A)須使用直流電，工件須接在正極，電極則須接在負極　(B)電極可以為消耗性也可以為非消耗性的型式　(C)電極與工件須直接接觸，形成電的通路方可進行銲接　(D)只適用於銲接位置為平銲者，不能用於仰銲或立銲。

( )　14. 下列何者敘述錯誤？　(A)物體受力後，若合力為零，則物體必定靜止　(B)物體等速度運動，其運動軌跡必定是直線　(C)等速率運動之物體，若方向改變，必定會產生加速度　(D)兩物體必定要相接觸，才會有機會產生摩擦力。

( )　15. 如圖所示，A物質量40kg，B物質量10kg，若不計摩擦及繩子重量，在運動中，此繩所受的2張力為多少牛頓？（$g=9.8m/s^2$）

(A)8　(B)16　(C)78.4　(D)156.8。

( )　16. 車床上使用梯形螺紋之導螺桿，其目的在使　(A)刀架傳動精確　(B)傳達動力　(C)使車刀不會發生振動　(D)使對合半螺帽容易與螺桿接合或分離。

( )　17. 下列敘述者有誤？　(A)鋼機件上鍍鎳鉻時常先鍍銅作底層　(B)防鏽處理為防止金屬表面因氧化作用　(C)防蝕處理為防止有害化學因子或物理能量破壞侵蝕表面　(D)陰極防蝕法是藉活性易氧化之鎂、鋅金屬做陰極。

( )　18. 有關螺紋的製造方法之敘述，下列何項錯誤？　(A)車床車削適內、外螺紋的中精密度、少量特殊螺紋製造　(B)銑床銑削適小節距之內、外螺紋的精密大量製造　(C)螺紋機製造適內、外螺紋的高精度大量生產　(D)滾軋適外螺紋的大量生產。

( )　19. 在生產工廠中，如需大量製造齒輪鍵槽時，應採用下列那種工具機最適合？　(A)插床　(B)鉋床　(C)拉床　(D)鋸床。

( )　20. 高碳鋼比中碳鋼硬，中碳鋼比低碳鋼硬，是因為下列何種組織較多的關係？　(A)肥粒體　(B)雪明碳鐵　(C)波來鐵　(D)沃斯田體。

( )　21. 亞共析鋼加熱至A_3線以上之溫度，再徐冷至常溫，所得的混合組織為 (A)沃斯田體（γ）+波來鐵（P）(B)沃斯田體（γ）+肥粒體（α）(C)肥粒體（α）+波來鐵（P）　(D)波來鐵（P）+雪明碳鐵。

( )　22. 下列有關金屬澆鑄的敘述，何者不正確？　(A)金屬溶液溫度可以用紅外線溫度計測定　(B)澆鑄速度太快會破壞砂模　(C)澆鑄速度太慢會造成金屬液滯流而無法充滿模穴　(D)與厚的工件比較，薄的工件應使用較低溫度來澆鑄。

( )　23. 有關磨床砂輪的敘述，下列何者錯誤？　(A)粗磨削用粗粒，細磨削用細粒　(B)硬材料用細粒，軟材料用粗粒　(C)軟材料用軟砂輪，硬材料硬硬砂輪　(D)工件表面粗糙用硬砂輪，光滑面用軟砂輪。

( )　24. 一般工業用的碳鋼其含碳量為　(A)0.05～1.5%　(B)1.7～2.0%(C)2.0～3.0%　(D)3.0～4.5%。

( )　25. 試問有關漸開線齒輪之敘述，下列何者為正確？
(A)漸開線齒輪的優點之一，是傳動過程不會發生干涉（interference）現象
(B)將軸心距離稍微加大後，漸開線齒輪的壓力角仍然保持不變
(C)將軸心距離稍微加大後，漸開線齒輪的基圓直徑仍然保持不變
(D)將軸心距離稍微加大後，漸開線齒輪的節圓直徑仍然保持不變。

( )　26. 一圓盤作等角加速度轉動，則　(A)具有向心加速度　(B)具有切線加速度　(C)具有向心及切線加速度　(D)無任何加速度。

( ) 27. 下列何種可製得較薄之板片狀齒輪？ (A)衝製法 (B)滾壓法 (C)滾壓法 (D)銑製法。

( ) 28. 下列齒輪之敘述何者有誤？ (A)齒冠高等於模數 (B)模數是徑節的倒數 (C)周節與徑節之積等於圓周率 (D)公制齒輪常以徑節表示。

( ) 29. 使用萬向接頭，兩軸中心線相交的角度，幾度以內最理想？ (A)5° (B)10° (C)20° (D)30°。

( ) 30. 車床塔輪為四階，此車床如再加上後列齒輪，則其轉速變化有 (A)四種 (B)六種 (C)八種 (D)十種。

( ) 31. C.G.S制中，力之絕對單位為 (A)公克 (B)公斤 (C)牛頓 (D)達因。

( ) 32. 材料受力在比例限度以內時，其應力與應變的比值稱為 (A)蒲松氏比 (B)慣性矩 (C)應變能 (D)彈性係數。

( ) 33. 一螺紋標註「5/8×3-11UNC-2」，下列註解何者不正確？ (A)「5/8」表公稱外徑5/8吋 (B)「3」表螺栓長度為3吋 (C)「11」表每吋為11牙 (D)「UNC」表統一細牙螺紋。

( ) 34. 螺紋滾軋優點之敘述，何者有誤？ (A)螺紋光滑精確、製造迅速 (B)可節省材料 (C)可增進螺紋抗拉、抗剪、抗疲勞強度 (D)任何硬材料皆可滾軋。

( ) 35. 下列何種機器用來加工槽最理想？ (A)立式銑床 (B)臥式銑床 (C)鉋床 (D)平面磨床。

( ) 36. 一物體以50m/sec的速度垂直上拋，則物體達到最高點的高度為 (A)78.4 (B)98 (C)127.6 (D)196 m。

( ) 37. 不用砂心或心型（Core）即可製作薄壁中空鑄件之鑄造方法為： (A)壓鑄法 (B)瀝鑄法 (C)石膏模鑄法 (D)砂模鑄法。

( ) 38. 直徑為d的半圓形，對底邊的慣性矩為

(A)$\frac{\pi d^4}{16}$ (B)$\frac{\pi d^4}{32}$ (C)$\frac{\pi d^4}{64}$ (D)$\frac{\pi d^4}{128}$。

(　　) 39. 下列有關碳鋼加工性的敘述，那一項為正確？　(A)碳鋼的銲接性與含碳量成反比　(B)碳鋼的冷作鍛造性與含碳量成正比　(C)碳鋼的鑄造性比鑄鐵為佳　(D)碳鋼的切削性與其含碳量沒有關係。

(　　) 40. 兩嚙合外接正齒輪，轉速比為3：2，輪軸中心距為75mm，兩齒輪接觸率為1.4，若大齒輪之作用角為14°，則兩齒輪齒數分別為何？　(A)34、51　(B)28、42　(C)24、36　(D)22、33。

(　　) 41. 一周轉輪系機構如圖所示，$N_A = 10$rpm順時針旋轉，$N_B = 6$rpm順時針旋轉，則C輪轉速與旋轉方向為何？　(A)8rpm順時針旋轉　(B)8rpm逆時針旋轉　(C)10.5rpm順時針旋轉　(D)10.5rpm逆時針旋轉。

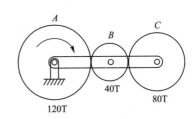

(　　) 42. 一般材料在x軸方向受拉力會伸長，而在橫向y及z軸方向會縮短，這種現象稱為　(A)頸縮現象　(B)虎克定律　(C)應變硬化　(D)蒲松氏效應。

(　　) 43. 車配合用凹部之直徑比配合直徑小　(A)Ø0.1　(B)Ø1　(C)Ø3　(D)Ø5。

(　　) 44. 已知前視圖與俯視圖，選擇正確的左側視圖。

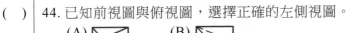

(A) 　(B)

(C)　(D)

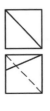

(　　) 45. 一螺栓符號為「M18×2×50-1」，其螺栓長度為　(A)50mm　(B)20mm　(C)18mm　(D)16mm。

(　　) 46. 相鄰兩螺牙的對應點沿軸向距離，稱為　(A)導程　(B)節距　(C)行程　(D)傳動距離。

(　　) 47. 影響刀具壽命的最主要的因素是切削速度，有一切切削實驗，結果可以$VT^{0.5} = C$表示，其中V為切削速度，T為刀具壽命，C為常數；

若切削速度增為2倍，則刀具壽命為原來的幾倍？ (A)$\frac{1}{4}$倍 (B)$\frac{1}{2}$倍 (C)2倍 (D)4倍。

( ) 48. 鑽一般鋼材，鑽頭之鑽刃角度最佳為 (A)60° (B)72° (C)90° (D)118°。

( ) 49. 平面磨床上磨削薄工件，所須之夾具為 (A)套筒夾頭 (B)四爪夾頭 (C)萬能夾頭 (D)磁性夾頭。

( ) 50. 下列何者非消除漸開線齒輪干涉的方法？ (A)採用短齒制 (B)減少壓力角 (C)齒腹內凹 (D)增大中心距。

解答與解析 （答案標示為#者，表官方公告更正該題答案）

1. **A** 倒齒鏈適用於傳達高速動力。

2. **C** 在靜力學的研討範圍內，均將受力的物體或結構件假設成為剛體。

3. **A** 如圖所示，西班牙滑車為一定滑輪及一動滑輪。

4. **B** $D = \frac{2 \times 40}{3.14} = 25.48(cm)$，$d = \frac{2 \times 24}{3.14} = 15.3(cm)$

鏈長 $= \frac{3.14}{2}(25.48 + 15.3) + 2 \times 120 + \frac{(25.48 - 15.3)^2}{4 \times 120}$

$= 64 + 240 + 0.216 = 304.2(cm)$

鏈節數 $= \frac{304.2}{2} = 152.1 \approx 154$（節），故選(B)。

5. **B** (B)螺旋為斜面之應用。

6. **D** 從動件靜止不動。

7. **A** 刀具斜角最主要的用途是引導排屑。

8. **D**　9. **D**　10. **A**　11. **C**

12. **A** 熱處理（heat treatment）：
　　(1) 淬火：使材料變硬。
　　(2) 退火：使材料變軟。
　　(3) 回火：使材料韌性增強。
　　(4) 正常化：使材料內部組織細緻正常。

13. **B**

14. **A** 有可能作等速運動

15. **C** $10 \times 9.8 = (10+40) \times a \Rightarrow a = 1.96(\text{m/s}^2)$
　　$10 \times 9.8 - T = 10 \times 1.96 \Rightarrow T = 1.9678.4(\text{N})$

16. **B**　17. **D**　18. **B**　19. **C**　20. **B**　21. **C**　22. **D**　23. **C**

24. **A** 工業用碳鋼（CS）含碳量0.02~2.0%C。

25. **C**　26. **C**　27. **A**

28. **D** (D)公制齒輪常以模數表示。

29. **A** 萬向接頭兩軸中心線相交的角度，在5°以內最理想。

30. **C**

31. **D** CGS制力的單位為$1\text{dyne} = 1\text{g} \cdot \text{cm/s}^2$。

32. **D** 材料受力在比例限度以內時，其應力與應變的比值稱為彈性係數。

33. **D**　34. **D**

35. **A** 立式銑床用來加工槽最理想。

36. **C** $0^2 = 50^2 - 2 \times 9.8 \times S \Rightarrow S = 127.55(\text{m})$。

37. **B**

38. **B** 答案公告為(B)，但此題解答應有誤，$I_x = \dfrac{1}{8}\pi r^4 = \dfrac{1}{128}\pi d^4$。

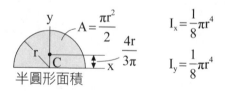

$$A = \dfrac{\pi r^2}{2} \qquad I_x = \dfrac{1}{8}\pi r^4$$

$$\dfrac{4r}{3\pi} \qquad I_y = \dfrac{1}{8}\pi r^4$$

半圓形面積

39. **A**　40. **C**

41. **C**　$\dfrac{N_B - N_m}{N_A - N_m} = \dfrac{6 - N_m}{10 - N_m} = -\dfrac{120}{40} \Rightarrow 6 - N_m = -30 + 3N_m \Rightarrow N_m = 9(\text{rpm})$

$\dfrac{N_C - N_m}{N_A - N_m} = \dfrac{N_C - 9}{10 - 9} = \dfrac{120}{80} \Rightarrow N_c = 10.5(\text{rpm}) = 10.5$（rpm，順時針）

42. **B** 答案公告為(B)，此題答案有誤，應為蒲松氏效應。

43. **B**　44. **D**　45. **A**　46. **B**

47. **A**　$VT^{0.5} = (2V)(\dfrac{1}{4}T)^{0.5} = C$，故知刀具壽命為原來的 $\dfrac{1}{4}$ 倍。

48. **D**　49. **D**

50. **B** 消除干涉需增加壓力角。

109 年　台灣電力公司（機械原理）

壹、填充題

1. 鋼材之熱處理加工方法中，_____作業可增加鋼材硬度，再經回火後，使工件獲得良好的使用性能，以充分發揮材料的潛力。

2. 一滑車組如圖所示，若考慮摩擦損失，該滑車組之機械效率為40%，若欲拉起物重W為500N時，則至少需施力F為_____N。

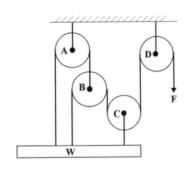

3. 圓孔與軸有三種配合，分別為餘隙配合、過渡配合及干涉配合，試問在一圓孔直徑標示為Ø30H7和一軸直徑標示為Ø30s6相配合，此種配合為_____配合。

4. 一平鍵之規格為鍵寬b×鍵高h×鍵長L，裝於一直徑d之軸上，假設軸承受T之扭矩作用，試問該平鍵承受之壓應力σ與剪應力τ之關係式為σ＝_____τ。（請以鍵寬b及鍵高h表示）

5. 如圖所示之桁架，在此桁架結構中有_____根桿件是不會產生內應力之零力桿件。（請以數量表示）

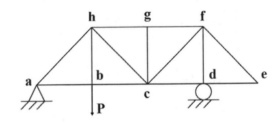

6. 每刻度為1mm的游標卡尺，取本尺9mm長作為游尺的長度，並將此長度分成10等分，刻度由0到10，當在量測物件尺寸時，游尺刻度線標示為6之刻度與本尺的35mm刻度對齊，則該物件尺寸讀值為_____mm。

7. 內部構造複雜之物件，所繪投影視圖之虛線必縱橫交錯，不僅繪製不易且讀圖更感困難，對此便會運用剖視圖來呈現，其中半剖面圖是將物件_____剖切。（請以最簡分數表示）

8. CNS在幾何公差符號中，如圖所示，其代表_____度之形狀公差。

9. 蒲松比ν為0.3的圓桿，其原始長度300mm，半徑25mm，受一軸向拉力作用而伸長0.6mm，則直徑收縮_____mm。

10. 兩外接正齒輪，其中心距離為320mm，且兩外接正齒輪齒數分別為40與120，則其模數為_____mm。

11. 國際公認之標準規格中，DIN為_____國家標準之簡稱。

12. 如圖所示之立體圖，請由標示之前視方向徒手繪製前視圖_____。

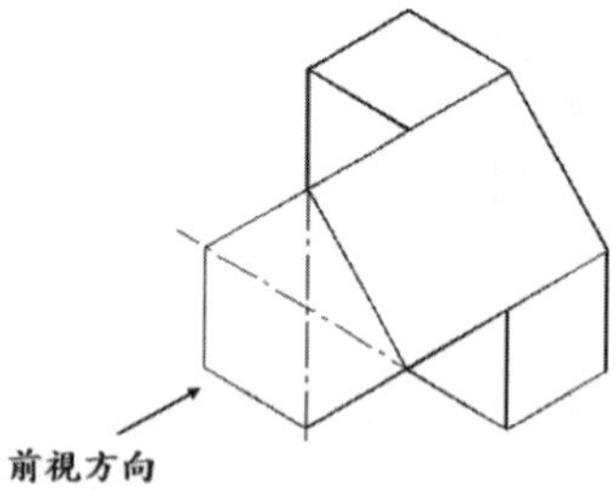

前視方向

13. 如圖所示之塊狀制動機構，其中已知輪鼓直徑D＝20cm，摩擦係數為0.5，制動力F為32N，桿長a＝40cm，如欲產生360N-cm之制動扭矩，則b桿長度需為_____cm。

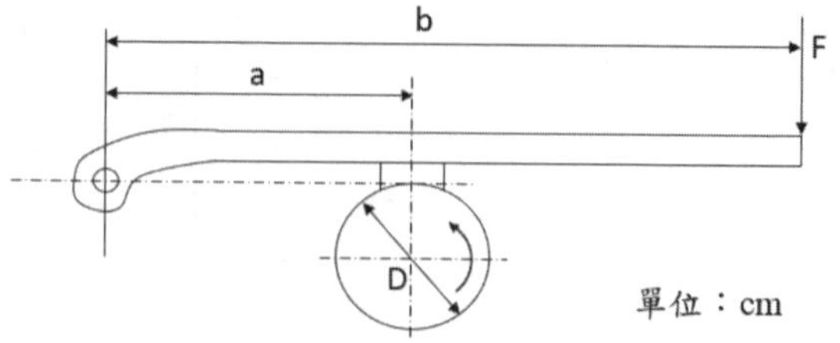

b
a
F
D
單位：cm

14. 如圖所示之運動鏈，以連桿數及對偶數研判，應屬於_____運動鏈。

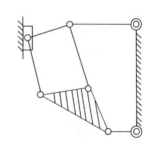

15. 如圖所示之差動螺紋組合，其導程分別為 $L_1=10mm$（右螺旋）及 $L_2=3mm$（右螺旋），今欲將滑板上升或下降21mm，則手輪須旋轉_____圈。

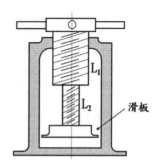

16. 設一公制螺栓標示為「L–2N M30×5×50–2」，則此螺栓旋轉一周，其導程為_____mm。

17. 如圖所示，齒輪A為30齒，齒輪B為60齒，齒輪C為40齒，齒輪D為70齒，其齒輪A為主動輪轉速140rpm，則齒輪D從動輪轉速為_____rpm。

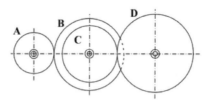

18. 如圖所示，一物塊重400N，受一拉力F，若物塊和地面間之摩擦係數μ=0.8，則兩者間承受之摩擦力為多少_____N。

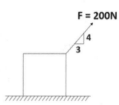

19. 惠氏螺紋又稱為韋氏螺紋，為英國國家標準採用之螺紋，其螺紋角角度為_____度。

20.如圖所示之皮帶輪，原動輪直徑為40m，若皮帶
　　兩側張力分別為90N和40N，則對此軸所產生之扭
　　矩為_____N-m。

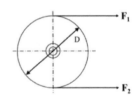

解答與解析

1.淬火　　熱處理（heattreatment）：
　　　　　　(1)淬火：使材料變硬。
　　　　　　(2)退火：使材料變軟。
　　　　　　(3)回火：使材料韌性增強。
　　　　　　(4)正常化：使材料內部組織細緻正常。

2.250　　此滑車組機械利益為5，欲吊起重物需施力
　　　　　　$\dfrac{500}{5} \times \dfrac{1}{0.4} = 250(N)$。

3.干涉　　軸大孔小，故為干涉配合。

4.$\dfrac{2b}{h}$　　壓應力為$\sigma = \dfrac{4T}{DhL}$，剪應力為$\tau = \dfrac{2T}{DbL}$

　　　　　　可得$\sigma = \dfrac{2b}{h}\tau$

5.4

6.29.6　　此游標卡尺之精度為$1 \times (1 - \dfrac{9}{10}) = 0.1(mm)$
　　　　　　工件長$35 - 6 + 0.1 \times 6 = 29.6(mm)$

7.$\dfrac{1}{4}$

8.圓柱　　常見之形狀公差如下表：

形態公差類別	公差性質	符號
形狀公差	真直度	——
	真平度	▱

形態公差類別	公差性質	符號
形狀公差	真圓度	○
	圓柱度	
	曲線輪廓度	⌒
	曲面輪廓度	⌓

9.**0.03**　Poisson比：$\dfrac{側應變}{軸向應變}=\dfrac{\frac{x}{50}}{\frac{0.6}{300}}=0.3 \Rightarrow x=0.03(mm)$

10.**4**　小齒輪直徑為160mm，小齒輪與大齒輪有相同的模數為
$M=\dfrac{160}{40}=4(mm)$。

11.**德國**　DIN為德國國家標準之簡稱。

12.　前視圖為

13.**90**　$360=10\times F \Rightarrow F=36$
$36=N\times 0.5 \Rightarrow N=72$
利用順時針力矩等於逆時針力矩
$72\times 40=32\times b \Rightarrow b=90(cm)$

14.**拘束**　設N為機件數，P為對偶數，則機構可分為固定鏈、拘束鏈
及無拘束鏈。
(1)固定鏈（呆鏈）：P＞N−2，自由
度＝0。
(2)拘束鏈：P＝N−2，自由度＝1。
(3)無拘束鏈：P＜N−2，自由度＞1。
此題 N ＝8（包含一個地桿），
P＝10，故為拘束鏈。
特別注意三桿件接於同一接頭對偶數為2

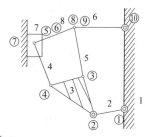

15. **3**　　$x=\dfrac{21}{10-3}=3$（圈）

16. **10**　　此螺栓為雙線螺紋，螺距5mm，故知導程為10mm。

17. **40**　　$\dfrac{N_D}{140}=\dfrac{30\times40}{60\times70}\Rightarrow N_D=40(rpm)$

18. **120**　　$N=400-200\times\dfrac{4}{5}=240$

　　　　$F=\mu N=0.8\times240=192(N)$

　　　　但拉力120N小於最大靜摩擦力，故所受摩擦力為120（N）。

19. **55**　　惠氏螺紋螺紋角55度。

20. **1000**　　$T=(90-40)\times20=1000(N\text{-}m)$

貳、問答與計算題

一、如圖所示，小明體重 200N 想藉由滑輪組支
　持其重量，若考慮座板 E 重 10N，繩索、滑
　輪重量及摩擦損失不計，試問：
　(1)請繪製滑輪 B 自由體圖，及繪製小明自
　　由體圖。
　(2)小明須施於 A 點之力（N）為何？
　(3)繩索承受之張力（N）為何？
　(4)小明施於座板 E 之力（N）為何？

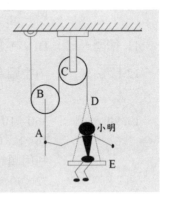

解 (1)

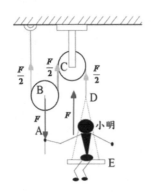

$(2) F + \dfrac{F}{2} = 200 + 10 \Rightarrow \dfrac{3}{2}F = 210 \Rightarrow F = 140(N)$

$(3) \dfrac{F}{2} = 70(N)$

$(4) F_E = 200 - 140 = 60(N)$

二、利用一繩索 AB 及彈簧 BC 懸掛
一物重 W 為 30N，其最終平衡位
置如圖所示，該繩索 AB 長度為
1m 且彈簧 BC 未伸長前之長度為
0.2m，試問：
(1)該繩索 AB 承受張力（N）為何？
(2)該彈簧 BC 承受張力（N）為何？
(3)該彈簧 BC 受力後之變形量（m）為何？
(4)該彈簧 BC 之彈簧常數（N/m）為何？

解 $(1) \dfrac{3}{5}F_{AB} = 30 \Rightarrow F_{AB} = 50(N)$

$(2) F_{BC} = \dfrac{4}{5}F_{AB} = 40(N)$

$(3) \Delta x = 3 - 0.8 - 0.2 = 2(m)$

$(4) 40 = k \times 2 \Rightarrow k = 20(N/m)$

三、設一皮帶輪傳動，原動軸直徑為 0.6m，轉速為 2000rpm，若皮帶之緊
邊張力為 600N，鬆邊張力為 200N，試問：
(1)皮帶輪之總張力（N）及有效張力（N）為何？
(2)其可傳遞之功率（W）為何？（圓周率請以 π 表示）

解 (1) 總張力$\dfrac{600+200}{2}=400(\text{N})$

有效張力 $600-200=400(\text{N})$

(2) $W=FV=400\times\dfrac{\pi\times0.6\times2000}{60}=8000\pi(\text{W})$

四、如圖所示，以纜繩 AB 及 BC 共懸掛物體 W，其重量為 126N，試問：

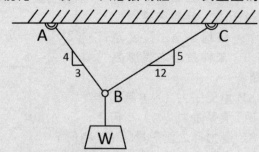

(1)纜繩 AB 所受之張力（N）為何？
(2)纜繩 BC 所受之張力（N）為何？

解 靜力平衡可列出聯立方程式

$$\begin{cases} \dfrac{3}{5}F_{AB}=\dfrac{12}{13}F_{BC} \\ \dfrac{4}{5}F_{AB}+\dfrac{5}{13}F_{BC}=126 \Rightarrow \dfrac{16}{13}F_{BC}+\dfrac{5}{13}F_{BC}=126 \Rightarrow F_{BC}=78(\text{N}),F_{AB}=120(\text{N}) \end{cases}$$

109 年　台灣電力公司（機械及電銲常識）

壹、填充題

1. 依CNS（中國國家標準），被覆式銲條編號為E4312，表示銲條之抗拉強度為＿＿＿＿＿＿kg/mm² 。

2. 電阻銲的設備係利用降壓的原理，將交流電轉變成＿＿＿＿＿＿電流、低電壓的電阻銲電流。

3. 公制三線螺紋的螺距為1.5mm，則導程為＿＿＿＿＿＿mm。

4. 依CNS（中國國家標準），齒輪之壓力角為＿＿＿＿＿＿度。

5. 滾動軸承之公稱號碼為6310，其軸承內徑為＿＿＿＿＿＿mm。

6. 高速鋼製成的鑽頭，其鑽柄上標示之英文代號字樣為＿＿＿＿＿＿。

7. 青銅合金的主要成分為銅及＿＿＿＿＿＿。

8. 四連桿機構中，僅能繞固定軸作往復搖擺運動，而不能作完全旋轉的連桿，稱為＿＿＿＿＿＿桿。

9. 三個彈簧常數分別為K_1、K_2及K_3，以並聯的方式連結，則總彈簧常數K為＿＿＿＿＿＿。

10. 互相嚙合的兩齒輪，若齒輪A的模數M＝3mm，齒數為25，而齒輪B的節圓直徑D＝90mm，則齒輪A的節圓直徑為＿＿＿＿＿＿mm。

11. 使用氧乙炔從事熔接或切割軟鋼、鎳鋼、鎳鉻鋼及輕金屬時，所用之火焰型式為＿＿＿＿＿＿焰。

解答與解析

1. **43**　　E7010電焊條，「E」為被覆式電焊條，「70」表抗拉強度英制70ksi、公制70kg/mm^2，「1」表全位置銲接，「0」表纖維鐵粉素（銲藥塗層）。故知銲條抗拉強度為43kg/mm^2。

2. **高或多或大**　　利用大電流（2,000～10,000A）經過兩焊接金屬之接點，利用接點電阻使電能變成熱能而將接點加熱至半流體狀態，加壓使其結合為一體再冷卻者是為電阻焊，亦稱為點焊接。

3. **4.5**　　$1.5 \times 3 = 4.5$(mm)

4. **20**　　CNS齒輪之壓力角為20°。

5. **50**　　滾動軸承之內徑號碼：
(1)00表示內徑為10mm。　　(2) 01表示內徑為12mm。
(3)02表示內徑為15mm。　　(4) 03表示內徑為17mm。
(5)內徑號碼04～96者，將號碼乘以5即得內徑。
題目之內徑號碼為10，故得軸承內徑為50mm。

6. **HSS**　　高碳鋼代號為HCS；高速鋼代號為HSS。

7. **錫或Sn**　　青銅為銅與錫合金；黃銅為銅與鋅合金。

8. **搖或rocker**　　作搖擺運動稱為搖桿，作圓周運動稱為曲柄。

9. **$K_1 + K_2 + K_3$**　　並聯之彈簧常數直接相加。

10. **75**　　$D_A = 3 \times 25 = 75$(mm)

11. **中性或中性火或標準或標準火**

碳化（還原）焰reducing	乙炔與氧的混合比約為1：0.9。火焰有三個區域呈白色，火焰長度為三者中最長，其硬質非鐵金屬作機件之表面硬化層者。	用於高碳鋼、蒙納合金、鎳、合金鋼之銲接。以銀焊條焊接鋁及青銅管件。
中性neutral焰	標準火焰的氧與乙炔之混合比是1：1，火焰顏色呈無色。	用於碳鋼熔接和切割（預熱）工作。
氧化oxidizing焰	氧氣與乙炔比1.3：1。火焰內部呈光亮錐體，火焰長度為三者中最短，外圍層有藍色火焰。	適於黃銅、青銅的銲接。

如題目所言，故為中性焰。

貳、問答與計算題

一、請列舉螺紋的 3 個主要功能。

解 螺紋主要用在連結機件上，比如機器螺栓和螺釘。這種性質的螺紋，設計簡單，容易產生。時常用的形狀是V形，雖然有幾種微小的變化。螺紋的另一用途，是傳達動力，比如在千斤頂中，試看藉著一根普通螺絲所得到的機械利益有多大！由此也說明了螺紋的妙用無窮。

螺紋也傳達運動或是用來定位，比如車床上的導螺桿。最後，螺紋也有用作量測器具的，比如用在分釐卡裡。當所製作的螺紋形狀不同，自然受它的影響所達成的功用也不同。

二、如圖所示之起重機輪系，曲柄長度 R 為 30cm，捲筒之直徑 D＝15cm，若不計摩擦損耗，要提起 W＝1600kg 之重物時，其輪系值為何？曲柄 K 上施力 F 為何？

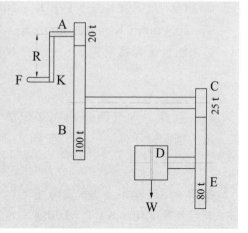

解 (1) $e = \dfrac{20 \times 25}{100 \times 80} = \dfrac{1}{16}$

(2) $\dfrac{1600}{F} = \dfrac{16 \times 30}{7.5} = F = 25(kg)$

109 年　台灣電力公司（機械及起重常識）

壹、填充題

1. 英制螺紋標註「$\frac{1}{4}$-20 UNF-2 A-LH」，請問此螺紋之螺距為＿＿＿＿in。

2. 要將一個30kg的物體以機械升高30m需作功1500kg-m，則此機械的效率為＿＿＿＿％。

3. 如圖所示為彈簧系統，假設K_1=10N/mm，K_2=20N/mm，K_3=10N/mm，K_4=10N/mm，試求組合後彈簧常數為＿＿＿＿N/mm。

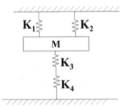

4. 若一動件之速度隨時間之變化情形如圖所示，則此動件作＿＿＿＿運動。

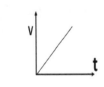

5. 如圖所示之輪系，設N表轉速，T表齒數，若已知N_a=30rpm，T_a=100齒，並為主動輪，T_c=25齒，則N_c之轉速為＿＿＿＿rpm。

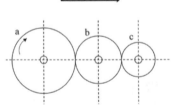

6. 如圖所示之滑車組，若想保持滑輪平衡，假設W=800N，則所需之拉力F為＿＿＿＿N。

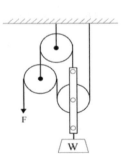

7. 一組帶輪傳動機構，A輪直徑為10cm，B輪直徑為20cm，若A輪為主動輪，其轉速為200rpm，假設皮帶厚度可忽略且無滑動現象，則B輪之轉速為_____rpm。

8. 欲完整的表達一個力，須同時具備三要素：大小、方向、_____。

9. 有一台動力車之傳動系統由引擎、發電機、傳動機構、變速機等共同串聯而成，效率分別為E1、E2、E3、E4，則該系統之總效率為_____。

10. 一汽車沿著直線路徑從甲地到乙地的平均速率為24m/sec，以相同路徑從乙地返回甲地的平均速率為40m/sec，則該汽車整個行程的平均速率為_____m/sec。

11. 砂輪規格WA-36-J-5-V-1A-200×25×32，其中_____代表粒度。

12. 一物體其重量為100N，摩擦係數為0.2，若有15N的水平拉力作用於該物體上，則該物體的摩擦力為_____N。

13. 有一根三線蝸桿與一45齒之蝸輪相嚙合，已知蝸桿之轉速為180rpm，則蝸輪之轉速為_____rpm。

14. 依虎克定律，在彈性限度內，彈性體之應力與_____成正比。

15. 依我國起重升降機具安全規則，起重機具之吊鉤，其安全係數應在_____以上。

16. 依危險性機械及設備安全檢查規則，雇主於固定式起重機檢查合格證有效期限屆滿前_____個月，應填具固定式起重機定期檢查申請書，向檢查機構申請定期檢查。

解答與解析

1. **0.05或$\frac{1}{20}$**　此符號表示每吋20牙，故知螺距為0.05in。

2. **60**　$\eta = \frac{30 \times 30}{1500} = 60\%$。

3. **35**　$k_f = 10 + 20 + \frac{10 \times 10}{10 + 10} = 35(\text{N/mm})$。

4. **等加速度**　此圖形表等加速度運動。

5. **120**　$\frac{N_c}{30} = \frac{100}{25} \Rightarrow N_c = 120(\text{rpm})$。

6. **200**　此滑車組機械效率為4，故知$F = \frac{W}{4} = 200(\text{N})$。

7. **100**　$\frac{N_B}{200} = \frac{10}{20} \Rightarrow N_B = 100(\text{rpm})$。

8. **作用點**　力的三要素為大小、方向、作用點。

9. **E1×E2×E3×E4**
　　總效率為各機構之效率相乘。

10. **30**　設路徑長為S

$$平均速率 = \frac{S+S}{\frac{S}{24} + \frac{S}{40}} = \frac{2}{\frac{5}{120} + \frac{3}{120}} = \frac{240}{8} = 30(\text{m/s})。$$

11. **36**　砂輪規格：磨料（天然磨料、人造磨料）、粒度（磨料顆粒大小）、結合度（A～Z表示，A最軟、Z最硬。）、組織（0～14表示，0表示磨料占全部體積的62%，14表示磨料占全部體積的34%）、製法（即結合劑，分為黏土結合法【V、適用範圍廣】、水玻璃結合法【S、結合度較差】、蟲漆結合法【E、結合度差】、橡膠結合法【R、可製作極薄（0.5mm）之砂輪片】、樹脂結合法【B、具備高硬度、切斷用】、金屬結合法【M】），故知36代表粒度。

12. **15**　拉力15N小於最大靜摩擦力，故所受摩擦力為15（N）。

13. **12**　　　　$\dfrac{N_{蝸輪}}{180}=\dfrac{3}{45}\Rightarrow N_{蝸輪}=12(\text{rpm})$。

14. **應變或伸長量或變形量**

　　　　虎克定律為應力與變形量成正比。

15. **4**

16. **1**

貳、問答與計算題

一、如圖所示，物體質量 10kg 與水平面間
　　之摩擦係數為 0.2，受一傾斜力 F 作用，
　　自靜止滑行 10m 後速度為 2m/sec，設
　　重力加速度為 10m/sec²，試求：
　　(1)物體加速度為多少 m/sec² ？
　　(2)傾斜力 F 為多少牛頓？

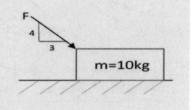

解　(1)$2^2=0^2+2a\times 10\Rightarrow a=0.2(\text{m/s}^2)$

　　(2)$\dfrac{3}{5}F-(\dfrac{4}{5}F+10\times 10)\times 0.2=10\times 0.2$

　　　　$3F-0.8F-100=10$

　　　　$2.2F=110\Rightarrow F=50(\text{N})$

二、兩平行軸之圓柱摩擦輪作純滾動接觸，主動輪直徑 75cm，從動輪的
　　轉速為主動輪的 3 倍，試計算：
　　(1)兩輪為外切時兩軸之中心距為多少 cm ？
　　(2)兩輪為內切時兩軸之中心距為多少 cm ？

解　$e=3=\dfrac{75}{D_{從}}\Rightarrow D_{從}=25(\text{cm})$

　　(1)外切時 $c=\dfrac{1}{2}(75+25)=50(\text{cm})$

　　(2)內切時 $c=\dfrac{1}{2}(75-25)=25(\text{cm})$

	外接圓柱形摩擦輪	內接圓柱形摩擦輪
轉向	相反	相同
兩軸中心距	兩輪半徑和$C = R_A + R_B$	兩輪半徑差$C = R_A - R_B$
圖例		

NOTE

110年　台中大眾捷運公司（機件原理）

( )　1. 若一圓在一直線上滾動，則圓上一點形成正擺線，如將其對偶倒置，
則其線上一點之軌跡成為？
(A)外擺線　(B)內擺線　(C)漸開線　(D)其它曲線。

( )　2. 如圖所示，若W為抵抗力（輸出力），F為作用力
（輸入力），則此斜面的機械利益M？
(A)$M = \sin\theta$　　　(B)$M = \tan\theta$
(C)$M = \cot\theta$　　　(D)$M = \csc\theta$。

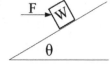

( )　3. 有關二平面之接觸運動，其自由度為？　(A)5　(B)4　(C)3　(D)2。

( )　4. 下列何者並非螺旋的主要功用？　(A)鎖緊機件　(B)調整機件的距離
(C)緩和衝擊　(D)傳達動力。

( )　5. 如圖所示為螺栓鬆緊扣，已知導程
$L_1 = 3mm$右旋。當手柄轉1圈，兩螺栓
將接近或遠離4mm，求$L_2 = ?$
(A)0.5mm　(B)4mm　(C)5mm　(D)1mm。

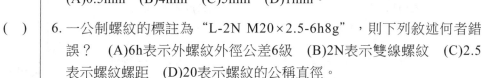

( )　6. 一公制螺紋的標註為 "L-2N M20×2.5-6h8g"，則下列敘述何者錯
誤？　(A)6h表示外螺紋外徑公差6級　(B)2N表示雙線螺紋　(C)2.5
表示螺紋螺距　(D)20表示螺紋的公稱直徑。

( )　7. 遇到需鎖緊成排大小相同之螺釘時，其鎖緊的方式應？　(A)由左而
右　(B)由右而左　(C)由中央向兩端　(D)由兩端向中央　鎖起。

( )　8. 關於英制螺紋規格之表示法，其中NF或UNF符號表示？
(A)陽螺紋　(B)陰螺紋　(C)粗螺紋　(D)細螺紋。

( )　9. 一平鍵規格 "12×8×50" 單圓端，其中數字8代表之意思為？
(A)寬度　(B)高度　(C)長度　(D)軸徑。

( )　10. 對於銷的敘述，下列敘述何者錯誤？　(A)具定位功能　(B)小動力傳達件的連接　(C)銷的結合力比鍵小　(D)英制斜銷以小端直徑為其公稱直徑。

( )　11. 若軸承之外徑級序為2，寬度級序為1，內徑號碼3，則尺寸級序記號為？　(A)32　(B)23　(C)21　(D)12。

( )　12. 使用滾動軸承如欲承受愈大之負載，軸承應儘可能裝入？
　　　　(A)愈多數目之大鋼珠　　　　　　　(B)愈多數目之小鋼珠
　　　　(C)愈少數目之大鋼珠　　　　　　　(D)愈少數目之小鋼珠。

( )　13. 有關帶輪之傳動，下列敘述何者錯誤？　(A)帶圈之鬆側宜在下方
　　　　(B)皮帶僅能傳達拉力　(C)二軸間加裝緊輪，可防止皮帶滑動
　　　　(D)V形皮帶輪之凹槽槽角約35°～38°。

( )　14. 有一平皮帶輪，接觸角為θ（以徑度表示），摩擦係數μ，緊邊拉力為T_1，鬆邊拉力為T_2，則？
　　　　(A)$\dfrac{T_2}{T_1} = e^{\mu\theta}$　(B)$\dfrac{T_2}{T_1} = e^{\frac{\mu}{\theta}}$　(C)$\dfrac{T_1}{T_2} = e^{\mu\theta}$　(D)$\dfrac{T_1}{T_2} = e^{\frac{\mu}{\theta}}$。

( )　15. 一對三階的相等塔輪，如圖所示，若主動輪的轉速N＝600rpm，從動輪最低轉速N_3＝300 rpm，請問以主動輪經由皮帶傳動給從動輪的另二個階級N_1與N_2的轉速為分別多少rpm？
　　　　(A)1200，600　　　　　　　(B)900，600
　　　　(C)600，1200　　　　　　　(D)600，900。

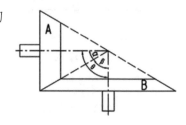

( )　16. 動接觸傳動的必要條件為接觸點的？　(A)切線分速度相等　(B)法線分速度相等　(C)切線及法線分速度皆相等　(D)切線及法線分速度皆不相等。

( )　17. 已知A、B兩圓錐形摩擦輪，其兩軸線的夾角為90°，已知A輪的半頂角為30°，轉速為$100\sqrt{3}$ rpm，則B輪的轉速多少？
　　　　(A)$100\sqrt{3}$　　　　(B)100
　　　　(C)$50\sqrt{3}$　　　　(D)300　rpm。

( )　18. 雙線蝸桿與一30齒之蝸輪相嚙合，蝸桿節圓直徑10cm，蝸輪節圓直徑60cm，欲使蝸輪轉速為4rpm，則蝸桿轉速為？
(A)8　(B)120　(C)40　(D)60　rpm。

( )　19. 一齒輪之模數M為5，齒數為20，壓力角為20°，則其基圓直徑為多少mm？　(A)100sin20°　(B)100cos20°　(C)4sin20°　(D)4cos20°。

( )　20. 如圖所示之複式輪系中，齒輪A、B、C、D之齒數分別為40、20、60及20，若齒輪A沿順時針方向轉6圈，則齒輪D轉動之圈數及方向為？　(A)1圈，逆時針方向　(B)1圈，順時針方向　(C)36圈，逆時針方向　(D)36圈，順時針方向。

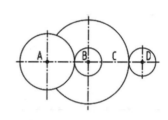

( )　21. 如圖所示之周轉輪系，各齒輪齒數分別為$T_A=40$、$T_B=20$、$T_0=10$、$T_D=80$，若$N_D=0$，而$N_A=20$rpm（順時針），則旋臂m之轉向及轉速為何？　(A)20rpm（逆時針）　(B)20rpm（順時針）　(C)40rpm（逆時針）　(D)40rpm（順時針）。

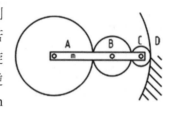

( )　22. 如圖所示之回歸輪系中，各齒輪之模數皆為4，若齒輪A、B、C之齒數分別為30齒、40齒及20齒，則齒輪D之齒數為？
(A)20　　　　　(B)50
(C)60　　　　　(D)70。

( )　23. 下列有關自由度敘述何者正確？　(A)螺旋對同時具有旋轉及直線之相對運動，故自由度為2　(B)運動對自由度最多為4，最少為1　(C)面接觸之對偶，自由度必為1　(D)自由度為1之對偶必為低對。

( )　24. 在機械必須具備的基本條件中，下列敘述何者錯誤？
(A)各機件或機構間必須有一定之相對運動或限制運動　(B)構成機械之機件常為抗力體　(C)可將接受之能源轉變為功　(D)為兩個以下機構之組合體。

( )　25. 下列何種螺紋常用於虎鉗傳動螺桿？
(A)方形螺紋　(B)V形螺紋　(C)梯形螺紋　(D)斜方螺紋。

( )　26. 英制推拔銷，其標稱直徑為？
(A)小端直徑　(B)大端直徑　(C)兩端直徑平均值　(D)節圓直徑。

( )　27. 螺旋起重機之機械利益與螺旋之下列何者有關？
(A)螺旋旋向　(B)導程　(C)螺紋角　(D)導程角。

( )　28. 一組螺旋機構之組合，假設L_1為導程8mm之左螺旋，L_2為導程5mm之左螺旋，手輪半徑3.9cm，若摩擦損失50%，則欲使從動件下降39mm，則手輪應旋轉？　(A)3圈　(B)6圈　(C)13圈　(D)26圈。

( )　29. 下列何者螺帽鎖緊裝置不是確閉鎖緊裝置？
(A)槽縫螺帽　(B)螺帽止動板　(C)彈簧線鎖緊　(D)堡形螺帽。

( )　30. 下列有關墊圈之敘述，何者錯誤？　(A)使用彈簧墊圈的主要作用為節省施工時間　(B)美國標準協會將平墊圈分為四種標準級　(C)螺旋彈簧鎖緊墊圈斷面為梯形　(D)使用螺旋彈簧墊圈時，螺旋墊圈之旋向與螺桿螺紋之旋向相反。

( )　31. 一重級貫穿螺栓「M16×1×50」，用於連接兩塊厚度相等之鋼板材料，則鋼板厚度不得超過多少mm？
(A)16mm　(B)17mm　(C)18mm　(D)19mm。

( )　32. 有關鍵與銷之敘述，下列何者錯誤？　(A)有槽直銷是由具彈性之中空圓管製成，可利用其彈性使其鎖緊在孔內　(B)方鍵所承受之壓應力為剪應力的2倍　(C)錐形銷的錐度為每公尺直徑相差2cm　(D)圓鍵用在軸徑15cm以上時，大端直徑約為軸徑的1/5。

( )　33. 如圖所示，$K_1=2N/mm$，$K_2=3N/mm$，$K_3=0.5N/mm$，若平板要保持水平下降，K_4為多少N/mm？
(A)1N/mm　　(B)2N/mm
(C)3N/mm　　(D)4N/mm。

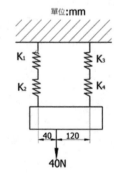

( )　34. 長度相同的A和B兩拉伸彈簧，A的彈簧常數為20N/cm，B的彈簧常數為60N/cm，若忽略本身重量，則下列敘述何者錯誤？　(A)兩彈簧串聯後總彈簧常數為15N/cm　(B)承受相同荷重時B彈簧伸長量為A彈簧3倍　(C)兩彈簧並聯後承受160N荷重時總伸長量為2cm　(D)B彈簧受60N軸向荷重時伸長量為10mm。

( )　35. 用於負荷較大且空間狹小受限制場合處，下列何種彈簧較適合使用？　(A)錐形彈簧　(B)螺旋壓縮彈簧　(C)葉片彈簧　(D)皿形彈簧。

( )　36. 關於彈簧串並聯敘述，下列何者錯誤？　(A)並聯時，各彈簧變形量相等　(B)並聯時，各彈簧之受力均相等　(C)串聯時，各彈簧之受力均相等　(D)並聯時，總彈簧常數為各別彈簧常數之和。

( )　37. 若以萬向接頭作兩軸之聯結，則下列敘述何者不正確？　(A)兩軸之夾角以小於5度以下最理想　(B)當原動軸作等速運動時，則從動軸作亦作等速運動　(C)為撓性連結器　(D)用於兩軸中心線交於一點，且兩軸角速度可隨意變更之接觸傳動。

( )　38. 滑動軸承與滾動軸承比較，下列敘述何者錯誤？　(A)滾動軸承起動阻力較小　(B)滑動軸承散熱能力較差　(C)滾動軸承可承受較大負荷和震動　(D)滑動軸承互換性較滾動軸承差。

( )　39. 有一圓盤離合器，若其摩擦係數為0.4，圓盤外徑100mm，內徑60mm，假設均勻磨耗，欲傳動扭矩800N-cm，則所需之軸向推力為？　(A)50N　(B)100N　(C)500N　(D)1000N。

( )　40. 有關軸承之敘述，下列何者錯誤？　(A)軸承所受負荷方向與軸中心線平行者，稱止推軸承　(B)為防止螺旋齒輪軸受軸向負荷時產生移動，以止推軸承最適用　(C)整體軸承不能承受軸向負荷　(D)在軸承面與軸頸間填充石墨或固體潤滑劑的軸承，稱為多孔軸承。

( )　41. 下列何者屬於剛性聯結器？　(A)鏈條聯結器　(B)摩擦阻環聯結器　(C)脹縮接頭聯結器　(D)歐丹聯結器。

( )　42. 下列何者方法不能防止皮帶脫落？　(A)將帶輪輪面製成隆面帶輪　(B)使用凹面帶輪　(C)加裝導叉（導帶器）　(D)增加帶輪轉速，並縮短兩輪中心距。

( )　43. 如圖所示，一組可作無段變速之錐
輪，其中心距離為250mm，以開口
皮帶傳動，則其皮帶長度約為多少
mm？（註：π=3.14）
(A)817mm
(B)1287mm
(C)1314mm
(D)1357mm。

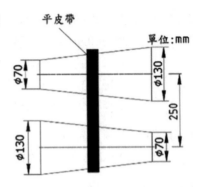

( )　44. 兩個鏈輪各為50齒和30齒，利用節距為4cm之滾子鏈作傳動，兩輪
中心距為160cm，則所需鏈條之鏈節數為若干？　(A)119　(B)120
(C)121　(D)122。

( )　45. 下列消除齒輪干涉的方法，何者錯誤？　(A)增加壓力角　(B)縮小齒
冠圓　(C)將齒腹做內陷切割　(D)減少齒數。

( )　46. 如圖所示為一起重機輪系，若圓筒D之
直徑320cm，手柄長R=280cm，若欲使
環繞於圓筒D之繩所吊重物W移動上升
314cm之距離，則手柄需轉幾圈？
(A)3圈
(B)5圈
(C)10圈
(D)12圈。

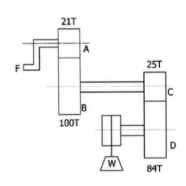

( )　47. 何種制動器其產生剎車摩擦力的正壓力方向與旋轉軸的軸向平行？
(A)碟式制動器　(B)鼓式制動器　(C)塊狀制動器　(D)內靴式制動器。

( )　48. 關於棘輪之敘述，下列何者錯誤？　(A)單爪棘輪加裝止動爪的功用
為防止棘輪逆轉　(B)無聲棘輪是利用摩擦力來傳動　(C)扳鉗所用的
間歇棘輪為無聲棘輪　(D)雙動棘輪可作正、反方向的迴轉。

( )　49. 杰倫使用惠斯頓差動滑車拉升一個工件，該滑車定滑輪的小輪直徑為
35cm，將工件拉升500mm時，需拉動鏈條3m，假若杰倫施力150N
時，不計摩擦損失，則：　(A)可拉升500N的工件　(B)可拉升850N

的工件　(C)滑車定滑輪的大輪直徑525mm　(D)滑車定滑輪的大輪直徑625mm。

( )　50. 若日內瓦機構的從動件有六個徑向槽，若主動輪等速轉360度，需要15秒，則在此期間，從動輪轉動了幾秒？　(A)3秒　(B)5秒　(C)10秒　(D)15秒。

解答與解析 （答案標示為#者，表官方公告更正該題答案）

1. **C**

2. **C**　$F\cos\theta = W\sin\theta \Rightarrow M = \dfrac{W}{F} = \dfrac{\cos\theta}{\sin\theta} = \cot\theta$

3. **C** 包括x軸運動、y軸運動、繞z軸轉動，故知自由度為3，故選(C)。

4. **C** 螺旋不能緩和衝擊；彈簧才能緩和衝擊。

5. **D**　$L_2 = 4 - 3 = 1(mm)$

6. **A**　7. **C**

8. **D** 統一標準螺紋：螺牙似V形，螺紋角60度，分UNC：粗牙；UNF：細牙；UNEF：特細牙。

9. **B**　10. **D**

11. **D** 尺寸系列符號表示相同內徑，而有不同之寬度及直徑（外徑）。尺寸記號＝寬度級序＋直徑級序。例：寬度級序為1，直徑級序為2，則尺寸記號為12。

12. **A** 大鋼珠愈多可承受較大之負載。

13. **A** 帶輪緊邊在下，鬆邊在上。

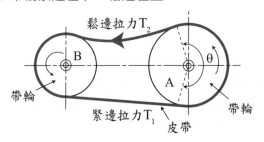

14. **C** $\sqrt{3}$

15. **A** $N_2 = 600(\text{rpm})$，$600^2 = 300 \times N_1 \Rightarrow N_1 = 1200(\text{rpm})$

16. **B**

17. **B** $\dfrac{N_B}{100\sqrt{3}} = \dfrac{\sin 30°}{\sin 60°} = \dfrac{1}{\sqrt{3}} \Rightarrow N_B = 100(\text{rpm})$

18. **D**

19. **B** 先求節圓直徑 $5 \times 20 = 100(\text{mm})$，基圓直徑 $= 100\cos 20°(\text{mm})$，故選(B)。

20. **D** 齒輪D與齒輪A轉向相同，$\dfrac{N_D}{6} = \dfrac{40 \times 60}{20 \times 20} \Rightarrow N_D = 36$（圈），故選(D)。

21. **A**

22. **B** $T_A + T_B = T_C + T_D$，$30 + 40 = 20 + T_D \Rightarrow T_D = 50$，故選(B)。

23. **D**

24. **D** 機械可由兩個以上的機構組合而成。

25. **A** 如右圖所示，虎鉗為方形螺紋。

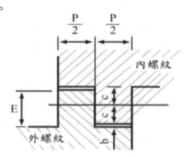

26. **B**

27. **B** $2\pi LF = W \times D$，機械利益 $= \dfrac{W}{F} = \dfrac{2\pi L}{D}$，可知導程愈小機械利益愈大，故選(B)。

28. **C** $\dfrac{39}{8-5} = 13$（圈）

29. **A** 彈簧墊圈的好處在於墊圈的形狀，當被壓縮到接近螺栓的耐力時，它會扭曲和變平。降低了螺栓連接的彈簧鋼度，使其在相同的振動水平下保持更大的力。可以防止鬆動。

30. **A**　31. **B**　32. **A**

33. **B**　K_3、K_4組合彈力常數為K_1、K_2組合彈力常數之$\dfrac{1}{3}$

$$\dfrac{2 \times 3}{2+3} \times \dfrac{1}{3} = \dfrac{0.5K_4}{0.5+K_4} \Rightarrow 0.4(0.5+K_4) = 0.5K_4$$

$$\Rightarrow 0.2 = 0.1K_4 \Rightarrow K_4 = 2(N/mm)$$

34. **B**　承受相同荷重時B彈簧伸長量為A彈簧$\dfrac{1}{3}$倍。

35. **D**　盤型彈簧又稱皿形彈簧；學稱貝勒維爾彈簧（Belleville），是法國人（J. Billeville）於西元1867年發明。其形狀呈圓錐盤狀，與傳統的螺旋彈簧截然不同。功能上也具有其特殊作用，如：行程短，負荷大、所需空間小、組合使用方便、維修換裝容易、經濟和安全性高等。

36. **B**　並聯時，各彈簧之受力不一定相等。

37. **B**

38. **C**　滑動軸承可承受較大負荷和震動。

39. **C**　均勻磨耗理論：所受的力矩：
$$T = \mu r_{av} F \Rightarrow 8000 = 0.4 \times 40 \times F \Rightarrow F = 500(N)$$

40. **D**　在軸承面與軸頸間填充潤滑油或液體體潤滑劑的軸承，稱為多孔軸承。

41. **B**　摩擦阻環聯結器為剛性聯軸器；利用摩擦力傳動，故不適於震動較大之處。

42. **D**

43. **A**　中心距250mm，大小輪直徑均為100mm，代入帶長之公式：
$$L = \dfrac{3.14}{2}(100+100) + 2 \times 250 + \dfrac{(100-100)^2}{4 \times 250} \approx 814(mm)$$

44. **C** 先計算鏈條之長度

$$L = \frac{3.14}{2}(\frac{200}{3.14} + \frac{120}{3.14}) + 2 \times 160 + \frac{(63.7 - 38.2)^2}{4 \times 160} = 480 + 1 = 481(cm)$$

$$T = \frac{481}{4} \Rightarrow 取121齒。$$

45. **D** 消除干涉需增加齒數。

46. **B** $\dfrac{\dfrac{314}{3.14 \times 320}}{N} = \dfrac{21 \times 25}{100 \times 84} \Rightarrow N = 5 （圈），故選(B)。$

47. **A** 圓盤制動器：即俗稱之碟煞。煞車時，油壓推動活塞，使煞車襯夾住剎車圓盤而產生制動作用，其產生剎車摩擦力的正壓力方向與旋轉軸的軸向平行。

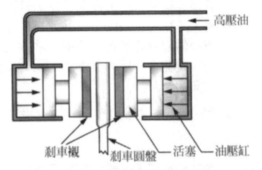

48. **D** 雙動棘輪係由二驅動爪交替間歇推動棘輪，不管搖桿左右擺動，都可以使棘輪往一定方向旋轉；可逆棘輪可視需要作正、反兩方向之旋轉。

49. **C** $\dfrac{3000}{500} = \dfrac{\pi D_1}{\dfrac{\pi}{2}D_1 - \dfrac{\pi}{2}D_2} \Rightarrow 6 = \dfrac{D_1}{0.5D_1 - 17.5}$

$\Rightarrow 3D_1 - 105 = D_1 \Rightarrow D_1 = 52.5(cm) = 525(mm)$，

$M = \dfrac{2D_1}{D_1 - D_2} = \dfrac{105}{52.5 - 35} = 6 = \dfrac{W}{150} \Rightarrow W = 900(N)$，

故選(C)。

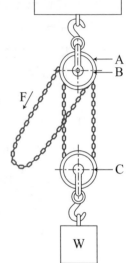

50. **C**

110年　台灣中油公司（機械常識）

壹、選擇題

( )　1. 試作判別下列選項中，何種圖可作為工廠與工廠之間計畫的生產依據，以及執行製程之藍本與審核檢驗之規範？　(A)工程圖　(B)繪畫圖　(C)形狀圖　(D)創意圖。

( )　2. 若以一平面切割一正圓錐所產生之相交線，稱為圓錐曲線（Conic Sections）。請問下列何者為圓錐曲線？　(A)擺線　(B)螺旋線　(C)拋物線　(D)漸開線。

( )　3. 假如觀察者自物體前方無窮遠處以平行的投射線垂直視之，不論物體距投影面多遠，所得投影視圖的形狀及大小與物體完全不變時，此種投影方法稱為：　(A)正投影　(B)透視投影　(C)等角投影　(D)斜投影。

( )　4. 彈簧用於支持負載的圈數，稱為彈簧的：　(A)負載圈數　(B)平均圈數　(C)有效圈數　(D)自由圈數。

( )　5. 為增加材料的硬度，可使用下列何種熱處理方法？
(A)退火　(B)淬火　(C)回火　(D)正常化。

( )　6. 下列那一種加工方法是屬於無屑加工？　(A)放電加工　(B)化學銑切　(C)拉削加工　(D)壓鑄。

( )　7. 鑄件的交角部位，常需製成圓角之主要原因為：
(A)外形美觀　(B)防止因結晶組織所導致的強度降低　(C)維護使用時的安全　(D)降低材料成本。

( )　8. 金屬材料於製造過程中，使用熱處理加工法之主要目的為：
(A)改變材料形狀　　　　　　(B)改善產品表面粗糙度
(C)結合材料　　　　　　　　(D)改變材料的機械性質。

( ) 9. 下列常見的不銹鋼門為何種金屬元素組合而成？
(A)銅和錫　(B)銅和鋅　(C)鐵、碳、鎳、鉻　(D)鐵、碳、鎢、鈷。

( ) 10. 試問冷作，乃將金屬加熱至何種溫度形成塑性體而施以加工成形？
(A)再結晶溫度以上　　　　　　　(B)再結晶溫度以下
(C)變態溫度以上　　　　　　　　(D)變態溫度以下。

( ) 11. 下列何者不屬於非破壞性試驗？　(A)超音波檢測　(B)放射線檢測
(C)磁粉探傷檢測　(D)金相試驗。

( ) 12. 一般金屬均為熱與電之良導體,常用金屬中導電率之高低下列何者正
確？　(A)鋁>銅>銀　(B)銀>銅>鋁　(C)銅>銀>鋁　(D)鋁>銀>銅。

( ) 13. 汽車輪胎製成凹凸不平的花紋，其目的為何？　(A)美觀　(B)節省重
量　(C)增加摩擦力　(D)增加接觸面積。

( ) 14. 下列各樑之橫斷面面積相等，若在承受純彎矩之狀態下，何者是最佳
的選擇？
(A)　　　　　　(B)　　　　　(C)　　　　　(D)

( ) 15. 砂模鑄造時，若將模型的尺寸製作成比鑄件稍大，主要理由是考
慮到何種模型裕度？　(A)收縮裕度　(B)拔模裕度　(C)變形裕度
(D)振動裕度。

( ) 16. 已知物體之立體圖，如圖所示，若依箭頭方向投
影，則下列何者為其正確之視圖？
(A)　　　　　　　　　　　(B)

(C)　　　　　　　　　　　(D)

( ) 17. 下列何者為不經接觸傳遞之力？
(A)磁力　(B)流體之推力　(C)摩擦力　(D)鏈條之拉力。

( )　18. 高壓管接頭所用之螺紋是：　(A)方螺紋　(B)直管螺紋　(C)愛克姆螺紋　(D)錐形管螺紋。

( )　19. 機件某一部分須實施特殊加工時，應以何種線條表示特殊加工之範圍？　(A)粗實線　(B)粗鏈線　(C)細實線　(D)細鏈線。

( )　20. 材料在外力作用下會產生變形，但是當外力取消後，材料變形會消失並且能完全恢復原來形狀的能力稱為：　(A)彈性變形　(B)塑性變形　(C)彈塑性變形　(D)硬性變形。

( )　21. 一般工廠所使用之手剪鐵板機，乃是應用：　(A)球面連桿組　(B)等腰連桿組　(C)肘節機構　(D)曲柄搖桿機構。

( )　22. 鉛筆依軟硬次序排出為：　(A)B，HB，F，H　(B)B，H，HB，F　(C)B，F，H，HB　(D)3H，H，HB，F。

( )　23. 將三用表撥在R×10k檔時，若指針無法歸零，表示要更換多少V電池？　(A)1.5V電池　(B)3V電池　(C)6V電池　(D)9V電池。

( )　24. 下列何者屬於化學法之表面硬化？　(A)火焰加熱硬化法　(B)滲碳硬化法　(C)高週波硬化法　(D)感應電熱硬化法。

( )　25. 下列何者是角加速度的單位？
(A)m/sec^2　(B)m/sec　(C)rad/sec^2　(D)rad/sec。

( )　26. 螺旋應用在力學上，是下列何種原理的應用？
(A)槓桿原理　(B)斜面摩擦　(C)滑輪組　(D)尖劈作用。

( )　27. 運動物體之位置改變量稱？位移，與下列何者有關？
(A)路徑　(B)時間　(C)運動狀態　(D)起點與終點。

( )　28. 若一物體，其運動方程式為$V=2t+3$，則此物體運動狀態為何？
(A)等速度運動　　　　　　(B)等加速度運動
(C)變加速度運動　　　　　(D)靜止不動。

( )　29. 一顆鉛球、棒球與棉花球，在真空中相同高度同時落下，何者最先到達地面？　(A)鉛球　(B)棒球　(C)棉花球　(D)同時著地。

( )　30. 甲汽車朝北行駛，乙汽車以相同速率朝西行駛，則甲汽車相對於乙汽車的相對速度之方向為何？　(A)朝東北方向　(B)朝西南方向　(C)朝東南方向　(D)朝西北方向。

( )　31. 若不計空氣阻力，拋射物體時，下列何者可拋射最遠距離？　(A)水平拋射　(B)拋射仰角30度　(C)拋射仰角45度　(D)拋射仰角60度。

( )　32. 等速圓周運動之物體，具有哪種加速度？　(A)切線加速度　(B)法線加速度　(C)重力加速度　(D)角加速度。

( )　33. 物體力作用之計算，必須考慮下列哪四種要素？　(A)時間、空間、重量與力　(B)時間、速度、重量與力　(C)時間、速度、質量與力　(D)時間、空間、質量與力。

( )　34. 在真空中以一繩懸吊一鋼球，則鋼球受到幾個力的作用？　(A)不受外力作用　(B)兩個力作用　(C)一個力作用　(D)三個力作用。

( )　35. 對於摩擦之敘述下列何者正確？　(A)摩擦係數值$0 < \mu < \infty$　(B)接觸面積越大摩擦力越大　(C)靜止於傾斜面上的物體沒有摩擦力　(D)動摩擦力>靜摩擦力。

( )　36. 一人搭電梯上樓、下樓，上樓電梯等速上升及下樓電梯等速下降，則該人腳底承受力量，何者較大？　(A)上樓較大　(B)下樓較小　(C)上、下樓受力相同　(D)電梯上下樓速度不同而不同。

( )　37. 掉落的一顆雞蛋碰上一顆石頭，雞蛋破了，下列敘述何者正確？　(A)石頭只受了雞蛋的力作用　(B)雞蛋只受了石頭的力作用　(C)雞蛋所受的作用力大於石頭　(D)雞蛋和石頭所受的作用力大小相等方向相反。

( )　38. 盪鞦韆的擺動週期與下列何者有關？　(A)鞦韆擺長　(B)鞦韆擺動角度大小　(C)盪鞦韆人的重量　(D)鞦韆上人的自行施力。

( )　39. 某人手提一物體，在電梯內電梯等速上升，則下列敘述何者正確？　(A)某人對物體做正功，電梯對物體不做功　(B)某人對和電梯對物體都不做功　(C)某人對物體不做正功，電梯對物體做正功　(D)某人和電梯都對物體做正功。

( )　40. 以相同材質，製造實心和空心轉軸，承受相同扭矩，則下列敘述何者正確？　(A)相同重量材料時，實心轉軸較空心轉軸可承受較大扭矩　(B)承受相同扭矩時，實心轉軸較空心轉軸較節省材料　(C)相同重量材料時，實心轉軸與空心轉軸可承扭矩相同　(D)承受相同扭矩時，空心轉軸較實心轉軸較節省材料。

( )　41. 一材料兩端固定，當溫度降低時，所產生之熱應力為何？　(A)拉應力　(B)壓應力　(C)彎曲應力　(D)剪應力。

( )　42. 有一輛前輪煞車的貨車，載運一重物體，行駛於高速公路上，從力學觀點，為考量行車及煞車安全起見，物體應該置於何處固定之？　(A)越接近車體的前端越安全　(B)靠近車體的後端越安全　(C)放置於車體重心位置越安全　(D)只要固定好物體，前後位置都安全。

( )　43. 材料彈性係數越大者，則下列敘述何者正確？　(A)材料彈性越大　(B)材料容易變形　(C)與材料變形無關　(D)材料不易變形。

( )　44. 選用材料承載負荷時，考量安全因素的條件，下列何者不正確？　(A)承載重負荷性質　(B)施工難易度　(C)材料形狀　(D)材料材質。

( )　45. 鉛直上拋物體達最高點所需之時間和落回原處所需之時間？　(A)相同　(B)上升時間較長　(C)落下時間較短　(D)上升時間為落下的二倍。

( )　46. 在設計螺旋千斤頂時，為避免螺桿自然迴轉而下降，必須使螺旋角 α 和靜摩擦角 θ 滿足下列何種關係？　(A)$\alpha=0$　(B)$\alpha>\theta$　(C)$\alpha>2\theta$　(D)$\alpha<\theta$。

( )　47. 如圖所示，球直徑d，台階高h＝0.25d，球重100N，問水平力T多大時，才能將球拉動？
(A)T＝57.7N　　(B)T＝173.2N
(C)T＝86.6N　　(D)T＝141.4N。

( )　48. 材料拉力變形，在比例限度內，其橫向應變與縱向應變的比值唯一常數，稱為？　(A)安全係數　(B)彈性係數　(C)蒲松係數　(D)形變係數。

(　)　49. 如圖所示，長1.6m重100N的均質桿AB，
以絞鏈水平接於A點，並以繩BC懸掛於C
點，於B點懸掛一重200N之物，則BC繩
之張力為多少？
(A)300N　　　　(B)200N
(C)500N　　　　(D)250N。

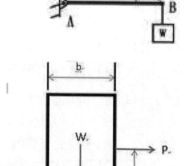

(　)　50. 如圖所示一寬度為b之方塊重W，靜置
於一平面上，其間之摩擦係數為μ，今
有一水平力P作用於其上，欲使物體恰
能移動，但不能傾倒，P力作用點之最
高位置h為多少？
(A)b/μ　　　　(B)$b/(2\mu)$
(C)$2b/\mu$　　　(D)$b/(3\mu)$。

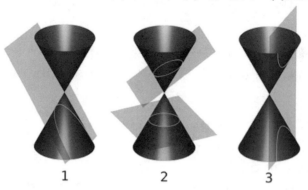

解答與解析 （答案標示為#者，表官方公告更正該題答案）

1. **A**

2. **C**　圓錐曲線的類型：(1)拋物線、(2)圓和橢圓、(3)雙曲線。

3. **A**　4. **C**

5. **B**　熱處理（heat treatment）：
(A)退火：使材料變軟。
(B)淬火：使材料變硬。

(C)回火：使材料韌性增強。
(D)正常化：使材料內部組織細緻正常。

6. **D** 鑄造為無屑加工。

7. **B** 8. **D**

9. **C** 不鏽鋼為含高鉻（常12%~30%）的合金鋼，通常另含有鎳、鉬、釩、錳、鎢等元素。

10. **B** 冷作為加熱至再結晶溫度以下。

11. **D** 12. **B** 13. **C**

14. **D** 上下兩端點所受彎曲應力最大，故截面積較大抗彎曲效果較佳。

15. **A** 16. **D**

17. **A** 磁力為超距力（非接觸力）。

18. **D** 19. **B** 20. **A** 21. **C**

22. **A** 許多鉛筆，特別是藝術家所使用的，都被標上了歐洲體系的刻度，從「H」（為硬度）到「B」（為黑度），也稱為「F」（為fine point）。
標準的書寫鉛筆是「HB」，讀卡機填塗用筆是「2B」。然而，為了在紙上產生不同的視覺效果，藝術家所使用的鉛筆的變化範圍較廣。一套藝術鉛筆的變化範圍是從非常硬的淺色鉛筆到非常軟的深色鉛筆，通常從最硬到最軟的範圍可以表示如下：

9H 8H 7H 6H 5H 4H 3H 2H H F HB B 2B 3B 4B 5B 6B 7B 8B 9B
硬　　　　→　　　　　中等　　　　　→　　　　軟

23. **D** 24. **B** 25. **C**

26. **B** 螺旋為斜面的應用。

27. **D**

28. **B** a=2，為等加速度運動。

29. **D** 30. **A** 31. **C**

32. **B** 等速率圓周運動具有法線加速度。

33. **D**　34. **B**

35. **A**　動摩擦力小於最大靜摩擦力。物體所受的最大靜摩擦力(f_s)和正向
力(N)成正比，而和物體的接觸面積大小無關。

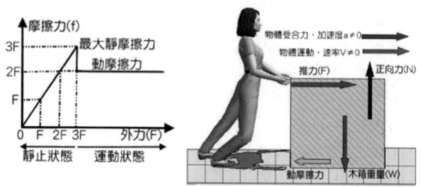

36. **C**　腳底承受力量均等於體重。

37. **D**

38. **A**　單擺擺動週期為 $T = 2\pi\sqrt{\dfrac{l}{g}}$，故知盪鞦韆擺動週期與鞦韆擺長有關。

39. **C**　40. **D**　41. **A**　42. **C**

43. **D**　材料彈性係數愈大，材料愈不易變形。

44. **B**　45. **A**　46. **D**

47. **A**　$T \times \dfrac{3}{4}d = 100\sqrt{\dfrac{d^2}{4} - \dfrac{d^2}{16}}$，$T = 57.7(N)$

48. **C**　十八世紀法國科學家S. D. Poisson發現彈性範圍內側應變與正應
變比值為常數，稱為蒲松比，其最大可能值為0.5，故$0 \le v \le 0.5$。

49. **C**　$0.8 \times 100 + 1.6 \times 200 = \dfrac{0.92 \times 1.6}{1.84} \times T$，$T = 500(N)$

50. **B**　$\mu Wh = \dfrac{b}{2}W$，$h = \dfrac{b}{2\mu}$

貳、填充題

1. 比例為1：2的圖形長為200mm，則實物長為_____mm。

2. 雙線螺紋，每旋轉一周可前進8mm，則螺距為_____mm。

3. 所謂「七三黃銅」是指在銅金屬中加入_____金屬元素。

4. 二力大小相等、方向相反，且作用線為不共線的兩平行力，若二力的大小皆為20N，兩力之間的垂直距離為1m，試求力偶矩的大小為_____N-m。

5. 如圖所示為手提袋掛於牆上的掛鉤，手提袋重 W＝100N，則此手提袋繩的張力是_____N。

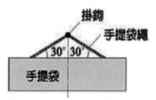

6. 火箭發射的推進力是牛頓第幾定律的應用？_____定律。

7. 一質量0.2Kg的物體，從靜止自由掉落10公尺，不計空氣阻力，重力加速度為10m/sec，其動能為_____焦耳。

8. 一人晨間運動，以等速度繞200公尺操場5圈，則其總位移為_____公尺。

9. 一機械裝置輸出作一功率為100KW，其機械效率為80%，則輸入功率為_____KW。

10. 如圖所示為材料拉力試驗，產生之應力－應變圖，OA為一直線，則依圖示區域標示，材料降伏區域為_____區域。

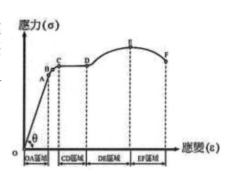

解答與解析

1. **400**　　　　實物長200×2＝400(mm)

2. **4**　　　　　螺距$\frac{8}{2}$＝4(mm)

3. **鋅或Zn**　　含鋅30%的黃銅常用來製作彈殼，俗稱彈殼黃銅或七三黃銅。含鋅在36～42%之間的黃銅合金由固溶體組成，其中最常用的是含鋅40%的六四黃銅。

4. **20**　　　　20×0.5×2＝20(N-m)

5. **100**　　　100＝2×T×cos60°，T＝100(N)

6. **第三或第三運動定律**

　　　　　　　火箭發射的推進力是作用力與反作用力的應用。

7. **20**　　　　物體之位能轉變為動能E_k＝0.2×10×10＝20(J)

8. **0**　　　　　位移只與起點與終點有關，故知位移為0。

9. **125**　　　$\frac{100}{0.8}$＝125(W)

10. **CD**　　　延性材料之應力應變圖如下圖所示，降伏應力為考題圖中CD區域。

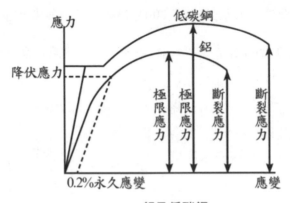

鋁及低碳鋼

110年　台灣電力公司（機械原理）

壹、填充題

1. 若地球的重力加速度為月球的6倍，一質點具有質量m與速度v，則此質點在地球上與月球上的動能比值為_____。

2. 如圖所示之液壓機構，其中A活塞面積為100mm^2，B活塞面積為400mm^2，根據帕斯卡原理（Pascal's law），當A向下施力10N時，則此B活塞能舉重_____N。

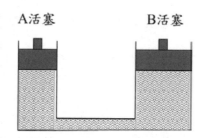

3. 如圖所示，A為一長度10cm直徑5cm的實心鐵柱，B為一長度10cm直徑5cm且厚度0.01cm的薄殼空心鐵管，若A與B同時自靜止狀態下，於一45°且長1m的斜坡頂部釋放後向下滾落，在考慮純滾動之情況下，則_____抵達斜坡底部。（請以同時、A較快、B較快表示）

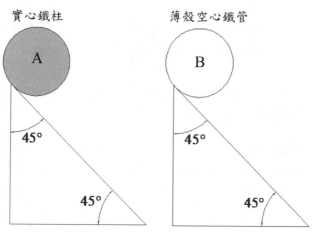

4. 一個四行程引擎在1秒可完成30次工作循環下，其活塞驅動的曲軸轉速為
_____rpm。

5. 一理想氣體在容積2m³與溫度27°C條件下，壓力為20kPa。請問當容積不
變，溫度提高至327°C時，壓力則變為_____kPa。

6. 一延展性材料的降伏應力為10MPa，安全係數為2，則此材料的容許應力為
_____MPa。

7. 脆性材料如粉筆、混凝土受扭轉負載而破壞,其所受之破壞應力為_____。
（請以張應力、壓應力、剪應力表示）

8. 迴轉機械中，止推軸承的作用主要是用以承受_____向的負荷。（請以
徑、軸、切線表示）

9. 一批相同滾動軸承，其額定壽命L_{10}，是指在相同測試條件下，有_____
%的軸承不出現疲勞破壞時的總轉數，或給定轉速下的工作小時數。

10. 應用光學平鏡（optical plate）量測塊規的真平度，得到如圖
所示之平行且等間距的6條干涉條紋，若使用的光源為單色
光且波長為λ，則塊規的真平度為_____。（請以λ表示）

11. 車床橫向進刀刻度盤每小格的切削深度為0.02mm，若要將工件的直徑從
39.60mm車削成38.00mm，車刀還需進刀_____小格。

12. 欲以尾座偏置法車削全長300mm，錐度部分長100mm之工件，錐度為
1/10，尾座偏置量為_____mm。

13. 二個平皮帶傳動輪A及B相距750mm，A輪直徑為120mm，B輪直徑為
150mm，若A輪轉速150rpm經由皮帶傳至B輪時，轉速僅有96rpm，不考慮
皮帶厚度，則滑動率為_____%。

14. 一銲條規格為E6028，其中「60」所代表的意義為_____60kg/mm²。

15. 兩正齒輪內切，若中心距為100mm，周節為6.28mm，兩輪轉速比為3，則大齒輪的齒數為_____齒。（$\pi=3.14$）

16. 如圖所示，在光滑無摩擦之桶中，置入2球，若大球半徑為100mm、重270N，小球半徑為30mm、重10N，若將桶傾斜30°放置，2球接觸點（C點）之作用力為_____N。（$\sin30°=\dfrac{1}{2}$，$\cos30°=\dfrac{\sqrt{3}}{2}$）

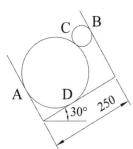

17. 如圖所示，有一均勻長桿長度為ℓ，重量為w，斜靠於光滑牆壁上，與地面摩擦係數$\mu=0.2$，欲保持長桿不滑動，θ角之正切值至少需為_____。

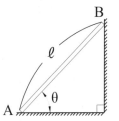

18. 如圖所示，有一物體在光滑斜面上自靜止狀態滑下，重力加速度為g，則物體速度V=_____。
（以g、ℓ表示；$\sin30°=\dfrac{1}{2}$，$\cos30°=\dfrac{\sqrt{3}}{2}$）

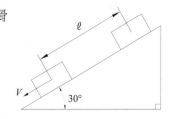

19. 有一長度為200mm，直徑為20mm的圓形桿件，受軸向拉力後，長度變為200.2mm，直徑變為19.995mm，則此圓桿的蒲松氏比（Possion's Ratio）為_____。

20. 如圖所示之懸臂樑，以A端為起點，樑內任意位置x的彎矩方程式M(x)=_____。（彎矩以樑彎曲後凹口向上為正）

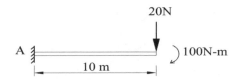

解答與解析

1. **1**　重力加速度不影響質量及速度,故動能比值為1。

2. **40**　帕斯卡原理 $\dfrac{10}{100} = \dfrac{F_B}{400} \Rightarrow F_B = 40(N)$

3. **A較快**　實心鐵柱 $I_A = \dfrac{1}{2} m_A R^2$,鐵管 $I_B = m_B R^2$,可列出鐵

柱滾動之統御方程式為 $\mu m_A g \cos\theta R = \dfrac{1}{2} m_A R^2 \alpha_A$,

$\alpha_A = \dfrac{2\mu g \cos\theta}{R}$

可列出鐵管滾動之統御方程式為

$\mu m_B g \cos\theta R = m_B R^2 \alpha_B$,$\alpha_B = \dfrac{\mu g \cos\theta}{R}$

可得實心鐵柱角加速度較大,故A較快到達底部。

4. **3600**

5. **40**　依理想氣體方程式,容積不變,壓力與絕對溫度成正

比,$\dfrac{P_2}{20} = \dfrac{600}{300} \Rightarrow P_2 = 40(kPa)$

6. **5**　容許應力為 $\dfrac{10}{2} = 5(MPa)$

7. **張應力**

8. **軸**　止推軸承主要承受軸向負荷。

9. **90**

10. **0λ或0**　光學平板如圖所示,
平行等間距干涉,代
表工件真平度為0。

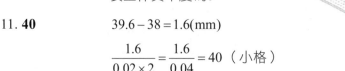

11. **40**　$39.6 - 38 = 1.6(mm)$

$\dfrac{1.6}{0.02 \times 2} = \dfrac{1.6}{0.04} = 40$（小格）

12. **15**　　$\text{偏置量} = \dfrac{T \times L}{2} = \dfrac{\dfrac{1}{10} \times 300}{2} = 15$

13. **20**　　$\eta \times \dfrac{120}{150} = \dfrac{96}{150} \Rightarrow \eta = \dfrac{96}{120} = \dfrac{4}{5}$

　　　　　$\text{故損失} = 1 - 0.8 = 0.2 = 20\%$

14. **抗拉強度**

15. **150**

16. **$13\sqrt{3}$ (N)**　　$N_D = (270 + 10)\cos 30° = 140\sqrt{3}$

　　　　　由大球之自由體圖

　　　　　$140\sqrt{3} = 270\cos 30° + N_C \times \dfrac{5}{13}$

　　　　　$\Rightarrow N_C = 13\sqrt{3}(N)$

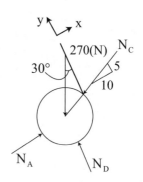

17. **2.5**　　$N_A = w$，$N_B = 0.2w$，$\sum M_A = 0$

　　　　　$w \times \dfrac{1}{2}\cos\theta = 0.2wl\sin\theta \Rightarrow \tan\theta = 2.5$

18. **$\sqrt{g1}$**　　物體之位能轉變為動能，$mg(\dfrac{1}{2}) = \dfrac{1}{2}mV^2 \Rightarrow V = \sqrt{gl}$

19. **0.25**　　Poisson比：十八世紀法國科學家S. D. Poisson發現彈
性範圍內側應變與正應變比值為常數，稱為蒲松比，
其最大可能值為0.5，故$0 \le v \le 0.5$

　　　　　$v = -\dfrac{\dfrac{-0.005}{20}}{\dfrac{0.2}{200}} = 0.25$

20. **$20x - 300$**　　$M(x) = -20(10 - x) - 100 = 20x - 300$

貳、問題與計算題

一、俗話說：「一根筷子容易折斷，三根筷子不容易折斷」，若有4支材質相同且半徑皆為r的圓桿，將其分組為1支與3支，排列方式如圖所示，則3支圓桿對x軸慣性矩是1支圓桿對x軸慣性矩的幾倍。

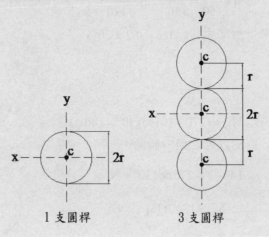

1支圓桿　　　　3支圓桿

解 $(I_x)_1 = \dfrac{1}{4}\pi r^4$

三支圓桿利用平行軸定理

$(I_x)_3 = \dfrac{1}{4}\pi r^4 + [\dfrac{1}{4}\pi r^4 + (\pi r^2)(2r)^2] \times 2 = \dfrac{35}{4}\pi r^4$

$\dfrac{(I_x)_3}{(I_x)_1} = 35$（倍）

二、如圖所示，有一質量彈簧系統，其彈簧常數分別為$K_1 = 6\,\text{N/m}$、$K_2 = 6\,\text{N/m}$、$K_3 = 7\,\text{N/m}$，質量$M = 10\,\text{kg}$，試求：
(1)系統的等效彈簧常數為多少N/m？
(2)系統的自然頻率為多少Hz？
（$\pi = 3.14$，計算至小數點後第2位，以下四捨五入）

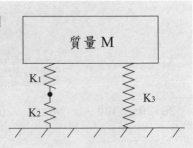

(3)當一反覆性外力施於質量M，其頻率與系統自然頻率相同時，會發生振動變大的現象，則此現象稱為何？

解 (1) $K' = \dfrac{6 \times 6}{6+6} = 3(N/m)$ ，系統等效彈力常數為 $K'' = 3+7 = 10(N/m)$ 。

(2)系統週期 $T = 2\pi\sqrt{\dfrac{M}{K''}} = 6.28\sqrt{\dfrac{10}{10}} = 6.28(s)$

系統頻率 $f = \dfrac{1}{T} = \dfrac{1}{6.28} = 0.16(Hz)$

(3)此稱為共振現象。

三、如圖所示，以繩索繫著質量m的物體，以半徑r於鉛直面上作圓周運動，重力加速度為g，欲維持圓周運動，試求：
(1)請證明最高點A的切線速度至少為 $\sqrt{rg}$ 。
(2)請證明水平點B的繩索張力至少為3mg。
(3)請證明最低點C的繩索張力至少為6mg。

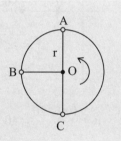

解 (1)重力剛好提供向心力

$$mg = m\dfrac{v_A^2}{r} \Rightarrow v_A = \sqrt{gr}$$

(2)由力學能守恆

$$mgr + \dfrac{1}{2}mgr = \dfrac{1}{2}mv_B^2 \Rightarrow v_B = \sqrt{3gr} \quad , \quad T = m\dfrac{3gr}{r} = 3mg$$

(3)由力學能守恆

$$2\,mgr + \dfrac{1}{2}mgr = \dfrac{1}{2}mv_C^2 \Rightarrow v_C = \sqrt{5gr} \quad , \quad T - mg = m\dfrac{5gr}{r} \Rightarrow T = 6mg$$

四、如圖所示，物體受$\sigma_x = 100$MPa及$\sigma_y = 20$MPa的應
力作用，於$\theta = 60°$時，試求：

(1)圖中$\theta = 60°$斜面之應力σ_θ及τ_θ各為多少MPa？

(2)圖中$\theta = 60°$斜面之互餘應力$\sigma_\theta{}'$及$\tau_\theta{}'$各為多少
MPa？

(3)請畫出莫爾圓（Mohr's circle），並分別標示
σ_x、σ_y、σ_θ、τ_θ、$\sigma_\theta{}'$及$\tau_\theta{}'$。

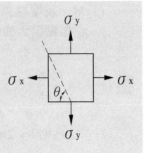

解 (1)(2)(3)繪出莫爾圓求解

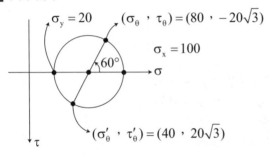

$R = \dfrac{100 - 20}{2} = 40$，圓心$(60, 0)$

110年　台灣電力公司（機械與起重常識）

壹、填充題

1. 一公制螺栓其螺紋標示為「LH　2N　M18×2-1」，若螺栓上某點沿螺紋旋轉一周，則在螺栓軸線方向移動_____mm。

2. 兩彈簧常數均為k之彈簧並聯後，再與一彈簧常數為2k之彈簧串聯，則總彈簧常數為_____。

3. 用於負荷平行軸向之軸承為_____軸承。

4. 兩外接正齒輪，其齒數分別為20與80，中心距離為250mm，則其模數為_____。

5. 油壓系統中作為穩定系統壓力、洩漏補償、減緩衝擊之配件為_____。

6. 如圖所示之游標尺讀數為_____mm。

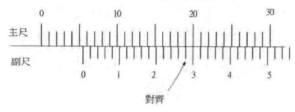

7. 若齒輪傳動時壓力角為固定，則齒輪曲線是採用_____線。

8. 荷重試驗時，如果該起重設備之額定荷重為300公噸，則荷重試驗應用_____公噸之荷重來測試。

9. 一物體在距離地面上1000m處垂直拋下，經5秒後著地，如不計空氣阻力，則拋下初速度為_____m/sec。（加速度g＝10m/sec^2）

10. 如圖所示之動滑車，若不計磨擦損失，則其機械利益
為_____。

11. 兩外切圓柱形摩擦輪，大輪直徑為20cm，小輪直徑為
4cm，若大輪轉速為150rpm，則小輪轉速為_____
rpm。

12. 依螺紋形狀及功用區分，傳動效率最高的螺紋為_____螺紋。

13. 一簡單機械裝置，其機械利益為6，摩擦損失為50%。用以帶動150kgf之負
荷，則應施力_____kgf。

14. A螺紋標示「M10×2.5×40」，B螺紋標示「5/8-20UNF-2A-LH」，其中
_____螺紋螺距較大。

15. 若一塊木頭長100cm，寬50cm，高50cm，其比重為0.6，則重量約為_____
公噸。

16. 一鐵棒長度為100cm，兩邊放置20kg與5kg的物體，如要保持鐵棒平衡（鐵
棒重量不計），支點應距離20kg物件端_____cm。

17. 一壓縮彈簧受壓縮力，由4kN增加至6kN，彈簧長度由100mm壓縮至
50mm，則彈簧常數為_____N/mm。

18. 依勞工安全衛生設施規則規定，若使用一條直徑為20mm的鋼索，可安全使
用之最小公稱直徑為_____mm，若鋼索小於此公稱直徑時，應予以更換。

19. 鋼索之安全荷重A、斷裂荷重B、安全係數S，則三者關係為_____。

20. 一起重機將重量2000N之物體以1m/sec之速度由地面舉起，起重機之機械效
率為80%，則其損失之功率為_____仟瓦（kW）。

解答與解析

1. **4**　　　　　此為雙線螺紋，螺距為2mm，導程為4mm。

2. **k**　　　　　$k' = \dfrac{2k \cdot 2k}{2k + 2k} = k$

3. **止推**

4. **5**　　　　　小齒輪節圓直徑為100mm，節圓直徑d與齒數N之比值

　　　　　　　　模數 $M = \dfrac{100}{20} = 5(mm)$

5. **蓄壓器**

6. **5.28**

7. **漸開**　　　漸開線的優點是：製造容易；齒根強度較大；兩齒輪中心距離如稍變化仍能保持正確的囓合。其缺點是：會產生干涉現象；傳動時容易產生噪音；因壓力角保持固定所以效率較低。

8. **350**

9. **175**　　　$1000 = v_1 \times 5 + \dfrac{1}{2} \times 10 \times 5^2 \Rightarrow v_1 = 175(m/s)$

10. **1/2或0.5**　$F = 2W \Rightarrow A = \dfrac{W}{F} = 0.5$

11. **750**　　　$10 \times 150 = 2 \times N_{小} \Rightarrow N_{小} = 750(rpm)$

12. **方（方形）**

13. **50**　　　$150 \times 2 \times \dfrac{1}{6} = 50(kgf)$

14. **A**　　　　A之螺距2.5mm；B之螺距$\dfrac{25.4}{20}$mm，故知A螺紋螺距較大。

15. **0.15**　　　$M = \dfrac{100 \times 50 \times 50 \times 0.6}{1000 \times 1000} = 0.15$（公噸）

16. **20**

17. **40** $\qquad K = \dfrac{2000}{100-50} = 40(\text{N} / \text{mm})$

18. **18.6**

19. **S＝B/A或B＝S×A或A＝B/S**

20. **1/2或0.5**

貳、問題與計算題

一、兩正齒輪外切嚙合，中心相距600mm，其中小齒輪齒數為30，轉速比為3：1，若以其為原動，試求大齒輪之節圓直徑為多少mm？大齒輪之齒數？模數？

解 轉速比為3：1，大齒輪齒數為90齒，大齒輪之節圓直徑為900mm，

$M = \dfrac{900}{90} = 10(\text{mm})$

二、如圖所示，有一螺旋起重機，螺旋為雙螺紋，螺距為P＝2cm，手柄作用之力臂為R＝50cm，假設此螺旋起重機摩擦損失為20%，若沿切線施力F＝10kgf，則可舉起重物W多少kg？（π＝3.14）

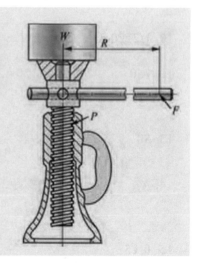

解 $W \times 2 \times 2 = 2 \times 3.14 \times 50 \times 10 \times 80\%$ ， $W = 628(\text{kg})$

三、如圖所示之滑輪組，兩端分別懸掛質量為
60kg與20kg之物體，若不計摩擦力且重力
加速度g＝10m/sec，試求：

(1)60kg之物體加速度為多少m/sec² ？

(2)繩子張力為多少牛頓(N)？

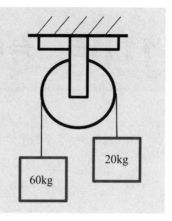

解 (1)$(60-20) \times 10 = (60+20)a \Rightarrow a = 5(\text{m/s}^2)$

(2)$60 \times 10 - T = 60 \times 5 \Rightarrow T = 300(\text{N})$

四、如上圖所示，已知6×37、A種、索徑20mm
的鋼索使用二條吊舉，吊舉角度分別為30°、
60°、90°、120°時，其安全荷重分別為6.95T、
6.24T、5.09T、3.60T，今如下圖所示改用3條相
同鋼索吊舉時，垂直線和鋼索所成角度為30°，
試問：

(1)請敘述「6×37」代表之意義？

(2)請算出其最大安全荷重？

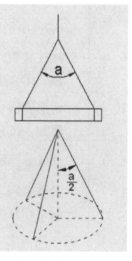

解 本題超出範圍。

111年　台中大眾捷運公司(機件原理)

( )　1. 下列何者不是螺紋的主要功用？
(A)連結或固定機件　(B)減少摩擦　(C)傳達動力　(D)測量。

( )　2. 下列何者不是墊圈的主要功用？　(A)機件位置的定位　(B)保護工作表面　(C)增大承壓面積　(D)防止螺帽鬆脫。

( )　3. 自行車的後輪於向前踩踏時能向前進，向後踩時則不後退，主要是採用何種機構？　(A)凸輪　(B)棘輪　(C)擒縱器　(D)間歇齒輪。

( )　4. 彈簧的平均直徑與線徑的比值稱為：　(A)彈簧常數　(B)彈簧撓度　(C)自由長度　(D)彈簧指數。

( )　5. 鍵在裝置時有自動對心功能的是：　(A)圓形鍵　(B)斜鍵　(C)半圓鍵　(D)栓槽鍵。

( )　6. 錐形彈簧受外力作用時，何處先發生變形？　(A)大直徑端　(B)小直徑端　(C)彈簧中間　(D)任何一處皆有可能。

( )　7. 構成一個鏈(chain)至少需要幾根連桿？　(A)2　(B)3　(C)4　(D)5。

( )　8. 公制斜銷之公稱直徑是指？　(A)大端直徑　(B)小端直徑　(C)大小端平均直徑　(D)大端減小端直徑。

( )　9. 下列何者不是確動凸輪？　(A)等寬凸輪　(B)等徑凸輪　(C)平板凸輪　(D)圓柱形凸輪。

( )　10. 為使鏈輪於運轉時能均勻磨損，鏈齒之齒數應設計為？
(A)奇數　(B)偶數　(C)都可以　(D)與鏈條一樣。

( )　11. 漸開線齒輪中，漸開線上任一點之法線必與何特徵相切？
(A)基圓　(B)節圓　(C)節點　(D)齒根圓。

( )　12. 有一皿形彈簧組合如圖所示,若兩彈簧之彈
簧常數$K_1=K_2=5N/cm$,下列敘述何者正確?
(A)此組合為並聯,總彈簧常數$K=10N/cm$
(B)此組合為並聯,總彈簧常數$K=2.5N/cm$
(C)此組合為串聯,總彈簧常數$K=10N/cm$
(D)此組合為串聯,總彈簧常數$K=2.5N/cm$。

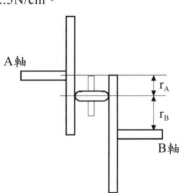

( )　13. 如圖所示,兩圓盤與一滾子的
摩擦輪裝置,若A、B兩軸中心
距為105cm,且$2\omega_A=5\omega_B$,則
滾子R的中心面位置距B軸為
(A)30cm
(B)45cm
(C)60cm
(D)75cm。

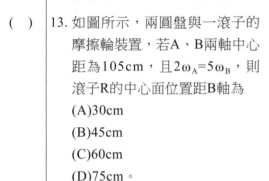

( )　14. 有一內切圓柱形摩擦輪,已知兩輪中心距為110mm,大輪轉速為
5RPM,小輪轉速為60RPM,則大輪直徑為多少?
(A)120mm　(B)160mm　(C)200mm　(D)240mm。

( )　15. 有一皮帶輪,主動輪直徑為60cm,轉速為1500RPM,若皮帶輪之緊
邊張力為853N,鬆邊張力為265N,則可傳遞多少馬力(PS)數?
(1PS=735W)　(A)21πPS　(B)18πPS　(C)15πPS　(D)12πPS。

( )　16. 有一回歸輪系其輪系值為1/6,則下列哪一組齒輪組合可以採用?
(A)$\frac{20}{60}\times\frac{24}{48}$　(B)$\frac{18}{54}\times\frac{24}{48}$　(C)$\frac{20}{60}\times\frac{15}{30}$　(D)$\frac{18}{60}\times\frac{30}{48}$。

( )　17. 漸開線齒輪與擺線齒輪的比較,下列何者錯誤?　(A)周節相同時,
擺線齒輪強度較大　(B)擺線齒輪製造較為複雜　(C)擺線齒輪的壓力
角時時在改變　(D)漸開線齒輪的接觸線為直線。

( )　18. 使用槓桿原理,如欲得到機械利益大於1時,應採用下列何者方式?
(A)抗力點在施力點與支點中間　(B)施力點在抗力點與支點中間
(C)支點在抗力點與施力點中間　(D)施力點與抗力點同位置。

( ) 19. 有一螺旋若α為導程角，β為螺旋角，L為導程，D為螺旋直徑，下列敘述何者正確？

(A)$\tan\alpha = \dfrac{L}{\pi D}$

(B)$\alpha + \beta = 180°$

(C)機械利益為$M = \cos\alpha$

(D)L為相鄰兩螺牙對應點的軸向距離。

( ) 20. 如圖所示，有一螺旋起重機，若導程L＝4mm，物重W＝3140N，手柄R＝50cm，機械效率80%，則所需外力F＝？

(A)4N

(B)4πN

(C)5N

(D)5πN。

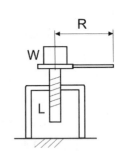

( ) 21. 如圖所示，兩平行軸螺旋齒輪A、B嚙合傳動，若輪A為主動輪，則兩軸安裝止推軸承的位置何者正確？

(A)P、S

(B)Q、R

(C)P、R

(D)Q、S。

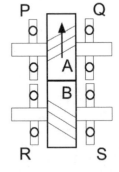

( ) 22. 如圖所示之輪系，若主動輪A之轉速N_A＝540RPM（逆時針），則蝸輪F之轉速與轉向為：

(A)10RPM（順時針）

(B)10RPM（逆時針）

(C)20RPM（順時針）

(D)20RPM（逆時針）。

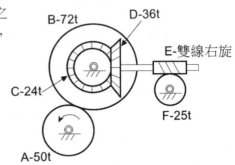

( ) 23. 下列各滑輪組，在不計損失，何者機械利益最大？

(A)
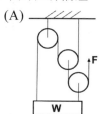

(B)
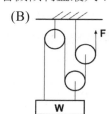

(C)
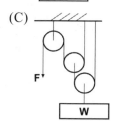

(D)
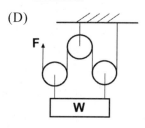

( ) 24. 有一中國式絞盤如圖所示，D＝100cm、
d＝50cm、R＝200cm、F＝50N，下列敘
述何者正確？
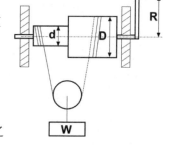
(A)機械利益M＝8
(B)可拉起物重W＝800N
(C)手柄旋轉一圈物體可上升50cm
(D)手柄旋轉一圈物體上升或下降所作之
功為20KW。

( ) 25. 如圖所示，有一長100cm之手柄，
利用一方鍵與半徑6cm之軸連結，
若方鍵長4cm，斷面每邊長1cm，
若方鍵能承受之剪應力為5Mpa，
則作用於手柄端之F力為多少？

(A)40N
(B)80N
(C)120N
(D)160N。

( )　26. 三階皮帶塔輪如圖所示,下列敘述何者正確?

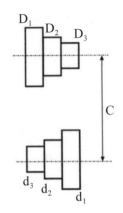

(A)若$D_1=d_1$、$D_2=d_2$、$D_3=d_3$,則從動輪最高轉速與最低轉速相積等於中間輪轉速的平方

(B)若以開口帶繞法則皮帶總長為

$$\frac{\pi(D+d)}{2}+2C+\frac{(D-d)^2}{2C}$$

(C)各階皮帶輪之速比與直徑大小成正比

(D)若為相等塔輪,則以開口帶繞法,各階帶輪之直徑和皆相等$D_1+d_3=D_2+d_2=D_3+d_1$。

( )　27. $\frac{1}{6}$"輕級梅花墊圈,其$\frac{1}{6}$"指的是?

(A)外徑　(B)內徑　(C)周長　(D)負荷級數。

( )　28. 動軸承設計時,為使軸承襯套耐磨、使用壽命長,因此在襯套材料的選擇應該如何?　(A)摩擦係數小於軸材　(B)大於軸材硬度　(C)小於軸材硬度　(D)視使用情況而定。

( )　29. 齒輪的傳動依照兩軸的相對關係區分,請問下列敘述何者有誤?

(A)齒條與齒輪的搭配,可將直線運動改變成旋轉運動,屬於兩軸平行　(B)用於汽車差速機構中的螺旋斜齒輪,屬於兩軸相交　(C)車床中變速齒輪是採用正齒輪傳動,屬於兩軸平行　(D)紡織機械中所使用雙曲面齒輪,其傳動方式屬於兩軸相交。

( )　30. 一般市售汽車均裝設有ABS(防鎖定煞車系統),其裝設目的為何?

(A)增加煞車散熱效能　(B)增加煞車使用壽命　(C)防止煞車過程中輪胎鎖死　(D)增加煞車過程中輪胎與地面磨擦力。

( )　31. 一往復滑塊曲柄機構(如圖所示),AB桿長度10cm,BC桿長度25cm,則C滑塊衝程為多少?

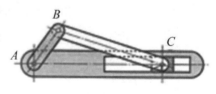

(A)15cm　　　(B)20cm

(C)35cm　　　(D)50cm。

( )　32. 如圖所示一滑輪組，當小明於右端施力
F＝50N時，試求可以舉起多少物重？
(A)150N
(B)200N
(C)250N
(D)300N。

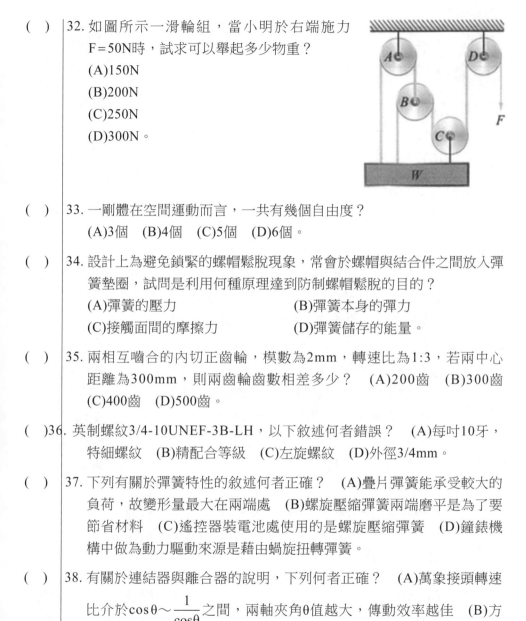

( )　33. 一剛體在空間運動而言，一共有幾個自由度？
(A)3個　(B)4個　(C)5個　(D)6個。

( )　34. 設計上為避免鎖緊的螺帽鬆脫現象，常會於螺帽與結合件之間放入彈
簧墊圈，試問是利用何種原理達到防制螺帽鬆脫的目的？
(A)彈簧的壓力　　　　　　　(B)彈簧本身的彈力
(C)接觸面間的摩擦力　　　　(D)彈簧儲存的能量。

( )　35. 兩相互嚙合的內切正齒輪，模數為2mm，轉速比為1:3，若兩中心
距離為300mm，則兩齒輪齒數相差多少？　(A)200齒　(B)300齒
(C)400齒　(D)500齒。

( )36. 英制螺紋3/4-10UNEF-3B-LH，以下敘述何者錯誤？　(A)每吋10牙，
特細螺紋　(B)精配合等級　(C)左旋螺紋　(D)外徑3/4mm。

( )　37. 下列有關於彈簧特性的敘述何者正確？　(A)疊片彈簧能承受較大的
負荷，故變形量最大在兩端處　(B)螺旋壓縮彈簧兩端磨平是為了要
節省材料　(C)遙控器裝電池處使用的是螺旋壓縮彈簧　(D)鐘錶機
構中做為動力驅動來源是藉由蝸旋扭轉彈簧。

( )　38. 有關於連結器與離合器的說明，下列何者正確？　(A)萬象接頭轉速
比介於$\cos\theta \sim \dfrac{1}{\cos\theta}$之間，兩軸夾角$\theta$值越大，傳動效率越佳　(B)方
形鄂夾屬於摩擦離合器，故適用於大負載使用　(C)鏈條離合器允許
兩軸間有微小角度與距離的差異　(D)塊狀離合器可置於圓筒內側或
外側，其接觸角不得超過30度。

( )　39. 一相對五級塔輪，主動輪轉速為270rpm，
從動輪最高轉速為540rpm，請問從動輪最
高轉速與最低轉速的比值為多少？
(A)2
(B)4
(C)6
(D)8。

( )　40. 有關機件的原理下列敘述何者正確？　(A)機構是兩個或兩個以上的
機件組合而成，可接受外來能量轉變成有效的輸出功　(B)軸承為活
動機件　(C)物體受力後體內任點距離永不改變者稱為剛體　(D)螺
旋對同時具有直線與迴轉運動是高對偶的一種。

( )　41. 一螺旋齒輪組，假設A輪主動且向下旋轉，因螺
旋齒輪傳動時容易產生軸向推力，造成傳動推力
小、機械效率低，若要改善上述問題可加裝止推
軸承，則須裝在A、B的哪一個方向？
(A)左、右　　　(B)右、左
(C)右、右　　　(D)左、左。

( )　42. 如圖所示為一起重輪系，曲柄長
R＝45cm，捲筒直徑＝27cm，若欲將
物重W＝450N吊起，試求曲柄上需
施加多少力F？
(A)10N
(B)15N
(C)20N
(D)25N。

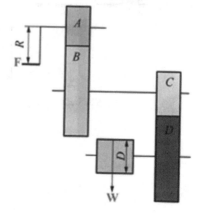

(　)　43. 有一間歇正齒輪，主動輪為不完全齒輪，主動輪旋轉一圈，可帶動從動輪旋轉15度，若從動輪有120齒，則主動輪為幾齒？
(A)4齒　　　　　　　　　(B)5齒
(C)6齒　　　　　　　　　(D)7齒。

(　)　44. 一摩擦輪傳動機構，主動輪直徑為2m，轉速10rps，從動輪直徑為1m，摩擦係數為0.4，正壓力為2500N，若不計算摩擦損失，則輸出功率為多少？
(A)20kw　　　　　　　　(B)25kw
(C)30kw　　　　　　　　(D)35kw。

(　)　45. 以下有關於螺紋敘述，何者正確？
(A)方形螺紋螺紋角為90度，主要用於較大的動力傳達
(B)車床之導螺桿為公制梯形螺紋，螺紋角為29度
(C)尖V型螺紋螺紋角為60度，用於無需考慮強度且永久接合處
(D)用於低壓管接頭處之直管螺紋，其螺紋角為45度。

(　)　46. 一機構中以鏈輪作為傳動，鏈條的切線速度為180π公尺／分，若主動輪轉速為360rpm，試求主動輪節圓直徑為多少？
(A)0.5mm　　　　　　　(B)50mm
(C)250mm　　　　　　　(D)500mm。

(　)　47. 下列何者為立體凸輪？
(A)
(B)
(C)
(D)

( )　48. 下列軸承的名稱與斷面形狀的對應，何者有錯誤？

(A) 整體軸承　　　　　　　　(B) 滾珠軸承

(C) 四部軸承　　　　　　　　(D) 滾針軸承

( )　49. 如圖所示的混合型盤型彈簧，每組由兩個盤型彈簧並聯，今日由三組串連而成，若單一一個盤型彈簧受P力作用，變形量為δ，試問：受4P力作用後，其變形量為多少？

(A)1δ　　　　　　(B)2δ

(C)4δ　　　　　　(D)6δ。

( )　50. 有一回歸輪系設計如圖所示，其動力過程為：先由馬達輸入經由皮帶傳遞給塔輪2，再由齒輪A→齒輪B→齒輪C，最終由齒輪D輸出。齒輪A＝18齒、齒輪B＝120齒、齒輪C＝12齒、齒輪D＝240齒，三階相等塔輪直徑分別為200mm、400mm、600mm，假設馬達轉速為1200rpm，則關於齒輪D轉速的說明，何者正確？　(A)最低轉速3rpm　(B)最高轉速54rpm　(C)最高轉速27rpm　(D)最低轉速6rpm。

解答與解析 （答案標示為#者，表官方公告更正該題答案）

1. **B** 螺紋之功用不包含減少摩擦。

2. **A** 墊圈不是用來機件位置的定位。

3. **B** 腳踏車後輪採用棘輪機構。

4. **D** 彈簧指數 = $\dfrac{平均直徑}{線徑}$。

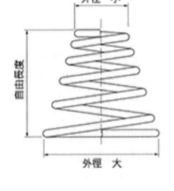

5. **C**

6. **A** 錐形彈簧受力時大直徑端先變形。

7. **B** 構成一運動鏈至少需三連桿。

8. **B**

9. **C** 平面凸輪（板凸輪）主要分為普通凸輪及確動凸輪；立體凸輪主要分為圓柱凸輪、圓錐凸輪、端面凸輪、球形凸輪及斜板凸輪等。

10. **A** 鏈條之節數為偶數，鏈輪之齒數為奇數，可使磨損均勻。

11. **A** 12. **A**

13. **D** $\omega_A : \omega_B = 5 : 2$，可知$r_A : r_B = 2 : 5$，$r_B = 105 \times \dfrac{5}{7} = 75 (cm)$

14. **D** 15. **D**

16. **B** (A)(B)(C)三者輪系值均為$\dfrac{1}{6}$，但$18 + 54 = 24 + 48$，故知(B)為回歸輪系。

17. **A** 18. **A** 19. **A**

20. **C** $2 \times 3.14 \times 500 \times F \times 0.8 = 3140 \times 4$，$F = 5(N)$

21. **B**

22. **C** $\dfrac{N_F}{540} = \dfrac{50}{72} \times \dfrac{24}{36} \times \dfrac{2}{25}$，$N_F = 20(rpm)$。再判斷其方向為逆時針，此題答案有誤，正確答案應為(D)。

23. **B** 24. **B** 25. **C** 26. **A**

27. **B** $\dfrac{1}{6}$"指的是內徑。

28. **C** 29. **D**

30. **C** ABS是德國的羅伯特·博世有限公司（Robert Bosch GmbH）所研發出來的一種安全煞車輔助系統，目的是希望透過ABS的作動來達到煞車過程中，輪胎與地面維持最佳抓地力表現，避免因煞車過量導致輪胎打滑而失去抓地力的危險。

31. **B** 滑塊C衝程為$10 \times 2 = 20$(cm)。

32. **C** 此滑輪組機械利益為5，故可舉起250N之物重。

33. **D** 可沿x、y、z平移及繞x、y、z旋轉，故共6個自由度。

34. **C**

35. **B** $300 = \dfrac{2}{2}(T_A - T_B)$，$T_A = 450t$，$T_B = 150t$，

   $D_A = 900mm$，$D_B = 300mm$，兩齒輪齒數相差300t。

36. **D** 37. **D** 38. **C**

39. **C** $270^2 = 540 \times N$，$N = 135$(rpm)，$\dfrac{540}{135} = 4$，正確答案應為(C)。

40. **C** 41. **A** 42. **B** 43. **B** 44. **A** 45. **C** 46. **D**

47. **B** (B)為圓錐凸輪，屬於立體凸輪。

48. **C** 選項(C)為對合軸承。

49. **D** $4\delta \times \dfrac{3}{2} = 6\delta$

50. **C**

111年 台灣電力公司（機械原理）

壹、填充題

1. 一偏心凸輪，當其凸輪軸以等速旋轉運動時，可以看到其從動件做_____運動。

2. 當一個齒輪的漸開線齒面，與另一個齒輪在基圓內部之非漸開線齒腹相接觸時，發生齒尖切入齒腹的現象，稱為_____。

3. 鋼鐵組織成分包含糙斑鐵、麻田散鐵、肥粒鐵及雪明碳鐵等，其強度與硬度最低者為_____。

4. 欲銑製60齒，模數為3的公制正齒輪，在車床上車出的胚料直徑應為_____mm。

5. 惠氏螺紋之螺栓，若公稱尺寸為$W\frac{3}{4}$-10，則其螺紋外徑為_____。

6. 孔軸配合中，若軸徑為$30^{-0.03}_{-0.06}$ mm與孔徑為$30^{+0.05}_{+0.02}$ mm配合，則其配合之裕度為_____mm。

7. 公制斜銷之錐度為_____。

8. 水壓機的大活塞直徑為300mm，小活塞直徑為30mm，若欲使大活塞舉起3公噸的重物，應在小活塞施力_____kgf。

9. 有一組皮帶傳動機構，A輪為原動輪，轉速為726rpm，直徑為20cm，B輪直徑為60cm，皮帶厚度為0.5cm，若不計滑動，則B輪轉速為_____rpm。

10. 一對相等的五級塔輪，主動輪轉速為120rpm，從動輪最低轉速為20rpm，其從動輪最高轉速與最低轉速之比值為_____。

11. 有一台腳踏車，輪胎直徑為60cm，其前後方鏈輪齒數分別為60齒及20齒，當騎士踩腳踏板10圈後，腳踏車可前進_____公尺。（圓周率=3.14）

12. 有一外接圓柱摩擦輪，已知兩軸之距離為120cm，主動軸之轉速為100rpm，從動軸之轉速為20rpm，則兩輪直徑相差_____cm。

13. 一實心圓軸直徑為3cm，長為1.5m，若施加一扭矩2500kgf-cm，若材料之剛性係數為$1 \times 10kg/cm$，試問此扭矩對實心圓軸產生之扭轉角為_____度。（計算至小數點後第2位，以下四捨五入，圓周率=3.14）

14. 有一鋼板長為240mm，寬為100mm，厚度為30mm，假設其破壞剪應力為300kg/cm，若想要將鋼板對半剪斷，所需的最小剪力為_____kg。

15. 如圖所示之平面應力元素，其最大剪應力為_____kg/cm。

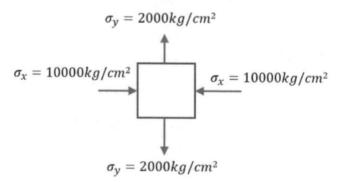

16. 如圖所示之T型面積，其形心至底邊AB之距離$\overline{Y}$為_____cm。

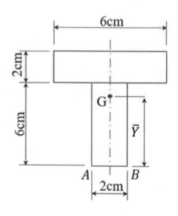

17. 如圖所示之彈簧組合，K代表彈簧常數，
K₁=40N/mm，K₂=40N/mm，K₃= 80N/mm，
則組合後之總彈簧常數為_____N/mm。

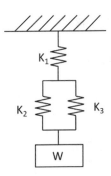

18. 一實心均質長方型體如圖所示，寬為40cm，高為80cm，重量為200N，物
體與地面之靜摩擦係數為0.4，若施加一力P可使物體移動而不致傾倒時，
其最大高度h為_____cm。

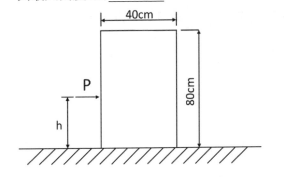

19. 某物體以第三角法繪出主要視圖，已知其俯視圖、前視圖分
別如圖所示，請徒手繪出其右側視圖_____。

俯視圖

前視圖

20. 如圖所示，以精度0.05mm的游標卡尺來量測某一工件時，其主尺與副尺刻
線在「＊」位置對齊，則游標卡尺正確讀值應為_____mm。

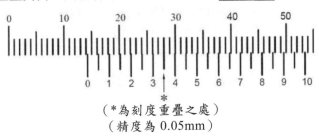

（＊為刻度重疊之處）
（精度為 0.05mm）

解答與解析

1. 簡諧

2. 干涉　　漸開線齒形之干涉係指一齒輪之漸開線齒面與另一齒輪非漸開線齒腹相接觸，而導致齒面切入齒腹之現象。

3. 肥粒鐵

4. **186**　　齒冠圓直徑為 $\dfrac{N+2}{P_d} = \dfrac{60+2}{\frac{1}{3}} = 186\,(\text{mm})$

5. **0.75英吋 / 0.75" / 0.75吋 / $\dfrac{3}{4}$吋 / $\dfrac{3}{4}$" / $\dfrac{3}{4}$英吋 / 19.05mm**

6. **0.05**

7. **1:50 / $\dfrac{1}{50}$ / 0.02**

8. **30**　　$\dfrac{3000}{10^2} = \dfrac{F}{1^2} \Rightarrow F = 30\,(\text{kgf})$

9. **246**　　$\dfrac{N_B}{726} = \dfrac{20+0.5}{60+0.5} \Rightarrow N_B = 246\,(\text{rpm})$

10. **36**　　$120^2 = 20 \times N_{max} \Rightarrow N_{max} = 720\,(\text{rpm})$，$n = \dfrac{720}{20} = 36$

11. **56.52**

12. **160**　　$R:r = 5:1 \Rightarrow R = 100(\text{cm})$，$r = 20(\text{cm})$
　　　　　　$D - d = 200 - 40 = 160(\text{cm})$

13. **2.70**

14. **9000**

15. **6000**　$\tau_\theta = \dfrac{\sigma_x - \sigma_y}{2}\sin 2\theta$ ，

$\theta = 45°$ ，$\tau_{max} = \dfrac{-10000 - 2000}{2} = -6000 (\text{kg/cm}^2)$

最大剪應力為6000(kg/cm^2)

16. **5**　$\overline{Y} = \dfrac{12 \times 3 + 12 \times 7}{24} = 5(\text{cm})$

17. **30**　$K' = 40 + 80 = 120 (\text{N/mm})$ ，$K'' = \dfrac{40 \times 120}{40 + 120} = 30 (\text{N/mm})$

18. **50**　$0.4 \times 200 \times h = 200 \times 20 \Rightarrow h = 50 (\text{cm})$

19.

20. **14.35**

貳、問題與計算題

一、如圖所示，在中央（L/2）處承受集中負荷P＝2880N的簡支樑，樑長度
　　L＝6 m，其橫截面係寬度為b，高度為h的矩形，已知h＝4b，若欲安全
　　承受此集中負荷作用，且樑的容許彎曲應力為60MPa，不計簡支樑本身
　　重量，試求此矩形橫截面積的最小尺寸為何？

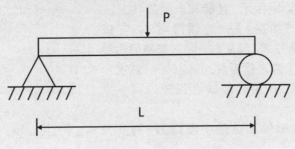

解 寫出力矩與x的關係：$M = 1440x$（for $0 \leq x < 3$）

$M = 1440(6-x)$（for $3 \leq x < 6$）

$x = 3(m)$，$M_{max} = 4320(N-m)$

$$\sigma_{max} = \frac{Mc}{I} = \frac{4320 \times 2b}{\frac{1}{12}b(4b)^3} = 1620\frac{1}{b^3} = 60000000$$

$b = 0.003(m)$，$A = 4b \times b = 12 \times 3 = 36(mm^2)$

二、一鋼帶制動器如圖所示，若制動鼓
以角速度ω順時針方向旋轉，已知其
直徑D＝20cm，a＝18cm，L＝100cm，
鋼帶緊邊張力F_1對鬆邊張力F_2之比
值$F_1/F_2＝3$，鋼帶對制動鼓的制動扭
矩T＝1000kgf-cm，試求：
(1)緊邊張力F_1為多少kgf？
(2)作用於桿端之力P為多少kgf？

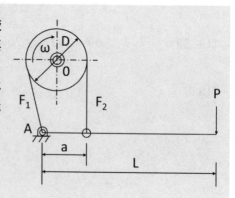

解 (1) $(F_1 - F_2) \times 10 = 1000 \Rightarrow F_1 - F_2 = 100 \Rightarrow 3F_2 - F_2 = 100$

$\Rightarrow F_2 = 50(kgf)$，$F_1 = 150(kgf)$

(2) $18 \times 50 = 100 \times P \Rightarrow P = 9(kgf)$

三、一制動器如圖所示，其鼓輪直徑為40cm，
制動力P施加在A點，旋轉接頭B為支撐
點，假設制動塊C與鼓輪D間之摩擦係數為
0.2，鼓輪承載之扭矩為200kgf-cm，試求：
(1)制動塊C作用於鼓輪之正向力為多少
kgf？
(2)欲使鼓輪停止之最小制動力P為多少
kgf？

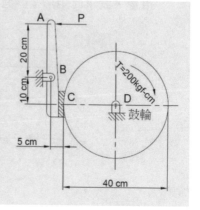

解 (1)制動力 $\dfrac{200}{20}=10(\text{kgf})$

正向力 $N \times 0.2 = 10 \Rightarrow N = 50(\text{kgf})$

(2)依照槓桿原理 $10 \times 50 = 20 \times P \Rightarrow P = 25(\text{kgf})$

四、如圖所示，一直徑8cm之鋼圓軸，連結齒輪使之旋轉，並以寬度2cm，高度H，長10cm的平鍵連結，使齒輪以60rpm的轉速均勻地傳遞動力，若平鍵的允許剪應力為6MPa，允許壓應力為8MPa，試求：

(1)軸所能承受的最大扭矩為多少N-m？

(2)所需之鍵高(H)最少應為多少mm？

(3)軸所傳遞的功率為多少公制馬力？

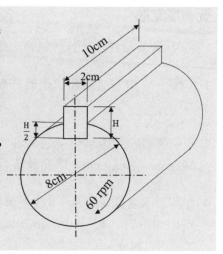

解 (1) $\tau = 6 = \dfrac{2T}{0.08 \times 20 \times 100} \Rightarrow T = 480(\text{N-m})$

(2) $\sigma = 8 = \dfrac{4 \times 480}{0.08 \times H \times 100} \Rightarrow H = 30(\text{mm})$

(3) $P = FV = \dfrac{480}{0.04} \times \dfrac{2\pi \times 0.04 \times 60}{60} = 3014.4(\text{W})$

$PS = \dfrac{3014.4}{736} = 41$（公制馬力）

111年　台灣電力公司（機械與起重常識）

壹、填充題

1. 每吋4牙的單螺紋，螺桿每轉一周，其導程為_____mm。

2. 欲將一個20 N之物體以機器升高20m，需作功1600焦耳，則此機器之效率為_____%。

3. 兩個彈簧串連後承受一個60kg的負載，其中這兩個彈簧的彈簧係數分別為60kg/cm和40kg/cm，則此彈簧系統受負載後的變形量為_____cm。

4. 如圖所示之彈簧組合，K代表彈簧常數，$K_1 = 120N/mm$、$K_2 = 80N/mm$、$K_3 = 50N/mm$，則組合後其彈簧常數為_____N/mm。

5. 凸輪從動件的位移為s，時間為t，其位移與時間的關係為$s = 2t$，則表示凸輪從動件的運動方式為_____運動。

6. 有一組帶輪，中心距離為150cm，直徑分別為150cm、25cm，若分別以交叉帶法及開口帶法計算皮帶長度，則其差距為_____cm。

7. 腳踏車兩鏈輪同方向旋轉時，前鏈輪的齒數為 45 齒，後鏈輪的齒數為 15 齒，當前鏈輪轉速60rpm時，後鏈輪轉速為_____rpm。

8. 依據職業安全衛生設施規則，為防止人員有掉落之虞，在高度_____公尺以上進行作業，應以架設施工架或其他方法設置工作台。

9. 當機件連接時，常於螺帽或螺釘頭下面加一個金屬薄片或非金屬薄片，此薄片稱為_____。

10. 對於施工構台、懸吊式施工架、懸臂式施工架、系統式施工架及高度
　　_____公尺以上施工架之構築，雇主應請專任工程人員，事先就預期施
　　工時之最大荷重，妥為安全設計，並簽章確認強度計算書。

11. 一對正齒輪A、B互相嚙合，若 A輪齒數為30齒，
　　迴轉速度為80rpm，B輪迴轉速度為60rpm，則 B
　　輪齒數為_____齒。

12. 如圖所示之複合滑輪組，重物W＝150N，大輪半
　　徑R＝60cm，小輪半徑r＝20cm，則拉力F至少應為
　　_____N，才能將重物提起。

13. 如圖所示，滑塊重為39N，最大靜摩擦係數
　　為0.3，欲沿斜面往上拉動原為靜止之滑塊，
　　則與斜面平行之力P至少應為_____N。

14. 於「應力—應變圖」中，材料受應力超過_____後，其受力變形即無法
　　再恢復原狀，產生永久變形，此現象稱為塑性變形。

15. 物體放置於水平面上，其重量為150N，物體與平面之靜摩擦係數為0.5、動
　　摩擦係數為0.3，請問需施加一水平推力_____N，物體才會由靜止開始
　　移動。

16. 依我國起重機具安全規則之規定，額定荷重80公噸之固定式起重機，其荷
　　重試驗之荷重值為_____公噸。

17. 液壓千斤頂的大活塞半徑為50mm，小活塞為半徑10mm，若欲使大活塞舉
　　起5公噸的重物，應至少對小活塞施力_____kgf。

18. 一彈簧之自由長度為15cm，將其壓縮3cm後，其彈簧常數為200,000N/m，
　　若不計損耗，能儲存_____N-m彈性位能。

19. 危險性機械之操作人員每 3 年應受_____小時以上之職業安全衛生在職
　　教育訓練。

20. 依我國起重升降機具安全規則之規定，起重機具吊掛用鋼索，其安全係數
　　應在_____倍以上。

解答與解析

1. **6.35**　　　　　　$0.25 \times 25.4 = 6.35 \text{(mm)}$

2. **25**　　　　　　　$\eta = \dfrac{20 \times 20}{1600} = 25\%$

3. **2.5**　　　　　　　$K' = \dfrac{60 \times 40}{60 + 40} = 24 \text{(kg/cm)}$，$x = \dfrac{60}{24} = 2.5 \text{(cm)}$

4. **40**　　　　　　　$K' = 120 + 80 = 200 \text{(N/mm)}$

　　　　　　　　　　　$K'' = \dfrac{50 \times 200}{50 + 200} = 40 \text{(N/mm)}$

5. **等速／等速度**

6. **25**

7. **180**　　　　　　　$45 \times 60 = 15 \times N_{後} \Rightarrow N_{後} = 180 \text{(rpm)}$

8. **2**

9. **墊圈／華司／washer／墊片**

　　　　　　　　　　　當機件連接時，常於螺帽或螺釘頭下面加一個金屬薄
　　　　　　　　　　　片或非金屬薄片，此薄片稱為墊圈。

10. **5**

11. **40**　　　　　　　$30 \times 80 = 60 \times T_B \Rightarrow T_B = 40 \text{(齒)}$

12. **50**　　　　　　　$150 \times 20 = F \times 60 \Rightarrow F = 50 \text{(N)}$

13. **25.8**　　　　　　斜面上物體之下滑力 $39 \times \dfrac{5}{13} = 15 \text{(N)}$

　　　　　　　　　　　物體之正向力 $39 \times \dfrac{12}{13} = 36 \text{(N)}$，

　　　　　　　　　　　$P = 15 + 36 \times 0.3 = 25.8 \text{(N)}$

14. **降伏點／降伏強度**

15. **75** $\qquad$ $F = 150 \times 0.5 = 75(N)$

16. **100**

17. **200** $\qquad$ $\dfrac{5000}{5^2} = \dfrac{F}{1^2} \Rightarrow F = 200(\text{kgf})$

18. **90** $\qquad$ $E = \dfrac{1}{2} \times 200000 \times 0.03^2 = 90(\text{J})$

19. **3**

20. **6**

貳、問題與計算題

一、如圖所示之塊狀制動器，其與鼓輪間之摩擦係數為0.25，若鼓輪此時受扭矩300N-cm作用，則需施加多少F力量，才可使鼓輪停止轉動？

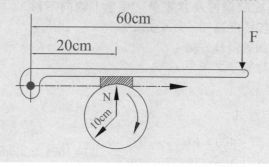

解 摩擦力為 $\dfrac{300}{10} = 30(N)$

正向力 $N = \dfrac{30}{0.25} = 120(N)$

依照槓桿原理 $120 \times 20 = 60 \times F \Rightarrow F = 40(N)$

二、如圖所示，梯形面積形心座標
　　(X_c, Y_c)，試求：
　　(1) X_c
　　(2) Y_c

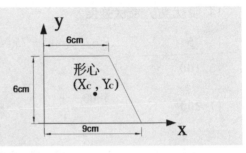

解 可以用直角梯形的重心公式直接求。設直角梯形上邊長為a，下邊長為

b，高為h，則：其重心距離下底邊b的高度為 $Y_C = \dfrac{h(2a+b)}{3(a+b)}$

其重心距離直角邊的距離為 $X_C = \dfrac{(a^2+b^2+ab)}{3(a+b)}$

(1) $X_C = \dfrac{36+81+54}{3(6+9)} = \dfrac{171}{45} = 3.8(cm)$　　(2) $Y_C = \dfrac{6(12+9)}{3(6+9)} = \dfrac{126}{45} = 2.8(cm)$

三、如圖所示，有兩物重W = 40kg、G = 30kg，若不
　　計滑輪與繩間摩擦及其重量，假定Γ物向下移
　　動，重力加速度為10m/s²，試求：
　　(1) G物之加速度及方向。
　　(2) 連接G物繩子之張力。

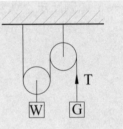

解 列出聯立方程式

$$\begin{cases} 2T - 400 = 40a \\ 300 - T = 30(2a) \Rightarrow 600 - 2T = 120a \end{cases} \Rightarrow 200 = 160a \Rightarrow a = 1.25(m/s^2)$$

(1) G物之加速度為2.5(m/s²)　　　　(2) T = 225(N)

四、請說明下列起重吊掛作業相關規定：
　　(1) 依規定操作起重機械需備一機三證，何謂一機三證？
　　(2) 為確保安全使用，吊掛用鋼索出現哪兩種情況應予以汰除？

解 本題超出範圍。

一試就中，升任各大
國民營企業機構
高分必備，推薦用書

2B211101	計算機概論(含網路概論)重點整理+試題演練	哥爾	460元
2B251121	捷運法規及常識(含捷運系統概述) ♛ 榮登博客來暢銷榜	白崑成	560元
2B321121	人力資源管理(含概要)	陳月娥、周毓敏	近期出版
2B351101	行銷學(適用行銷管理、行銷管理學)	陳金城	550元
2B421121	流體力學（機械）・工程力學（材料）精要解析	邱寬厚	650元
2B491111	基本電學致勝攻略	陳新	650元
2B501111	工程力學(含應用力學、材料力學)	祝裕	630元
2B581111	機械設計(含概要)	祝裕	580元
2B661121	機械原理(含概要與大意)奪分寶典	祝裕	630元
2B671101	機械製造學(含概要、大意)	張千易、陳正棋	570元
2B691121	電工機械(電機機械)致勝攻略	鄭祥瑞	590元
2B701111	一書搞定機械力學概要	祝裕	630元
2B741091	機械原理(含概要、大意)實力養成	周家輔	570元
2B751111	會計學(包含國際會計準則IFRS)	歐欣亞、陳智音	550元
2B831081	企業管理(適用管理概論)	陳金城	610元
2B841121	政府採購法10日速成	王俊英	590元
2B851121	8堂政府採購法必修課：法規+實務一本go！	李昀	500元
2B871091	企業概論與管理學	陳金城	610元
2B881121	法學緒論大全(包括法律常識)	成宜	650元
2B911111	普通物理實力養成	曾禹童	590元
2B921101	普通化學實力養成	陳名	530元
2B951101	企業管理(適用管理概論)滿分必殺絕技	楊均	600元

以上定價，以正式出版書籍封底之標價為準

一試就中，升任各大 國民營企業機構 高分必備，推薦用書

2B021111	論文高分題庫	高朋 尚榜	360元
2B061101	機械力學(含應用力學及材料力學)重點統整＋高分題庫	林柏超	430元
2B091111	台電新進雇員綜合行政類超強5合1題庫	千華 名師群	650元
2B171101	主題式電工原理精選題庫	陸冠奇	470元
2B261101	國文高分題庫	千華	470元
2B271121	英文高分題庫	德芬	570元
2B281091	機械設計焦點速成＋高分題庫	司馬易	360元
2B291111	物理高分題庫	千華	530元
2B301121	計算機概論高分題庫	千華	550元
2B341091	電工機械(電機機械)歷年試題解析	李俊毅	450元
2B361061	經濟學高分題庫	王志成	350元
2B371101	會計學高分題庫	歐欣亞	390元
2B391121	主題式基本電學高分題庫	陸冠奇	600元
2B511121	主題式電子學(含概要)高分題庫	甄家灝	550元
2B521091	主題式機械製造(含識圖)高分題庫	何曜辰	510元

2B541111	主題式土木施工學概要高分題庫	林志憲	590元
2B551081	主題式結構學(含概要)高分題庫	劉非凡	360元
2B591121	主題式機械原理(含概論、常識)高分題庫	何曜辰	近期出版
2B611111	主題式測量學(含概要)高分題庫	林志憲	450元
2B681111	主題式電路學高分題庫	甄家灝	450元
2B731101	工程力學焦點速成＋高分題庫	良運	560元
2B791121	主題式電工機械(電機機械)高分題庫	鄭祥瑞	560元
2B801081	主題式行銷學(含行銷管理學)高分題庫	張恆	450元
2B891111	法學緒論(法律常識)高分題庫	羅格思 章庠	540元
2B901111	企業管理頂尖高分題庫(適用管理學、管理概論)	陳金城	410元
2B941101	熱力學重點統整＋高分題庫	林柏超	390元
2B951101	企業管理(適用管理概論)滿分必殺絕技	楊均	600元
2B961121	流體力學與流體機械重點統整＋高分題庫	林柏超	470元
2B971111	自動控制重點統整＋高分題庫	翔霖	510元
2B991101	電力系統重點統整＋高分題庫	廖翔霖	570元

以上定價，以正式出版書籍封底之標價為準

歡迎至千華網路書店選購
服務電話(02)2228-9070

千華網路書店

更多網路書店及實體書店

博客來網路書店　　PChome 24hr書店　　三民網路書店

MOMO 購物網　　金石堂網路書店　　誠品網路書店

查詢實體書店

學習方法 系列

如何有效率地準備並順利上榜，學習方法正是關鍵！

榮登金石堂暢銷排行榜

連三金榜 黃禕

| 翻轉思考 破解道聽塗說 | 適合的最好 調整習慣來應考 | 一定學得會 萬用邏輯訓練 |

三次上榜的國考達人經驗分享！
運用邏輯記憶訓練，教你背得有效率！
記得快也記得牢，從方法變成心法！

作者線上分享

網路書店

作者在投入國考的初期也曾遭遇過書中所提到類似的問題，因此在第一次上榜後積極投入記憶術的研究，並自創一套完整且適用於國考的記憶術架構，此後憑藉這套記憶術架構，在不被看好的情況下先後考取司法特考監所管理員及移民特考三等，印證這套記憶術的實用性。期待透過此書，能幫助同樣面臨記憶困擾的國考生早日金榜題名。

最強校長 謝龍卿

榮登博客來暢銷榜

經驗分享＋考題破解
帶你讀懂考題的know-how！

作者線上分享

open your mind！
讓大腦全面啟動，做你的防彈少年！

108課綱是什麼？考題怎麼出？試要怎麼考？書中針對學測、統測、分科測驗做統整與歸納。並包括大學入學管道介紹、課內外學習資源應用、專題研究技巧、自主學習方法，以及學習歷程檔案製作等。書籍內容編寫的目的主要是幫助中學階段後期的學生與家長，涵蓋普高、技高、綜高與單高。也非常適合國中學生超前學習、五專學生自修之用，或是學校老師與社會賢達了解中學階段學習內容與政策變化的參考。

千華會員享有最值優惠!

立即加入會員

會員等級	一般會員	VIP 會員	上榜考生
條件	免費加入	1. 直接付費 1500 元 2. 單筆購物滿 5000 元	提供國考、證照相關考試上榜及教材使用證明
折價券	200 元	500 元	
購物折扣	·平時購書 9 折 ·新書 79 折 (兩周)	·書籍 75 折　·函授 5 折	
生日驚喜		●	●
任選書籍三本		●	●
學習診斷測驗(5科)		●	●
電子書(1本)		●	●
名師面對面		●	

facebook

公職 · 證照考試資訊

專業考用書籍 | 數位學習課程 | 考試經驗分享

f 千華公職證照粉絲團

按讚送E-coupon

Step1. 於FB「千華公職證照粉絲團」按讚

Step2. 請在粉絲團的訊息，留下您的千華會員帳號

Step3. 粉絲團管理者核對您的會員帳號後，將立即回贈e-coupon 200元。

千華 Line@ 專人諮詢服務

☑ 有疑問想要諮詢嗎？歡迎加入千華LINE@！

☑ 無論是考試日期、教材推薦、勘誤問題等，都能得到滿意的服務。

☑ 我們提供專人諮詢互動，更能時時掌握考訊及優惠活動！

千華影音函授

打破傳統學習模式，結合多元媒體元素，利用影片、聲音、動畫及文字，達到更有效的影音學習模式。

立即體驗

- 自我安排學習時段
- 循序漸進厚植實力
- 節省通勤時間
- 提升準備效率

課程品質
業界No.1

2014、2017 獲頒學習科技金質獎

自主學習彈性佳
- 時間、地點可依個人需求好選擇
- 個人化需求選取進修課程

補強教學效果好
- 獨立學習主題　　·區塊化補強學習
- 一對一教師親臨教學

嶄新的影片設計
- 名師講解重點　　·簡單操作模式
- 趣味生動教學動畫　·圖像式重點學習

優質的售後服務
- FB粉絲團、Line@生活圈
- 專業客服專線

04 STEP 考前衝刺期
實力養成期
系統化 學習流程
四大關鍵階段 學習安排，突破國考重重難關！
01 STEP
03 STEP 能力檢驗期
02 STEP 專業強化期

超越傳統教材限制，系統化學習進度安排。

推薦課程

- 公職考試
- 國民營考試
- 證照考試
- 學習方法
- 特種考試
- 教甄考試
- 金融證照
- 升學考試

影音函授包含：
- 名師指定用書+板書筆記
- 授課光碟 · 學習診斷測驗

國家圖書館出版品預行編目(CIP)資料

(國民營事業)機械常識 / 林柏超編著. -- 第十一版. --

新北市：千華數位文化股份有限公司, 2023.02

　面；　公分

ISBN 978-626-337-596-3(平裝)

1.CST: 機械工程

446　　　　　　　　　　　112000489

［國民營事業］ 機械常識

編 著 者：林 柏 超

發 行 人：廖 雪 鳳
登 記 證：行政院新聞局局版台業字第 3388 號
出 版 者：千華數位文化股份有限公司
　　　　　地址／新北市中和區中山路三段 136 巷 10 弄 17 號
　　　　　電話／ (02)2228-9070　　傳真／ (02)2228-9076
　　　　　郵撥／第 19924628 號　千華數位文化公司帳戶
　　　　　千華公職資訊網：http://www.chienhua.com.tw
　　　　　千華網路書店：http://www.chienhua.com.tw/bookstore
　　　　　網路客服信箱：chienhua@chienhua.com.tw

法律顧問：永然聯合法律事務所
編輯經理：甯開遠
主　　編：甯開遠
執行編輯：廖信凱
校　　對：千華資深編輯群
排版主任：陳春花
排　　版：丁美瑜

出版日期：2023 年 2 月 15 日　　　第十一版／第一刷

本書如有勘誤或其他補充資料，
將刊於千華公職資訊網　http://www.chienhua.com.tw
歡迎上網下載。